ESAME DI STATO PER BIOLOGI

Materiale riassuntivo strategico
con Domande d'esame e Risposte
Tutto il necessario per superare l'esame

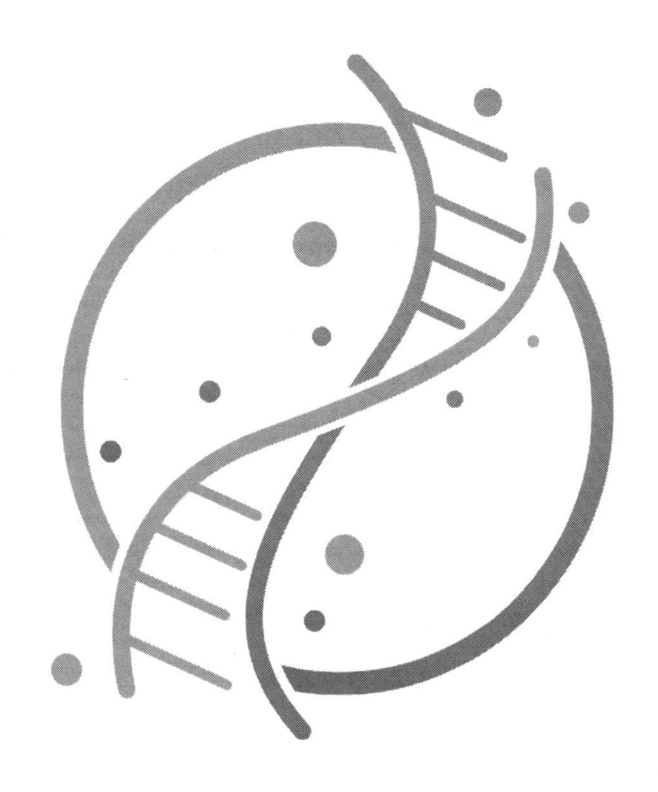

Biologia Facile

ISBN 9798875832826

INDICE

1. LEGISLAZIONE STRUTTURALE

1.1 Aspetti legislativi riguardanti la professione del Biologo

Le leggi fondamentali che regolano la professione del biologo sono, nell'ordine:

- **Legge n° 396/67:** legge istitutiva.
- **D.P.R. n° 980/82:** definizione dell'Esame di Stato.
- **Legge n° 713/86:** competenze in ambito cosmetico.
- **D.M. n° 362/93:** tariffario professionale e competenze in ambito nutrizionale.
- **D.P.R. n° 195/01:** variazioni per l'accesso all'Esame di Stato.
- **D.P.R. n° 328/01:** variazioni concernenti l'Esame di Stato e le competenze del biologo.
- **D.P.R. n° 137/12:** competenze, aggiornamento professionale e rapporti del biologo.
- **Legge n° 3/18:** inserimento del biologo nelle professioni sanitarie.

1.1.1 *Legge n° 396 del 24 Maggio 1967*

Tale legge ha istituito l'Ordine professionale dei biologi e ha stabilito l'obbligo di iscrizione all'albo professionale al fine di poter esercitare la specifica professione di biologo, in seguito al superamento dell'esame di abilitazione (*articolo 2 – Obbligatorietà dell'iscrizione nell'albo*).
Oltre a ciò, vengono stabilite le competenze professionali fondamentali del biologo, quali la classificazione e la biologia di animali e piante, i bisogni nutritivi ed energetici degli esseri viventi, la genetica, l'identificazione di agenti patogeni, l'analisi e il controllo delle acque potabili, ecc…(*articolo 3 – Oggetto della professione*).
Le competenze del biologo sono state ampliate da successive disposizioni di legge, quali:

- **Legge n° 713 dell'11 ottobre 1986:** ha posto le basi per la regolamentazione del settore cosmetico, conferendo al biologo competenze nella direzione tecnica per la produzione e il confezionamento dei prodotti cosmetici.
- **D.P.R. n° 328/2001**: ha riconosciuto al biologo competenze nell'ambito della qualità (questo articolo viene spiegato nel dettaglio nell'apposito paragrafo).

1.1.2 *D.P.R. n° 980 del 28 Giugno 1982*

Con l'emanazione di tale decreto sono state abrogate le disposizioni transitorie della Legge n° 396/67 ed è stata sottolineata la differenza tra titolo professionale di Biologo e titolo accademico di laureato in Scienze Biologiche.
Inoltre, il D.P.R. ha definito diverse caratteristiche dell'Esame di Stato per l'abilitazione all'esercizio della professione di Biologo, nello specifico:

- *Struttura* (tre prove, di cui una scritta, una orale e una pratica)
- *Argomenti delle prove*
- *Periodicità* (due sessioni all'anno)
- *Sedi di svolgimento*
- *Commissioni e requisiti*
- *Titolo accademico di ammissione* (laureato in scienze biologiche che ha conseguito un tirocinio pratico annuale post-lauream)

Alcuni aspetti hanno subito delle modifiche attraverso disposizioni di legge successive, ovvero:

- **D.P.R. n° 195/01**
- **D.P.R. n° 328/01**

1.1.3 *Decreto del Ministero di Grazia e Giustizia n° 362 del 22 Luglio 1993*

Tale decreto viene comunemente indicato come il "tariffario professionale del Biologo" e presenta, in maniera più dettagliata rispetto all'*art.* 3 della Legge n° 396/67, le competenze del biologo stesso. Uno dei punti di maggiore interesse riguarda la valutazione dei bisogni nutritivi ed energetici dell'uomo, poiché viene conferita al biologo la facoltà di elaborare, in piena autonomia professionale, delle diete sia in soggetti sani che in soggetti affetti da patologie (in questo caso, però, in seguito ad accertamenti da parte del medico).
Ovviamente, questo riguarda solo il settore alimentare e non viene in alcun modo fornita alcuna competenza al biologo nella prescrizione di farmaci.

1.1.4 *D.P.R. n° 195 del 27 Marzo 2001*

Tale decreto è caratterizzato da un unico articolo, in cui si va ad abolire quanto disposto dall'*art.* 2 del D.P.R. n° 980/82, ovvero che l'ammissione all'Esame di Stato fosse possibile solo per i laureati in Scienze Biologiche che avevano conseguito un tirocinio pratico post-lauream di un anno.

1.1.5 *D.P.R. n° 328 del 5 Giugno 2001*

Questo decreto ha apportato una serie di modifiche importanti al precedente D.P.R. n° 980/82. Tra i principali aspetti che sono stati affrontati si osservano:

- **Suddivisione dell'albo professionale in due sezioni:**
  - *Sezione A* (per chi è in possesso del titolo di laurea specialistica e viene riconosciuto con il titolo professionale di "biologo")
  - *Sezione B* (per chi è in possesso del titolo di laurea triennale e viene riconosciuto con il titolo professionale di "biologo junior")
- **Accesso all'esame di Stato abilitativo a diverse classi di laurea** (si osservano corsi di biotecnologie, scienze della nutrizione umana, ecc...)
- **Ristrutturazione dell'Esame di Stato:**
  - *Numero delle prove* (diventano 4 prove, di cui due scritte, una orale ed una pratica)
  - *Argomenti delle prove* (in materia di scienze biologiche, igiene, management, legislazione e deontologia professionale, certificazione e gestione della qualità)
- **Competenze del biologo** (mentre al biologo junior le competenze riconosciute sono limitate alle responsabilità tecniche (metodologia e operatività, quindi procedure analitico-strumentali e tecnico-analitiche), alla figura del biologo sono riconosciute anche competenze in ambito organizzativo e gestionale, quindi progettazione, direzione e collaudo degli impianti, sia a livello di valutazione biologica che di impatto ambientale. Quindi, mentre il biologo junior può ricoprire la funzione di Responsabile di Settore, il biologo può ricoprire anche le funzioni di Responsabile di Laboratorio o Responsabile per la Gestione della Qualità)

1.1.6 *D.P.R. n° 137 del 7 Agosto 2012*

Tale decreto non è rivolto esclusivamente alla categoria dei biologi, ma è un provvedimento trasversale che mira a definire gli aspetti fondamentali di tutte le professioni regolamentate (qualsiasi attività il cui esercizio è possibile solo in seguito all'iscrizione al relativo Ordine, successiva al superamento dello specifico Esame di Stato).
I due principali aspetti che vengono affrontati sono:

- **Competenze e aggiornamento del professionista:** l'inizio dell'attività professionale deve essere preceduto da un'adeguata fase di apprendistato/tirocinio al fine di sviluppare, dal punto di vista pratico e teorico, le capacità necessarie ad esercitare e gestire la professione. Inoltre, di fondamentale importanza è il costante e continuo aggiornamento per garantire l'efficienza e la qualità della prestazione lavorativa – cosa già nota per i biologi, in quanto inserita all'interno dell'*art. 9* del Titolo I del Codice Deontologico del Biologo – mediante il meccanismo dell'E.C.M (Educazione Continua in Medicina).

- **Rapporti che intercorrono tra il professionista e i suoi interlocutori:** un aspetto importante riguarda la pubblicità informativa, che deve essere corretta e veritiera, non ingannevole o denigratoria e non deve violare il segreto professionale. Di grande importanza, ancora, è l'obbligo di stipulare una polizza assicurativa, i cui estremi devono essere comunicati al cliente, per garantire la gestione di eventuali danni che possono essere arrecati durante l'esercizio dell'attività professionale.

1.1.7 *Decreto del M.I.U.R. del 16 Settembre 2016*

Tramite tale decreto viene consentita la possibilità di accedere alle scuole di specializzazione dell'area medica anche ai titolari di una laurea magistrale diversa da quella in medicina e chirurgia, per cui anche i biologi. Possiamo suddividere le specializzazioni in tre tipologie di classi, ognuna caratterizzata da specifiche scuole:

- **Classe della Medicina Diagnostica e di Laboratorio:** è costituita da due scuole di specializzazione, articolate in 4 anni di corso:
  - *Scuola di microbiologia e virologia*
  - *Scuola di patologia clinica e biochimica clinica*
- **Classe dei Servizi Clinici Specialistici Biomedici:** è costituita da tre scuole di specializzazione, articolate in 4 anni di corso:
  - *Genetica medica*
  - *Farmacologia e tossicologia clinica*
  - *Scienza dell'alimentazione*
- **Classe della Sanità pubblica:** è costituita da una scuola di specializzazione, caratterizzata in 3 anni di corso:
  - *Scuola di Statistica sanitaria e Biometria*

Il titolo derivante dalle specializzazioni è un requisito fondamentale per l'ammissione ai concorsi pubblici in ambito sanitario e permette l'accesso al livello dirigenziale.

1.1.8 *Legge n° 3 del 11 Gennaio 2018 e Decreto del Ministero della Salute del 23 Marzo 2018*

La **Legge n° 3 del 11 Gennaio 2018** affronta diverse tematiche, ma la più importante riguarda l'inserimento della figura professionale del biologo (oltre che altre figure professionali) tra le professioni sanitarie. Inoltre, vengono precisati gli organi costituenti gli Ordini delle professioni sanitarie, che comprendono:

- *Presidente*
- *Consiglio Direttivo*
- *Commissioni di Albo*
- *Collegio dei Revisori*

Il **Decreto del Ministero della Salute del 23 marzo 2018**, invece, mira a suddividere l'Ordine dei Biologi in 11 ordini regionali o interregionali.

1.2 Codice deontologico del Biologo

Una prima versione del Codice Deontologico del Biologo è stata approvata nel Marzo 1996 dal Consiglio dell'Ordine Nazionale dei Biologi, seguita da una seconda versione aggiornata ed ampliata nel Settembre 2014 ed una terza versione del 24 gennaio 2019 con delibera n° 271.
Il codice deontologico della professione è un testo contenente i principi etici e le norme di comportamento che devono essere seguite dal professionista e, nello specifico, il Codice Deontologico del Biologo è articolato in sei titoli, ognuno caratterizzato da una serie di articoli.

Titolo I. PRINCIPI GENERALI (*articoli 1...11*)

Risulta caratterizzato da *11 articoli* contenti i principi generali sui quali deve fondarsi la professione del Biologo, quali doveri, lealtà, correttezza, indipendenza, riservatezza, competenza e diligenza (norme di carattere programmatico).

Nell'*art. 3 (rapporti esterni e privati)* vengono definiti tre principi importanti nello svolgimento dell'attività professionale, ovvero:

- **Decoro:** consapevolezza del proprio valore professionale e di quanto si addice alla propria persona in qualità di biologo (non bisogna esaltare o enfatizzare le proprie competenze e i risultati ottenuti).
- **Dignità:** condizione di nobiltà morale del professionista, che deve mantenere comportamenti pubblici e privati misurati, evitando esagerazioni e superficialità.
- **Corretto esercizio della professione:** essere in possesso di qualifiche e requisiti abilitati dalla legge e per i quali si ha un riconoscimento ufficiale (è importante aiutare le persone a sviluppare giudizi, opinioni e scelte con cognizione di causa).

L'*art. 4 (obblighi nei confronti della professione)*, invece, definisce l'obbligo di iscrizione all'Ordine professionale per utilizzare il proprio titolo ed esercitare la rispettiva attività, specificando alcune violazioni ed illeciti disciplinari (esercitare in periodo di sospensione, agevolare soggetti non abilitati, mancata comunicazione della propria PEC al Consiglio dell'ONB, ecc...).

Nell'*art. 5 (lealtà e correttezza)* vengono definiti altri due principi fondamentali che il Biologo deve avere nei confronti di clienti, colleghi e soggetti terzi, ovvero:

- **Lealtà:** atteggiamento di correttezza e dirittura morale (non bisogna attribuirsi il merito di lavori e risultati di ricerche altrui, lo stesso vale nel caso in cui si è svolto un lavoro in team).
- **Correttezza:** osservanza scrupolosa delle regole di un codice.

A seguire, negli articoli successivi vengono definiti gli altri principi generali del Biologo:

- **Indipendenza (*art. 6*):** consiste nell'autonomia di giudizio, tecnica e intellettuale, che deve essere difesa da qualunque condizionamento.
- **Riservatezza (*art. 7*):** consiste nel riserbo, da parte del Biologo, sulla propria prestazione e sul suo contenuto (bisogna mantenerla anche in caso in cui sia terminato il contratto, in caso di una semplice consulenza, ecc...).
- **Competenza e diligenza (*art. 8*):** bisogna svolgere la propria attività secondo scienza, coscienza e perizia qualificata, svolgendo gli incarichi solo se si è in grado con le proprie competenze, altrimenti si deve proporre un altro professionista.

Di grande importanza è l'*art. 9 (aggiornamento professionale)*, che tratta l'obbligo ad un continuo aggiornamento professionale, anche in materia deontologica e disciplinare, mediante attività formative che rilasciano crediti E.C.M. (Educazione Continua in Medicina), al fine di garantire la qualità e l'efficienza professionale. È importante ricordare una differenza rispetto alla versione del 2014, nella quale l'aggiornamento professionale poteva avvenire anche mediante autoformazione o attività formative rilascianti Crediti Formativi Professionalizzanti (C.F.P.) per il settore ambientale, per la sicurezza sul lavoro, per l'ambito della genetica forense, ecc....

Titolo II. RAPPORTI CON L'ORDINE E CON IL CONSIGLIO DI DISCIPLINA (*art. 12*)

Risulta caratterizzato unicamente dall'*art. 12*, che disciplina i doveri nei confronti dell'Ordine Nazionale dei Biologi (O.N.B.), con il quale deve collaborare nel segnalare eventuali illeciti legati alla professione (principio di verità, sancito dall'*art. 10*) e nella messa in atto e nel rispetto delle norme emanate dal Consiglio (principio dell'aggiornamento professionale).

Titolo III. RAPPORTI ESTERNI (*articoli 13...18*)

Risulta caratterizzato da 6 articoli che riguardano i rapporti esterni, in cui si riscontrano sia norme di carattere programmatico che precettivo.

L'*art. 13 (società tra biologi)*, ad esempio, ribadisce l'obbligo di osservare il Codice deontologico anche quando si lavora in società con altri professionisti, quali chimici e medici, mentre secondo l'*art. 14 (rapporti con i clienti e committenti)* il biologo deve avere un rapporto di lealtà e correttezza con il proprio cliente, assumendo incarichi solo in base alle proprie competenze e non può essere compartecipe di imprese per le quali rende prestazioni professionali senza l'esplicito consenso da parte del cliente.

Titolo IV. RAPPORTI INTERNI (*articoli 19...22*)

Risulta caratterizzato da 4 articoli riguardanti i rapporti interni, in cui si riscontrano sia norme di carattere programmatico che precettivo. I rapporti interni di cui si parla riguardano:

- **Rapporti con i colleghi (*art. 19*):** devono essere basati sulla correttezza e sulla lealtà, non devono verificarsi eventi denigratori, in caso di necessità di far causa contro un collega per motivi professionali è obbligatorio informare il Consiglio dell'ONB, in caso di sostituzione di un collega bisogna rispettare la sua gestione strutturale e organizzativa dell'attività, ecc....
- **Rapporti con collaboratori e dipendenti (*art. 21*):** mentre da una parte prevedono il rispetto, da parte del biologo, della loro indipendenza, dall'altra il biologo ha il dovere di fornire direttive tecnico-organizzative (tempi, orari, modalità di esecuzione...) sull'attività professionale da svolgere.
- **Rapporti con i tirocinanti (*art. 22*):** il biologo deve insegnare, in maniera disinteressata, la pratica professionale e tutto ciò che serve ad assicurare un'adeguata attività, mantenendo un rapporto di chiarezza e trasparenza riguardo le mansioni e le modalità di svolgimento delle stesse.

L'*art. 20*, invece, riguarda la concorrenza sleale e, quindi, il divieto di comportamenti che possano arrecare danno ad altri professionisti, come l'attribuirsi meriti altrui (a livello di prestazioni, pubblicazioni, ecc...), lo screditare i colleghi, ma anche utilizzare strumenti pubblicitari lesivi del decoro e della qualità della professione, ecc....

Titolo V. ESERCIZIO PROFESSIONALE (*articoli 23...36*)

Risulta composto da 14 articoli riguardanti l'esercizio professionale, quindi incarichi, contratti e compensi, in cui prevalgono le norme di carattere precettivo.

Un importante esempio è l'*art. 23 (Incarico professionale)*, il quale afferma l'obbligo morale al rispetto dell'ambiente naturale e della salute umana e animale, evitando comportamenti lesivi e dannosi e, inoltre, deve avvenire secondo il principio della professionalità (no a operazioni illecite).

L'*art. 24 (contratti e compensi)*, invece, stabilisce che il compenso di un incarico professionale o una sua variazione deve essere sempre messo per iscritto (ovviamente il biologo deve informare il cliente preventivamente per avere l'autorizzazione), deve essere adeguato e può prevedere anticipi di spesa.

Negli articoli successivi, infine, vengono stabilite le regole riguardanti l'incarico professionale, tra cui:

- **Accettazione dell'incarico (*art. 25*):** il biologo deve comunicare tempestivamente al cliente la sua decisione.
- **Incarico congiunto (*art. 26*):** bisogna concordare le prestazioni da svolgere.
- **Esecuzione dell'incarico (*art. 27*):** deve avvenire con diligenza e trasparenza, comunicando al cliente vantaggi e svantaggi, e consigliando soluzioni alternative.

- **Cessazione dell'incarico (*art. 28*):** può avvenire per conflitto d'interesse, per mancanza di competenze o per richieste errate del cliente e deve essere comunicato tempestivamente.
- **Rinuncia all'incarico (*art. 29*):** deve avvenire con un certo preavviso, in modo che il cliente possa provvedere in altro modo (eventualmente si può comunicare tramite raccomandata).
- **Inadempimento (*art. 30*):** costituisce un'infrazione disciplinare in caso di motivazioni ingiustificabili.

Titolo VI. DISPOSIZIONI TRANSITORIE E FINALI (*articoli 37…38*)

Risulta caratterizzato dagli ultimi 2 articoli, contenenti le disposizioni transitorie e finali riguardo l'entrata in vigore e gli eventuali aggiornamenti del Codice deontologico stesso in base alle nuove disposizioni di legge.

Novità del Codice deontologico 2019 rispetto alla versione 2014

Le novità della nuova versione del Codice Deontologico 2019, rispetto al 2014, sono norme di etica professionale riguardanti tre ambiti:

- ***Controllo della pubblicità informativa:*** anche le versioni precedenti del Codice avevano trattato l'argomento, ma viene meglio precisato il concetto che il biologo può svolgere pubblicità con qualsiasi mezzo a disposizione, senza trarre in inganno o discriminare l'attività di altri colleghi e, anche per quanto riguarda il CV, il biologo ha facoltà di diffondere i propri titoli e le specializzazioni (ovviamente il tutto sempre veritiero per non cadere in un procedimento penale).
- ***Attività antiabusivismo:*** è stato creato un vero e proprio ufficio di antiabusivismo per potenziare tale attività, con lo scopo di controllare l'operato del biologo per far sì che quest'ultimo non vada incontro ad un abuso della propria attività professionale, in quanto può essere perseguito penalmente.
- ***Tariffe dei liberi professionisti:*** il libero professionista biologo che, ad esempio, lavora nell'ambito nutrizionale privato, deve avere una serie di requisiti per svolgere tale attività, quali:
  - *Iscrizione all'ONB*
  - *Apertura della partita IVA*
  - *Iscrizione all'Ente Nazionale di Previdenza ed Assistenza in favore dei Biologi (E.N.P.A.B.)*
  - *Attivazione di un valido indirizzo di PEC*
  - *Stipulare una polizza assicurativa per garantire la gestione di eventuali danni provocati al paziente* (ovviamente, bisogna pattuire il tutto con la persona per la quale bisogna prestare l'attività prima di esplicare l'attività stessa)

1.3 Formazione e aggiornamento professionale

La tematica del continuo aggiornamento professionale è stata inserita all'interno del Codice deontologico del biologo: l'*art. 9* del Titolo I tratta proprio l'obbligo ad un continuo aggiornamento professionale mediante attività formative che rilasciano credici E.C.M., al fine di garantire la qualità e l'efficienza professionale (riproponendo quanto già sancito dall'*art. 7* del **D.P.R. n° 137/2012**). Questa idea risulta ben legata al concetto di "formazione continua" del **D.Lgs n° 502/92**, secondo il quale la professionalità di un operatore sanitario può essere definita da conoscenze teoriche aggiornate, abilità tecniche, capacità comunicative e relazionali, ma anche da una propensione all'innovazione. Le disposizioni riguardanti l'Educazione Continua in Medicina (E.C.M.) sono entrate in vigore il 1° gennaio 2002, prevedendo due fasi:

- **Fase sperimentale di 5 anni:** prevedeva il raggiungimento di 150 crediti formativi E.C.M. ripartiti, rispettivamente per ogni anno, in 10, 20, 30, 40 e 50 crediti. Inoltre, c'era l'obbligo di raggiungere almeno il 50% dei crediti annui dovuti, con la possibilità di recuperare i restanti nell'anno successivo o anticipare massimo il 50% dei crediti del successivo anno.

- **Fase di messa a regime del meccanismo:** si concretizzò nel triennio 2008 – 2010, durante il quale bisognava accumulare un totale di 150 credici E.C.M., ripartiti in 50 crediti per anno.

Questa modalità di acquisizione progressiva dei crediti e, quindi, delle conoscenze, permetteva un efficace sviluppo tecnico e scientifico della disciplina in questione.
L'assegnazione dei crediti E.C.M. viene effettuata direttamente dall'organizzatore dell'evento formativo (*provider*), il quale viene accreditato sulla base di una serie di requisiti a livello nazionale o regionale (prima i crediti erano riconosciuti dalla Commissione Nazionale o dalla regione).
Per quanto riguarda gli eventi formativi, il Programma Nazionale di E.C.M. prevede due modalità:

- **Attività Formativa Residenziale (FR):** risulta la più tradizionale, prevede che l'interessato debba recarsi nella sede di svolgimento e comprende congressi, seminari, stages di formazione pratica, corsi teorico-pratici, ecc....

- **Attività Formativa a Distanza (FAD):** risulta caratterizzata dall'utilizzo di supporti informatici e sta prendendo sempre più piede in quanto risulta meno dispendiosa dal punto di vista economico, permette l'interazione con docenti e tutor ed è compatibile con qualsiasi attività lavorativa, in quanto tali corsi restano fruibili per un lungo periodo di tempo.

Un altro aspetto di grande importanza riguarda gli obiettivi formativi: al momento dell'entrata in vigore, la Commissione Nazionale per la Formazione Continua individuò degli obiettivi di rilevanza nazionale, da suddividere in obiettivi generali ed obiettivi specifici per una determinata professione. Per il biologo gli ***interessi generali*** furono individuati, ad esempio, nel miglioramento dell'interazione tra salute e ambiente e tra salute e alimentazione, nella gestione del rischio biologico, nella promozione della qualità e sicurezza dell'ambiente di vita e di lavoro; gli ***interessi specifici***, invece, furono individuati nella sicurezza degli alimenti e nello studio delle basi molecolari e genetiche delle malattie. Infine, il quadro degli obiettivi formativi del biologo fu integrato dall'Ordine Nazionale dei Biologi, su richiesta del Ministero della Salute, inserendo argomenti quali i criteri di qualità nella pratica analitica di laboratorio, i principi di base per una corretta alimentazione, accreditamento e certificazione, ecc....

2. LEGISLAZIONE TRASVERSALE

2.1 Sicurezza alimentare

Il tema dell'igiene e della sicurezza alimentare vede il biologo come la figura professionale di riferimento in relazione alle specifiche competenze che gli sono state riconosciute dalle leggi vigenti. A livello nazionale, due importanti disposizioni che hanno trattato gli aspetti tecnico-analitici di questa tematica sono:

- **Decreto Ministeriale del 5 ottobre 1978:** disposizione riguardante i requisiti microbiologici, chimici e biologici delle zone acquee caratterizzanti le sedi naturali dei molluschi eduli lamellibranchi (in seguito al verificarsi di casi di colera).
- **Ordinanza Ministeriale dell'11 ottobre 1978:** trattava i limiti delle cariche microbiche tollerabili in specifiche bevande e sostanze alimentari, fornendo accurate indicazioni riguardo i metodi di campionamento e di analisi per la determinazione delle cariche microbiche e per la ricerca di microrganismi indicatori di contaminazione.

A livello europeo, invece, la disposizione che approfondì il concetto della sicurezza alimentare fu la **Direttiva del Consiglio n° 397/89** (in Italia è stata recepita con il **D.Lgs n° 123/93**) che, attraverso il concetto del "*controllo ufficiale degli alimenti*", ha garantito l'attuazione dei criteri di qualità in questo contesto. Nello specifico, per controllo ufficiale degli alimenti si intende quel controllo effettuato dalle autorità competenti (aziende sanitarie locali ASL, istituti zooprofilattici, N.A.S., ecc…) per garantire che i prodotti alimentari, gli additivi, le vitamine, i materiali che entrano a contatto con i prodotti e tutto ciò che riguarda le fasi di preparazione e produzione siano conformi alle disposizioni per prevenire i rischi e garantire la salute pubblica. Un aspetto importante è che tali controlli devono essere effettuati regolarmente, senza preavviso e nei casi di sospetta non conformità.
Al fine di applicare l'attività del controllo ufficiale in tutti gli Stati dell'UE, la Commissione Europea ha emanato una serie di ***Raccomandazioni***, ovvero dei documenti tecnici in cui si prendono in considerazione specifici fattori che rappresentano un rischio per i prodotti e sui quali bisogna prestare particolare attenzione nel controllo. In questo ambito, i fattori di natura biologica, quindi microrganismi e tossine prodotte e liberate dagli stessi, assumono una certa importanza:

- **Raccomandazione 1994** (promosse azioni coordinate di controllo su due fattori particolarmente pericolosi per l'uomo a causa dei meccanismi di invasività e tossigenicità:
  - *Listeria monocytogenes* (specie batterica ubiquitaria in grado di contaminare una vasta gamma di prodotti alimentari e, grazie alla capacità di superare la barriera intestinale, può invadere il torrente ematico e provocare forme morbose a livello meningeale)
  - *Aflatossina B1* (micotossina, prodotta dalle muffe della specie *Aspergillus*, in grado di provocare forme di intossicazione croniche e un'azione cancerogena a livello epatico)

- **Raccomandazione 1995** (l'azione di controllo fu orientata, oltre che verso *Listeria monocytogenes* e la specie *Aeromonas*, anche verso *Escherichia Coli*. Questo perché, nonostante rappresenti buona parte della flora batterica intestinale dell'uomo, è stato dimostrato che alcuni stipiti di E. Coli possono ospitare, nel citoplasma, dei plasmidi che conferiscono alla cellula ospitante la capacità di sintetizzare sostanze tossiche)
- **Raccomandazione 1996** (vengono promosse azioni di controllo nei confronti di:
    - *Escherichia Coli O157:H7* (è stato il primo stipite tossinogeno ben studiato di E. Coli)
    - *Genere Salmonella* (i batteri appartenenti alle specie di Salmonella sono particolarmente diffusi a livello animale e possono provocare delle tossinfezioni alimentari mediante un'azione patogena intestinale e un'azione tossigena dovuta alla liberazione di un'endotossina termostabile)
    - *Staphylococcus Aureus* (questi stipiti microbici sono in grado di sintetizzare un'esotossina proteica termoresistente e, quindi, poco sensibile ai procedimenti di cottura; fortunatamente, durante un'enterotossicosi stafilococcica, la tossina viene eliminata con il vomito intenso che induce poco dopo l'ingestione del prodotto contaminato)
- **Raccomandazioni 1997 – 1999** (in seguito ad una serie di episodi di derrate alimentari contaminate da elevate concentrazioni di aflatossine provenienti da aree esterne all'UE, queste raccomandazioni si sono incentrate particolarmente sul controllo delle micotossine in arachidi, pistacchi e caffè)
- **Raccomandazione 2000** (il programma coordinato per il controllo ufficiale dei prodotti alimentari prevedeva l'esecuzione di verifiche e controlli per accertare l'effettiva applicazione, negli Stati membri, di alcune disposizioni comunitarie:
    - *Direttiva 89/397/CEE* (relativa al controllo ufficiale dei prodotti alimentari)
    - *Direttiva 93/43/CEE* (relativa all'igiene dei prodotti alimentari)
    - *Direttiva 93/99/CEE* (relativa alle misure aggiuntive per il controllo ufficiale)

In particolare, la **direttiva 93/43/CEE** (in Italia è stata recepita con il **D.Lgs n° 155/97**, oggi abrogato, e la direttiva è stata sostituita dal **Regolamento CE 178/2002**) ha introdotto il concetto dell'*autocontrollo*", secondo il quale il Responsabile dell'industria alimentare è tenuto a controllare i propri prodotti in tutti i punti critici della produzione, mediante l'utilizzo del Sistema HACCP (Analisi dei Pericoli e dei Punti Critici di Controllo), al fine di garantire la sicurezza degli alimenti. In questo modo, quindi, si mira a controllare la "contaminazione secondaria" (compromissione dei prodotti durante le fasi di lavorazione, trasformazione, confezionamento, ecc…), il cui controllo risulta decisamente più complesso rispetto alla "contaminazione primaria" (compromissione dei prodotti di origine animale dall'organismo di derivazione stessa).
Poiché le procedure di autocontrollo comportavano delle verifiche e dei controlli analitici che non tutte le aziende potevano effettuare autonomamente, il Ministero della Sanità emanò una circolare per permettere a dei centri analitici esterni di effettuare tali operazioni: i laboratori interessati dovevano esibire una documentazione completa corredata di autocertificazione firmata dal Responsabile del Laboratorio, la quale attestava la conformità del laboratorio ai criteri stabiliti dalla norma europea EN 45001 (dal 2003 dalla norma UNI CEI EN ISO/IEC 17025 – norma tecnica internazionale di riferimento per i criteri di qualità analitica).

A partire dal 2006, ci sono state una serie di modifiche nel settore della sicurezza alimentare con l'entrata in vigore di una serie di Regolamenti Europei che caratterizzano il cosiddetto *"Pacchetto igiene"*, quali:

- **Regolamento n° 852/2004:** riguarda l'igiene dei prodotti alimentari e ha confermato il sistema HACCP come strumento di analisi e controllo delle condizioni di igiene e sicurezza dei prodotti alimentari, proponendone l'applicazione anche alla produzione primaria (allevamento e coltivazione di materie prime) e introducendo l'obbligo alla formazione degli Operatori del Settore Alimentare (OSA), che devono ricevere un addestramento in materia d'igiene alimentare in relazione al tipo di attività.
- **Regolamento n° 853/2004:** riguarda l'igiene degli alimenti di origine animale.
- **Regolamento n° 854/2004:** riguarda le norme specifiche per il controllo ufficiale sugli alimenti di origine animale.
- **Regolamento n° 882/2004:** riguarda il controllo ufficiale per verificare la conformità alla normativa di mangimi ed alimenti destinati agli animali.

Infine, la normativa italiana relativa all'ambito della sicurezza alimentare è stata ampliata dal **D.Lgs n° 193/2007**, che ha introdotto il sistema sanzionatorio.
Per concludere la disamina sulla sicurezza alimentare è opportuno citare alcune disposizioni che, negli ultimi anni, hanno dato un impulso importante al settore:

- **Regolamento UE n° 1169/2011 (in vigore dal 13 dicembre 2014):** ha introdotto il concetto riguardante il diritto dei consumatori a ricevere una corretta informazione sugli alimenti, dando ai consumatori un ruolo di primaria importanza (a differenza delle precedenti direttive 89/397/CEE e 93/43/CEE). Nello specifico, vengono fornite, dettagliatamente, le indicazioni obbligatorie per i vari tipi di prodotti – denominazione dell'alimento, elenco degli ingredienti, data di scadenza, condizioni di conservazione, ecc.... Di grande importanza è anche la dichiarazione nutrizionale (valore energetico, quantità di grassi, carboidrati, fibre, ecc...), il cui obiettivo è quello di stimolare ad una corretta alimentazione.
- **Regolamento UE n° 2283/2015:** ha introdotto una serie di *"nuovi alimenti"*, tra cui quelli con una nuova o modificata struttura molecolare, gli alimenti costituiti, isolati o prodotti da microrganismi, funghi, alghe, piante, animali, materiali di origine minerale e gli alimenti contenenti nanomateriali ingegnerizzati. Ovviamente, l'introduzione delle tecnologie emergenti nell'ambito dei processi di produzione alimentare deve sempre risultare sicuro per la salute umana.
- **Legge n° 166/2016:** affronta la problematica degli sprechi alimentari, largamente diffusa in molti Paesi, ponendo una serie di obiettivi volti a ridurre il problema; tra questi si parla di favorire il recupero e la donazione delle eccedenze alimentari (prodotti alimentari invenduti per varie ragioni, quali prossimi alla data di scadenza, mancata richiesta, ecc...) a fini di solidarietà sociale, limitare gli impatti negativi sull'ambiente e sulle risorse naturali, contribuire all'informazione e alla sensibilizzazione dei consumatori sullo smaltimento, il riciclo, ecc...

2.1.1 *Manuale di autocontrollo HACCP*

L'**autocontrollo** è un processo che consiste in una serie di procedure adottate dall'operatore allo scopo di tenere, obbligatoriamente, sotto controllo le proprie produzioni e prevede la responsabilizzazione dell'Operatore del Settore Alimentare (OSA) in materia di igiene e sicurezza degli alimenti.
A tale scopo viene utilizzato l'***HACCP (Hazard Analysis and Critical Control Points – Analisi dei Pericoli e Punti Critici di Controllo)***, ovvero un sistema di norme da pianificare e personalizzare per l'applicazione dell'autocontrollo.
Nello specifico, l'elaborazione di un piano HACCP prevede le seguenti fasi:

1. **Identificazione di ogni pericolo da prevenire, eliminare o ridurre**
2. **Identificazione dei punti critici di controllo nelle fasi in cui è possibili prevenire, eliminare o ridurre un rischio** (di ogni punto critico bisogna stabilire:
    - *Limiti critici* (differenziano l'accettabilità dall'inaccettabilità)
    - *Procedure di sorveglianza* (per garantire la conformità ai limiti critici)
    - *Eventuali misure correttive* (da applicare in caso di superamento dei limiti critici)
3. **Definizione di procedure di verifica da applicare regolarmente per confermare l'effettivo funzionamento del sistema**
4. **Predisporre documenti e registrazioni adeguati alla natura e alle dimensioni dell'impresa alimentare**

Fase 2 – Identificazione dei punti critici di controllo (CCP)

L'individuazione di un punto critico di controllo (CCP) di un pericolo richiede un approccio logico, che può essere agevolato dall'utilizzo di un diagramma decisionale. Ai fini dell'applicazione di tale diagramma, ogni fase del progetto individuata nel diagramma di flusso è da considerarsi in sequenza.
In ogni fase, il diagramma decisionale va applicato ad ogni pericolo di cui si può prevedere l'introduzione, in modo da individuare ogni singola misura di controllo.
L'applicazione di questo diagramma richiede una certa flessibilità, in modo da evitare inutili punti critici, e un'opportuna formazione.

Limiti critici

Ovviamente, ogni misura di controllo associata ad un punto critico di controllo (CCP) dovrebbe portare ad individuare dei **limiti critici**, ovvero dei valori estremi accettabili (parametri misurabili) per la sicurezza dei prodotti.
In questo modo è possibile distinguere tra accettabilità e inaccettabilità.

Procedure di sorveglianza

Un elemento importante del sistema HACCP è caratterizzato da un programma di osservazioni e misurazioni realizzate in ogni punto critico, in modo da garantire la conformità ai limiti critici. Tale programma deve descrivere i metodi, la frequenza delle misurazioni e la procedura di registrazione per individuare ciascun punto critico, quindi:

- **Chi deve effettuare il monitoraggio e il controllo**
- **Quando viene effettuato il monitoraggio e il controllo**
- **Con quali modalità sono effettuati monitoraggio e controllo per consentire l'adozione di misure correttive**

Misure correttive

Per ogni punto critico di controllo il sistema HACCP deve prevedere delle misure correttive da poter utilizzare senza esitazioni all'occorrenza. Tra queste misure correttive si osservano:

- *Individuazione della persona responsabile per l'adozione della misura correttiva*
- *Descrizione dei mezzi e delle misure necessari per correggere l'anomalia osservata*
- *Iniziative da adottare sui prodotti realizzati durante il periodo in cui il sistema era fuori controllo*
- *Registrazioni scritte delle misure adottate, indicandone le informazioni* (data, tempo, azione, responsabile, ecc...)

Il monitoraggio può evidenziare la necessità di adottare misure preventive nel caso in cui debbano essere adottate ripetutamente misure correttive per la stessa procedura (verifica delle apparecchiature, delle persone che manipolano gli alimenti, dell'efficacia delle misure correttive precedenti, ecc...).

Fase 3 – Definizione delle procedure di verifica

La frequenza delle verifiche dovrebbe essere tale da confermare l'efficiente funzionamento del sistema HACCP. Le procedure di verifica comprendono:

- *Audit del sistema HACCP, delle sue registrazioni e verifica delle operazioni*
- *Conferma che i CCP siano tenuti sotto controllo e convalida dei limiti critici*
- *Revisione delle anomalie, delle disposizioni e delle misure correttive adottate sul prodotto*

La frequenza di tali verifiche influenza notevolmente il numero di controlli successivi o di richiami in caso di rilevazione di anomalie che vanno al di là dei limiti critici. Gli elementi che devono essere compresi in tali verifiche sono:

- *Controllo della correttezza delle registrazioni e analisi delle anomalie*
- *Controlli sulla persona preposta al monitoraggio delle attività di trasformazione, stoccaggio e trasporto*
- *Controllo fisico del processo oggetto del monitoraggio*
- *Calibrazione degli strumenti utilizzati per il monitoraggio*

<u>Fase 4 – Documentazione e registrazione</u>

Una registrazione efficace ed accurata è fondamentale per l'applicazione di un sistema HACCP e le procedure basate sui principi di tale sistema devono essere documentate.
La documentazione e le registrazioni devono essere sufficienti a permettere all'impresa la verifica che i controlli HACCP sono predisposti e mantenuti.
Esempi di <u>documentazione</u> sono:

- *Analisi dei pericoli*
- *Determinazione dei CCP*
- *Determinazione dei limiti critici*

Esempi di <u>registrazioni</u> sono:

- *Attività di monitoraggio dei CCP*
- *Attività di verifica*
- *Misure correttive connesse alle anomalie*

L'Operatore del Settore Alimentare (OSA) deve assicurarsi che tutto il personale sia a conoscenza dei pericoli individuati, dei punti critici del processo di produzione, stoccaggio, trasporto e distribuzione, delle misure correttive e preventive, oltre che delle procedure di documentazione applicabili alla propria impresa.
I settori dell'industria alimentare, quindi, devono fornire informazioni tramite manuali in materia di HACCP (Manuali di Corretta Prassi Igienica – Good Hygiene Practice GHP) e formare adeguatamente i propri operatori per preservare la qualità e l'efficienza professionale.

Tracciabilità e rintracciabilità degli alimenti

Al sistema HACCP sono legati due concetti fondamentali, ovvero:

- **Tracciabilità degli alimenti:** processo volto a tener traccia di tutti gli elementi in ingresso che vanno a creare, modificare o trasformare un prodotto, che sia alimentare, chimico, industriale, ecc... (serve a conoscere le diverse fasi di trasformazione del prodotto), per cui è fondamentale stabilire:
  - *Caratteristiche del prodotto da realizzare*
  - *Caratteristiche delle materie prime da utilizzare*
  - *Personale e attrezzature da utilizzare*
  - *Processi del ciclo produttivo*
- **Rintracciabilità degli alimenti:** processo che ripercorre, a ritroso, tutta la catena di produzione di un prodotto al fine di individuare uno specifico evento (serve a conoscere i dettagli di una singola fase di trasformazione del prodotto).

2.2 Qualità delle acque

2.2.1 *Le acque destinate al consumo umano (acque potabili)*

La qualità delle acque destinate al consumo umano è una delle problematiche principali per la salvaguardia della salute umana e rappresenta, tra l'altro, una delle competenze del biologo. In Italia, la disposizione di legge in materia di qualità delle acque destinate al consumo umano in vigore è il **D.Lgs n° 31/2001**, che va ad attuare la ***Direttiva 98/83/CE***.
Per acque destinate al consumo umano si intendono:

- *Acque destinate ad uso potabile* (per preparare cibi e bevande, oltre che altri usi domestici)
- *Acque utilizzate nelle imprese alimentari* (per la fabbricazione, il trattamento, la conservazione e l'immissione in commercio di prodotti o sostanze destinate al consumo umano)

Tale normativa non è applicabile alle acque minerali naturali, in quanto garantiscono un'assoluta igienicità, e alle acque che non hanno ripercussioni sulla salute umana.
Inoltre, per garantire la salubrità e la qualità dell'acqua destinata ad uso umano sono stati introdotti due importanti principi, vale a dire:

- **Controlli interni:** sono quei controlli effettuati dal gestore del servizio idrico e, nello specifico, deve essere adottato un piano di autocontrollo basato sull'analisi e valutazione del rischio, applicando la metodologia HACCP (Hazard Analysis and Critical Control Points) ad ogni fase della gestione della qualità dell'acqua.
- **Controlli esterni:** sono quei controlli svolti dall'ASL competente di quel territorio.

Per quanto riguarda i controlli microbiologici, si basano su due tipologie di valutazioni analitiche:

- **Determinazione delle cariche microbiche totali** (vengono determinate in corrispondenza di due temperature di incubazione:
    - o 22°C (favorisce la crescita di specie microbiche a prevalente distribuzione ambientale)
    - o 37°C (favorisce la crescita di specie microbiche maggiormente adattate all'organismo umano o animale, per cui è il parametro a cui viene attribuita una maggiore significatività)
- **Ricerca di generi e specie microbiche che possano costituire attendibili indicatori di contaminazione idrica** (i requisiti ideali per un indicatore di contaminazione sono stati definiti dall'OMS e, nello specifico, sono:
    - o *Presenza, in condizioni di normalità ed in concentrazione non trascurabile, nei liquami di derivazione umana ed animale*
    - o *Discreta capacità di sopravvivenza in condizioni sfavorevoli*
    - o *Disponibilità di test di facile applicazione per i controlli di routine*

Tra i microrganismi che costituiscono attendibili indicatori di contaminazione idrica da parte di germi patogeni, per i quali deve esserne accertata l'assenza in 100 mL di acqua, abbiamo:

a) ***Escherichia Coli:*** è il principale indicatore di contaminazione di derivazione umana, in quanto è il batterio maggiormente diffuso nell'intestino umano grazie alla presenza di un'enorme quantità di principi nutritivi di cui necessita; l'acqua potabile è un habitat sfavorevole che non permette la sopravvivenza a lungo per questa tipologia di batteri, per cui la loro presenza è indice di contaminazione ad opera di sostanze di origine fecale.

b) ***Coliformi totali:*** comprendono una vasta gamma di microrganismi gram-negativi a localizzazione intestinale ed ambientale, tra i quali *Citrobacter, Klebsiella, Enterobacter, E. Coli,* ecc..., per cui la loro presenza in un campione d'acqua non è per forza indice di una compromissione di origine umana.

c) ***Enterococchi:*** sono batteri gram-positivi di forma sferica diffusi nell'intestino di varie specie animali, per cui la loro presenza in un campione d'acqua fa ipotizzare una contaminazione organica di origine animale; inoltre, le loro caratteristiche strutturali conferiscono una maggior resistenza a condizioni ambientali sfavorevoli e, di conseguenza, possono sopravvivere più a lungo in acque destinate all'uso umano.

d) ***Clostridium Perfringens:*** è una specie batterica anaerobia obbligata le cui cellule in fase vegetativa, in condizioni avverse, sono in grado di trasformarsi in endospore, ovvero resistenti forme di vita latente che mantengono solamente il nucleo; successivamente, al miglioramento delle condizioni di vita, le spore vanno incontro ad un processo di germinazione – innescato da uno shock chimico, termico o di altro tipo – e, quindi, alla trasformazione in una nuova cellula in fase vegetativa. Questa natura sporigena consente, quindi, la capacità di resistere a lungo nell'acqua, motivo per cui è un importante indicatore di contaminazione dell'acqua destinata ad uso umano, che permette di evitare falsi negativi.

Il D.Lgs 31/2001 è stato modificato e integrato dal **Decreto del Ministero della Salute del 14 giugno 2017**, che prevede due allegati:

- **Allegato I – Controllo:** comprende 4 parti che specificano gli obiettivi e i programmi di controllo delle acque destinate al consumo umano, i parametri e le specifiche frequenze da valutare nei controlli, la valutazione del rischio e i metodi di campionamento.
- **Allegato II – Specifiche per l'analisi dei parametri:** comprende 2 parti e introduce l'obbligo, per i laboratori che effettuano le valutazioni analitiche sulle acque destinate al consumo umano, di essere accreditati secondo i criteri di qualità analitica definiti dalla norma UNI CEI EN ISO/IEC 17025.

2.2.2 *Le acque minerali naturali*

Le acque minerali, nonostante siano finalizzate al consumo umano, sono regolamentate da disposizioni differenti, nello specifico dal **D.Lgs n° 176/2011**, successivamente aggiornato dal **Decreto del Ministero della Salute del 10 febbraio 2015** in materia dei criteri di valutazione delle caratteristiche delle acque minerali naturali.

Per acque minerali naturali si intendono quelle acque che si originano da falde o giacimenti sotterranei, provengono da sorgenti naturali e sono caratterizzate da un'elevata purezza igienica e da proprietà chimico-fisiche favorevoli alla salute umana (dovute al contenuto o all'assenza di specifici minerali).

Un'enorme importanza viene data ai criteri di valutazione delle caratteristiche microbiologiche delle acque minerali naturali e, anche in questo caso, ci si basa su due tipologie di valutazioni analitiche:

- **Determinazione della carica microbica totale** (valutazione effettuata attraverso:
  - ***Prelievi alla sorgente*** (in tal caso i limiti imposti sono maggiormente restrittivi e la determinazione della carica microbica avviene in:
    - *20 unità formanti colonia per mL in seguito ad incubazione a 20-22°C per 72h*
    - *5 unità formanti colonia per mL in seguito ad incubazione a 37°C per 24h*
  - ***Prelievi in seguito all'imbottigliamento*** (in tal caso i limiti sono equivalenti a quelli indicati per le acque destinate al consumo umano, ovvero:
    - *100 unità formanti colonia per mL in seguito ad incubazione a 20-22°C per 72h*
    - *20 unità formanti colonia per mL in seguito ad incubazione a 37°C per 24h*
- **Ricerca di microrganismi in qualità di indicatori di contaminazione idrica da parte di germi patogeni** (tra i microrganismi in questione abbiamo:
  - *Escherichia Coli e coliformi:* la determinazione è maggiormente accurata e bisogna accertarne l'assenza in un volume di acqua di 250 mL attraverso due semine e due temperature di incubazione differenti, rispettivamente 34°C e 44.5°C.
  - *Streptococchi fecali:* insieme ai precedenti, costituiscono i migliori indicatori di origine fecale di derivazione animale e bisogna accertarne l'assenza in 250 mL, anche in questo caso mediante la semina in due repliche.
  - *Anaerobi sporigeni solfito-riduttori:* si fa riferimento, in particolare, alla specie *Clostridium Perfringens* e bisogna accertarne l'assenza in un volume di 50 mL.
  - *Pseudomonas Aeruginosa:* bisogna accertarne l'assenza in un volume di 250 mL.
  - *Staphylococcus Aureus:* sono batteri potenzialmente patogeni per l'uomo se trasferiti attraverso alimenti di origine animale, in quanto sono in grado di sintetizzare un'esotossina che può indurre forme gastroenteriche acute, e per una maggiore sicurezza bisogna accertarne l'assenza in un volume di 250 mL.

Altri importanti aspetti che sono trattati in questo decreto riguardano la denominazione specifica di ogni acqua minerale naturale, al fine di essere facilmente distinguibile dalle altre, come anche l'etichettatura, che deve contenere varie indicazioni, quali il contenuto di CO_2, la composizione analitica, il laboratorio utilizzato per le analisi, la data in cui sono state eseguite le analisi, gli effetti sulla salute (effetto diuretico, lassativo, indicata per l'alimentazione dei lattanti…), ecc….

2.2.3 *Le acque di piscina*

Le acque di piscina possono essere considerate nell'ambito delle acque destinate al consumo umano e la regolamentazione di legge vigente in materia è l'**Accordo del 16 gennaio 2003**.
Per piscina si intende un complesso per la balneazione caratterizzato da uno o più bacini artificiali, utilizzati per varie attività (ricreative, formative, sportive e terapeutiche) e, in funzione del tipo di utilizzo, delle caratteristiche strutturali e della destinazione, possiamo distinguerle in:

- **Piscine destinate ad un'utenza pubblica:** si tratta di piscine comunali, impianti finalizzati al gioco e ad un uso collettivo.
- **Piscine destinate agli abitanti del condominio e loro ospiti**
- **Piscine ad usi speciali:** sono collocate all'interno di strutture di cura, termali, riabilitative...

Anche in questo caso si parla di controlli interni (effettuati dal gestore della piscina) e controlli esterni (svolti dall'ASL territoriale competente), le cui valutazioni devono considerare parametri quali il cloro attivo libero, il cloro attivo combinato, la temperatura e il pH. Ovviamente, poiché questi ambienti sono altamente frequentati, è obbligatorio il trattamento delle acque con:

- *Disinfettanti* (cloro liquido, ipoclorito di sodio, ozono, ecc...)
- *Flocculanti* (solfato di alluminio, cloruro ferrico, alluminato di sodio, ecc...)
- *Correttori di pH* (acido cloridrico, sodio idrossido, sodio bicarbonato, ecc...)

Per quanto riguarda, invece, i controlli microbiologici, si considerano:

- **Determinazione delle cariche microbiche totali** (determinate alle temperature di incubazione di 22°C e 37°C)

- **Ricerca di indicatori di contaminazione idrica** (i microrganismi considerati sono:

  a) *Escherichia Coli*

  b) *Enterococchi*

  c) *Staphylococcus Aureus:* è un batterio altamente diffuso nell'organismo umano, in particolare a livello cutaneo e mucoso.

  d) *Pseudomonas Aeruginosa:* comprende batteri ubiquitari, le cui cellule sono caratterizzate da proprietà di antibiotico-resistenza, motivo per cui sono in grado di indurre episodi infettivi a livello delle mucose.

Importante, nei controlli microbiologici, è la distinzione tra acqua di immissione in vasca (il campione va prelevato dal rubinetto presente sulle tubazioni di mandata alle singole vasche) e acqua di vasca (il campione può essere prelevato in qualsiasi punto della vasca).

2.3 Prodotti cosmetici

La legge che ha posto le basi per la regolamentazione del settore cosmetico è stata la **Legge n° 713/86**, che ha conferito al biologo competenze nella direzione tecnica per la produzione e il confezionamento dei prodotti cosmetici. Questi ultimi sono stati definiti come sostanze o preparazioni da applicare sull'epidermide, sui capelli, ecc... allo scopo di pulire, proteggere, modificare l'aspetto estetico, ecc.... Inoltre, un aspetto fondamentale, è la mancanza di una finalità terapeutica, in quanto sono prodotti diversi dai farmaci.
Tra le categorie di prodotti cosmetici, dettagliatamente elencate nell'Allegato I, si osservano, a titolo di esempio:

- *Creme*
- *Emulsioni*
- *Lozioni*
- *Gel e oli per la pelle*
- *Maschere di bellezza*
- *Profumi e saponi*

L'Allegato II, invece, elenca le sostanze che non devono essere utilizzate per la produzione di tali prodotti, tra cui si riscontrano antibiotici, arsenico, atropina, benzene, curaro, digitalina, ecc....
Un'importante mancanza di questa legge è che non contiene alcun riferimento agli aspetti microbiologici da considerare, nonostante la composizione di molti prodotti cosmetici li renda ottimi substrati di crescita per diversi microrganismi, il cui sviluppo è favorito anche dalla temperatura di conservazione che, spesso, è la temperatura ambiente.
Di conseguenza, in assenza di precise disposizioni di legge, il problema del controllo microbiologico dei prodotti cosmetici, in Italia, è stato affrontato dal Comitato Microbiologico **UNIPRO** che, in riferimento alle indicazioni fornite da altre Associazioni (*Food and Drug Administration (**FDA**), Cosmetic, Toiletry & Fragrance Association (**CTFA**), The European Cosmetic Toiletry and Perfumery Association (**COLIPA**)*, ecc...), ha delineato i criteri principali di tale controllo all'interno del testo "*La microbiologia nell'industria cosmetica*" (1990), che prevedono:

- **Valutazione delle cariche microbiche totali dei prodotti** (i prodotti cosmetici sono stati suddivisi in due categorie:
    - *Preparati ad uso generale*
    - *Preparati per i bambini o destinati al contatto con la superficie oculare*
- **Ricerca di specifici microrganismi nei prodotti, le cui cariche microbiche totali superino determinati valori soglia** (tra i microrganismi specifici sono stati individuati:
    - *Pseudomonas Aeruginosa*
    - *Staphylococcus Aureus*
    - *Candida Albicans*

Il **Regolamento n° 1223/2009 del Parlamento Europeo e del Consiglio** sui prodotti cosmetici ha avuto una grande importanza nel settore cosmetico e ne racchiude gli aspetti fondamentali per garantire la sicurezza e la salute umana. Tale regolamento ha subito delle modifiche attraverso i **Regolamenti (UE) n° 2228/2017** e **885/2018**.

2.4 Rischio biologico (sicurezza e tutela della salute nei luoghi di lavoro)

Quello del rischio biologico è l'aspetto che interessa maggiormente la figura professionale del biologo nell'ambito della sicurezza sul lavoro ed è stato introdotto, insieme a quello di "agente biologico", con il **D.Lgs n° 626/94**.
Secondo tale provvedimento, l'**agente biologico** viene considerato come un qualsiasi microrganismo, coltura cellulare o endoparassita umano che potrebbe provocare infezioni, allergie o intossicazioni. Gli agenti biologici sono classificati in 4 gruppi in funzione del tipo di interazione con l'organismo umano e, quindi, del grado di pericolo di tale interazione: si passa dagli agenti biologici del Gruppo 1, che presentano poche probabilità di causare malattie nell'uomo, agli agenti biologici del Gruppo 4, che sono in grado di provocare malattie gravi nell'uomo, rappresentando un elevato rischio per i lavoratori e per la propagazione alla comunità. Inoltre, in uno degli allegati del decreto era presente un enorme elenco degli agenti biologici considerati, distinti in batteri, virus, parassiti e funghi.

Nel 2008 questo decreto è stato sostituito dal **D.Lgs 81/2008** in materia di tutela della salute e della sicurezza nei luoghi di lavoro, confermando tutte le indicazioni del precedente. Nonostante la completezza da un punto di vista teorico, però, risultava difficilmente applicabile dal punto di vista pratico a causa della complessità e della portata dei controlli che richiedeva. Per poter applicare queste disposizioni, si è ritenuto necessario elaborare un criterio di impostazione ed esecuzione delle verifiche microbiologiche sulla base di:

- *Attendibili indici di contaminazione*
- *Adeguate metodologie di campionamento ed analisi*
- *Significativa casistica sulle condizioni reali degli ambienti di lavoro*

Di conseguenza, nel 2009 (revisionato poi nel 2012) l'Ente UNICHIM ha elaborato il documento *Rischio biologico in ambienti "indoor". Inquadramento della problematica e strategie di controllo e prevenzione*, ovvero una linea-guida in cui sono stati definiti gli aspetti da mettere in atto.
Per quanto riguarda gli ambienti di lavoro è stata proposta una classificazione in tre tipologie:

- **Ambienti nei quali gli agenti biologici rappresentano l'oggetto dell'attività** (si tratta di ambienti nei quali il rischio può essere elevato, in quanto gli operatori – biologi, medici, tecnici di laboratorio – vengono a contatto con tante tipologie di microrganismi per fini lavorativi (come nel caso dei laboratori di microbiologia). Allo stesso tempo, essendo un luogo in cui, generalmente, è presente solo il personale (e non soggetti estranei alle attività), che ha una specifica preparazione tecnico-scientifica, interessa un ristretto numero di persone che, tra l'altro, fanno uso di adeguate apparecchiature e dispositivi di protezione, quali guanti, mascherine, cappe a flusso laminare, ecc…)
- **Ambienti nei quali ciò che è oggetto di attività può costituire serbatoio o veicolo di agenti biologici** (si tratta principalmente di ambienti in cui vengono manipolati prodotti destinati all'alimentazione che possono, appunto, costituire un substrato di crescita o un veicolo di trasporto per microrganismi dannosi per l'uomo. Anche in questo caso, ovviamente, gli operatori devono avere una specifica formazione relativamente all'attività che svolgono ed il rischio è limitato al personale)

- **Ambienti nei quali non vi è alcuna relazione tra quanto oggetto di attività e gli agenti biologici** (si tratta della maggior parte degli ambienti di lavoro, quali uffici, scuole e centri commerciali, le cui attività non presentano, apparentemente, un reale rischio biologico; inoltre, essendo luoghi frequentati molto da soggetti esterni, risulta impossibile mettere in atto iniziative di formazione e sensibilizzazione sulla tematica)

Per quanto riguarda la ricerca e la determinazione delle tipologie di microrganismi che si possono riscontrare negli ambienti di lavoro, può essere effettuata da qualsiasi struttura analitica in grado di effettuare prove microbiologiche di routine. Il documento n° 213/2012 ha proposto 5 categorie di microrganismi in qualità di indici di contaminazione:

- **Microrganismi normalmente presenti in qualsiasi ambiente di vita e di lavoro e privi di uno specifico interesse per la patologia umana** (costituiscono una sorta di flora batterica naturale, il cui reperimento nei normali valori non rappresenta alcun pericolo per l'uomo; tra questi possiamo osservare batteri del genere *Bacillus*, *Micrococcus* e *Flavobacterium*, ma anche miceti del genere *Penicillium* e *Cladosporium*)
- **Microrganismi normalmente presenti in qualsiasi ambiente di vita e di lavoro, ma con uno specifico interesse per la patologia umana** (l'unica specie batterica di questa categoria è la *Legionella pneumophila*, la cui presenza è normale in ambiti come gli impianti di climatizzazione e idraulici, ma può essere molto pericolosa per l'uomo poiché, se inalata, può indurre la "febbre di Pontiac" o, peggio, la legionellosi, patologia altamente mortale)
- **Microrganismi non presenti in un ambiente di lavoro, la cui presenza è legata all'uomo** (si tratta di microrganismi generalmente diffusi sulla cute e sulle mucose, di cui costituiscono una flora microbica tipica; tra questi abbiamo specie batteriche del genere *Staphylococcus* – eccetto *S. Aureus* – e lieviti del genere *Candida* – eccetto *C. Albicans*)
- **Microrganismi che costituiscono attendibili indicatori di contaminazione organica** (il riscontro di questa tipologia di microrganismi può essere indice di una condizione igienica alquanto precaria dell'ambiente in esame e di questa categoria fanno parte specie batteriche quali *Escherichia*, *Enterobacter*, *Klebsiella*, *Citrobacter*, ecc...)
- **Microrganismi potenzialmente patogeni per l'uomo** (questi microrganismi possono essere responsabili di episodi morbosi a livello cutaneo-mucoso nell'uomo e possiamo riscontrare lieviti della specie *Candida Albicans*, batteri delle specie *Staphylococcus Aureus* e del genere *Salmonella* – in particolare in ambienti in cui sono manipolati prodotti alimentari)

Infine, le metodologie di campionamento previste dal documento n° 213/2012 per i controlli microbiologici degli ambienti di lavoro sono:

- **Campionamenti dall'aria** (attraverso dei campionatori per impatto viene aspirato uno specifico volume d'aria, che viene poi proiettato su capsule di Petri o su *strips*, in questo modo da ottenere dei valori quantitativi della carica microbica.)
- **Campionamenti dalle superfici** (vengono applicate le "*contact plates*", ovvero delle capsule di Petri con una particolare struttura, o delle linguette di terreno, chiamate "*slides*", sulla superficie in questione in modo da effettuare il prelievo mettendo a diretto contatto il terreno di coltura e la superficie)
- **Campionamenti da strumenti e attrezzature** (il prelievo viene effettuato attraverso dei tamponi dotati di un adeguato terreno semisolido di trasporto, in modo da mantenerne inalterate le condizioni durate il trasporto verso il laboratorio all'interno di contenitori refrigerati. Il prelievo avviene strisciando accuratamente tutta la superficie di contatto del tampone sul substrato di cui si necessitano le analisi, dopodiché le analisi devono essere effettuate in tempi brevi)

In tutti e tre i casi, le piastre o i tamponi vengono trasferiti in laboratorio, incubati in determinate condizioni, per poi passare all'identificazione delle colonie microbiche in funzione delle caratteristiche morfologico-colturali.
La legislazione in tema di sicurezza nei luoghi di lavoro ha subito alcune integrazioni attraverso il **Regolamento UE n° 425/2016**, che ha ampliato la definizione dei Dispositivi di Protezione Individuale (DPI) del D.Lgs 81/2008. Nello specifico ha indicato le categorie di rischio da cui i DPI sono destinati a proteggere gli utilizzatori:

- *Rischi minimi* (lesioni meccaniche superficiali, contatto con superfici calde che non superino i 50°C, ecc…)
- *Rischi che possono causare conseguenze molto gravi – morte o danni irreversibili* (sostanze e miscele pericolose per la salute, atmosfere con carenza di ossigeno, agenti biologici nocivi, radiazioni ionizzanti, ecc…)

2.5 Criteri di qualità

L'applicazione dei criteri di qualità è ormai diventato un requisito obbligatorio per un prodotto o un'attività, in particolare in settori di grande impatto produttivo ed economico.
Per **qualità** si intende l'insieme delle caratteristiche/requisiti, definiti da specifiche normative, di un prodotto o di un'attività, che ne garantiscono la sicurezza e la soddisfazione del cliente.
Le norme tecniche che definiscono tali requisiti possono essere di vario genere:

- **Norme di carattere internazionale ISO** (International Organization for Standardization)
- **Norme di carattere europeo EN** (elaborate dall'Organismo di Normazione Europea CEN)
- **Norme di carattere nazionale UNI** (Ente Nazionale Italiano di Unificazione)

Inoltre, qualsiasi norma tecnica è caratterizzata da:

- **Requisiti gestionali:** presentano aspetti pressoché comuni tra tutte le norme.
- **Requisiti tecnici:** presentano aspetti strettamente connessi al tipo di qualità considerata.

In funzione dell'ambito in cui si lavora, possiamo distinguere diverse tipologie di qualità:

- ***Qualità di processo:*** conforme alle norme della serie **ISO 9000** (tra queste, ad esempio:
  - **UNI/EN/ISO 9001 : 2015** (è la norma per la qualità di processo e specifica i requisiti che deve possedere un Sistema di Gestione della Qualità (SGQ) per i settori produttivi, costituendo la base per ottenere la certificazione)
  - **UNI/EN/ISO 9004 : 2018** (è una norma complementare alla precedente ed ha come scopo la gestione di un'organizzazione per il "successo durevole")
- ***Qualità analitica:*** conforme alla norma **UNI CEI EN ISO/IEC 17025 : 2005** (è la norma che specifica i requisiti gestionali e tecnici – formazione e competenze del personale, strumentazione, condizioni ambientali, analisi dei metodi di prova, che devono risultare riproducibili, rappresentativi e ripetibili – per i laboratori, costituendo la base per ottenere l'accreditamento)
- ***Qualità analitica in ambito clinico:*** conforme alla norma **ISO 15189 : 2013** (è una norma simile alla precedente, ma specifica per i laboratori medici)
- ***Qualità ambientale:*** conforme alle norma della serie **ISO 14000**
- ***Qualità in ambito di sicurezza:*** conforme alla norma **UNI ISO 45001** (prima OHSAS 18001)
- ***Qualità in ambito di responsabilità sociale:*** conforme alla norma **SA 8000**

2.5.1 *Certificazione e accreditamento (gestione e valutazione della qualità)*

Due termini importanti da considerare in ambito di qualità sono la certificazione e l'accreditamento.

Per **certificazione** si intende l'attestazione, rilasciata da un organismo competente, che indica la conformità di un'organizzazione che realizza un Sistema di Qualità ad una specifica norma tecnica, che ne delinea i requisiti. Questa conformità deve essere verificata periodicamente in modo da accertare il corretto sviluppo ed il continuo miglioramento della gestione della qualità.

Nel caso di una struttura analitica che voglia dimostrare la conformità alla norma 17025, è più corretto parlare di **accreditamento**, ovvero l'attestazione, rilasciata da un organismo competente (conforme alla norma tecnica internazionale **UNI CEI EN ISO/IEC 17011**), che quel laboratorio sia conforme alla specifica norma di riferimento in funzione dell'attendibilità dei risultati (non è altro che la conseguenza di un corretto e specifico Sistema di Qualità sia a livello gestionale che tecnico).

2.5.2 *Sistema di gestione della qualità (SGQ) di un laboratorio di analisi*

Per qualità di un prodotto si intende l'insieme delle proprietà e caratteristiche che ne garantiscono la sicurezza e la soddisfazione dell'utilizzatore. Assicurare la qualità è fondamentale per ogni laboratorio di analisi, i cui prodotti sono i dati chimici, microbiologici, tossicologici, analitici, ecc…, che devono risultare:

- *Accurati*
- *Precisi*
- *Rappresentativi*

Per raggiungere la qualità ottimale, ovviamente, è necessario evitare e minimizzare al massimo gli errori, che possiamo distinguere in due tipologie:

- ***Errori casuali:*** sono inevitabili, ma minimizzabili tramite una corretta standardizzazione delle procedure.
- ***Errori sistematici:*** sono legati all'uomo e al modus operandi e possono essere evitati con una corretta standardizzazione delle procedure e una buona implementazione del Sistema di Gestione della Qualità (SGQ).

Per fare ciò, quindi, è importante implementare dei **Sistemi di Gestione della Qualità (SGQ)**, ovvero dei sistemi caratterizzati da un insieme di procedure per prevenire e prevedere gli errori e, quindi, assicurare il corretto funzionamento del sistema analitico. Ovviamente, bisogna considerare l'intero processo analitico, che è caratterizzato da 3 fasi distinte:

a) ***Fase pre-analitica*** (prelievo, trasporto, conservazione e preparazione del campione)
b) ***Fase analitica*** (analisi vera e propria)
c) ***Fase post-analitica*** (validazione e trasmissione del risultato)

Nello specifico, il campione deve essere raccolto con metodi standardizzati che ne garantiscano la rappresentatività e inserito in contenitori specifici per tipologia e materiale, in modo da non alterarne le caratteristiche.
I reagenti devono avere una qualità certificata, essere correttamente etichettati e prelevati con pipette pulite, tarate e sterili.
Per quanto riguarda la strumentazione, deve essere adeguata e certificata, deve essere controllata, calibrata e tarata periodicamente mediante le Carte di Controllo del Rischio (per rilevare eventuali anomalie) da un operatore competente, e sottoposta ad una corretta manutenzione.
Al fine di migliorare i SGQ, inoltre, i laboratori vengono sottoposti ad una serie di controlli e verifiche periodiche, anche allo scopo di ottenere l'accreditamento, ovvero il riconoscimento delle competenze e conoscenze tecniche per eseguire specifiche analisi. Tra queste verifiche, che possono essere effettuate da Enti esterni (ACCREDIA), dal personale interno o da consulenti esterni incaricati dall'Azienda stessa, abbiamo:

- **Verifica di Qualità Esterna – VEQ:** ha come oggetto la qualità delle tre fasi del processo analitico e prevede l'utilizzo di campioni con titolo ignoto all'operatore.
- **Controllo di Qualità Interno – CQI:** è il controllo che si esegue internamente sull'intera struttura e sul dato analitico, mediante la calibrazione della strumentazione, l'analisi di campioni standard, l'utilizzo di carte di rischio, ecc...

Infine, alcuni esempi di ciò che prevede la documentazione del sistema di qualità, che deve essere controllata attentamente dal responsabile autorizzato e resa disponibile al personale utilizzatore, sono i seguenti:

- **Servizi esterni e forniture:** il laboratorio deve selezionare i fornitori dei servizi esterni, delle apparecchiature e materiali di consumo, per poi controllarli e conservarli in magazzino con un opportuno e periodico inventario.
- **Documenti di registrazione:** devono essere correttamente archiviati per consentirne una facile rintracciabilità e consultazione.
- **Sistemazione ambientale:** deve consentire lo svolgimento delle attività di laboratorio senza compromettere la qualità dei risultati.
- **Rapporti di prova:** i risultati delle verifiche ispettive interne ed esterne devono essere leggibili e privi di errori di trascrizione e, poiché contengono informazioni riservate, il personale del laboratorio deve considerarle come informazioni confidenziali.

3. LA CHIMICA DEI VIVENTI

Gli esseri viventi sono formati da una serie di:

- **Bioelementi** (possiamo ritrovarli in:
  - *Elevate quantità* (Carbonio (C), Ossigeno (O), Idrogeno (H), Zolfo (S), Azoto (N), Fosforo (P))
  - *Basse quantità* (Calcio (Ca), Potassio (K), Cloro (Cl), Sodio (Na))
- **Oligoelementi/microelementi** (Iodio (I) e Ferro (Fe), presenti in piccolissime quantità)

L'acqua (H_2O) è il componente più abbondante delle cellule (75-85% del loro peso) e tra le sue molecole si instaurano una serie di interazioni deboli, che prendono il nome di **legami a idrogeno**. Nello specifico, il legame a idrogeno è un'interazione debole che si instaura tra un atomo di H legato covalentemente a due atomi fortemente elettronegativi (O, N, F) della stessa o di diverse molecole. Tra le principali proprietà dell'acqua si riscontrano:

- ***Polarità:*** proprietà dovuta alla diversa distribuzione di cariche tra gli atomi (O è elettronegativo e porta una parziale carica negativa, H ha una parziale carica positiva), rendendola un ottimo solvente per soluti ionici e polari.
- ***Coesione*** (proprietà dovuta ai legami-H tra molecole di H_2O)
- ***Adesione*** (proprietà dovuta ai legami-H tra H_2O e altre sostanze polari)
- ***Alto calore specifico*** (quantità di calore che 1gr di una sostanza deve assorbire per aumentare la sua temperatura di 1°C)
- ***Alto calore di evaporazione*** (quantità di energia necessaria a convertire 1gr di liquido in vapore)
- ***Tendenza alla dissociazione*** (per dare protoni H^+ e ioni idrossido OH^-)

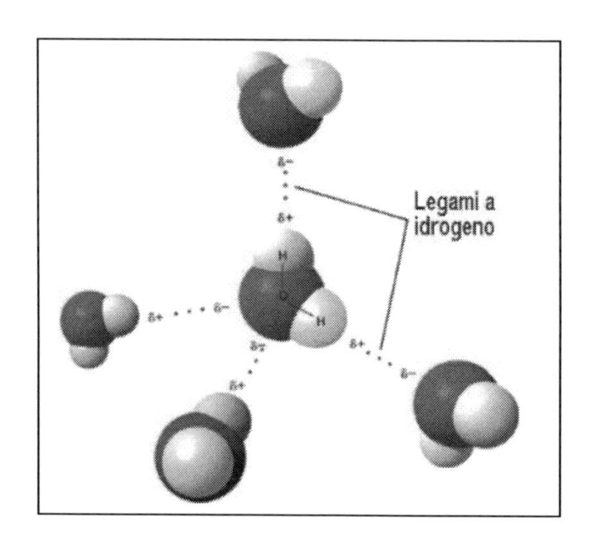

3.1 Biomolecole

Le biomolecole sono i principali costituenti degli organismi e degli alimenti e svolgono essenziali funzioni degli animali e dei vegetali. Tra questi distinguiamo:

- ***Lipidi***
- ***Carboidrati (glucidi)***
- ***Proteine e aminoacidi***
- ***Acidi nucleici***

Nello specifico, si può parlare di macromolecole, ovvero grandi molecole formate dall'unione di un numero elevato di piccole molecole (monomeri o unità monomeriche), che possono essere uguali o diverse (omopolimeri o eteropolimeri).
A livello chimico, la reazione che porta alla formazione di legami covalenti tra monomeri è la **reazione di polimerizzazione**.

3.1.1 *Lipidi*

I lipidi sono una ricca ed eterogenea classe di biomolecole scarsamente solubili in acqua, in quanto sono esteri saponificabili degli acidi grassi. Li ritroviamo in grandi quantità in tessuti animali e vegetali e tra le principali funzioni abbiamo:

- *Riserva energetica all'interno delle cellule*
- *Componenti delle membrane cellulari*

I lipidi vengono classificati in:

- **Semplici o apolari** (per idrolisi danno origine ad alcoli e acidi grassi; tra questi abbiamo:
    - *Trigliceridi* (oli e grassi)
    - *Cere*
- **Complessi o polari** (per idrolisi originano alcoli, acidi grassi, aminoalcoli e altri prodotti polari e sono costituiti da molecole anfipatiche, ovvero caratterizzate da una coda idrofobica – catene idrocarburiche di acidi grassi – e una testa polare. Di questa categoria fanno parte:
    - *Fosfolipidi*
    - *Sfingolipidi*
- **Insaponificabili** (non vengono scissi per idrolisi e rappresentano una piccolissima percentuale dei lipidi; tra questi gli steroidi, quali il colesterolo, i terpeni, le vitamine liposolubili e alcuni idrocarburi, quali squalene e beta-carotene)

La reazione di idrolisi può avvenire sia in ambiente acido che basico, per cui si parla di:

- ***Idrolisi acida:*** l'acido funge da catalizzatore della reazione, per cui è presente in piccole quantità.
- ***Idrolisi basica (saponificazione dei lipidi):*** la base funge da catalizzatore, ma viene anche consumata dalle molecole di acido grasso, che vengono poi trasformate nei corrispondenti sali (saponi), per cui è presente in quantità stechiometriche.

Il legame caratteristico dei lipidi è il **legame estereo** tra acidi grassi e ossidrili alcolici.

I **trigliceridi** sono esteri del glicerolo (alcol trivalente) con tre molecole di acidi grassi, per cui in seguito ad idrolisi acida formano glicerolo e tre molecole di acidi grassi, mentre per idrolisi basica formano una molecola di glicerolo e tre molecole di sale di acido grasso.
Tra questi distinguiamo:

- ***Oli*** (sono liquidi a temperatura ambiente e costituiti da trigliceridi più ricchi di acidi grassi insaturi)
- ***Grassi*** (sono solidi a temperatura ambiente e più ricchi di acidi grassi saturi)

Le **cere** sono esteri di acidi grassi (caratterizzati da un numero di atomi C tra 26 e 34) con alcoli superiori (con un numero di atomi C tra 16 e 22); sono secrete dalle ghiandole protettive dei vertebrati per tenere la pelle morbida e impermeabile e possono essere di origine:

- *Vegetale* (cera di lino e cera carnauba)
- *Animale* (cera prodotta dalle api o la cera estratta da balene e capodogli)

I **fosfolipidi** sono lipidi complessi polari formati da una molecola di glicerolo, i cui gruppi ossidrili sono esterificati con due molecole di acido grasso e una molecola di acido fosforico.

Gli **sfingolipidi** sono lipidi complessi polari, il cui scheletro è formato da una coda apolare legata ad una molecola di sfingosina (amminoalcol a lunga catena insatura).

3.1.2 *Carboidrati (glucidi)*

I carboidrati sono una classe di biomolecole, la cui formula molecolare presenta, oltre ad atomi C, atomi H e O nello stesso rapporto in cui si trovano nell'acqua (H_2O), come si può osservare nel glucosio ($C_6H_{12}O_6 = C_6(H_2O)_6$) o nel saccarosio ($C_{12}H_{22}O_{11} = C_{12}(H_2O)_{11}$).
Il legame caratteristico dei carboidrati è il **legame glicosidico**, ovvero un legame covalente ottenuto per eliminazione di una molecola di H_2O (disidratazione) tra l'ossidrile semiacetalico di un residuo monosaccaridico e un ossidrile di un'altra molecola monosaccaridica. Tale legame può essere scisso per idrolisi acida o basica o per l'azione delle *glicosidasi.*
Possiamo classificare i carboidrati nel seguente modo:

- **Zuccheri** (sono carboidrati polari ricchi di gruppi ossidrilici, quindi solubili in acqua, e possiamo dividerli in:
  - ***Monosaccaridi*** (sono i carboidrati più semplici, in quanto costituiti da un solo monomero e, in funzione del gruppo funzionale che li caratterizza, possono essere:
    - *Poliidrossialdeidi o aldosi* (glucosio, galattosio, ribosio, mannosio)
    - *Poliidrossichetoni o chetosi* (fruttosio)

    Il D-glucosio è il monosaccaride più presente in natura ed esiste solo in forma ciclica grazie all'interazione del gruppo carbonilico con i gruppi alcolici della molecola.

- *Disaccaridi* (sono carboidrati più complessi formati da due molecole di monosaccaridi legate tramite un legame glicosidico e tra questi ricordiamo:
  - *Saccarosio* (glucosio + fruttosio)
  - *Maltosio* (glucosio + glucosio)
  - *Lattosio* (glucosio + galattosio)
- *Oligosaccaridi* (sono zuccheri che, per idrolisi (acida o enzimatica), formano da 3 a 10 monosaccaridi)

- **Polisaccaridi** (sono polimeri costituiti da un elevato numero di monosaccaridi, risultano insolubili in acqua e li possiamo distinguere in:
  - *Omopolisaccaridi* (sono costituiti dall'unione di monosaccaridi uguali e tra questi si ricordano:
    - *Amido* (polisaccaride di riserva dei vegetali costituito da molecole di glucosio, nello specifico da amilosio (250 molecole di α-D-glucosio) e amilopectina (1000 molecole di glucosio))
    - *Cellulosa* (polisaccaride strutturale dei vegetali costituito da molecole di α-D-glucosio)
    - *Glicogeno* (polisaccaride di riserva di fegato e muscoli degli animali, costituito da molecole di glucosio)
  - *Eteropolisaccaridi* (sono costituiti dall'unione di monosaccaridi diversi)

3.1.3 *Aminoacidi*

Gli **aminoacidi** sono composti organici caratterizzati da:

- *Gruppo carbossilico COOH* (o carbossilato COO^-)
- *Gruppo amminico NH_2* (o ammonico NH_3^+)

Gli aminoacidi costituenti le proteine prendono il nome di **L-α-aminoacidi,** in quanto i due gruppi funzionali sono legati allo stesso atomo C (carbonio alfa), differiscono per il residuo R (solo nel caso della *glicina* il carbonio è legato a due molecole di H, poiché R = H) e si presentano solo nella struttura levogira (stereoisomero L).
Dal punto di vista nutrizionale possiamo distinguere gli aminoacidi in:

- ***Aminoacidi essenziali:*** devono essere introdotti necessariamente con la dieta, in quanto non sono sintetizzati dall'organismo o ne vengono prodotti in minime quantità. Di questi ce ne sono 10 nei bambini e 8 negli adulti.
- ***Aminoacidi non essenziali:*** possono essere sintetizzati nelle cellule a partire da prodotti più semplici contenenti C, N, H e O.

3.1.4 *Proteine (polipeptidi)*

Le **proteine** sono copolimeri costituiti da molecole di L-α-aminoacidi legate tra loro mediante il cosiddetto **legame peptidico**, ovvero un legame ammidico che si instaura tra i gruppi carbossilico e amminico di due aminoacidi per eliminazione di una molecola di H_2O.
In funzione delle unità amminoacidiche che compongono tali composti possiamo distinguere tra:

- ***Oligopeptidi*** (formati da 2 – 20 aminoacidi)
- ***Peptidi*** (formati da 20 – 100 aminoacidi)
- ***Polipeptidi o proteine*** (formati da più di 100 aminoacidi)

Le proteine presentano due funzioni principali, ovvero:

- **Strutturale:** costituiscono un componente di elementi strutturali della materia vivente (cheratina dei capelli, collagene della pelle e delle ossa, elastina delle arterie, ecc...)
- **Funzionale:** fondamentale nello svolgimento di funzioni caratteristiche degli organismi, quali la funzione catalitica delle reazioni metaboliche)

Dal punto di vista strutturale possiamo parlare di:

- **Struttura primaria** (è costituita dalla successione degli aminoacidi costituenti la catena polipeptidica, che avrà un'estremità N-terminale (sx) e un'estremità C-terminale (dx))
- **Struttura secondaria** (costituita dalla disposizione tridimensionale della catena polipeptidica in seguito alla formazione di legami a ponte d'idrogeno a livello dei legami peptidici; a seconda della disposizione nello spazio possiamo osservare:
    - *Struttura alfa-elica*
    - *Struttura beta-foglietto*
- **Struttura terziaria** (costituita dalla disposizione tridimensionale della catena polipeptidica in seguito alla formazione di legami di varia natura tra i residue R dei vari aminoacidi)
- **Struttura quaternaria** (rappresenta la disposizione tridimensionale delle varie subunità che costituiscono la proteina ed è caratteristica delle proteine formate da più catene polipeptidiche)

Dal punto di vista funzionale, invece, possiamo osservare una vastità di funzioni, quali:

- *Enzimatica* (DNA polimerasi)
- *Strutturale* (collagene, elastina, cheratina)
- *Contrattile* (actina e miosina)
- *Deposito* (riserva di nutrienti)
- *Trasporto* (emoglobina)
- *Di segnale* (ormoni e fattori di crescita)
- *Regolazione* (espressione genica)
- *Recettoriale* (recettore acetilcolinico)
- *Difesa* (anticorpi Ab)

3.1.5 *Acidi nucleici: DNA e RNA*

Gli **acidi nucleici** sono due grandi classi di macromolecole formate da una sequenza di **nucleotidi**, a loro volta costituiti da un **nucleoside** (porzione organica) e un **fosfato inorganico**, legati mediante un legame estereo tra l'acido fosforico e l'ossidrile OH in posizione 5' dello zucchero.
I vari nucleotidi sono legati tra loro attraverso legami fosfodiesterici derivanti dall'eliminazione di una molecola di H_2O tra l'acido fosforico di un nucleotide e l'ossidrile OH in posizione 3' dello zucchero del successivo.

I **nucleosidi** sono costituiti da una base azotata e uno zucchero [ribosio (RNA) o desossiribosio (DNA)], legati tra loro mediante un **legame N-glicosidico**, derivante dall'eliminazione di una molecola di H_2O tra l'ossidrile OH semiacetalico dello zucchero e un H legato all'atomo di azoto N della base azotata. Le basi azotate sono classificate in:

- **Purine**
  - *Adenina (A)*
  - *Guanina (G)*
- **Pirimidine**
  - *Citosina (C)*
  - *Timina (T)*
  - *Uracile (U)*

Nello specifico distinguiamo gli acidi nucleici in:

- **Acido desossiribonucleico (DNA)** (contiene e codifica il codice genetico, è caratterizzato dallo zucchero desossiribosio e dalle basi azotate A, G, T, C ed è costituito da due catene polinucleotidiche appaiate tra loro mediante legami-H a ponte tra le basi)
- **Acido ribonucleico (RNA)** (permette di utilizzare l'informazione contenuta nel DNA, è caratterizzato dallo zucchero ribosio e dalle basi azotate A, G, U, C ed è costituito da un unico filamento polinucleotidico. Inoltre, possiamo suddividere l'RNA in:
  - *mRNA – messaggero* (trasporta l'informazione genetica per la sintesi proteica dal DNA ai ribosomi)
  - *rRNA - ribosomiale* (costituisce i ribosomi)
  - *tRNA - transfer* (legano gli aminoacidi e li trasportano nei ribosomi, dove vengono riconosciuti ed utilizzati per sintetizzare le proteine)

4. LA CELLULA

4.1 Procarioti ed eucarioti

I **procarioti** sono organismi unicellulari privi di un nucleo delimitato dalla membrana e sono distinti in *eubatteri* e *archeobatteri*. Dal punto di vista strutturale, mostrano:

- **Flagelli batterici** (costituiti da polimeri di flagellina)
- **Capsula**
- **Parete cellulare** (formata da peptidoglicano – anche chiamato mureina)
- **Membrana plasmatica** (può contenere gli enzimi necessari alle funzioni vitali)
- **Citosol** (presenta ribosomi con un coefficiente di sedimentazione di 70S – il valore S, rappresentato in Svedberg, è la misura della loro velocità di sedimentazione, che dipende da forma e dimensione)
- **Nucleoide/area nucleare** (presenta il cromosoma batterico, caratterizzato da una singola molecola di DNA circolare)

I batteri sono privi di organuli citoplasmatici ed effettuano la riproduzione asessuata mediante un processo di scissione binaria (scissione della cellula in due parti uguali).

Gli **eucarioti**, invece, possono essere sia organismi unicellulari (protisti) che pluricellulari (piante, funghi e animali) e, a differenza di quelle procariotiche, le cellule eucariotiche presentano un nucleo delimitato da una specifica membrana, oltre che una serie di organelli e compartimenti intracellulari (reticolo endoplasmatico, apparato di Golgi, mitocondri, ecc…).

Differenze tra cellula procariotica ed eucariotica

Le differenze che si riscontrano tra le cellule procariotiche ed eucariotiche interessano diversi aspetti:

1. **Nucleo e DNA:** nelle cellule eucariotiche il nucleo è separato dal citoplasma tramite la membrana nucleare e al suo interno contiene il DNA, organizzato in coppie di cromosomi e avvolto dagli istoni (classe di proteine importanti nel definire la struttura della cromatina e nell'influenzarne la trascrizione). Nelle cellule procariotiche, invece, il nucleo non è separato dal citoplasma, si parla di nucleoide e il DNA è organizzato in un unico cromosoma circolare che, nei batteri, non risulta avvolto dagli istoni (negli archeobatteri si).

2. **Dimensioni cellulari:** si parla di un diametro di circa 0.3-2 μm per le cellule procariotiche (struttura più semplice e mancante di organelli) e di 2-25 μm per le cellule eucariotiche.

3. **Riproduzione:** le cellule procariotiche si riproducono tramite meccanismi di scissione binaria (la cellula si divide in due cellule figlie contenenti, ognuna, una copia del cromosoma), mentre le cellule eucariotiche presentano processi di mitosi e meiosi.

4. **Parete cellulare:** è una struttura esterna alla membrana cellulare presente nelle cellule procariotiche, la cui forma e rigidità è conferita dai peptidoglicani; per quanto riguarda le cellule eucariotiche, la ritroviamo nelle piante e nei funghi, nei quali è costituita, rispettivamente, da cellulosa e chitina.

5. **Membrana cellulare:** è presente in entrambi i tipi cellulari, è costituita principalmente da un doppio strato fosfolipidico, all'interno del quale sono inserite le proteine di membrana: steroli negli eucarioti, opanoidi nei procarioti.

6. **Organelli e compartimenti intracellulari:** sono una serie di sistemi membranosi connessi alla membrana delle cellule eucariotiche, ognuno con una determinata funzione (reticolo endoplasmatico, apparato del Golgi, lisosomi). Questi organelli, così come anche mitocondri, cloroplasti, organelli citoplasmatici e citoscheletro sono assenti nelle cellule procariotiche, nelle quali sono presenti i mesosomi (invaginazioni della membrana batterica fondamentali per funzioni enzimatiche, divisione cellulare, sintesi della parete cellulare e formazione delle spore).

7. **Ribosomi:** sono presenti in entrambi i tipi cellulari, ma differiscono per forma e grandezza delle subunità, oltre che per composizione molecolare. I ribosomi procariotici hanno un coefficiente di sedimentazione di 70S, le cui subunità maggiore (50S) e minore (30S) contengono proteine ribosomiali e, rispettivamente, due molecole di RNA (23S e 5S), e una molecola di RNA (16S). I ribosomi eucariotici hanno un coefficiente di sedimentazione di 80S, le cui subunità maggiore (60S) e minore (40S) contengono proteine ribosomiali e, rispettivamente, tre molecole di rRNA (28S, 5.8S e 5S) e una molecola di rRNA (18S).

8. **Processo di trascrizione:** in entrambi i tipi cellulare il processo di trascrizione inizia con il legame della RNA polimerasi ad un promotore, la differenza è riscontrata tra i tipi di RNA polimerasi presenti. Le cellule procariotiche hanno un'unica RNA polimerasi, caratterizzata da 4 subunità catalitiche e da una subunità regolatrice – fattore sigma – in grado di legarsi a specifici promotori; le cellule eucariotiche presentano tre tipi di RNA polimerasi in funzione del numero di subunità e del tipo di RNA che trascrivono: RNA-pol-I (trascrive rRNA 18S e 28S), RNA-pol-II (trascrive mRNA e piccoli RNA di regolazione), RNA-pol-III (trascrive rRNA 5S e tRNA).

9. **Processo di traduzione:** nelle cellule procariotiche, i processi di trascrizione e traduzione avvengono contemporaneamente (mentre viene trascritta la molecola di mRNA, i ribosomi si legano alla porzione già trascritta e avviene la sintesi proteica), mentre sono ben distinti nelle cellule eucariotiche, in cui la molecola di mRNA deve subire un processo di maturazione (capping, poliadenilazione e splicing).

4.2 Strutture cellulari

4.2.1 *Organuli cellulari*

Le cellule eucariotiche, come già accennato, presentano una serie di organuli e strutture interne, ognuna con specifiche e vitali funzioni cellulari.

Il **nucleo** ha un diametro di circa 5µm ed è delimitato da un *involucro nucleare* costituito da un sistema di due membrane concentriche, che si fondono a livello dei *pori nucleari* (mettono in comunicazione il nucleo con il citoplasma). All'interno del nucleo possiamo osservare la presenza di:

- *Cromatina* (DNA associato alle proteine istoniche che, durante il processo di divisione cellulare, si condensa fino a diventare visibile sottoforma di cromosomi)
- *Nucleolo* (regione in cui avviene la sintesi di rRNA e l'assemblaggio dei ribosomi)

Il **reticolo endoplasmatico (RE)** è un complesso di membrane ripiegate e interconnesse tra loro che funge come un sistema di comunicazione e possiamo distinguere tra:

- *Reticolo endoplasmatico liscio* (privo di ribosomi e deputato alla sintesi di lipidi)
- *Reticolo endoplasmatico rugoso* (presenta cisterne ricche di ribosomi legati sulla superficie ed è deputato alla sintesi di membrane e proteine secretorie, che raggiungono il lume del RE, in cui subiscono l'aggiunta di lipidi o carboidrati)

L'**apparato del Golgi** è un sistema di membrane costituito da una serie di cisterne membranose appiattite ed è possibile distinguere tre regioni:

- *Cis-Golgi* (è la regione rivolta verso il nucleo e il RER che riceve le vescicole transfer contenenti le biomolecole da elaborare)
- *Regione mediana*
- *Trans-Golgi* (è la regione rivolta verso la membrana cellulare e presenta i vacuoli di condensazione, ovvero vescicole ricoperte da proteine contenenti i prodotti dell'attività)

La funzione di questo organulo, quindi, è quella di modificare chimicamente glicoproteine e glicolipidi derivanti dal RE e smistarli alle loro destinazioni finali attraverso *vescicole secretorie*, rivestite di clatrina e contenenti proteine destinate al rilascio extracellulare (esocitosi), e *vescicole lisosomiali*, contenti proteine destinate ai lisosomi.

I **lisosomi** sono delle vescicole, ricche di enzimi idrolitici attivi a pH acido (circa 5), coinvolte nella digestione intracellulare di organelli danneggiati o corpi estranei fagocitati in vescicole endocitiche (si formano a livello della membrana cellulare e si muovono nel citoplasma). Nello specifico, possiamo distinguere tra:

- *Lisosomi primari* (si formano dall'apparato di Golgi e contengono solo gli enzimi idrolitici)
- *Lisosomi secondari – endolisosomi* (derivano dalla fusione dei lisosomi primari con gli endosomi e contengono, oltre agli enzimi idrolitici, il materiale da digerire)

I **perossisomi** sono organuli rivestiti di membrana contenti enzimi coinvolti nella detossificazione da molecole tossiche, come l'acqua ossigenata (sono in grado di catalizzare molte reazioni chimiche). Sono presenti abbondantemente nelle cellule che sintetizzano, immagazzinano o degradano i lipidi.

Infine, i **mitocondri** sono gli organuli nei quali avviene la respirazione cellulare aerobica e sono delimitati da due membrane, separate dallo *spazio intermembrana*:

- *Membrana esterna* (è liscia e permette il passaggio di piccole molecole grazie alla presenza di numerose porine)
- *Membrana interna* (è selettivamente permeabile e si ripiega a formare le creste mitocondriali, che delimitano la matrice del mitocondrio)

All'interno della matrice avvengono le reazioni enzimatiche che permettono la liberazione di energia da molecole organiche ed il suo trasferimento a molecole di ATP ed è possibile osservare la presenza del DNA mitocondriale (filamento circolare a doppia elica) e di ribosomi per la sintesi proteica.

Differenze nelle cellule vegetali

Le cellule vegetali presentano alcune differenze rispetto alle cellule animali in merito alla presenza o assenza di organuli e strutture: si possono osservare i plastidi, i vacuoli e la parete cellulare.

I **cloroplasti** sono degli organuli appartenenti al gruppo dei plastidi e, similmente ai mitocondri, sono delimitati da due membrane, presentano una molecola di DNA circolare e ribosomi per effettuare la sintesi proteica. La loro funzione fondamentale è quella di permettere la fotosintesi, poiché sono in grado di trasformare l'energia luminosa in energia chimica del glucosio e altri carboidrati utilizzando H_2O e CO_2. La membrana interna è ripiegata a formare i tilacoidi, un sistema di membrane ricche di clorofilla organizzate in pile, dette grana, e contiene lo stroma, ricco di enzimi per la fotosintesi.

I **vacuoli** sono degli organuli cellulari caratteristici delle cellule vegetali e dei funghi, sono delimitati da una membrana (tonoplasto) e possono formarsi dalla fusione di più vacuoli piccoli. Fondamentalmente, svolgono le funzioni svolte dai lisosomi nelle cellule animali, intervenendo nella digestione delle sostanze, nell'accumulo di sostanze nutritive e nel mantenimento della pressione idrostatica, fondamentale per mantenere il turgore della cellula vegetale.

La **parete cellulare** è una struttura rigida, esterna alla membrana plasmatica, che protegge la cellula e ne mantiene la forma. Possiamo distinguere:

- *Parete primaria* (è flessibile e contiene diversi strati di cellulosa, pectine e proteine)
- *Parete secondaria* (particolarmente ricca di cellulosa e lignina e conferisce rigidità e resistenza)

4.2.2 *La membrana cellulare plasmatica*

Secondo il modello a mosaico fluido, la membrana plasmatica è caratterizzata da un **doppio strato fosfolipidico** (monostrato citoplasmatico interno e monostrato esoplasmatico esterno), le cui code idrofobe sono rivolte verso l'interno, interagendo tra loro, e le teste polari sono rivolte verso l'esterno (ambiente intracellulare ed extracellulare), a contatto con l'acqua. Oltre ai fosfolipidi sono presenti, in minor quantità, anche colesterolo, responsabile della fluidità della membrana, e glicolipidi.
Il colesterolo si inserisce nel doppio strato con il gruppo ossidrile vicino ai gruppi delle teste polari dei fosfolipidi, immobilizzando parzialmente le regioni vicine e, quindi, diminuendo la permeabilità a piccole molecole idrosolubili.
A questo doppio strato lipidico sono associate delle **proteine di membrana**, che svolgono la maggior parte delle funzioni specifiche delle membrane, e che possiamo distinguere in:

- *Proteine periferiche* (sono localizzate nel citoplasma e si associano alla superficie intra- ed extracellulare del doppio strato fosfolipidico, interagendo con le teste polari lipidiche o con le proteine integrali)
- *Proteine integrali o transmembrana* (attraversano una o più volte il doppio strato, assumendo una conformazione a α-elica o a foglietto β. Un tipo di proteine appartenenti a questa categoria sono le proteine di trasporto, fondamentali per la funzione di barriera nel passaggio di ioni e molecole polari attraverso la membrana, che distinguiamo in 3 classi:
  - ***Proteine canale*** (formano dei pori idrofilici attraverso la membrana, mediando un trasporto passivo secondo gradiente, selezionando i soluti in funzione di dimensione o carica elettrica. Tra queste abbiamo:
    - *Porine* (pori di membrana con dimensioni e funzioni variabili e possono mettere in comunicazione cellule adiacenti mediante gap junction)
    - *Canali ionici* (presentano pori stretti e altamente selettivi che si aprono in risposta s specifici stimoli, come il legame di ligandi o variazioni di voltaggio, permettendo il passaggio di determinati ioni)
  - ***Carrier o trasportatori*** (mediano il trasporto passivo di un soluto attraverso la membrana: una volta legato uno specifico soluto subiscono un cambio conformazionale, permettendone il passaggio attraverso la membrana)
  - ***Pompe*** (mediano il trasporto attivo e possono essere di tre tipologie:
    - *Pompe fotoalimentate* (accoppiano il trasporto contro gradiente all'assorbimento di energia luminosa ed è tipica dei batteri)
    - *Trasportatori accoppiati* (mediano un co-trasporto, in cui una molecola si muove secondo gradiente e l'altra contro gradiente)
    - *Pompe alimentate da ATP* (accoppiano il trasporto contro gradiente all'idrolisi dell'ATP, come la pompa Na^+/K^+-ATPasi o la Ca^{2+}-ATPasi)

I **carboidrati di membrana** sono presenti come catene oligosaccaridiche legate alle proteine e ai lipidi (glicoproteine e glicolipidi), ma anche come catene polisaccaridiche di proteoglicani transmembrana. Questi carboidrati possono formare un rivestimento, definito glicocalice, che ha sia la funzione di proteggere la cellula da danni meccanici e chimici, sia di intervenire nei processi cellulari di riconoscimento in funzione di recettori.

La membrana plasmatica è una struttura asimmetrica in quanto la distribuzione di lipidi, proteine e glucidi è diversa nei due monostrati e questa caratteristica è responsabile di alcune funzioni cellulari, quali la conversione dei segnali extracellulari in intracellulari e l'apoptosi.
Tra le principali **funzioni** della membrana cellulare abbiamo:

- ***Protezione e barriera di permeabilità*** (protegge l'ambiente intracellulare dall'esterno, permettendo un passaggio selettivo di sostanze)
- ***Processi di trasporto*** (il trasporto attraverso le membrane può essere di due tipi:
    - *Trasporto passivo* (avviene secondo gradiente di concentrazione – da una zona a maggiore concentrazione a una zona a minore concentrazione – o elettrochimico, per cui non richiede energia. Un esempio è il trasportatore per il glucosio GLUT2 a livello degli epatociti e delle cellule del tubulo renale, che si attiva solo se la [glucosio] raggiunge un determinato livello)
    - *Trasporto attivo* (avviene contro gradiente, per cui necessita di energia, che viene fornita dall'ATP e può avvenire mediante trasportatori accoppiati, che collegano il trasporto contro gradiente di un soluto a quello secondo gradiente di un altro, ma anche mediante pompe alimentate dall'ATP)
- ***Rilevamento del segnale***
- ***Comunicazione cellula-cellula*** (permette lo scambio di informazioni tra le cellule)

Meccanismi di trasporto attraverso le membrane

I meccanismi di trasporto tra le membrane possono essere distinti in due grandi categorie, che sono il trasporto passivo e il trasporto attivo, e possono avvenire in due forme:

- ***Diffusione semplice*** (è un trasporto in forma libera, che permette il passaggio di piccole molecole non polari – O_2, N_2, CO_2 – e molecole polari non cariche – urea ed etanolo)
- ***Mediante proteine transmembrana*** (permette il trasporto di molecole grandi e polari, come le macromolecole, facendo uso di trasportatori, canali e pompe)

Nel **trasporto passivo** le particelle attraversano la membrana secondo gradiente di concentrazione o elettrochimico, per cui l'energia necessaria è fornita dalla dissipazione del gradiente. Di questa categoria fanno parte la *diffusione semplice*, la *diffusione facilitata* ed il *trasporto tramite canali.*

Per quanto riguarda la diffusione facilitata, è un meccanismo di trasporto mediato dalle proteine transmembrana, definite *permeasi*, ed è il meccanismo attraverso cui le cellule dei tessuti prendono le molecole nutritizie dall'ambiente extracellulare. Le tre caratteristiche degli scambi transmembrana mediati da proteine trasportatrici sono:

- *Specificità* (ogni trasportatore opera solo su specifiche sostanze)
- *Saturazione* (l'intensità del flusso della sostanza aumenta all'aumentare della sua concentrazione, ma fino a raggiungere un valore soglia)
- *Competizione* (se due sostanze affini sono trasportate dalla stessa proteina trasportatrice, il trasporto dell'una tende a deprimere il trasporto dell'altra)

Un esempio è la *glucosio permeasi*, che si presenta in diverse isoforme in funzione della costante di Michaelis-Menten K_M, che esprime il range di [glucosio] in cui il trasporto entra in saturazione (GLUT1, GLUT2, GLUT3, ecc…).

Per quanto riguarda i canali ionici, sono caratterizzati da due caratteristiche fondamentali, ovvero:

- **Selettività** (sono permeabili solo a specifiche specie ioniche)
- **Controllabilità** (capacità di passare da uno stato aperto ad uno stato chiuso in risposta a specifici comandi e, quindi, regolare finemente il flusso di una determinata specie ionica. In funzione di questa caratteristica, possiamo distinguere i canali in:
  - *Voltaggio-dipendenti* (lo switch tra stato aperto e chiuso è determinato da variazioni del potenziale di membrana e la loro presenza rende la membrana elettricamente eccitabile, come nel caso delle fibre nervose e muscolari)
  - *Chemio-dipendenti* (lo switch tra stato aperto e chiuso è determinato dall'azione di specifiche molecole che, legandosi al recettore chimico del canale, ne induce la variazione e la loro presenza rende la membrana chimicamente eccitabile, come nel caso delle membrane sinaptiche)

Nel **trasporto attivo** le particelle attraversano la membrana contro gradiente di concentrazione o elettrochimico, per cui necessitano di energia che viene fornita dall'ATP. Questo tipo di trasporto avviene sempre mediante l'utilizzo di *proteine transmembrana* e viene definito *primario* o *secondario* in funzione del modo in cui si ottiene energia dal metabolismo.

Per quanto riguarda il trasporto attivo primario, l'energia viene ricavata direttamente dalla degradazione dell'ATP e i trasportatori coinvolti sono le *pompe ioniche*, che vengono attivate dal legame con lo ione specifico che trasportano (non sono regolate da meccanismi di saturazione). A questa famiglia appartengono le pompe protoniche H^+-ATPasi, la classe delle V-ATPasi, la classe delle pompe cationiche P-ATPasi (Na^+/K^+, Ca^{2+}, H^+/K^+) e le ATP-sintasi (a livello dei mitocondri).

Per quanto riguarda il trasporto attivo secondario, il trasferimento di ioni e molecole avviene utilizzando i gradienti creati dai trasporti attivi primari, per cui si parla di trasportatori accoppiati: la pompa di scambio Na^+/K^+ crea tra i due lati della membrana un elevato gradiente elettrochimico per il Na^+, che diventa il motore per un gran numero di trasporti attivi secondari (Na^+/glucosio, Na^+/aminoacidi, Na^+/neurotrasmettitori). Lo scopo della proteina trasportatrice, che presenta due siti di legame specifici, è quello di accoppiare la diffusione secondo gradiente del Na^+ al trasferimento, contro gradiente, delle particelle co-trasportate.

4.2.3 *Il citoscheletro*

Il citoscheletro è un sistema di filamenti proteici citoplasmatici e non, responsabile delle caratteristiche della cellule: forma, polarità di struttura, capacità di movimento, collocazione e organizzazione degli organelli. Strutturalmente, è caratterizzato da 3 strutture proteiche polimeriche:

- ***Microfilamenti*** (hanno un diametro di circa 7 nm e conferiscono alla cellula forma e capacità di movimento)
- ***Filamenti intermedi*** (hanno un diametro di circa 10 nm e fungono da supporto per l'intero complesso citoscheletrico, essendo le strutture più stabili e meno solubili)
- ***Microtubuli*** (hanno un diametro di circa 25 nm e garantiscono l'organizzazione cellulare)

I **filamenti intermedi** sono polimeri stabili di proteine fibrose che formano una sorta di reticolato che avvolge il nucleo e si propaga attraverso il citoplasma, fino ad aderire alla membrana cellulare a livello dei *desmosomi*. Li ritroviamo anche all'interno del nucleo a formare la *lamina nucleare*, che serve a rinforzare la membrana nucleare.
Le proteine che li caratterizzano sono filamentose e presentano un dominio centrale con struttura a α-elica, fondamentale per l'assemblaggio dei filamenti, una testa globulare N-terminale e una coda globulare C-terminale che, invece, ne determinano la specificità. Le unità proteiche sono associate in tetrameri (*protofilamenti*), che si uniscono tra loro a formare una struttura filamentosa costituita da 8 protofilamenti. Mentre i domini centrali sono tutti simili tra loro, le teste e le code globulari mostrano dimensioni e sequenze amminoacidiche diverse e, quindi, delle specifiche funzioni in relazione all'ambiente in cui si trovano.
Nello specifico si distinguono <u>6 classi</u> : le *cheratine* (costituiscono le prime 2 classi e le troviamo nelle cellule epiteliali), la *vimentina* e la *desmina* (costituiscono la classe 3 e le troviamo nel tessuto connettivo), i *neurofilamenti* (tipici dei neuroni – classe 4), le *lamine nucleari*, la *nestina* (cellule staminali del SNC – classe 6). La funzione generale, però, è quella di conferire alla cellula protezione e resistenza alle tensioni meccaniche.

I **microtubuli** sono lunghi cilindri cavi formati da polimeri di tubulina (α + β) che si dipartono dal *centrosoma*, ovvero il centro organizzatore che si trova a livello del nucleo. La loro funzione principale è l'organizzazione del citoplasma e dei suoi organuli e, in base alle necessità della cellula, sono in grado di assemblarsi e disassemblarsi rapidamente (si parla di *microtubuli citoplasmatici*).
La proteina che li caratterizza è la <u>tubulina</u>, la quale presenta un dominio N-terminale legante il GTP, un dominio centrale e un dominio C-terminale che interagisce con le proteine associate ai microtubuli (MAP). Nel citoplasma si presenta sottoforma di dimero (*protofilamento*) costituito da una subunità α (*α-tubulina*) e una subunità β (*β-tubulina*): questi dimeri si impilano per formare cilindri cavi costituiti da 13 protofilamenti. Inoltre, questi microtubuli presentano l'estremità *più*, che cresce rapidamente verso l'esterno della cellula, e l'estremità *meno*, che cresce lentamente e origina dal centrosoma. Il centrosoma è caratterizzato da anelli di *γ-tubulina*, che partecipano alla nucleazione dei microtubuli (aggregazione dei dimeri di tubulina), e una coppia di *centrioli*.

I microtubuli giocano un ruolo fondamentale nel regolare il trasporto intracellulare, nel determinare la forma della cellula e nel processo mitotico, in quanto regolano la costituzione del fuso mitotico, fondamentale per la corretta distribuzione del patrimonio genetico e un corretto assemblaggio delle cellule figlie.
Nel caso del movimento e del trasporto intracellulare intervengono delle proteine di trasporto che si associano ai microtubuli, come le *chinesine* e le *dineine*, ovvero delle proteine motrici che utilizzano l'energia derivante dall'idrolisi dell'ATP per spostarsi lungo i microtubuli e trasportare vescicole.
Infine, i microtubuli sono parte integrante della struttura di ciglia e flagelli, risultano stabili e ne permettono il movimento (si parla di *microtubuli assonemiali*).

I **microfilamenti** sono polimeri composti da subunità monomeriche di *actina*, che si organizzano in fasci, e risultano fondamentali per il movimento delle cellule. Come i microtubuli, anche i microfilamenti presentano un'estremità a crescita rapida (+) e un'estremità a crescita più lenta (–) e sono in grado di assemblarsi e disassemblarsi in base alle necessità ma, in questo caso, dipende dall'idrolisi dell'ATP (non del GTP).
Un'altra importante funzione è quella di determinare la forma della cellula, in quanto va a costituire il *cortex cellulare* al di sotto della membrana cellulare.
Inoltre, all'actina sono legate diverse proteine, che ne regolano la polimerizzazione e le proteine motrici in questione sono tutte appartenenti alla famiglia delle *miosine*, ovvero molecole più grandi che legano l'ATP, lo idrolizzano e ottengono l'energia necessaria allo spostamento lungo i filamenti di actina, in modo da determinare una contrazione e, quindi, il movimento.

4.3 La comunicazione cellulare

La comunicazione cellulare è il meccanismo attraverso cui le cellule comunicano tra loro per ottimizzare il funzionamento dell'intero organismo e prevede diverse fasi:

- ***Invio del segnale:*** sintesi, rilascio e trasporto delle molecole segnale.
- ***Ricezione del segnale:*** la cellula bersaglio riceve l'informazione.
- ***Trasduzione del segnale:*** conversione, da parte di uno specifico recettore, del segnale extracellulare in un segnale intracellulare, che induce un cambiamento nella cellula.
- ***Risposta della cellula bersaglio:*** può essere rapida o lenta in funzione degli eventi che seguono la ricezione del segnale

Invio del segnale

I segnali extracellulari possono essere endocrini, paracrini o autocrini, per cui si può parlare di:

- ***Comunicazione endocrina***: è una comunicazione a lunga distanza che avviene mediante il rilascio di ormoni da parte delle ghiandole endocrine, le cui cellule bersaglio sono lontane dalla cellula segnale e vengono raggiunte, generalmente, tramite la via ematica.
- ***Comunicazione paracrina***: è una comunicazione locale che avviene a brevi distanze, in quanto la cellula bersaglio è vicina a quella che secerne il segnale.
- ***Comunicazione autocrina***: è una comunicazione locale in cui la cellula bersaglio è la stessa che secerne il segnale.

Nello specifico, tra i vari tipi di molecole segnale (ligandi) che possono essere rilasciati per effettuare la comunicazione possiamo individuare:

- ***Neurotrasmettitori:*** sono rilasciati dai neuroni e agiscono rapidamente a livello sinaptico.
- ***Neurormoni:*** vengono rilasciati dalle ghiandole endocrine e agiscono a lunghe distanze, in quanto diffondono nei capillari e giungono alle cellule bersaglio tramite il sangue.
- ***Mediatori locali:*** effettuano una comunicazione paracrina diffondendo attraverso il fluido interstiziale e possono essere di natura proteica, gassosa, fattori di crescita, ecc…)

Ricezione e trasduzione del segnale con risposta cellulare

Le cellule rispondono a determinati segnali in funzione dei recettori che esprimono sulla propria superficie, ognuno dei quali presenta un sito di legame ad elevata affinità per uno specifico ligando. I recettori possono essere classificati in 3 grandi categorie, ovvero:

- *Recettori accoppiati a canali ionici* (convertono i segnali chimici in segnali elettrici e sono presenti principalmente a livello di neuroni e cellule muscolari)
- *Recettori accoppiati a proteine G* (sono proteine transmembrana costituite da 7 α-eliche connesse tra loro che, attraversando la membrana cellulare, interagiscono con le proteine G)
- *Recettori accoppiati ad enzimi* (sono proteine transmembrana caratterizzate da un sito di legame esterno per la molecola segnale e un sito di legame interno per l'enzima)

Nel caso dei **recettori accoppiati ai canali ionici**, la formazione del complesso ligando-recettore induce una variazione conformazionale del recettore con conseguente apertura del canale ionico a cui è associato, permettendo, così, il flusso degli ioni.

I **recettori accoppiati a proteine G** sono la famiglia di recettori di superficie più grande e, al momento in cui si ha la formazione del complesso ligando-recettore, subiscono un cambiamento conformazionale che gli permette di interagire con le proteine G. Le proteine G sono proteine di regolazione caratterizzate da 3 subunità: *subunità* α, *subunità* β, *subunità* γ (nello stato inattivo la subunità α lega il GDP ed è legata al complesso $\beta\gamma$). Al momento in cui si forma il complesso ligando-recettore, quest'ultimo subisce una variazione conformazionale che lo porta ad associarsi ed attivare la proteina G: ciò induce la dissociazione della subunità α dal complesso $\beta\gamma$ e la riduzione dell'affinità della subunità α per il GDP, che viene sostituito da una molecola di GTP. A questo punto sia la subunità α che il complesso $\beta\gamma$ possono interagire con le proteine bersaglio, che possono essere canali ionici o enzimi (*adenilato ciclasi*, *fosfolipasi C*), che generano secondi messaggeri.
Le due vie di trasduzione del segnale principali per questo tipo di recettori sono:

- ***Via del cAMP*** (le proteine G legano e attivano l'enzima *adenilato ciclasi*, il quale catalizza la formazione di *AMP ciclico (cAMP)* dall'ATP, con aumento della [cAMP] intracellulare. Quest'ultimo attiva la protein-chinasi A (PKA), enzima in grado di effettuare fosforilazioni su serina e treonina)
- ***Via dell'IP$_3$*** (le proteine G legano e attivano l'enzima di membrana *fosfolipasi C*, che scinde il fosfatidilinositolo-4,5-bifosfato (PIP$_2$) in due messaggeri:
    - *Inositolo trifosfato – IP3* (zucchero fosfato idrofilo che si lega ai canali Ca^{2+} del RE, determinando il rilascio di ioni Ca^{2+} nel citosol, che interagiscono con la calmodulina)
    - *Diacilglicerolo – DAG* (attiva gli enzimi protein-chinasi C (PKC), che vanno a fosforilare una serie di proteine bersaglio)

Per quanto riguarda i **recettori accoppiati ad enzimi**, la classe più numerosa è caratterizzata da *tirosina-chinasi*, ovvero enzimi in grado di fosforilare le catene laterali di tirosina di determinate proteine, che diventano i siti di legame per una serie di proteine segnale intracellulari. Quindi, al momento in cui si ha la formazione del complesso ligando-recettore ci sarà un processo di fosforilazione del recettore ad opera dell'enzima e l'attivazione di una cascata di proteine chinasi, fino ad arrivare all'attivazione della proteina bersaglio.

Un'ultima categoria è quella dei **recettori intracellulari**, ovvero fattori di trascrizione, localizzati nel citosol o nel nucleo, che attivano o reprimono l'espressione di specifici geni. Gli ormoni steroidei sono un esempio di molecole segnale che interagiscono con tali recettori.

Amplificazione e terminazione del segnale

Il processo di amplificazione del segnale serve ad ottenere un effetto importante anche con quantità molto basse di molecole segnale.
Il processo di terminazione del segnale, invece, permette l'inattivazione del recettore e di tutta la cascata di trasduzione una volta ottenuto l'effetto desiderato.

4.4 Riproduzione cellulare

Il processo di divisione cellulare avviene ogni volta che deve essere rimpiazzata una cellula danneggiata, deteriorata o che va incontro alla morte cellulare programmata e la fase più delicata è rappresentata dalla trasmissione del materiale genetico alle cellule figlie.
Ovviamente, mentre per i procarioti il processo di divisione cellulare è molto più semplice, in quanto hanno un unico piccolo cromosoma circolare (*scissione binaria*), per le cellule eucariotiche il processo è molto più complesso. Nello specifico, possiamo distinguere due processi:

- *Mitosi* (processo di divisione cellulare delle cellule somatiche che porta alla formazione di cellule figlie geneticamente identiche alla cellula madre, per cui non c'è variabilità genetica)
- *Meiosi* (processo di divisione cellulare che porta alla formazione delle cellule germinali o gameti, generando variabilità genetica)

4.4.1 *Mitosi*

La mitosi è il processo di divisione cellulare in cui le cellule somatiche si dividono per dare origine a cellule figlie caratterizzate dallo stesso corredo cromosomico della cellula madre. Questo processo definisce la ***fase M*** del ciclo cellulare ed inizia al termine dell'***interfase (fase S)***, durante la quale avviene la replicazione del DNA, ma il contenuto del nucleo è ancora poco visibile in quanto i cromosomi sono dispersi sottoforma di cromatina. Il processo mitotico è caratterizzato da 4 fasi:

- **Profase:** è la fase più lunga dell'intero processo e può essere, a sua volta, distinta in:
  - *Profase iniziale* (la cromatina si condensa tanto da far diventare ben visibili, al microscopio ottico, i singoli cromosomi, ognuno dei quali si presenta come una *coppia di cromatidi fratelli* uniti a livello del *centromero*. In questa zona sono presenti i cinetocori, due strutture discoidali contenenti proteine a cui sono legate le fibre del cinetocore: inizia la costruzione delle fibre del fuso mitotico, che si irradiano dai centrioli presenti nel citoplasma.
  - *Profase tardiva* (la membrana nucleare si disperde, i centrioli vanno a posizionarsi ai due poli opposti della cellula, le fibre polari del fuso vanno verso la regione equatoriale della cellula, attaccandosi ai cinetocori, mentre le fibre dell'aster legano i centrioli ai poli della cellula)
- **Metafase:** i cromosomi si dispongono in modo ordinato sul piano equatoriale della cellula, legandosi alla matrice del fuso attraverso il centromero.
- **Anafase:** è la fase più rapida, in cui i cromatidi di ogni cromosoma si separano tra loro, diventando cromosomi indipendenti che si dirigono ai poli opposti del fuso.
- **Telofase:** i cromosomi raggiungono i poli opposti, iniziano a despiralizzarsi e inizia la demolizione del fuso mitotico con successiva formazione delle membrane nucleari intorno ai due assetti cromosomici e la ricomparsa dei nucleoli.

Il processo termina con la **citodieresi**, un processo di divisione del citoplasma che segue la mitosi e ha inizio verso la fine della telofase mitotica: la membrana cellulare inizia a stringersi al centro grazie all'azione di un anello di actina e miosina II e la cellula viene divisa in due cellule figlie uguali.

4.4.2 *Meiosi*

La meiosi è il processo di divisione cellulare che porta alla formazione dei *gameti*, ovvero cellule sessuali caratterizzate da un corredo cromosomico aploide che, nel processo della fecondazione, si uniscono a formare lo *zigote*, una nuova cellula diploide che si riproduce per mitosi.
La differenza tra i processi di divisione cellulare è che, mentre nella mitosi si ottengono cellule figlie diploidi e geneticamente identiche, nella meiosi a ogni cellula figlia si trasmette un solo cromosoma, ottenendo cellule aploidi e garantendo una maggiore variabilità genetica.
Il processo meiotico è caratterizzato da due divisioni cellulari successive, definite **meiosi I** e **meiosi II**, ognuna delle quali è suddivisa in 4 fasi.

La **meiosi I** è preceduta dalla cosiddetta **interfase pre-meiotica**, in cui si ha la duplicazione del DNA, per cui all'inizio del processo ogni cromosoma è costituito da due cromatidi identici, uniti a livello del centromero. Si divide in 4 fasi:

- **Profase I** (è la fase che presenta le maggior differenze con la profase mitotica ed è possibile distinguere 5 stadi:
  - *Leptotene:* la cromatina si addensa, rendendo visibili i cromosomi duplicati, costituiti da due cromatidi identici.
  - *Zigotene:* i cromosomi omologhi si appaiano tra loro in un processo definito sinapsi grazie al complesso sinaptinemale, portando alla formazione delle tetradi, ovvero strutture caratterizzate da due coppie di cromosomi omologhi, ognuna formata da due cromatidi.
  - *Pachitene:* il processo sinaptico giunge al termine e può avvenire il crossing-over tra i cromosomi omologhi, ovvero un meccanismo di ricombinazione caratterizzato dallo scambio di segmenti di DNA tra i cromatidi dei cromosomi omologhi: in questo modo i cromatidi di ogni cromosoma conterranno materiale genetico differente.
  - *Diplotene:* i cromosomi omologhi di ogni tetrade iniziano a separarsi a livello del centromero in quanto scompare il complesso sinaptinemale, ma i due cromatidi di ogni coppia di omologhi restano a contatto grazie ai chiasmi, ovvero le zone in cui è avvenuto il crossing-over.
  - *Diacinesi:* la membrana nucleare si dissolve e da ciascuno dei due centrioli si iniziano a formare le fibre del fuso mitotico.
- **Metafase I** (le coppie di cromosomi omologhi si allineano sul piano equatoriale della cellula)
- **Anafase I** (le coppie di cromosomi omologhi si separano – i cromatidi restano uniti a livello del centromero, a differenza di quanto accade nell'anafase mitotica – ed iniziano a migrare verso i poli opposti della cellula, tirati dalle fibre del fuso)
- **Telofase I** (i cromosomi omologhi sono migrati ai poli opposti della cellula e ogni gruppo di cromosomi presenta un corredo aploide)

Al termine della telofase I le cellule possono entrare in **interfase (intercinesi)**, riformando la membrana nucleare e despiralizzando i cromosomi (ovviamente il DNA non viene nuovamente duplicato), o passare direttamente alla seconda divisione meiotica (ogni nucleo possiede il doppio del materiale genetico poiché i cromatidi non si sono ancora separati).

La **meiosi II** avviene perché ogni nucleo possiede il doppio del materiale genetico, in quanto i cromatidi non si sono ancora separati. Anche questa seconda divisione, che è sostanzialmente identica alla mitosi, presenta 4 fasi, ognuna delle quali avviene due volte (ci sono due cellule):

- **Profase II** (i cromosomi si compattano nuovamente, l'eventuale membrana nucleare che si era formata nell'intercinesi si dissolve, formando nuovamente le fibre del fuso)
- **Metafase II** (le coppie di cromatidi si allineano sul piano equatoriale della cellula)
- **Anafase II** (i cromatidi di ogni coppia di omologhi si separano a livello del centromero e migrano verso i poli opposti delle cellule; da questo momento i cromatidi possono essere chiamati nuovamente cromosomi)
- **Telofase II** (le fibre del fuso scompaiono e si forma una nuova membrana nucleare intorno a ciascun gruppo di cromosomi)

Infine, con la **citodieresi** si ha la separazione delle due cellule in 4 cellule aploidi, i cui nuclei risultano diversi grazie al processo di crossing-over avvenuto nella profase I.

4.4.3 *Ciclo cellulare*

Il ciclo cellulare si può definire come la serie di eventi che avvengono in una cellula eucariote tra una divisione cellulare e un'altra e le sue funzioni sono quelle di duplicare accuratamente il DNA cromosomico e distribuirlo nelle due cellule figlie geneticamente identiche.
Il ciclo cellulare è composto da due fasi principali, che sono:

- **Interfase** (costituisce la fase più lunga del ciclo cellulare e comprende tre fasi:
    - *Fase G1:* rappresenta l'intervallo compreso tra il completamento della fase M e l'inizio della replicazione del DNA (fase S), in cui la cellula è metabolicamente attiva e accresce le sue dimensioni.
    - *Fase S:* è la fase di preparazione alla fase mitotica, in cui si ha la replicazione del DNA, con duplicazione dei cromosomi.
    - *Fase G2:* rappresenta l'intervallo compreso tra la fine della fase S e l'inizio della fase M, in cui la cellula continua a crescere e avviene la sintesi di proteine e macromolecole in preparazione alla mitosi.
- **Fase M** (è caratterizzata dai processi di mitosi e citocinesi)

Affinché il ciclo cellulare avvenga correttamente esiste un preciso **sistema di controllo** che è in grado di bloccare il ciclo in determinati punti, definiti checkpoints. I principali sono:

- **G1 checkpoint:** verifica che il materiale genetico non abbia danni e che l'ambiente sia favorevole alla proliferazione cellulare e alla duplicazione del DNA prima che la cellula entri nella fase S.
- **G2 checkpoint:** verifica che il DNA sia stato replicato correttamente prima che la cellula entri nella fase M
- **M checkpoint:** verifica che i cromosomi siano ben fissati al fuso mitotico.

Questo sistema di controllo agisce attivando e disattivando, ciclicamente, proteine e complessi proteici che innescano e regolano la replicazione del DNA, la mitosi e la citocinesi. In particolare, si basa sull'attività coordinata di:

- **Chinasi ciclina-dipendenti (cdk)** (famiglia di protein-chinasi la cui attività dipende dall'associazione con delle subunità proteiche regolative, definite cicline)
- **Cicline** (mostrano una concentrazione variabile durante il ciclo cellulare e contribuiscono all'attivazione di specifiche cdk mediante fosforilazione, con conseguente formazione del complesso ciclina-cdk. In relazione alla fase in cui agiscono, possiamo distinguere:
    - *Cicline della fase G1* (agiscono precocemente nella fase G1 e indirizzano la cellula verso la fase S, per cui inducono l'inizio della replicazione: formazione di un complesso **ciclina D – cdk4** o **cdk6**)
    - *Cicline della fase G1/S* (agiscono verso la fine della fase G1, inducendo la cellula ad entrare nella fase S: formazione di un complesso **ciclina E – cdk2**)
    - *Cicline della fase S* (agiscono verso la fine della fase G1, inducendo la cellula ad entrare nella fase S: formazione di un complesso **ciclina A – cdk2**)
    - *Cicline della fase M* (inducono la cellula ad entrare nella fase M: formazione di un complesso **ciclina B – cdk1**, conosciuto come **fattore di promozione della maturazione (MPF)**. La ciclina B viene sintetizzata subito dopo la divisione cellulare, resta costante per tutta l'interfase in modo da accumularsi nella cellula e indurla alla mitosi, che termina con la sua degradazione)

Importanti risultano anche gli **inibitori delle cdk**, ovvero proteine in grado di inibire i complessi ciclina-cdk controllando la progressione attraverso diversi punti di regolazione del ciclo cellulare. Tra questi abbiamo:

- **p16** (si lega al complesso ciclina D – cdk4-6, bloccando le cellule in G1)
- **p21** (viene attivato da p53 ed è in grado di inibire diversi complessi, bloccando il ciclo cellulare in caso di danni al DNA)

4.5 Meccanismi di morte cellulare

La morte cellulare è un processo che mira a salvaguardare l'integrità del tessuto o dell'organismo di cui fa parte una cellula e si osserva in caso di:

- *Danno cellulare* (può essere causato dall'invecchiamento della cellula, dal danneggiamento di porzioni fondamentali, da eventi traumatici esterni o da eventi patologici)
- *Arresto dell'accrescimento di un tessuto* (può rappresentare un sistema di controllo delle dimensioni di un determinato organo o tessuto, un sistema attraverso cui viene mantenuta elevata l'efficienza di un tessuto o un sistema di eliminazione dello stesso)

I due meccanismi che portano la cellula alla morte cellulare sono la **necrosi** e l'**apoptosi**.

4.5.1 *Necrosi*

La necrosi è un processo di morte cellulare che viene innescato in seguito ad un danno traumatico (ustione) o patologico (infezione) a carico della membrana cellulare ed è, generalmente, legato ad un processo di lisi colloido-osmotica della cellula.
Questo danno va ad alterare i meccanismi della membrana cellulare, in particolare quelli riguardanti l'equilibrio osmotico, per cui si osserva:

- *Rigonfiamento cellulare*
- *Perdita dei microvilli della membrana*
- *Carioressi* (frammentazione disorganizzata del nucleo)
- *Lisi colloido-osmotica*

Le cellule necrotiche, a questo punto, riversano il proprio contenuto nell'ambiente extracellulare, scatenando una risposta flogistica (pro-infiammatoria) nell'area contaminata dai loro "detriti". Di conseguenza, quindi, la necrosi è un fenomeno sempre patologico.

4.5.2 *Apoptosi*

L'apoptosi è un processo di morte cellulare che avviene per condensazione ed è un evento fisiologico in quanto la cellula programma la propria morte in caso di danneggiamento o perdita di funzione. In questo caso il danno può riguardare tutte le parti della cellula, in particolar modo il DNA, e gli eventi che si susseguono sono:

- *Condensazione della cellula*
- *Formazione di protrusioni sulla membrana plasmatica* (blebs)
- *Frammentazione del DNA in frammenti di 180bp* (ad opera di specifiche endonucleasi)
- *Strozzatura delle protrusioni, che condensano in vescicole* (corpi apoptotici)
- *Liberazione dei corpi apoptotici nell'ambiente extracellulare*

Il materiale intracellulare resta all'interno dei corpi apoptotici fino all'intervento delle **filippasi**, ovvero enzimi in grado di spostare i fosfolipidi da un lato all'altro della membrana cellulare, lasciando la fosfatidilserina sul lato interno. Questo fosfolipide funge da molecola segnale per indurre la fagocitosi da parte dei macrofagi, con conseguente distruzione del corpo apoptotico.

Gli enzimi che intervengono nell'evento apoptotico appartengono alla classe delle **caspasi**, caratterizzati da un'attività proteasica e dalla presenza di residui di cisteina nel sito attivo. L'attivazione delle caspasi e, quindi, del processo apoptotico, è dovuta a due meccanismi:

- **Via estrinseca** (meccanismo attivato da segnali extracellulari)
- **Via intrinseca** (meccanismo controllato dai mitocondri che si attiva in risposta ad anomalie intracellulari)

Nella **via estrinseca** si ha l'attivazione dei *recettori di morte (Fas, TNF, TRAIL)* presenti sulla membrana cellulare ad opera di specifici ligandi: il legame ligando-recettore induce l'attivazione del *dominio di morte* che, a sua, volta, entra a contatto con il dominio di morte del recettore adiacente (attivato sempre da un ligando).
Ciò permette il reclutamento delle *proteine adattatrici* (proteine citosoliche associate ai recettori di morte), che attivano due pro-caspasi (forma inattiva di caspasi) della classe **pro-caspasi 8**, ovvero delle caspasi iniziatrici che danno il via all'apoptosi.
Le pro-caspasi vengono convertite nella forma attiva, quindi in **caspasi 8**, il cui substrato è la **pro-caspasi 3**, che viene attivata a **caspasi 3** (caspasi effettrice).
Si entra, così, nella fase irreversibile del processo apoptotico, in quanto le caspasi 3 determinano la morte cellulare per apoptosi.

La **via intrinseca**, invece, viene attivata nel caso di anomalie intracellulari (danno del DNA, errato ripiegamento delle proteine, stress del RE, ecc…), che partono dal mitocondrio. Questo perché, in seguito al danno cellulare si osserva una perdita del potenziale di membrana che provoca la liberazione del *citocromo C* (componente della catena di trasporto degli elettroni nel mitocondrio). A livello del citosol, il citocromo C forma un complesso, definito **apoptosoma**, con il **fattore citosolico APAF1** e con la **pro-caspasi 9**, una caspasi iniziatrice il cui substrato è la **pro-caspasi 3**, che viene attivata a **caspasi 3**.

Un punto di collegamento tra via estrinseca ed intrinseca si osserva nel caso in cui lo stimolo esterno di attivazione che dovrebbe innescare la via estrinseca e, quindi, l'attivazione della caspasi 8 non sia sufficientemente marcato da permettere la successiva attivazione delle pro-caspasi 3. A questo punto intervengono le **proteine citosoliche della famiglia Bcl-2**, caratterizzate sia da elementi pro-apoptotici (Bax, Bak) che anti-apoptotici (Bcl-2): la caspasi 8 attiva l'elemento pro-apoptotico **Bid**, che viene trasformato nella forma tronca **tBid**, che induce una depolarizzazione mitocondriale. Questo evento aumenta il rilascio di citocromo C e, quindi, si entra nella via intrinseca.

5. ISTOLOGIA

Per **tessuto** si intende un insieme di cellule simili tra loro, caratterizzate da una specifica forma, dimensione e tipologie di proteine, che svolgono una o più funzioni. I principali tessuti sono:

- **Tessuto epiteliale**
  - *Epiteli di rivestimento*
    - *Epiteli semplici o monostratificati*
      - ***Epitelio pavimentoso semplice***
      - ***Epitelio cubico semplice***
      - ***Epitelio cilindrico semplice***
      - ***Epitelio pseudostratificato***
    - *Epiteli composti o pluristratificati*
      - ***Epitelio pavimentoso stratificato***
      - ***Epitelio cubico stratificato***
      - ***Epitelio cilindrico stratificato***
      - ***Epitelio di transizione***
  - *Epiteli ghiandolari*
    - *Ghiandole esocrine (a secrezione esterna)*
    - *Ghiandole endocrine (a secrezione interna)*
  - *Epiteli sensoriali*
  - *Epiteli particolarmente differenziati*
- **Tessuto connettivo**
  - *Tessuti connettivi propriamente detti*
    - *Tessuto connettivo lasso*
    - *Tessuto connettivo denso*
    - *Tessuto connettivo reticolare*
    - *Tessuto elastico*
  - *Tessuti connettivi specializzati*
    - *Tessuto adiposo*
    - *Tessuto cartilagineo*
    - *Tessuto osseo*
    - *Sangue*
- **Tessuto muscolare**
  - *Tessuto muscolare striato scheletrico*
  - *Tessuto muscolare liscio*
  - *Tessuto muscolare cardiaco*
- **Tessuto nervoso**

I tessuti si associano per dare origine a specifici **organi**, ognuno dei quali svolge specifiche funzioni e quelli che svolgono una stessa funzione formano gli **apparati**.

5.1 Tessuto epiteliale

I tessuti epiteliali sono caratterizzati da cellula strettamente accostate tra loro e, in base alla funzione svolta, li distinguiamo in diverse tipologie:

- **Epiteli di rivestimento:** svolgono funzioni di protezione, di rivestimento della superficie corporea e delle cavità interne, di assorbimento di composti chimici.
- **Epiteli ghiandolari:** hanno il compito di elaborare e secernere specifiche sostanze.
- **Epiteli sensoriali:** sono costituiti da cellule in grado di captare determinati stimoli, come stimoli gustativi o acustici, e trasmetterli al sistema nervoso.
- **Epiteli particolarmente differenziati:** sono epiteli con caratteristiche tipiche, come le fibre del cristallino dell'occhio, le unghie o lo smalto dei denti.

5.1.1 *Epiteli di rivestimento*

Gli epiteli di rivestimento sono costituiti da un insieme di cellule strettamente unite tra loro (c'è pochissima matrice extracellulare tra esse), che poggiano su una *lamina basale,* che le separa dal tessuto connettivo e ne media gli scambi metabolici. Inoltre, questi epiteli non sono vascolarizzati, ma altamente innervati e svolgono numerose funzioni:

- *Protezione da danni meccanici, fisici e biologici*
- *Rivestimento* (rivestono la superficie corporea e le superfici interne degli organi cavi)
- *Mettono in comunicazione l'organismo con l'ambiente esterno* (consente i ricambi metabolici, gli scambi gassosi e la ricezione di stimoli)

La classificazione degli epiteli di rivestimento viene effettuata in funzione del numero degli strati cellulari che li costituiscono e alla morfologia delle cellule, per cui si parla di:

- **Epiteli semplici o monostratificati** (sono formati da un unico strato di cellule e, in base alla morfologia delle cellule che li caratterizzano, sono distinti in:
  - *Epitelio pavimentoso semplice*
  - *Epitelio cubico semplice*
  - *Epitelio cilindrico semplice*
  - *Epitelio pseudostratificato*
- **Epiteli composti o pluristratificati** (sono formati da più strati di cellule e, in base alla morfologia delle cellule che caratterizzano lo strato più superficiale, sono distinti in:
  - *Epitelio pavimentoso stratificato*
  - *Epitelio cubico stratificato*
  - *Epitelio cilindrico stratificato*
  - *Epitelio di transizione*

L'**epitelio pavimentoso semplice** presenta un unico strato di cellule appiattite e rigonfie per la presenza del nucleo ed ha la funzione di regolare la filtrazione e la diffusione, formando delle barriere facilmente attraversabili per gli scambi con i fluidi interstiziali e tra il sangue e l'aria atmosferica. Nello specifico, riveste gli alveoli polmonari, alcune parti del nefrone e dell'orecchio e i dotti escretori di alcune ghiandole. Due tipologie particolari di epitelio pavimento semplice sono:

- *Endotelio* (riveste il lume dei vasi sanguigni e linfatici, oltre che le cavità cardiache)
- *Mesotelio* (riveste le cavità sierose, come la pleura e il pericardio)

L'**epitelio cubico semplice** presenta un unico strato di cellule cubiche, caratterizzate da un nucleo centrale e, spesso, da microvilli (piccolissime estroflessioni della membrana che aumentano la superficie disponibile all'assorbimento) e ciglia (sono strutture che rimuovono materiale dalla superficie del tessuto e si parla di *epitelio ciliato*), ed ha la capacità di trasformarsi in un epitelio cilindrico in seguito a sollecitazioni meccaniche. Lo ritroviamo in alcuni tratti del nefrone, nei tubuli collettori renali, nei dotti escretori di alcune ghiandole, nell'apparato genitale maschile e nella parete dell'ovaio (*epitelio ovarico*), nei quali svolge diverse funzioni: rivestimento, assorbimento, conduzione e secrezione.

L'**epitelio cilindrico semplice** presenta un unico strato di cellule cilindriche, caratterizzate da un nucleo alla base e, spesso, da ciglia e microvilli, spesso intercalate da cellule mucipare caliciformi. Lo ritroviamo nel tubo digerente, nell'utero, in tratti dell'apparato respiratorio e svolge, principalmente, funzioni di assorbimento e secrezione.

L'**epitelio pseudostratificato** presenta un unico strato di cellule prismatiche, alcune delle quali presentano un restringimento nella porzione basale che le fa spiccare rispetto alle altre, che risultano basse e tondeggianti (strato germinativo); di conseguenza, i nuclei si trovano a diverse altezze e l'epitelio ha un aspetto pluristratificato. Anche in questo caso sono presenti cellule mucipare e lo ritroviamo nelle vie respiratorie, nei dotti escretori di alcune ghiandole e in alcuni tratti delle vie genitali maschili, svolgendo funzioni di assorbimento, secrezione e conduzione.

Per quanto riguarda gli epiteli pluristratificati, gli strati superficiali sono caratterizzati da cellule morte, che desquamano continuamente e vengono sostituite da cellule provenienti dagli altri strati.

L'**epitelio pavimentoso stratificato** può essere distinti in due tipologie:

- *Non cheratinizzato:* presenta diversi tipi cellulari disposti in tre strati: si parte da cellule prismatiche staminali con attività proliferativa nello strato basale, fino ad ottenere cellule poliedriche e pavimentose negli strati più superficiali. Tale epitelio risulta lubrificato dalle secrezioni mucose riversate dalle ghiandole, che conferiscono protezione e idratazione. Lo possiamo ritrovare nelle zone iniziali e finali dell'apparato digerente, nella vagina, nel tratto terminale dell'uretra, ecc…
- *Cheratinizzato:* è l'epitelio che forma l'**epidermide**, il quale ha uno spessore compreso tra 30μm e 2mm, è caratterizzato da diversi tipi cellulari (cheratinociti, melanociti, cellule di Langerhans immunocompetenti e cellule di Merkel con funzione recettoriale) e vari strati (basale, spinoso, granuloso, lucido e corneo). Ha una funzione protettiva contro l'abrasione, i patogeni e le sostanze chimiche, è in grado di ricevere stimoli e contribuire alla termoregolazione, al mantenimento dell'equilibrio idrico e all'eliminazione di sostanze.

L'**epitelio cubico stratificato** presenta due o più strati di cellule, delle quali le più superficiali sono cellule cubiche ed è praticamente privo di ciglia. Il suo ruolo è quello di svolgere funzioni di rivestimento e conduzione.

L'**epitelio cilindrico stratificato** presenta diversi strati di cellule, delle quali quelle superficiali sono cellule cilindriche, che sono spesso provviste di ciglia, e svolge funzioni di rivestimento e conduzione. Generalmente, gli epiteli stratificati cubico e cilindrico si trovano nelle zone di transizione tra l'epitelio pavimentoso stratificato e l'epitelio pseudostratificato.

Infine, l'**epitelio di transizione** è l'epitelio che riveste le vie urinarie dal bacinetto renale all'uretra, svolgendo funzioni di rivestimento. Nello specifico, ha delle caratteristiche morfologiche particolari, in quanto è in grado di adattarsi alle variazioni volumetriche dell'organo che riveste e, quindi, può apparire in modo differente in funzione del suo grado di contrazione o distensione (ad esempio, se la vescica è vuota o piena).

5.1.2 *Epiteli ghiandolari*

Gli epiteli ghiandolari sono costituiti da cellule epiteliali specializzate e caratterizzano le ghiandole, ovvero gli organi deputati alla produzione e alla secrezione di sostanze. In base alla sede di immissione del secreto, le ghiandole possono essere classificate esocrine o endocrine.

Le **ghiandole esocrine** sono definite ghiandole a secrezione esterna, in quanto riversano il proprio secreto all'esterno del corpo mediante i dotti escretori. Inoltre, in funzione del numero di cellule che le costituiscono, possono essere distinte in:

- *Ghiandole unicellulari* (sono costituite da singole cellule secretrici inserite in un epitelio, come le cellule mucipare, che sono presenti negli epiteli delle mucose del tubo digerente, delle vie respiratorie, ecc…)
- *Ghiandole pluricellulari* (sono costituite da più cellule e le loro porzioni secernenti possono avere diverse forme – a tubulo, ad acino, ecc…)

Inoltre, l'emissione del secreto da parte delle ghiandole esocrine è favorita dalla presenza delle cellule mioepiteliali, ovvero cellule muscolari lisce presenti tra la membrana basale della ghiandola e le cellule che formano le porzioni secernenti.

Per quanto riguarda, invece, le **ghiandole endocrine**, sono definite ghiandole a secrezione interna, in quanto immettono gli ormoni prodotti nel sangue o nel liquido interstiziale. Anche in questo caso è possibile la distinzione tra ghiandole unicellulari e pluricellulari e queste ultime possono essere:

- *Organi secernenti isolati* (tiroide, ipofisi, surrene, ecc…)
- *Inseriti in grosse ghiandole esocrine* (il pancreas è un organo ghiandolare misto)
- *Inseriti in organi non propriamente ghiandolari* (testicoli, placenta, ovaio)

5.2 Tessuto connettivo

Il tessuto connettivo comprende diversi tessuti accomunati da specifiche caratteristiche:

- **Morfologiche** (tra le cellule è presente la *matrice (sostanza fondamentale)*, una sostanza intercellulare con determinate caratteristiche a seconda del tipo di tessuto connettivo. Ad eccezione del sangue, la matrice presenta tre tipi di fibre:
  - *Fibre collagene* (fibre altamente resistenti costituite da vari tipi di collagene)
  - *Fibre elastiche* (fibre ramificate ed elastiche costituite da elastina)
  - *Fibre reticolari* (fibre corte e ramificate costituite da collagene e glicoproteine)
- **Funzionali** (il tessuto connettivo ha funzioni di sostegno e protezione dei vari organi e contribuisce ai processo di ricambio e nutrizione cellulare)
- **Origine embrionale** (i tessuti connettivi derivano dal mesenchima, ovvero connettivo embrionale derivato dal mesoderma)

Possiamo distinguere i principali tessuti connettivi in due categorie:

- **Tessuti connettivi propriamente detti** (le fibre sono immerse in una soluzione densa, caratterizzata da mucopolisaccaridi e glicoproteine, e le cellule che li caratterizzano sono definite *fibroblasti*. Tra i tessuti connettivi propriamente detti distinguiamo:
  - *Tessuto connettivo lasso:* la matrice risulta semifluida e costituita, prevalentemente, da fibre collagene orientate in tutte le direzioni ed immerse in una soluzione vischiosa di mucopolisaccaridi. Il tessuto connettivo lasso risulta essere il più abbondante dell'organismo, funge da riserva di fluidi e Sali, oltre che da "riempitivo" tra le varie parti del corpo e lo ritroviamo ad avvolgere nervi, vasi sanguigni e muscoli.
  - *Tessuto connettivo denso/compatto:* la matrice contiene, principalmente, fibre collagene disposte in fasci, che possono essere orientate in tutte le direzioni (derma) o nella stessa direzione (tendini). La caratteristica di questo tessuto connettivo l'elevata resistenza alla trazione e lo ritroviamo a costituire il derma, i tendimi muscolari, i legamenti delle articolazioni e le fasce che avvolgono i muscoli.
  - *Tessuto connettivo reticolare:* la matrice contiene, principalmente, fibre reticolari e lo ritroviamo come struttura di supporto di alcuni organi (fegato, milza, linfonodi, organi emopoietici).
  - *Tessuto connettivo elastico:* la matrice è costituita principalmente da fibre elastiche disposte in fasci e lo ritroviamo in organi e strutture la cui funzione richiede una continua espansione e ritorno elastico (polmoni, corde vocali, arterie).
- **Tessuti connettivi specializzati**
  - *Tessuto adiposo*
  - *Tessuto cartilagineo*
  - *Tessuto osseo*
  - *Sangue*

5.2.1 *Tessuto adiposo*

Il tessuto adiposo è caratterizzato dagli adipociti, ovvero particolari cellule che accumulano grassi al loro intero (trigliceridi per lo più) e possiamo distinguere tra *tessuto adiposo bianco* e *tessuto adiposo bruno*.

Il **tessuto adiposo bianco** risulta poco vascolarizzato e presenta adipociti tondeggianti di grandi dimensioni (diametro tra 50 – 100 μm), caratterizzati da un'unica gocciolina di grasso che tende a spostare nucleo e citoplasma vero la zona periferica, che sono raggruppati in gruppetti, definiti *lobuli di grasso*. Il citoplasma, comunque, presenta il reticolo endoplasmatico, il complesso di Golgi e i mitocondri. Tale tessuto adiposo costituisce il 10-15% del peso corporeo di un individuo adulto e svolge diverse funzioni:

- *Protezione e sostegno meccanico* (lo ritroviamo al di sotto della cute, nell'interstizio tra i vari organi, nel midollo osseo)
- *Isolamento termico* (riduce la dispersione del calore alle basse temperature grazie alla bassa conducibilità termica dei grassi)
- *Riserva energetica* (i trigliceridi vengono accumulati all'interno del tessuto adiposo grazie all'**enzima lipoproteina lipasi**, che scinde lipoproteine e chilomicroni in glicerina e acidi grassi: questi ultimi attraversano la membrana degli adipociti e raggiungono il citoplasma, dove vengono riconvertiti in lipidi, che possono essere:
    - Lipidi esogeni (derivano dagli alimenti e vengono assorbiti a livello intestinale, per poi essere immessi nel sangue sottoforma di chilomicroni)
    - Lipidi endogeni (derivano dalla trasformazione di carboidrati o aminoacidi, assunti in eccesso con la dieta, in nuovi trigliceridi, che vengono immessi nel sangue all'interno delle lipoproteine)

Il **tessuto adiposo bruno** risulta altamente vascolarizzato e presenta adipociti di dimensioni inferiori (diametro di circa 40 μm), caratterizzati da un nucleo centrale sferico e varie goccioline lipidiche. Inoltre, presentano una colorazione bruna, dovuta all'enorme presenza di mitocondri nel proprio citoplasma, e gioca un importante ruolo nella produzione di calore. Tale ruolo è dovuto al fatto che i mitocondri di questi adipociti sono privi dell'enzima ATP sintetasi (catalizza la sintesi di ATP sfruttando l'energia derivante dalla respirazione cellulare), per cui l'energia derivante dalla respirazione cellulare viene dispersa sottoforma di calore.
Il tessuto adiposo bruno lo ritroviamo poco nell'adulto, ma molto nel neonato.

Eventualmente, è possibile riscontrare una terza tipologia di tessuto adiposo, ovvero il ***tessuto adiposo beige***, che si riscontra soprattutto a livello sopraclavicolare e presenta un tipo distinto transitorio di adipociti.

5.2.2 *Tessuto osseo*

Il tessuto osseo costituisce la maggior parte dello scheletro e dei denti dei vertebrati superiori ed è caratterizzato da durezza e rigidità grazie alla presenza di sali inorganici nella matrice (costituita per il 35% da una porzione organica – fibrille collagene, mucoproteine e mucopolisaccaridi – e per il 65% da una porzione inorganica – idrossiapatite, carbonato di calcio e fosfato di magnesio). Fondamentalmente, funge da sostegno per l'organismo e da importante riserva di calcio e fosforo. In generale, il tessuto osseo presenta un'organizzazione lamellare, in quanto è costituito da **lamelle ossee**, in cui sono scavate le **lacune ossee**, all'interno delle quali sono presenti le cellule e le fibre di collagene sono disposte parallelamente.
Da un punto di vista strutturale possiamo distinguere tra:

- ***Tessuto osseo spugnoso***: è caratterizzato da una serie di trabecole ossee intrecciate a formare una sorta di rete tridimensionale e che delimitano le cavità midollari, il cui è orientamento è fondamentale per offrire la massima resistenza alle sollecitazioni meccaniche cui l'osso è sottoposto continuamente. Questa tipologia di tessuto osseo la ritroviamo nella porzione interna delle ossa brevi, alle estremità (epifisi) delle ossa lunghe e tra i due tavolati di osso compatto delle ossa piatte.
- ***Tessuto osseo compatto***: appare privo di cavità e lo troviamo a costituire lo strato superficiale delle ossa brevi, il corpo (diafisi) delle ossa lunghe e i tavolati che formano la superficie delle ossa piatte. In questo caso, le lamelle si organizzano a formare:
    - *Sistemi fondamentali* (formano la superficie dell'osso compatto e sono costituiti da lamelle parallele)
    - *Sistemi di Havers o osteoni* (possono essere considerati l'unità strutturale dell'osso compatto e sono costituiti da 2 a 24 lamelle che circondano i *canali di Havers*, all'interno dei quali scorrono vasi sanguigni e nervi)

In generale, ogni osso è avvolto da una lamina di tessuto connettivo compatto, definita **periostio**, mentre il canale e le cavità midollari sono rivestite da un'altra lamina, definita **endostio**.
A livello cellulare, nel tessuto osseo si osservano tre tipi cellulari differenti:

- **Osteociti** (sono piccole cellule che hanno il corpo nelle *lacune ossee*, ovvero piccole cavità della matrice calcificata dalle quali partono i *canalicoli ossei*, sottilissimi canalicoli contenenti i prolungamenti degli osteociti che collegano le lacune ossee adiacenti)
- **Osteoblasti** (rappresentano i precursori degli osteociti ed elaborano la matrice del tessuto osseo di nuova formazione, in cui restano intrappolati e si trasformano in osteociti)
- **Osteoclasti** (sono grosse cellule multinucleate deputate al riassorbimento dell'osso, la cui attività è sotto il controllo di paratormone e calcitonina che, rispettivamente, ne aumentano e ne diminuiscono l'attività e, quindi, la [Ca^{2+}])

I processi importanti a cui va incontro il tessuto osseo sono l'ossificazione e il rimodellamento. L'**ossificazione** è l'insieme dei processi, mediati dagli osteoblasti, che portano alla formazione dell'osso, che ha inizio già nell'età embrionale e avviene sempre all'interno di altri tessuti connettivali, che vengono sostituiti. In questo processo possiamo notare una *linea di ossificazione*, che rappresenta il confine tra l'osso neoformato e il tessuto in cui è iniziato il processo, e un *centro di ossificazione*, che è il punto di inizio del processo.

Il **rimodellamento osseo**, invece, è l'insieme dei processi di erosione, mediati dagli osteoclasti, e di ricostruzione a cui va incontro l'osso dopo l'arresto della crescita. Questi processi sono governati sia da *fattori meccanici*, come la compressione e la trazione, che da *fattori ormonali*, che controllano i continui scambi di sali di calcio tra il sangue e il tessuto osseo (ormone paratiroideo, calcitonina, ormone della crescita, tiroxina – determina la maturazione dello scheletro – e gli ormoni sessuali, che accelerano la maturazione dello scheletro).

5.2.3 *Tessuto cartilagineo*

Il tessuto cartilagineo è un tessuto connettivo di sostegno specializzato che forma le cartilagini e mostra un'importante resistenza alla pressione e alla trazione, oltre che una discreta elasticità. I **condrociti** sono le cellule della cartilagine, che producono un'abbondante matrice ricca di fibre collagene, elastiche, proteoglicani e glicoproteine. La cartilagine è rivestita da un sottile involucro di tessuto connettivo compatto (pericondrio) e può accrescersi secondo due meccanismi:

- *Accrescimento interstiziale* (moltiplicazione dei condrociti, con conseguente aumento della matrice prodotta)
- *Accrescimento per apposizione* (differenziamento dei fibroblasti del pericondrio in condrociti, che producono altra matrice)

In funzione della quantità di matrice e delle sue caratteristiche possiamo osservare:

- ***Cartilagine ialina*** (è la più abbondante dell'organismo, è caratterizzata da una matrice omogenea e la ritroviamo a formare le cartilagini nasali, costali, tracheali, lo scheletro del feto, rivestimento delle superfici articolari delle ossa (***cartilagine articolare***)
- ***Cartilagine elastica*** (presenta una matrice ricca di fibre elastiche raggruppate in fasci e costituisce l'impalcatura del padiglione auricolare, l'epiglottide e parti della laringe)
- ***Cartilagine fibrosa*** (presenta una matrice ricca di fibre collagene e la ritroviamo nei dischi intervertebrali, nella sinfisi pubica, nei punti di inserzione di alcuni tendini)

5.2.4 *Sangue*

Il sangue è l'unico tessuto connettivo liquido, è in grado di trasferire un gran numero di sostanze e all'interno dell'organismo circolano circa 5.5 – 7 Litri di sangue. Tra le funzioni si osservano:

1. *Trasporto di gas, nutrienti, ormoni e scarti metabolici*
2. *Regolazione del pH (7.4) e della composizione ionica dei fluidi interstiziali*
3. *Limitazione di perdite di liquidi a livello delle lesioni* (portando alla coagulazione)
4. *Difesa contro tossine e batteri* (globuli bianchi)
5. *Stabilizzazione della temperatura corporea a 37°C* (assorbe il calore prodotto dal muscolo scheletrico e lo redistribuisce)

Dal punto di vista della composizione, il sangue risulta costituito da:

- ***Plasma*** (rappresenta la porzione liquida del sangue ed è circa il 55% (uomo) – 60% (donna))
- ***Elementi corpuscolati*** (rappresentano la componente cellulare immersa nella matrice e corrisponde a circa il 45% (uomo) – 40% (donna))

Il **plasma** costituisce il 55%/60% del sangue di un essere umano ed è una soluzione acquosa (90%) molto complessa in grado di scambiare, costantemente, H_2O e soluti (ioni, proteine e piccoli composti organici) con il liquido interstiziale attraverso le pareti dei capillari. La differenza tra il plasma e il liquido extracellulare sta nella quantità di proteine plasmatiche (troppo grandi per attraversare le parete capillare) e dei gas respiratori (dovuti all'attività respiratoria della cellula).
Il plasma, infatti, contiene una grande quantità di proteine plasmatiche, prodotte principalmente dal fegato, ognuna delle quali svolge specifiche funzioni e le distinguiamo in 3 classi principali:

- ***Albumina 60%*** (contribuisce a mantenere costante la pressione osmotica del sangue (25/30mmHg) e al trasporto degli acidi grassi liberi, mobilizzati dal tessuto adiposo)
- ***Globuline 35%*** (possono trasportare sostanze come bilirubina, grassi, ferro e rame, e le dividiamo in tre tipologie:
    - *α-globulina* (inibitori di proteasi)
    - *β-globuline* (proteine deputate al trasporto di ioni, ormoni e lipidi)
    - *γ-globuline o immunoglobuline* (rappresentano gli anticorpi, che contribuiscono alla difesa immunitaria)
- ***Fibrinogeno 5%*** (rappresenta la forma inattiva della fibrina e, insieme ai fattori della coagulazione, è fondamentale nei meccanismi di coagulazione del sangue)

Nel plasma, però, si possono osservare anche proteine regolatrici (enzimi, ormoni e Ab), gas respiratori (CO_2 e O_2), sostanze inorganiche (Na, Cl, Ca, K, I, Fe) e organiche (prodotti di scarto, come urea, ammoniaca e creatinina, e prodotti nutritivi, come glucosio, colesterolo, aminoacidi e grassi).

Per quanto riguarda, invece, gli **elementi figurati**, sono prodotti nel processo di *emopoiesi* e li dividiamo in tre tipologie:

- *Globuli rossi o eritrociti*
- *Globuli bianchi o leucociti*
- *Piastrine o trombociti*

I **globuli rossi (eritrociti)** sono le cellule più numerose del sangue, hanno una forma di disco biconcavo che gli conferisce la flessibilità per attraversare i capillari, un diametro di 6-8 μm, risultano enucleate nei mammiferi e hanno una vita media di 120 giorni. La loro unica funzione è quella di trasportare i gas: rifornire i tessuti di O_2 e allontanare la CO_2 prodotta dalla respirazione cellulare. Per svolgere al meglio questa funzione, gli eritrociti utilizzano l'**emoglobina Hb**, una proteina tetramerica formata da 4 catene di globulina ($2\alpha + 2\beta$), ognuna contenente un **gruppo eme**, al cui centro è legato un **atomo di ferro bivalente (Fe^{2+})**, responsabile del legame con i gas (si può parlare di ossiemoglobina o carbossiemoglobina a seconda se l'emoglobina lega O_2 o CO_2).
Quella presente nell'essere umano adulto è definita **emoglobina HbA**, ma esistono anche altri tipi di emoglobina, tra cui:

- **Emoglobina fetale HbF:** è caratterizzata da due catene α e due catene γ, unite in dimeri α–γ, e presente in concentrazioni elevate nel feto.
- **Emoglobina HbA2:** è caratterizzata da due catene α e due catene δ, presente in concentrazioni limitate nell'uomo adulto.

Esistono anche tipi di emoglobina anomali, la cui presenza negli eritrociti è indice di patologie, tant'è che si parla di *emoglobinopatie*, come l'*anemia falciforme* e la *talassemia*.

Il processo di formazione dei globuli rossi prende il nome di ***eritropoiesi*** e avviene nel midollo osseo rosso: si parte da cellule staminali pluripotenti, gli *emocitoblasti*, che producono sia cellule staminali mieloidi che linfoidi. Nel corso del differenziamento si arriva agli *eritroblasti*, ovvero dei globuli rossi immaturi che sintetizzano attivamente emoglobina e, nel frattempo, perdono il nucleo e gli organelli per diventare *reticolociti*. Questi ultimi lasciano il midollo osseo per entrare nella circolazione sanguigna (sono circa lo 0.8% dei globuli rossi circolanti) e maturare a eritrociti.

La membrana dei globuli rossi presenta una serie di antigeni di varia natura (glicoproteine, glicolipidi, ecc…) e, in funzione dei determinanti antigenici presenti, è possibile effettuare una classificazione dei **gruppi sanguigni**. Oltre a questi antigeni, nel siero dei soggetti sono presenti le agglutinine, ovvero degli Ab naturali contro gli Ag assenti sugli eritrociti. I sistemi di classificazione maggiormente utilizzati sono:

- ***Sistema AB0*** (fa riferimento alla presenza o assenza degli antigeni A e B sugli eritrociti)
  - **Gruppo 0:** la membrana degli eritrociti è priva di antigeni, per cui nel plasma sono presenti anticorpi anti-A e anticorpi anti-B.
  - **Gruppo A:** la membrana degli eritrociti presenta l'antigene A, per cui nel plasma sono presenti anticorpi anti-B.
  - **Gruppo B:** la membrana degli eritrociti presenta l'antigene B, per cui nel plasma sono presenti anticorpi anti-A.
  - **Gruppo AB:** la membrana degli eritrociti presenta entrambi gli antigeni, per cui il plasma è privo di anticorpi.
- ***Sistema Rhesus (Rh)*** (fa riferimento alla presenza o assenza dell'antigene Rh, presente esclusivamente sulla membrana degli eritrociti, per cui i gruppi AB0 possono essere:
  - **Positivi (+):** fattore Rh presente nel sangue.
  - **Negativi (-):** fattore Rh assente nel sangue (maggior fragilità degli eritrociti).

I **globuli bianchi (leucociti)** sono le cellule del sistema immunitario deputate alla difesa dell'organismo dagli agenti patogeni e, a differenza degli altri elementi figurati, risultano nucleati. Sono presenti in concentrazione minore (circa 5.000-7.000/mm^3), derivano da una cellula staminale ematopoietica e comprendono diverse tipologie cellulari, ognuna con una specifica funzione. Nello specifico, distinguiamo due grandi gruppi:

- ***Leucociti polimorfonucleati o granulociti*** (sono caratterizzati da un nucleo costituito da diversi lobi collegati che, morfologicamente, appaiono come più nuclei e al loro interno presentano diversi granuli contenenti enzimi idrolitici. I granulociti hanno una funzione fagocitaria e, in base all'affinità con un acido o una base che li possa colorare, distinguiamo:
  - *Granulociti neutrofili 50 – 70%* (non presentano affinità né per i coloranti acidi né per quelli basici e intervengono nelle fasi iniziali della risposta infiammatoria: una volta migrati nel tessuto infiammato e svolta la loro funzione di fagocitare corpi estranei e batteri, muoiono, andando a costituire il pus)
  - *Granulociti eosinofili 1 – 4%* (presentano affinità per gli acidi (eosina), sono deputati alla distruzione dei complessi Ag-Ab, intervenendo in parassitosi e reazioni allergiche)
  - *Granulociti basofili < 1%* (presentano affinità per le basi (ematossilina) e, in seguito alla stimolazione ad opera delle IgE, sono responsabili del rilascio di *eparina*, sostanza anticoagulante, e *istamina*, sostanza vasodilatatrice)
- ***Leucociti mononucleati o agranulociti*** (sono caratterizzati da un unico nucleo, non contengono granuli e li distinguiamo in:
  - *Monociti 4 – 8%* (sono i leucociti più grandi, vengono prodotti nel midollo osseo e, in seguito a stimoli chemiotattici, vengono immessi nella circolazione sanguigna e raggiungono i tessuti in cui è presente l'infezione, dove si trasformano in macrofagi, che effettuano la fagocitosi di cellule morte e microbi)
  - *Linfociti 20 – 40%* (sono piccole cellule nucleate che ritroviamo nel sangue e negli organi linfoidi e intervengono nei meccanismi di risposta immunitaria. Inoltre, sulla membrana cellulare dei linfociti sono esposti specifici recettori in grado di riconoscere specifici antigeni e il legame che si viene a formare induce una risposta immunitaria. In base alla funzione e alla sede di maturazione, possiamo distinguere i linfociti in:
    - ***Linfociti B*** (maturano nel midollo osseo e sono coinvolti nella risposta umorale, in quanto sono deputati alla produzione degli immunoglobuline: in seguito alla formazione del complesso ligando-recettore, i linfociti B si trasformano in plasmacellule, che secernono Ab nella circolazione sanguigna)
    - ***Linfociti T*** (maturano nel timo e sono coinvolti nella risposta immunitaria cellulo-mediata: in seguito alla formazione del complesso ligando-recettore, i linfociti T si attivano, iniziano a riprodursi e rilasciano perforine per distruggere gli agenti patogeni)

Il processo di formazione dei globuli bianchi prende il nome di ***leucopoiesi***: si parte sempre dall'emocitoblasto e, quindi, da cellule staminali linfoidi, dopodiché ogni tipologia di globulo bianco completa il proprio sviluppo in una regione specifica (midollo osseo per i granulociti, tessuti danneggiati per i monociti, tessuti linfoidi – timo, milza e linfonodi – per i linfociti).

Le **piastrine (trombociti)** sono frammenti cellulari privi di nucleo derivanti dai megacariociti che si riscontrano nel sangue e svolgono un ruolo importantissimo a livello dei vasi sanguigni, intervenendo nei processi coagulativi. L'emivita media delle piastrine è di 7 giorni.
Quando un vaso sanguigno è danneggiato, il collagene viene riversato nel sangue e va ad attivare il *fattore von Willebrand* circolante, il quale attiva e induce le piastrine a raggiungere la zona d'interesse, dove si aggregano a formare il tappo piastrinico. A questo punto, le piastrine iniziano a produrre i fattori della coagulazione presenti nei propri granuli, dando inizio alla cascata coagulativa:

- *Rilascio di serotonina* (azione vasocostrittiva per rallentare il flusso sanguigno)
- *Rilascio di tromboplastina* (attiva altri fattori della coagulazione)
- *Attivazione della protrombina in trombina* (attiva il fibrinogeno in fibrina)

La fibrina si lega alle piastrine, creando una vera e propria rete e, quindi, il coagulo definitivo per bloccare l'emorragia, dopodiché le piastrine richiameranno i fibroblasti per riparare il danno.
Nello specifico, l'**emostasi** è il processo che permette l'arresto dell'emorragia causata dai vasi danneggiati ed è caratterizzato da 3 fasi:

1. **Fase vascolare** (vasocostrizione dei vasi danneggiati ad opera di agenti paracrini vasocostrittori per ridurre temporaneamente il flusso e la pressione del sangue nel vaso. Questa fase ha una durata di circa 30 minuti)
2. **Fase piastrinica** (le piastrine iniziano ad aderire alle fibre collagene entro 15 secondi grazie alle integrine, portando ad un rilascio di citochine e, successivamente, alla formazione del *tappo piastrinico*, che va a tamponare la ferita)
3. **Fase coagulativa** (questa fase coinvolge una rete di fasi che convergono nella via comune di conversione del fibrinogeno in fibrina, portando alla formazione del *coagulo di sangue*. Per formare il coagulo è necessaria la presenza dei *fattori della coagulazione* nel sangue, i quali includono Ca^{2+} e 11 proteine plasmatiche, che sono presenti come pro-enzimi, che vengono attivati a cascata:
    - **Via intrinseca** (è una via lenta innescata nel circolo ematico e inizia quando il tessuto danneggiato espone il collagene, che attiva il *Fattore 12°*:
        - *Attivazione del Fattore 11°* (agisce sul Fattore 9° in presenza di Ca^{2+})
        - *Attivazione del Fattore 9°* (agisce sul fattore 10° in presenza di Ca^{2+}, insieme al Fattore 8°)
        - *Attivazione del Fattore 10°*
    - **Via estrinseca** (è una via breve e rapida innescata sulla parete del vaso, che ha inizio quando le cellule endoteliali dei tessuti danneggiati espongono il *Fattore Tissutale 3°*:
        - *Attivazione del Fattore 7°* (formazione di un complesso tra i due fattori)
        - *Attivazione del Fattore 10°* (in presenza di ioni Ca^{2+})
    - **Via comune**
        - *Formazione dell'attivatore della protrombina*
        - *Scissione di protrombina in trombina* (enzima di conversione)
        - *Conversione del fibrinogeno in fibrina*
        - *Attivazione del Fattore 13°*
            - *Fibrina → Polimero, formato da ponti crociati, che stabilizza il coagulo*

5.3 Tessuto muscolare

Il tessuto muscolare è il tessuto deputato al movimento e le caratteristiche che lo contraddistinguono solo *contrattilità* e *eccitabilità*. La classificazione del tessuto muscolare può essere fatta in base alla struttura o alla funzione e si parla di:

- **Tessuto muscolare striato scheletrico** (è il più abbondante, è caratterizzato da striature trasversali ed è a contrazione volontaria)
- **Tessuto muscolare liscio** (è privo delle striature trasversali ed è a contrazione involontaria)
- **Tessuto muscolare cardiaco** (presenta delle striature e la sua contrazione è involontaria)

5.3.1 *Tessuto muscolare striato scheletrico*

Il **tessuto muscolare striato scheletrico** è il tessuto muscolare che costituisce i muscoli scheletrici, la cui unità morfologica sono le *fibre muscolari*. Queste cellule sono di forma cilindrica, con un diametro che arriva fino a 100μm, sono polinucleate e possono essere di vario tipo:

- ***Fibre rosse*** (hanno un diametro piccolo, sono molto ricche di mioglobina e mitocondri e sono resistenti alla fatica (producono ATP con la fosforilazione ossidativa), per cui danno una contrazione lenta e duratura)
- ***Fibre bianche*** (hanno un diametro grande, sono povere di mioglobina e sono soggette ad affaticamento (producono ATP mediante glicolisi anaerobia), per cui danno una contrazione rapida e breve)
- ***Fibre intermedie*** (hanno un diametro medio, sono ricche di mioglobina, sono resistenti alla fatica e danno una contrazione breve ma intensa)

Inoltre, le fibre muscolari sono molto vascolarizzate ed innervate dal SNA a livello della placca motrice e sono circondate da una membrana plasmatica, che prende il nome di *sarcolemma*. La superficie del sarcolemma presenta degli orifizi che conducono ai *tubuli T (trasversi)*, un reticolo di canali ristretti e ricchi di fluido extracellulare, che costituisce la via di coordinazione della contrazione muscolare. All'interno della fibra muscolare, i tubuli T si ramificano, andando a circondare le ***miofibrille***, strutture cilindriche costituite da un fascio ordinato di miofilamenti:

- ***Filamenti spessi*** (sono costituiti da molecole di miosina, ciascuna contenente una coda e una testa globulare, e sono orientate lontane dal centro del sarcomero con le teste proiettate all'esterno)
- ***Filamenti sottili*** (sono costituiti da un fascio spiralizzato di molecole di *actina*, ognuna delle quali ha un sito attivo per l'interazione con la miosina; a riposo, i siti attivi sono coperti dalla *tropomiosina* e vengono tenuti in posizione da molecole di *troponina* legate ai filamenti di actina)

Questi miofilamenti, a loro volta, sono organizzati in unità funzionali ripetitive, i **sarcomeri**, che sono le più piccole unità funzionali di una fibra muscolare scheletrica (ogni miofibrilla ne ha circa 10.000).

La composizione di ciascun sarcomero prevede:

- **Linea Z** (costituisce le estremità di un sarcomero e presenta la titina, una proteina a zig-zag a cui si legano i filamenti di actina ed è fondamentale per conferire elasticità e stabilizzare i filamenti di miosina)
- **Banda I** (è la regione più chiara, in quanto composta solo da filamenti di actina, ed è divisa a metà dalla linea Z, per cui fa parte di due sarcomeri adiacenti)
- **Banda A** (è la regione più scura, in quanto ricca di filamenti di miosina, e alle sue estremità presenta una sovrapposizione di filamenti spessi e sottili)
- **Banda H** (è la zona centrale della banda A, quindi si trova al centro del sarcomero, ed è costituita solo da filamenti di miosina)
- **Linea M** (è costituita da proteine che connettono le porzioni centrali di ciascun filamento spesso e divide a metà la banda A)

La contrazione delle fibrocellule risulta volontaria ed è innescata da un impulso nervoso che raggiunge la placca motrice, provocando:

- *Liberazione del neurotrasmettitore Ach nella fessura sinaptica*
- *Interazione Ach-recettori colinergici nicotinici del sarcolemma* (depolarizzazione della membrana per il flusso di ioni Na^+)
- *Potenziale d'azione muscolare* (si propaga nei tubuli T fino a raggiungere il reticolo sarcoplasmatico)
- *Apertura dei canali Ca^{2+} voltaggio-dipendenti* (provocano un aumento $[Ca^{2+}]$ citoplasmatico)
- *Legame Ca2+/Troponina C* (il cambio conformazionale ne provoca uno nella Troponina T, che è agganciata alla Tropomiosina, allontanandola dal binding-site dell'actina)
- *Legame miosina/actina* (provoca la contrazione muscolare mediante lo scorrimento dei filamenti sottili di actina verso il centro del sarcomero – utilizzando l'energia potenziale accumulata nelle teste di miosina, derivante dall'idrolisi dell'ATP)

Quando termina l'impulso nervoso l'Ach viene scissa dall'enzima acetilcolinesterasi in colina e acetato, per cui si ripristina il potenziale di membrana, si chiudono i canali Ca^{2+} del reticolo sarcoplasmatico, diminuisce la $[Ca^{2+}]$ citoplasmatico (grazie ad una Ca^{2+}–ATPasi), che si stacca dalla troponina C, la quale riporta la tropomiosina a coprire i siti di legame dell'actina per la miosina. La contrazione termina con il ritorno elastico mediato dalla titina (i filamenti scorrono all'indietro fino alla posizione iniziale).

5.3.2 *Tessuto muscolare liscio*

Il **tessuto muscolare liscio** è caratterizzato da *cellule muscolari lisce* ed è presente in quasi tutti gli organi, a livello dei quali forma lamine, fasci e guaine intorno ad altri tessuti: negli apparati scheletrico, muscolare, nervoso ed endocrino la muscolatura liscia circonda i vasi sanguigni e regola il flusso di sangue verso i loro organi, mentre negli apparati digerente e urinario, gli anelli di muscolatura liscia, definiti *sfinteri*, regolano il movimento di materiale lungo i condotti interni.

Le cellule muscolari lisce hanno forma allungata, presentano striature longitudinali, contengono un unico nucleo centrale, sono ricche di organuli (mitocondri, Golgi, reticolo sarcoplasmatico) e sono circondate dal sarcolemma, una membrana ricca di invaginazioni e rivestita di una lamina basale.
Le differenze strutturali che si osservano nelle cellule lisce rispetto a quelle scheletriche e cardiache sono:

- *Assenza di miofibrille, sarcomeri e striature*
- *I filamenti corti e spessi di* ***miosina*** *sono sparsi nel sarcoplasma* (si possono osservare solo durante la contrazione)
- *I filamenti lunghi e sottili di* ***actina*** *sono ancorati al sarcoplasma e al sarcolemma* (si inseriscono nei corpi densi intracitoplasmatici, contenenti α-actinina, e nelle densità subsarcolemmali, contenenti vincolina e talina)
- *Nei fasci, le fibrocellule sono legate a livello di gap junction* (la forza contrattile viene trasmessa all'intero tessuto)

Per quanto riguarda la contrazione muscolare delle cellule lisce, la depolarizzazione del plasmalemma induce un aumento di [Ca^{2+}] nel sarcoplasma (questi ioni derivano dal reticolo sarcoplasmatico e dal liquido extracellulare), con formazione di un complesso Ca^{2+}–Calmodulina. Questo complesso attiva l'*enzima chinasi della catena leggera della miosina*, che provoca la fosforilazione delle catene leggere della miosina e, quindi, la sua attivazione (seguirà un aumento dell'attività ATPasica miosinica, quindi un aumento della tensione generata dal muscolo).
La contrazione delle fibrocellule muscolari lisce è più lenta rispetto a quella scheletrica ed è involontaria, poiché la maggior parte di esse non è innervata da motoneuroni (in caso, sono innervate da neuroni che sfuggono al controllo volontario) e, quindi, si contraggono automaticamente o in risposta a stimoli ambientali e ormonali. Inoltre, può essere di vario tipo:

- ***Contrazione tonica*** (le fibrocellule possono mantenere uno stato di contrazione parziale)
- ***Contrazione ritmica*** (è una contrazione spontanea caratterizzata da impulsi periodici, come nel caso della contrazione peristaltica)

5.3.3 *Tessuto muscolare cardiaco*

Il **tessuto muscolare cardiaco** caratterizza la parete del cuore e presenta caratteristiche che lo accomunano a entrambi i tessuti muscolari precedenti: le cellule muscolari cardiache contengono miofibrille organizzate in maniera ordinata, apparendo striate come nel muscolo scheletrico e, come il tessuto muscolare liscio, quello cardiaco si contrae in maniera involontaria. Una differenza importante è che la contrazione è ritmica e autonoma, in quanto le cellule pacemaker generano impulsi elettrici autonomamente, indipendentemente dagli stimoli nervosi autonomi (regolano la frequenza contrattile), che poi si propagano attraverso il sistema di conduzione.
Le cellule muscolari cardiache hanno una forma cilindrica, un unico nucleo centrale e ciascuna di esse è connessa ad altre quattro fibrocellule attraverso i *dischi intercalari*, ovvero strutture contenenti *gap junctions*, fondamentali per il rapido propagarsi del potenziale d'azione tra le cellule contrattili adiacenti.

5.4 Tessuto nervoso

Il tessuto nervoso è caratterizzato da due tipi cellulari:

- **Cellule della glia o nevroglia** (sono presenti in maggior quantità e svolgono funzioni di supporto, protezione e nutrizione per i neuroni e possiamo distinguere diversi sottotipi cellulari in funzione della localizzazione:
    - *SNC* (presenta 4 tipi di cellule gliali:
        - ***Astrociti*** (sono grandi cellule di forma stellata che fungono da sostegno e contribuiscono alla secrezione di importanti fattori per il mantenimento della barriera ematoencefalica)
        - ***Oligodendrociti*** (sono cellule che avvolgono gli assoni del SNC, formandone la guaina mielinica)
        - ***Microglia*** (sono piccole cellule con funzione fagocitaria)
        - ***Cellule ependimali*** (rivestono il canale centrale del midollo spinale e i ventricoli e questo rivestimento, detto ependima, produce LCS in alcune regioni encefaliche)
    - *SNP* (presenta 2 tipi di cellule gliali:
        - ***Satelliti*** (avvolgono e sostengono i corpi cellulari dei neuroni)
        - ***Cellule di Schwann*** (rivestono gli assoni del SNC e a livello della superficie esterna, chiamata neurilemma, mielinizzano un segmento di un solo assone)
- **Neuroni** (dal punto di vista strutturale, queste cellule sono caratterizzate da 3 componenti:
    - *Corpo cellulare* (contiene il nucleo e la gran parte degli organuli cellulari, che conferiscono al citoplasma un aspetto granuloso ed è deputato alla ricezione dei segnali in ingresso)
    - *Dendriti* (sono prolungamenti citoplasmatici ramificati deputati alla ricezione e alla trasmissione di stimoli chimici, elettrici e meccanici verso il corpo cellulare)
    - *Assone* (prolungamento citoplasmatico che trasporta impulsi nervosi in uscita, muovendosi dal corpo cellulare verso le terminazioni assoniche, e può presentare ramificazioni collaterali, al termine delle quali è presente il *bottone sinaptico*)

La classificazione dei neuroni può essere effettuata in funzione di due parametri distinti:

- ***Struttura*** (sulla base della relazione dendriti–corpo cellulare–assone, parliamo di:
    - *Neuroni multipolari* (presentano due o più dendriti con un assone ed è la tipologia più diffusa; un esempio sono i motoneuroni dei muscoli scheletrici)
    - *Neurone unipolare/pseudounipolare* (dal corpo cellulare origina un unico prolungamento che si separa, dopo un breve tratto comune, in dendrite e assone; il potenziale d'azione inizia nel dendrite e passa nell'assone – un esempio sono i *neuroni sensitivi*)
    - *Neurone bipolare* (presentano un dendrite e un assone con interposto il corpo cellulare, sono rari e si trovano negli organi di sensibilità specifica, come vista e olfatto)

- *Funzione* (possiamo distinguere tra:
    - *Neuroni sensitivi* (li ritroviamo nel compartimento afferente del SNP e ricevono informazioni dai recettori sensitivi, per poi trasmetterle al SNC; inoltre, in base all'informazione che ricevono, possono essere esterocettori, propriocettori ed introcettori)
    - *Motoneuroni* (li ritroviamo nel compartimento efferente del SNP ed hanno come bersaglio organi effettori somatici e viscerali)
    - *Interneuroni* (li ritroviamo quasi totalmente nel SNC, hanno la funzione di interconnettere i neuroni e sono responsabili della distribuzione delle informazioni sensitive e del coordinamento della risposta motoria)

Il trasferimento delle informazioni tra la porzione terminale di un assone (neurone pre-sinaptico) e un altro neurone (neurone pre-sinaptico) è sempre unidirezionale e avviene attraverso la **sinapsi,** una struttura che si presenta come una sorta di piccolo rigonfiamento (*bottone sinaptico*). Ciascun bottone sinaptico presenta vescicole sinaptiche contenenti migliaia di neurotrasmettitori (*acetilcolina*, ammine biogene – *dopamina, noradrenalina* e *serotonina* – aminoacidi – *GABA, glutammato* e *glicina* – e peptidi) che, una volta rilasciati nella fessura sinaptica, interagiscono con i recettori specifici presenti sulla membrana post-sinaptica. Nello specifico:

- ***Arrivo di un potenziale d'azione al bottone sinaptico*** (depolarizzazione della membrana)
- ***Rilascio del neurotrasmettitore*** (la depolarizzazione della membrana apre i canali Ca^{2+} voltaggio-dipendenti, che causa l'entrata di ioni Ca^{2+} che, a loro volta, causano la fusione delle vescicole con la membrana e, quindi, l'esocitosi del loro contenuto nella fessura)
- ***Interazione neurotrasmettitore-recettore specifico*** (presente sul neurone post-sinaptico)
- ***Apertura di canali ionici attivati da ligando*** (viene modificata la permeabilità della membrana post-sinaptica, provocandone:
    - *Depolarizzazione* (si parla di potenziale post-sinaptico eccitatorio)
    - *Iperpolarizzazione* (si parla di potenziale post-sinaptico inibitorio)
- ***Rimozione dei neurotrasmettitori*** (avviene grazie a enzimi che scindono il neurotrasmettitore o grazie a fenomeni di reuptake)

Il **potenziale d'azione** rappresenta una variazione del potenziale di membrana a riposo (**–70mV** ed è dovuto alla differenza di concentrazione di ioni Na^+ e K^+ dentro e fuori la cellula e dalla permeabilità selettiva della membrana a tali ioni) in seguito all'apertura di canali ionici voltaggio-dipendenti ad opera di un potenziale graduato.
A valori corrispondenti al potenziale di riposo, i canali Na^+ e K^+ voltaggio-dipendenti sono chiusi, ma se un potenziale graduato raggiunge il valore soglia di **–55mV**, viene innescato un potenziale d'azione: l'apertura dei canali Na^+ voltaggio-dipendenti provoca un aumento della $[Na^+]$ intracellulare (*depolarizzazione della membrana*). Arrivati ad un picco di circa **+30mV**, in cui la carica del liquido intracellulare è maggiore di quella extracellulare, si ha un'inversione (overshoot): la chiusura del canali Na^+ e l'apertura dei canali K^+ voltaggio-dipendenti, insieme all'aiuto della pompa Na^+/K^+–ATPasi, provocano la *ripolarizzazione della membrana.*
Infine, un breve periodo di iperpolarizzazione (undershoot) rende impossibile l'instaurarsi di un nuovo potenziale d'azione e si parla di *periodo refrattario.*

6. RIPRODUZIONE ED EREDITARIETÀ

6.1 Riproduzione

Possiamo distinguere due principali tipologie di riproduzione:

- **Riproduzione asessuata:** da un singolo genitore si originano due o più individui (identici al genitore, eccetto nel caso di insorgenza di mutazioni spontanee) mediante processi di scissione, gemmazione o frammentazione – per mitosi. Questo tipo di riproduzione risulta vantaggioso in caso di stabilità ambientale. Tra gli organismi che si riproducono in tal modo abbiamo:
    - *Animali* (poriferi come le spugne, platelminti, echinodermi come le stelle di mare)
    - *Piante* (nelle piante a fiore la riproduzione può coinvolgere le radici, le foglie o i fusti)

  Nel caso degli insetti, invece, si parla di *partenogenesi,* processo in cui si sviluppa un individuo aploide da una cellula uovo non fecondata)

- **Riproduzione sessuata:** il nuovo individuo deriva dall'unione dei gameti (cellule riproduttive aploidi), ovvero spermatozoo e cellula uovo, per cui si ha una maggiore variabilità genetica. I processi di tale riproduzione sono:
    - *Meiosi* (processo di divisione nucleare per dimezzare il patrimonio genetico delle cellule, per cui determina una condizione di aploidia – cromosomi n)
    - *Fecondazione dei gameti femminili* (processo in cui i gameti maschile e femminile si fondono per formare lo zigote, una nuova identità genetica caratterizzata da un corredo cromosomico diploide – cromosomi 2n. A seguire ci saranno le divisioni mitotiche che origineranno il nuovo individuo)

I gameti sono cellule riproduttive aploidi che si originano nelle gonadi (testicoli ed ovaie negli animali, stami e ovari nelle piante) mediante il processo di **gametogenesi**, per cui sono caratterizzati da un corredo cromosomico aploide (23 nell'uomo). Nello specifico si parla di:

- **Spermatogenesi:** avviene all'interno dei testicoli, i quali contengono i cosiddetti *spermatogoni* (cellule germinali progenitrici 2n), che si trasformano in *spermatociti primari (2n).* Questi vanno incontro al processo meiotico, per cui avremo la formazione di:
    - *2 Spermatociti secondari (n)* (dalla 1° divisione meiotica)
    - *4 Spermatidi (n)* (dalla 2° divisione meiotica)

  Gli spermatidi aploidi maturano e si differenziano, infine, in ***spermatozoi (n).***

- **Oogenesi:** avviene all'interno delle ovaie, le quali contengono i cosiddetti *oogoni* (cellule germinali progenitrici 2n), che maturano in *ociti primari (2n).* Questi vanno incontro al processo meiotico, per cui avremo la formazione di:
    - *Oocita secondario (n)* (grande) *e Globulo polare* (piccolo) (dalla 1° divisione meiotica)
    - *Ootide (n) e 3 Globuli polari (n)* (dalla 2° divisione meiotica)

  L'ootide aploide matura e si differenzia, infine, nella ***cellula uovo (ovulo) (n),*** mentre i piccoli globuli polari degenerano.

6.2 Genetica molecolare

6.2.1 *DNA: processi di replicazione e riparazione*

La **duplicazione (replicazione) del DNA** è un processo semiconservativo che porta alla formazione di nuove molecole di DNA, caratterizzate da un filamento parentale e un filamento di nuova sintesi (è stato dimostrato dall'esperimento di Meselson e Stahl).
A livello molecolare, tale processo coinvolge una serie di enzimi differenti, ovvero:

- ***DNA polimerasi:*** enzima che catalizza la sintesi dei filamenti aggiungendo nucleotidi in direzione 5′ → 3′ (richiede un'estremità 3'OH di un nucleotide già esistente per poter aggiungere il successivo); di conseguenza, un filamento sarà sintetizzato in modo continuo nella direzione di avanzamento della forca di replicazione (*leading strand*), mentre l'altro in modo discontinuo in direzione opposta (*lagging strand*) – in questo caso vengono a formarsi i frammenti di Okazaki, che vengono poi saldati tra loro dalla DNA ligasi. La DNA polimerasi ha anche la funzione di "correzione di bozze", in quanto è in grado di rimuovere e sostituire i nucleotidi introdotti con appaiamenti sbagliati.
- ***Primasi:*** enzima che sintetizza un primer a RNA, necessario ad innescare l'attività della DNA polimerasi, in quanto fornisce l'estremità 3'OH di cui necessita.
- ***DNA ligasi:*** enzima che ha lo scopo di saldare tra loro i vari frammenti di Okazaki che costituiscono il filamento discontinuo di DNA.
- ***DNA elicasi:*** enzima che srotola la doppia elica, consentendo la separazione dei due filamenti di DNA mediante la rottura dei legami-H tra le basi azotate)
- ***Topoisomerasi I e II:*** enzimi che si occupano del controllo dello stato topologico del DNA, rimuovendo i superavvolgimenti introdotti dall'azione delle elicasi; nello specifico, catalizzano la rottura di uno o due legami fosfodiesterici, il passaggio del DNA attraverso il punto di interruzione e la riparazione del punto di rottura.
- ***Proteine SSBP (Single Strand Binding Proteins):*** si legano al DNA a singolo filamento, che è instabile e tende, spontaneamente, a riassociarsi al filamento ad esso complementare, mantenendolo disteso per permetterne la copia)

Il processo replicativo, mentre nel caso dei batteri inizia a livello dell'origine di replicazione, da cui avanza nelle due direzione (replicazione bidirezionale), nel caso degli eucarioti ha inizio a livello dei repliconi, ovvero delle unità di replicazione da cui il processo procede in maniera bidirezionale, formando le bolle di replicazione. Questo per permettere la replicazione di grandi quantità di DNA in un piccolo intervallo di tempo.

La **riparazione del DNA** è un processo che può essere effettuato dalla DNA polimerasi grazie alla sua proprietà di correzione di bozze che, come già accennato in precedenza, interviene quando l'errore avviene nel corso del processo replicativo. Oltre all'attività della DNA polimerasi, ci sono una serie di interventi correttivi, definiti come *processi di riparazione del DNA*, che intervengono quando il DNA risulta danneggiato da altri fattori, quali modificazioni chimiche che intervengono in seguito alla collisione con altre molecole, alla reazione con metaboliti o alla perdita spontanea di nucleotidi.

Alcuni dei processi di riparazione del DNA che intervengono quando il danno riguarda un singolo filamento sono:

- ***Ripristino diretto del danno:*** può avvenire ad opera di una serie di enzimi che agiscono senza il bisogno di rompere la catena ribosio-fosfato del RNA, quali:
    - *DNA fotoliasi* (enzima che induce la fotoriattivazione dei dimeri di ciclobutano-pirimidina, che si formano da una reazione indotta dalla luce UV)
    - *Guanina metiltransferasi* (enzima fondamentale nella riparazione di nucleotidi con danni da alchilazione; la sua azione rimuove l'addotto mutageno O6-alchil-guanina presente nel DNA attraverso una reazione chimica in cui il gruppo alchilico viene trasferito dalla guanina ad un residuo di cisteina dell'enzima)
- ***Meccanismi di riparazione per escissione:*** consistono nella rimozione del nucleotide danneggiato, sostituendolo con un nuovo nucleotide complementare all'altro filamento, e possiamo riscontrare diversi processi:
    - *Riparazione per escissione di basi – BER* (è uno dei sistemi di riparo più attivi ed ha lo scopo di riparare un danno che coinvolge un singolo nucleotide, che può derivare da ossidazione, alchilazione, idrolisi, deaminazione; la DNA-glicosilasi riconosce la base danneggiata e ne rompe il legame N-glicosidico, l'endonucleasi AP-1 la elimina, la DNA-polimerasi sintetizza il nuovo nucleotide e la DNA-ligasi salta l'elica)
    - *Riparazione per escissione nucleotidica – NER* (permette la rimozione di danni a carico del DNA che causano una distorsione della doppia elica; nello specifico, consiste nella rimozione di un tratto di circa 15-25 nucleotidi del filamento danneggiato attraverso l'escissione della catena ribosio-fosfato alle estremità, con la successiva sintesi di un nuovo filamento)
    - *Mismatch repair – MMR* (consiste nella riparazione degli errori di appaiamento dovuti al processo di replicazione del DNA e avviene ad opera di enzimi che riconoscono tali nucleotidi e li rimuovono, lasciando alla DNA polimerasi il compito di inserire i nuovi nucleotidi)

Nei casi in cui il danno interessa entrambi i filamenti del DNA, non si può utilizzare nessun filamento come stampo per poter riparare l'altro, per cui la cellula deve ricorrere a sistemi di riparazione differenti:

- ***Ricombinazione non-omologa delle due estremità:*** si elimina la parte danneggiata e vengono direttamente ricongiunge le estremità libere del filamento anche se, in questo modo, si va ad alterare la sequenza originale del DNA.
- ***Ricombinazione omologa:*** è un sistema in cui una nucleasi catalizza la degradazione, a ritroso, di uno dei due filamenti complementari del DNA danneggiato a partire dal sito di rottura e genera un terminale a filamento singolo; a questo punto, il filamento singolo si appaia alla zona corrispondente sul cromosoma omologo dove, se l'appaiamento è soddisfacente, si genere un punto di diramazione in cui si incrociano i filamenti. Il filamento "invasore" si allunga ad opera di una DNA polimerasi, che utilizza il filamento corrispondente del cromosoma omologo come stampo, dopodiché il processo viene terminato dalla DNA ligasi.

6.2.2 *Codice genetico*

Il codice genetico è lo schema attraverso cui la cellula riesce a tradurre una sequenza di codoni di mRNA in una sequenza di aminoacidi durante la sintesi delle proteine. In seguito ad anni di studi si è arrivati ad una serie di osservazioni e conclusioni circa le caratteristiche di tale codice, che è:

- ***Strutturato in triplette:*** ogni aminoacido è codificato da un codone, ovvero una tripletta di nucleotidi; nello specifico, si osservano 64 codoni, di cui:
    - *61 codoni senso* (codificano per un aminoacido)
    - *3 codoni non senso* (non codificano per alcun aminoacido in quanto sono segnali di stop della sintesi proteica; tali codoni sono UAA, UAG, UGA)
- ***Universale:*** una stessa tripletta ha lo stesso significato in quasi tutti gli organismi viventi, ad eccezione del DNA dei mitocondri e dei cloroplasti.
- ***Degenerato o ridondante:*** più codoni (triplette di nucleotidi) possono codificare per uno stesso aminoacido differendo, in genere, per il terzo nucleotide (la Serina, ad esempio, è codificata dai codoni UCU, UCC, UCA, UCG).
- ***Lineare:*** viene letto in gruppi successivi di tre nucleotidi.

6.2.3 *RNA e sintesi proteica*

La molecola di DNA contiene nei geni le istruzioni per la sintesi delle proteine, la cui struttura tridimensionale, che ne determina la funzione, è determinata dalla sequenza lineare degli aminoacidi che la costituiscono. Un ruolo fondamentale in questo processo è giocato dall'**acido ribonucleico RNA**, ovvero un polinucleotide a singolo filamento costituito da una serie di nucleotidi, ognuno dei quali formato da:

- **Zucchero ribosio**
- **Gruppo fosfato**
- **Base azotata**:
    - ***Purine*** (sono costituite da una struttura a due anelli e le distinguiamo in;
        - *Adenina (A)*
        - *Guanina (G)*
    - ***Pirimidine*** (sono costituite da una struttura a un anello e le distinguiamo in:
        - *Citosina (C)*
        - *Uracile (U)* (molto simile alla timina e si appaia all'adenina)

Mediante le molecole di RNA, il messaggio contenuto nei nucleotidi del DNA viene trascritto e tradotto nella sequenza di aminoacidi della proteina.

Attraverso numerose osservazioni si è arrivati alla conclusione che l'RNA, come il DNA, contiene informazioni sulla struttura proteica e ne esistono tre tipologie differenti che svolgono un ruolo fondamentale nel processo di sintesi proteica:

- **RNA messaggero (mRNA):** è costituita da un singolo filamento di nucleotidi che corrisponde a sequenze nucleotidiche codificate nel DNA, rappresentandone il trascritto. Ogni molecola viene assemblata utilizzando come stampo uno specifico segmento di DNA in base al principio dell'accoppiamento delle basi azotate. La sua funzione è quella di trasportare l'informazione del nucleo ai ribosomi al termine del processo della trascrizione.
- **RNA ribosomiale (rRNA):** sia la subunità maggiore (ha tre siti di legame per tRNA) che quella minore (ha un sito di legame per mRNA) dei ribosomi sono costituite da molecole di rRNA e specifiche proteine.
- **RNA di trasporto (tRNA):** piccole molecole di circa 80 nucleotidi con una caratteristica struttura a trifoglio, caratterizzata da:
    - *Anticodone* (tripletta di nucleotidi complementare al codone dell'mRNA)
    - *Sequenza nucleotidica CCA all'estremità 3'* (a questa sequenza si lega l'aminoacido corrispondente al codone riconosciuto)
    - *Sito di riconoscimento per l'enzima amminoacil-tRNA-sintetasi* (ne esistono almeno una per ogni tipo di aminoacido)

  La sua funzione è quella di portare gli aminoacidi ai ribosomi, collocandoli nella corretta posizione)

La sintesi proteica

La sintesi proteica è un processo costituito da due fasi:

- ***Trascrizione:*** passaggio dell'informazione del DNA all'mRNA.
- ***Traduzione:*** processo in cui le informazioni contenute nell'mRNA vengono utilizzate per formare una proteina)

DNA → (trascrizione) → **mRNA** → (traduzione) → **catena polipeptidica**

Nelle cellule procariote i processi di trascrizione e traduzione avvengono quasi simultaneamente, poiché la sequenza di mRNA trascritto è la stessa che viene tradotta.

Nelle cellule eucariote, invece, la trascrizione avviene nel nucleo, in cui viene elaborata la molecola di mRNA (capping, splicing e poliadenilazione), che poi si dirige nel citoplasma, in cui viene tradotto in proteina.

Fase di trascrizione

Il processo della trascrizione prevede il passaggio dell'informazione contenuta nel DNA alla molecola di RNA messaggero (mRNA), che ne rappresentano il trascritto.
Affinché il messaggio contenuto nel DNA possa essere trascritto in una molecola di RNA complementare, occorre la presenza dell'*enzima RNA-polimerasi,* che riconosce il gene interagendo con il DNA in corrispondenza di un sito specifico, definito *promotore* (indica il sito di inizio della trascrizione).
Negli eucarioti il riconoscimento del gene da trascrivere da parte dell'RNA-polimerasi è molto complesso e prevede l'intervento delle proteine di regolazione GTF (fattori di trascrizione generali), le quali si legano al promotore per consentire l'attacco dell'enzima.

La doppia elica di DNA si apre nel tratto che deve essere trascritto e l'RNA-polimerasi utilizza uno dei due filamenti di DNA come stampo per assemblare i nucleotidi alla catena di mRNA in formazione in direzione 5' → 3' (ovviamente la timina viene sostituita con l'uracile).

L'RNA-polimerasi smette di lavorare in corrispondenza di specifiche sequenze di terminazione, dopodiché si ottiene il filamento di mRNA complementare al DNA stampo (in genere hanno una lunghezza che va da 500 a 10.000 nucleotidi).

Come già accennato precedentemente, prima di lasciare il nucleo, l'mRNA subisce un processo di maturazione, che prevede:

- *Capping* (modifica dell'estremità 5' con l'aggiunta di un cappuccio)
- *Splicing* (eliminazione degli introni, ovvero le sequenze non codificanti)
- *Poliadenilazione* (modifica dell'estremità 3', consistente di un taglio in corrispondenza di una sequenza specifica e l'aggiunta di una coda poli-A)

A questo punto, mentre il DNA resta nel nucleo per poter essere nuovamente utilizzato, l'mRNA trasporta l'informazione nel citoplasma passando attraverso la membrana nucleare.

Fase di traduzione

La traduzione è la vera e propria sintesi proteica, in quanto le informazioni contenute nell'mRNA vengono utilizzate per formare una proteina (catena polipeptidica). Possiamo distinguere 3 fasi:

- **Inizio** (comporta la formazione di un complesso molecolare costituito da:
    - *mRNA*
    - *Ribosoma*
    - *Primo tRNA*
- **Allungamento** (è la fase in cui si ha l'allungamento della catena proteica grazie all'aggiunta progressiva degli aminoacidi)
- **Terminazione** (è la fase finale del processo che si ha quando si arriva in corrispondenza, sul ribosoma, dei codoni di stop, in modo da liberare la proteina nella cellula)

<u>Fase di inizio</u>

La prima fase della traduzione inizia nel momento in cui la subunità minore del ribosoma si attacca all'estremità iniziale (5') dell'mRNA.
A questo punto viene esposto il codone d'inizio dell'mRNA, in genere AUG (metionina), che è complementare all'anticodone UAC del primo tRNA.
La combinazione tra subunità minore, mRNA e tRNA iniziale è definito ***complesso d'inizio***.
Infine, la subunità maggiore del ribosoma si unisce al complesso d'inizio legandosi alla subunità minore del ribosoma, mentre il tRNA iniziale, che porta legata la metionina (formilmetionina nei procarioti), si lega al sito P (peptide – uno dei tre siti di legame per il tRNA) della subunità maggiore del ribosoma.

<u>Fase di allungamento</u>

All'inizio della fase di allungamento, il secondo codone dell'mRNA si trova in corrispondenza del sito A della subunità maggiore del ribosoma.
Di conseguenza, un secondo tRNA con lo specifico anticodone si lega, inserendosi nel sito A (amminoacile) del ribosoma.
A questo punto, poiché i siti P ed A sono occupati, si forma un legame peptidico tra i due aminoacidi adiacenti.
L'mRNA scorre in avanti di un codone sul ribosoma, per cui il primo tRNA si sposta dal sito P al sito E (exit), per poi venir liberato. Il secondo tRNA, che ora ha i due aminoacidi legati, passa al sito P, liberando il sito A, che esporrà il terzo codone al successivo tRNA, e così via.

<u>Fase di terminazione</u>

All'estremità del filamento di mRNA è presente uno dei codoni di stop e, poiché non esistono tRNA in grado di riconoscere tali codoni con gli anticodoni, nel sito A non entrerà alcun tRNA, ma una proteina detta fattore di rilascio.
A questo punto la traduzione termina, le catena polipeptidica viene rimossa e le due subunità ribosomiali si separano.
L'mRNA, quindi, può essere riletto, i tRNA ritornano liberi nella cellula e la proteina seguirà il suo destino di maturazione.

6.2.4 *Mutazioni*

Una mutazione è un cambiamento della sequenza o del numero dei nucleotidi del DNA di una cellula e può verificarsi sia nei gameti, trasmettendosi alle generazioni successive, che nelle cellule somatiche, trasmettendosi alle cellule figlie, prodotte per mitosi e citodieresi.

Nello specifico, in funzione di dove si verifica la mutazione, possiamo distinguerle in:

- ***Mutazioni geniche:*** consistono in una variazione della sequenza nucleotidica del DNA, a sua volta causata da fenomeni di sostituzione, inserzione o delezione di basi; nello specifico, nel caso di mutazioni che interessano la sostituzione di una singola base si parla di mutazioni puntiformi, che possiamo distinguere in:
    - *Mutazione silente* (non comporta alcun cambiamento di aminoacido, per cui non si hanno conseguenze e modificazioni della proteina)
    - *Mutazione non senso* (la sostituzione di un singolo nucleotide determina un codone di stop, che provoca la fine della sintesi proteica prima della fine della traduzione, con formazione di una proteina tronca e non funzionante; questo tipo di mutazione può portare a malattie gravi, come la distrofia muscolare di Duchenne)
    - *Mutazione missense* (la sostituzione origina un codone codificante per un aminoacido diverso, che potrebbe avere ripercussioni sulla funzione della proteina)

  Nel caso, invece, di delezioni e inserzioni delle basi di un gene, si può determinare una *mutazione frameshift*, che provoca uno scivolamento della lettura del gene e, quindi, una variazione della proteina.
- ***Mutazioni cromosomiche:*** sono anomalie delle struttura dei cromosomi, tra le quali:
    - *Delezione* (perdita di un segmento di cromosoma)
    - *Duplicazione* (ripetizione di un segmento di cromosoma)
    - *Inversione* (rotazione di 180° di un segmento di cromosoma)
    - *Traslocazione reciproca* (scambio reciproco di parti tra cromosomi non omologhi)
- ***Mutazioni genomiche:*** sono anomalie nel numero dei cromosomi, spesso causa di morte prenatale, e comprendono:
    - *Aneuploidie* (comportano la perdita o l'aggiunta di uno o più cromosomi e si originano da errori di non-disgiunzione nella ripartizione cromosomica durante il processo meiotico; esempi di aneuplodie sono abbiamo le trisomie, caratterizzate dalla presenza di un cromosoma in più (trisomia 21 o sindrome di Down), e le monosomie, caratterizzate dalla mancanza di un cromosoma (sindrome di Turner)
    - *Diploidie* (comportano l'acquisto di interi assetti cromosomici, come le triploidie o le tetraploidie)

7. BIOLOGIA EVOLUZIONISTICA

7.1 Teorie evolutive

Il concetto di **evoluzione**, intesa come accumulo nel tempo di cambiamenti ereditabili in una popolazione di organismi, che porta a differenze tra popolazioni e spiega l'origine di tutti gli organismi che esistono oggi o che sono esistiti, è il concetto unificante della biologia.
Fino al secolo XVIII era prevalente l'idea che le specie fossero il risultato di una creazione divina, ovvero il *creazionismo*, e che fossero sempre esistite con le caratteristiche attuali. Il naturalista Georges-Louis Leclerc de Buffon (1707 – 1788) fu tra i primi a dubitare della fissità delle specie, anche il meccanismo evolutivo proposto era vago.
Georges Cuvier (1769 – 1832) fu un avversario delle teorie evolutive e formulò la *teoria delle catastrofi*, secondo la quale una serie di catastrofi, come il diluvio universale, avrebbe portato all'estinzione delle specie e ad ogni catastrofe sarebbe seguita la creazione di nuove specie.
Furono Lamarck prima e Darwin dopo a proporre che le specie potessero subire cambiamenti nel tempo, anche se i due scienziati si differenziarono per i meccanismi proposti come base dell'evoluzione (si parla di *evoluzionismo*).

7.1.1 *Teoria di Lamarck*

La teoria dell'evoluzione di Jean-Baptiste Lamarck (1744 – 1829) era basata sull'ereditarietà dei caratteri acquisiti: i singoli organi degli organismi diventerebbero più o meno sviluppati secondo l'uso o il disuso, e questi cambiamenti verrebbero trasmessi dai genitori ai figli.
L'esempio più famoso è l'evoluzione del collo della giraffa: il lungo collo della giraffa, secondo Lamarck, si sarebbe evoluto quando gli antenati della giraffa con collo corto, per nutrirsi delle foglie poste più in alto sugli alberi, cominciarono ad allungare il proprio collo. Questo carattere acquisito, ovvero il collo lungo, sarebbe, quindi, trasmesso alla prole.
Non vi sono prove convincenti dei meccanismi evolutivi proposti da Lamarck.

7.1.2 *Teoria di Darwin*

Charles Darwin (1809 – 1882) nella sua famosa *"L'origine delle specie"* propose la teoria dell'evoluzione che, insieme alle teorie astronomiche di Copernico e di Galileo, costituisce una delle più importanti rivoluzioni scientifiche. Essenziale fu il suo viaggio di 5 anni intorno al mondo sul brigantino Beagle e le osservazioni fatte alle isole Galápagos.
Egli fu anche molto influenzato dalle idee di T. Malthus, prete ed economista inglese, che sosteneva che la crescita della popolazione umana non è illimitata, ma è influenzata dalle risorse alimentari, il cui esaurimento genera fame, malattie e guerre.

Secondo Darwin, l'evoluzione avviene per **selezione naturale**, che tende a conservare le variazioni favorevoli e ad eliminare quelle non favorevoli. Ciò ha come risultato l'adattamento all'ambiente. In sostanza, gli individui più adattati all'ambiente in cui vivono hanno maggiore probabilità di sopravvivere e di riprodursi. Questa teoria si basa sulle seguenti osservazioni:

- ***Esistenza di variabilità tra gli individui di una popolazione:*** si parla, ad esempio, di dimensione, forma e colore, e bisogna tenere a mente che la variabilità necessaria per l'evoluzione è genetica, anche se Darwin non conosceva i meccanismi dell'ereditarietà.
- ***Sovrapproduzione:*** ogni specie produce più discendenti di quanti possano sopravvivere.
- ***Lotta per l'esistenza:*** è dovuta alla quantità limitata di cibo, acqua, ecc...per cui gli individui competono tra loro per l'accesso a tali risorse.
- ***Successo riproduttivo differenziale:*** rappresenta la chiave per la selezione naturale, per cui gli individui meglio adattati hanno maggiori probabilità di sopravvivere e di trasmettere le loro caratteristiche alla prole, mentre quelli meno adatti muoiono prematuramente o producono prole in mino numero o meno vitale.

Il **neo-darwinismo (teoria sintetica dell'evoluzione)** combina la teoria di Darwin dell'evoluzione per selezione naturale con la genetica moderna per spiegare i meccanismi dell'evoluzione e di speciazione; questo ha dato origine ad una nuova branca della biologia, che è la *genetica di popolazioni*.

7.1.3 *Prove dell'evoluzione*

Le prove a favore dell'evoluzione sono fornite diverse scienze:

- ***Paleontologia:*** è lo studio dei reperti fossili, i resti o le tracce di organismi antichi, rinvenibili in genere nelle rocce sedimentarie; lo studio dell'età dei fossili, che può essere determinata con vari metodi (tecniche di datazione radioattiva, ad esempio), consente di stabilire la successione cronologica ed evolutiva delle specie presenti nei fossili.
- ***Anatomia comparata:*** è lo studio delle caratteristiche anatomiche in specie diverse, che consente di identificare i caratteri omologhi, i quali indicano la presenza di affinità evolutive tra gli organismi che li possiedono; ad esempio, la pinna anteriore di una balena, il braccio di un uomo, l'ala di un pipistrello e la zampa di una lucertola hanno una similarità strutturale di base poiché sono tutti derivanti da un comune progenitore.
- ***Embriologia comparata:*** è lo studio dello sviluppo embrionale in specie diverse (organismi evolutivamente imparentati hanno sviluppo embrionale simile).
- ***Biogeografia:*** è lo studio della distribuzione geografica passata e presente di piante e animali; zone che si sono separate da altre parti del mondo per tempi lunghi presentano organismi unici. Un esempio è dato dai fringuelli delle isole Galápagos, dove Darwin identificò 13 specie di fringuelli diversi per forma e dimensione del becco, oltre che per il tipo di alimentazione.

- ***Biologia molecolare:*** è lo studio delle molecole di organismi diversi, che consente di identificare similarità nelle sequenze nucleotidiche o amminoacidiche e, tanto maggiore è la parentela evolutiva tra due specie, tanto maggiore sarà il grado di identità delle sequenze di DNA o proteine. Mentre un orologio molecolare consente di stimare il tempo di divergenza tra due specie correlate o gruppi tassonomici, l'universalità del codice genetico è la prova molecolare che tutti gli organismi sono derivati da un comune progenitore ancestrale.

7.2 Genetica di popolazioni

Le basi genetiche dell'evoluzione sono studiate dalla genetica di popolazioni.
Una **popolazione** consiste di tutti gli individui della stessa specie che vivono nello stesso posto nello stesso momento; ogni popolazione possiede un **pool genico**, che comprende l'insieme di tutti i geni di quella popolazione. Ad esempio, se una popolazione è costituita da 1000 individui, il pool genico per un certo gene sarà costituito da 2000 alleli (ogni individuo possiede due alleli per ogni locus). Da un punto di vista genetico, una popolazione può essere descritta in termini di:

- ***Frequenze genotipiche*** (rappresentano la proporzione di un particolare genotipo nella popolazione)
- ***Frequenze fenotipiche*** (rappresentano la proporzione di un particolare fenotipo nella popolazione)
- ***Frequenze geniche/alleliche*** (rappresentano la proporzione di un particolare allele, dominante *A* o recessivo *a*, nella popolazione)

Secondo la **Legge di Hardy-Weinberg**, in una popolazione all'equilibrio genetico le frequenze alleliche e genotipiche non cambiano di generazione in generazione. Questo si verifica se sono soddisfatte le seguenti condizioni:

1) *Popolazione di grandi dimensioni*
2) *Accoppiamento casuale (popolazione panmittica):* ogni individuo di una popolazione ha la stessa probabilità di incrociarsi con ciascuno degli individui di sesso opposto.
3) *Assenza di fattori di disturbo*: si parla di mutazione, selezione e migrazione.

Tale equilibrio è espresso dalla seguente equazione:

Frequenza di individui AA + Frequenza di individui Aa + Frequenza di individui aa = Tutti gli individui di una popolazione

$$p^2 + 2pq + q^2 = 1$$

Nello specifico, la lettera **p** indica la frequenza dell'allele dominante (A) e la lettera **q** indica la frequenza dell'allele recessivo (a); da notare che **p + q = 1**, per cui **p = 1 – q** e **q = 1 – p**.
Questa legge fornisce un indispensabile strumento per misurare i cambiamenti nella frequenza allelica, che spesso si verificano nelle popolazioni.

7.3 Fattori evolutivi

Se in una popolazione le frequenze alleliche rimanessero costanti di generazione in generazione, tale popolazione non potrebbe evolvere. Infatti, l'evoluzione consiste nel cambiamento genetico da una popolazione all'altra, ossia in un cambiamento di frequenze alleliche. I fattori di disturbo che fanno variare le frequenze alleliche sono la mutazione, la selezione, la deriva genetica e la migrazione e rappresentano i **fattori evolutivi**, ovvero la causa dell'evoluzione.

La **mutazione** è la principale fonte di variabilità genetica su cui può agire la selezione ed è, quindi, indispensabile per l'evoluzione di una specie. Le mutazioni possono essere di vario tipo:

- *Neutrali:* non danno alcun vantaggio adattativo.
- *Svantaggiose:* vengono eliminate dalla popolazione.
- *Vantaggiose:* rappresentano una piccola frazione e possono consentire un adattamento della specie in caso di cambiamenti ambientali.

Il fatto che una mutazione sia neutrale, dannosa o favorevole dipende dall'ambiente: se l'ambiente cambia, mutazioni svantaggiose o neutrali posso diventare favorevoli. La mutazione, quindi, fornisce il materiale grezzo per l'evoluzione ma, essendo un fenomeno raro, non fa variare le frequenze geniche.

La **selezione** naturale, insieme alla deriva genetica, è il più importante fattore di variazione delle frequenze alleliche di una popolazione. Tale fenomeno, infatti, eliminando gli individui meno adattati a vivere in un certo ambiente, causa l'eliminazione degli alleli non favorevoli da una popolazione (indipendentemente dal fatto che siano alleli dominanti o recessivi), mentre quelli favorevoli, che danno un vantaggio adattativo, vengono mantenuti.
La selezione naturale, quindi, consente la riproduzione differenziale di genotipi in un dato ambiente ed agisce secondo due meccanismi:

- *Sopravvivenza differenziale*
- *Fertilità differenziale*

L'intensità della selezione è espressa da un valore (w) definito *fitness* o *adattabilità*, che misura la capacità di un genotipo di contribuire al pool genico della generazione successiva. Ci si attende, pertanto, che diventino più frequenti quei caratteri (anatomici, fisiologici o funzionali) che incrementano la fitness degli individui che li presentano: l'individuo che li presenta sarà avvantaggiato (sopravvivenza differenziale) e tale vantaggio si estrinsecherà in un aumento della probabilità di riprodursi (fertilità differenziale) e, quindi, di trasmettere alla generazione successiva i geni che sono alla base dei caratteri in questione.
Alcune forme di selezione risultano nel mantenimento della variabilità genetica (polimorfismo genetico), come nel caso del vantaggio dell'eterozigote, osservato nel caso dell'anemia falciforme: gli individui omozigoti per l'allele mutato patologico (*s*) che causa anemia falciforme muoiono prima dell'età riproduttiva e la selezione elimina, quindi, questi alleli *s* dalla popolazione; nel tempo è, pertanto, attesa una drastica riduzione della frequenza di questo allele. Invece si è osservato che questo allele *s* permane proprio grazie al vantaggio dell'eterozigote.

Esistono, infatti, tre genotipi per questo carattere:

- ***Individui omozigoti normali SS:*** presentano due alleli normali.
- ***Individui eterozigoti Ss:*** presentano un allele normale e un allele patologico.
- ***Individui omozigoti recessivi ss:*** presentano due alleli patologici.

Si è scoperto che la distribuzione dell'allele patologico *s* per l'anemia falciforme coincide con la distribuzione della malaria, dovuta al parassita *Plasmodium falciparum*. In ambiente malarico, gli eterozigoti hanno un vantaggio selettivo (maggiore resistenza alla malaria e, quindi, fitness maggiore, ovvero maggiore probabilità di sopravvivere e riprodursi) rispetto agli individui omozigoti normali SS (gli individui omozigoti recessivi ss muoiono per l'anemia falciforme). L'allele *s* è, quindi, mantenuto nella popolazione dagli individui eterozigoti a causa del vantaggio selettivo di questo genotipo in ambiente malarico.

La **deriva genetica** è un cambiamento nelle frequenze alleliche di una popolazione dovuto al caso e non alla selezione naturale, ed agisce su popolazioni di piccole dimensioni. Ad esempio, se alcuni individui si staccano da una popolazione grande e vanno a fondare una nuova popolazione (*effetto del fondatore*), non necessariamente le frequenze alleliche dei nuovi individui rispecchiano quelle della popolazione di origine. È quindi possibile un cambiamento delle frequenze alleliche nella nuova piccola popolazione che si è formata, dovuto unicamente al caso.
Un altro esempio di deriva genetica è costituito dal fenomeno del *collo di bottiglia*, che può verificarsi in casi di catastrofi naturali o epidemie, in cui la popolazione originaria subisce una drastica riduzione numerica e i pochi sopravvissuti presentano, in genere, frequenze alleliche diverse da quelli originarie, per motivi puramente casuali.

La **migrazione** di individui tra popolazioni causa un corrispondente movimento di alleli (flusso genico), che può provocare cambiamenti nelle frequenze alleliche.

7.4 Modelli evolutivi

I modelli evolutivi osservati, prodotti dalla selezione naturale, comprendono:

- ***Evoluzione convergente:*** fenomeno per cui popolazioni diverse, che occupano ambienti simili, tendono ad assomigliarsi, ossia mostrano similarità strutturali, anche se sono imparentate solo alla lontana; si ha, così, la comparsa di caratteri analoghi, ovvero caratteri con funzione simile, ma diversa origine evolutiva. Ad esempio, le balene (mammiferi) e gli squali (pesci) che vivono nello stesso ambiente, ovvero l'acqua, hanno una forma simile, che è affusolata; ancora, i cactus e le euforbie sono caratterizzati da fusti carnosi adattati all'accumulo di acqua, pur essendo separati da millenni di storia evolutiva.
- ***Evoluzione divergente:*** fenomeno per cui popolazioni simili e imparentate, se vivono in ambienti separati, si diversificano nel tempo e ciò può portare alla formazione di nuove specie; un esempio sono l'orso bruno (*Ursus arctos*), principalmente vegetariano, e l'orso polare (*Ursus maritimus)*, quasi completamente carnivoro (si nutre di foche).

- *Coevoluzione:* fenomeno per cui specie diverse mostrano un mutuo adattamento, come conseguenza delle loro strette interazioni per molto tempo; un esempio è dato dai fiori e dai loro impollinatori.

7.5 Speciazione

La speciazione è l'evoluzione di una nuova specie, i cui membri condividono un pool genico. Affinché si verifichi tale processo, è necessario che le popolazioni, che condividevano un pool genico, rimangano separate da un punto di vista riproduttivo (isolamento riproduttivo) e successivamente siano soggette a pressioni selettive diverse.
I principali tipi di speciazione sono:

- ***Speciazione allopatrica:*** si verifica in popolazioni isolate geograficamente (a causa di barriere geografiche, quali il sollevamento di una catena montuosa, l'apertura di un bacino marino, il distacco di una parte di una massa continentale), che impediscono lo scambio di geni.
- ***Speciazione simpatrica:*** non richiede alcun isolamento geografico e si verifica solamente nelle piante mediante la formazione di ibridi e poliploidia (molte specie agricole, come il frumento, sono ibridi poliploidi).
- ***Speciazione parapatrica:*** si verifica in popolazioni che si trovano ai margini dell'areale di distribuzione di una specie a causa di condizioni ecologiche estreme (temperatura, fotoperiodo, caratteristiche del terreno), per cui è associata ad un isolamento ecologico.

Una volta avvenuta la speciazione, due specie molto simili possono rimanere riproduttivamente isolate, pur condividendo lo stesso ambiente. I meccanismi di isolamento riproduttivo sono due:

- ***Isolamento pre-zigotico:*** comprende tutti i meccanismi che mirano ad impedire la fecondazione della cellula uovo da parte dei gameti, quali:
  - *Isolamento temporale* (riproduzione in momenti diversi del giorno, della stagione o dell'anno)
  - *Isolamento gametico* (incompatibilità dei gameti a causa di differenze molecolari o chimiche)
  - *Isolamento comportamentale o sessuale* (comportamenti di corteggiamento diversi)
  - *Isolamento meccanico* (incompatibilità delle strutture degli organi riproduttivi)
  - *Isolamento ecologico* (stesso territorio, ma habitat diversi)
- ***Isolamento post-zigotico:*** comprende vari meccanismi per prevenire lo scambio di geni dopo la fecondazione, tra cui:
  - *Non vitalità dell'ibrido* (mancato sviluppo embrionale dello zigote)
  - *Sterilità degli ibridi* (mancata capacità riproduttiva)

I meccanismi di isolamento pre-zigotico sono più frequenti in natura rispetto a quelli post-zigotici.

8. BIOENERGETICA

Gli esseri viventi per vivere e svolgere le proprie funzioni necessitano costantemente di prelevare dall'ambiente *materia* ed *energia*. Per quanto riguarda l'energia, se ne possono utilizzare solamente due tipologie, vale a dire:

- ***Energia luminosa*** (utilizzata dagli organismi fototrofi)
- ***Energia chimica*** (utilizzata dagli organismi chemiotrofi)

L'energia, in ogni organismo, subisce tre destini differenti, tant'è vero che può essere:

- *Immagazzinata nell'organismo sottoforma di composti chimici*
- *Dispersa nell'ambiente in forma di calore*
- *Restituita all'ambiente sottoforma di lavoro chimico, meccanico, osmotico, elettrico, ecc....*

All'interno degli organismi, l'energia viene trasformata in energia all'interno delle molecole di **ATP (adenosina-trifosfato)**, utilizzate per fornire energia a tutte le reazioni e i processi fisiologici (fondamentali per far avvenire le reazioni chimiche sono gli enzimi, catalizzatori in grado di accelerarne milioni di volte la velocità).
La molecola di ATP è costituita da:

- **Adenosina** (nucleoside formato da due molecole legate covalentemente:
  - *Adenina*
  - *D-ribosio* (zucchero legato al primo fosfato inorganico tramite un legame estereo)
- **3 molecole di fosfato inorganico** (legate tra loro mediante legami anidridici)

Quando si utilizza l'ATP per fornire energia, per aggiunta di una molecola di H_2O tra le ultime due molecole di fosfato inorganico, si produce:

- **Adenosina-difosfato (ADP)**
- **Fosfato inorganico (Pi)**
- **30.5 kJoule (7.5 kcal)** (quantità di energia liberata dall'idrolisi dell'ATP)

$$\text{ATP} + \text{H2O} \rightarrow \text{ADP} + \text{Pi} + 30.5 \text{ kJ } (7.5 \text{ kcal})$$

Nel caso in cui l'idrolisi avvenisse, invece, a livello del legame anidridico tra il secondo e il primo fosfato della molecola di ATP, avremo la produzione di:

- **Adenosina-monofosfato (AMP)**
- **Pirofosfato (PPi)**
- **30.5 kJoule (7.5 kcal)** (quantità di energia liberata dall'idrolisi dell'ATP)

Ovviamente, per sintetizzare una molecola di ATP a partire da ADP e Pi è necessaria un'energia pari a 30.5 kJ, che può derivare dall'energia luminosa o da reazioni chimiche. Il processo di sintesi di ATP prende il nome di ***fosforilazione***, che può essere distinta in:

- *Fosforilazione a livello del substrato* (in genere ADP, tipico delle fermentazioni)
- *Fosforilazione ossidativa*

Reazioni di ossido-riduzione

Le reazioni di ossido-riduzione sono delle reazioni chimiche in cui si osservano due processi:

- **Ossidazione** (perdita di elettroni)
- **Riduzione** (acquisto di elettroni)

Nello specifico, poiché la gran parte delle reazioni di ossido-riduzione riguarda i composti organici, si osserva un distacco/aggiunta di coppie di atomi di H (2 e^-, 2 H^+) da/verso atomi di C.
Di conseguenza, gli enzimi che catalizzano tali reazioni sono le ***deidrogenasi*** (l'ossidazione consiste in una deidrogenazione), ovvero degli enzimi appartenenti alla classe delle *ossido-reduttasi*, ma lo fanno in associazione a specifici coenzimi, che distinguiamo in:

- **Nicotinammide–Adenin–Dinucleotide – ione NAD^+** (composto formato da due nucleotidi: l'AMP è legato, tramite il fosfato, ad un secondo nucleotide, la cui base azotata è la *nicotinammide*; può accettare 1 protone e 2 elettroni, riducendosi a NADH + H^+)
- **Flavin–Adenin–Dinucleotide – ione FAD** (composto formato da due nucleotidi: l'AMP è legato, tramite il fosfato, ad un secondo nucleotide, la cui base azotata è la *riboflavina*; può accettare 2 atomi di H (2 protoni e 2 elettroni), riducendosi a $FADH_2$)

FORMA OSSIDATA	FORMA RIDOTTA
NAD^+	NADH
FAD	$FADH_2$

8.1 Fotosintesi

La *fotosintesi* è un processo biochimico, tipico degli organismi fototrofi, che permette la trasformazione dell'energia luminosa in energia chimica ed il suo utilizzo per ridurre CO_2, trasformandola nei carboidrati e nelle altre biomolecole.
Tale processo avviene all'interno di una serie di organelli presenti nelle cellule delle alghe verdi e dei tessuti verdi delle piante, i ***cloroplasti***, le cui membrane sono ricche di pigmenti (sostanze in grado di assorbire la luce a determinate lunghezze d'onda), tra cui la **clorofilla**, un pigmento che assorbe le radiazioni blu e rosse, conferendo il colore verde.
Il processo della fotosintesi è suddiviso in due fasi:

- **Fase luminosa:** fase che avviene solo in presenza di luce e consiste in una serie di ossido-riduzioni che portano a due eventi:
  - *Ossidazione dell'ossigeno dell'H_2O* (viene liberato in forma molecolare O_2)
  - *Accumulo di ATP e NADPH + H^+*
- **Fase oscura:** fase in cui l'ATP e il coenzima ridotto portano alla riduzione della CO_2 e alla sua trasformazione in glucosio.

Fase luminosa (luce-dipendente)

I vari pigmenti presenti all'interno dei cloroplasti sono associati a delle proteine in modo da formare dei complessi multimolecolari, che possiamo distinguere in:

- ***Fotosistemi:*** dal punto di vista strutturale sono costituiti da 50-100 molecole di clorofilla e 10-20 molecole di proteine, mentre dal punto di vista funzionale sono coinvolti nell'assorbimento della luce e della sua conversione in energia chimica. L'eccitazione della clorofilla avviene a livello del *centro di reazione fotochimica,* che è costituito da una o due molecole di clorofilla. Inoltre, tali molecole sono organizzate in:
    - *Fotosistema I* (la molecola che lo costituisce prende il nome di **P700** (P indica "pigmento", mentre 700 è la lunghezza d'onda di massimo assorbimento in nm))
    - *Fotosistema II* (la molecola che lo costituisce prende il nome di **P680** ed è caratterizzato da enzimi in grado di scindere H_2O, che è una fonte di elettroni)
- ***Complessi di captazione dell'energia:*** hanno la funzione di raccogliere l'energia luminosa e trasferirla sui fotosistemi.

Schematicamente, succede quanto segue:

- Un quanto di luce colpisce la molecola P700, la quale viene eccitata in quanto una coppia di elettroni (a bassa energia) assorbe energia (diventano elettroni ad alta energia).
- Avviene una reazione di ossidoriduzione in quanto gli elettroni ad alta energia vengono ceduti ad un *accettore primario:*
    - Clorofilla P700 si ossida (perde elettroni)
    - Accettore primario si riduce (acquista elettroni)
- Gli elettroni entrano in una catena di trasferimento di elettroni (caratterizzata da diverse proteine enzimatiche):
    - Passaggio di elettroni mediante una serie di ossidoriduzioni spontanee (si passa da livelli energetici superiori a livelli inferiori)
    - Conclusione con la riduzione del coenzima NADP, originando NADPH + H^+

Per recuperare gli elettroni perduti ed essere nuovamente eccitabile è necessario il fotosistema II: la clorofilla P680 viene eccitata allo stesso modo e cede una coppia di elettroni ad alta energia ad un altro *accettore primario* e, poiché ci si trova ad un livello energetico maggiore rispetto a quello di P700, attraverso un'altra catena di trasferimento di elettroni, questi verranno trasferiti al fotosistema I.
L'energia liberata dalle varie reazioni di ossidoriduzione che avvengono all'interno della catena di trasporto viene utilizzata per pompare protoni H+ attraverso la membrana interna dei cloroplasti, in modo da creare un gradiente di concentrazione (pH). Tale gradiente viene, poi, utilizzato dall'enzima di membrana **ATPasi CF_0 CF_1** per sintetizzare ATP a partire da ADP e Pi mediante la fosforilazione ossidativa.
Per recuperare gli elettroni perduti, il fotosistema II utilizza un sistema enzimatico in grado di scindere la molecola di H_20 ed ossidare l'ossigeno (O_2).

Fase oscura (luce-indipendente)

Fase in cui l'ATP e il coenzima ridotto NADPH portano alla riduzione della CO_2 e alla sua trasformazione in glucosio attraverso una serie di reazioni enzimatiche, ovvero il **ciclo di Calvin**. Attraverso l'ossidazione di 12 molecole di NADPH (12 $NADP^+$) e l'idrolisi di 18 molecole di ATP (18 ADP + 18 Pi), a partire da 6 molecole di *ribulosio 1,5-bisfosfato* e 6 molecole di CO_2, si ottengono:

- ***6 molecole di ribulosio 1,5-bisfosfato*** (zucchero a 5C associato a 2 molecole di acido fosforico)
- ***1 molecola di glucosio***

Le fasi costituenti la fase oscura sono:

- Fissazione della CO_2 sulla molecola di ribulosio 1,5-bisfosfato ad opera dell'enzima *ribulosio 1,5-bifosfato carbossilasi (rubisco).*
- Formazione di un acido carbossilico a 6C instabile, che si scinde in due molecole a 3C di **acido 3-fosfoglicerico.**

In totale, poiché per ogni molecola di ribulosio e CO_2 si formano 2 molecole, si ottengono 6 molecole di acido 3-fosfoglicerico (1° composto intermedio del ciclo di Calvin).

- Ad opera dell'enzima *fosfoglicerato chinasi* si ha la fosforilazione dell'acido 3-fosfoglicerico a partire da una molecola di ATP e la formazione di **acido 1,3-bisfosfoglicerico** e il rilascio di una molecola di ADP .
- Riduzione, mediata dal coenzima NADPH, e defosforilazione, con formazione di **gliceraldeide 3-fosfato.**

Delle 12 molecole di gliceraldeide 3-fosfato formate:

- 2 molecole sono utilizzate per sintetizzare **1 molecola di glucosio.**
- 10 molecole ripristinano le **6 molecole di ribulosio 1,5-bisfosfato** iniziali (utilizzo 6 ATP)

Poiché l'enzima Rubisco ha bassa affinità per CO_2 (la cui concentrazione nei cloroplasti è bassa) ed alta per O_2 (la cui concentrazione nei cloroplasti è relativamente alta), può capitare che dalla reazione iniziale si formino una molecola di acido 3-fosfoglicerico e una molecola a 2C (avviene un'ossigenazione al posto della carbossilazione), che non può entrare nel ciclo di Calvin e che, quindi, ridurrebbe l'efficienza del processo di fotosintesi.
Uno dei meccanismi per ovviare a questo inconveniente è la ***fotorespirazione***, processo catalizzato da enzimi che si ritrovano in cloroplasti, perossisomi e mitocondri e che permette la riconversione del 75% degli atomi C in acido 3-fosfoglicerico, consumando ATP e O_2 (piante C_3).

8.2 Metabolismo glucidico

I carboidrati rappresentano la principale fonte di "energia pronta" della cellula, all'interno della quale vengono elaborati al fine di ricavarne energia in forma di ATP mediante una serie di reazioni:

- **Glicolisi** (a livello citoplasmatico)
- **Respirazione cellulare** (a livello mitocondriale o nei cloroplasti)
  - *Ciclo di Krebs*
  - *Fosforilazione ossidativa*

Nei periodi di digiuno la cellula prende gli zuccheri dalle riserve presenti al suo interno, ovvero molecole in cui il glucosio viene polimerizzato in strutture ramificate e che possono essere demolite in tempi brevi. Queste molecole di riserva sono il glicogeno (cellula animale) e l'amido (cellula vegetale). Nell'uomo il metabolismo glucidico viene regolato da due ormoni:

- **Insulina:** ormone peptidico secreto dalle cellule β-pancreatiche come pro-ormone inattivo (viene attivato prima della secrezione) in risposta ad un aumento della $[\text{glucosio}]_{\text{ematica}}$)

- **Glucagone:** ormone secreto dalle cellule α-pancreatiche quando i valori ematici di glucosio scendono al di sotto di 100 mg/dL e ha lo scopo di prevenire l'ipoglicemia)

<u>Reazione di ossidazione del glucosio</u>

Il processo di ossidazione del glucosio può essere mostrato con la seguente equazione (***reazione chimica della respirazione cellulare***):

Glucosio + Ossigeno → Anidride Carbonica + Acqua + Energia

$$C_6H_{12}O_6 + 6\ O_2 \rightarrow 6\ CO_2 + 6\ H_2O + \text{energia (686 Kcal/mole)}$$

In breve, durante questo processo la molecola di glucosio (**$C_6H_{12}O_6$**) si spezza, perdendo elettroni:

- Gli atomi di idrogeno (**H**) sono rimossi dagli atomi di carbonio (**C**)
  - Gli atomi H si combinano con l'ossigeno (**O**), generando molecole di **H_2O**
- L'ossigeno (**O**) si riduce, generando molecole di CO_2
- Liberazione di energia (perché gli elettroni passano a livelli energetici inferiori)

L'energia liberata da tale processo è circa 686 Kilocalorie/mole e circa il 40% viene utilizzata dalle cellule per trasformare ADP in ATP (la liberazione di energia avviene un po' per volta).

In **<u>ambiente aerobico</u>** (presenza di O_2) l'ossidazione completa di una molecola di glucosio produce 38 molecole di ATP (usate dalle cellule per svolgere le proprie attività).

In **<u>ambiente anaerobico</u>** (assenza di O_2) non può avvenire il processo di respirazione cellulare, ma solo quello della ***glicolisi***, in associazione al processo di ***fermentazione***: per ogni molecola di glucosio si producono solo 2 molecole di ATP, fondamentali a soddisfare le esigenze immediate (ex. cellule muscolari).

8.2.1 *Glicolisi*

La **glicolisi (aerobia)** è un processo metabolico mediante il quale una molecola di glucosio viene convertita in due molecole di piruvato. Tale processo è caratterizzato da una serie di reazioni enzimatiche, avviene nel citoplasma in condizioni di aerobiosi e presenta un bilancio netto di 2 molecole di ATP e 2 molecole di NADH per ogni molecola di glucosio. Possiamo osservare due fasi:

FASE 1. È una fase endoergonica (o di investimento) che necessita di un apporto energetico, fornito dall'ATP, in cui si osservano la fosforilazione e la scissione di una molecola di glucosio (**$C_6H_{12}O_6$**) in due molecole di **gliceraldeide 3-fosfato (G3P)** – un composto a tre atomi di C.
Durante questa fase vengono utilizzate 2 molecole di ATP (consumo energetico).

FASE 2. È una fase esoergonica (o di rendimento), in cui si osserva la trasformazione delle molecole di G3P in **acido piruvico (piruvato)** (se ne ottengono due molecole).
In questa fase, per ogni molecola di glucosio, vengono prodotte 4 molecole di ATP e 2 molecole di NADH + H^+ (guadagno energetico).

Nello specifico si osservano 10 tappe, ognuna catalizzata da uno specifico enzima:

Fase di investimento

1) Fosforilazione della molecola di glucosio (trasferimento di un gruppo fosfato da una molecola di ATP allo zucchero) ad opera dell'*enzima esochinasi*, con formazione di **glucosio 6-fosfato**;
2) Isomerizzazione, ad opera dell'*enzima fosfoglucoisomerasi* in **fruttosio 6-fosfato** (trasformazione da aldoso a chetoso);
3) Fosforilazione del fruttosio 6-fosfato (utilizzo della seconda molecola di ATP) ad opera dell'*enzima fosfofruttochinasi*, con produzione di **fruttosio 1,6-difosfato**;
4) Scissione del fruttosio 1,6-difosfato, ad opera dell'*enzima aldolasi*, in due composti a 3 atomi di carbonio:
   - **Diidrossi-acetone fosfato** (forma chetonica)
   - **Gliceraldeide 3-fosfato (G3P)** (forma aldeidica)
5) Conversione del diidrossi-acetone fosfato in G3P ad opera dell'*enzima trioso fosfato isomerasi*.

Fase di rendimento (le seguenti tappe sono da considerare x2)

6) Ossidazione e fosforilazione, ad opera dell'*enzima gliceraldeide 3-fosfato deidrogenasi*, della G3P con formazione dell'**1,3-bifosfoglicerato**; inoltre, una molecola di NAD^+ viene ridotta a NADH + H^+;
7) Fosforilazione, ad opera dell'*enzima fosfoglicerato chinasi*, di una molecola di ADP (trasferimento di un gruppo fosfato dall'1,3-bifosfoglicerato), con formazione di una molecola di ATP e conversione in **3-fosfoglicerato**;
8) Trasferimento del gruppo fosfato in posizione 3 al gruppo ossidrile in posizione 2 ad opera dell'*enzima fosfoglicerato mutasi*, con conversione a **2-fosfoglicerato**;

9) Perdita di una molecola di H_2O ad opera dell'*enzima enolasi*, con formazione del **fosfoenolpiruvato**;

10) Fosforilazione di un'altra molecola di ADP ad opera dell'*enzima piruvato chinasi*, con formazione di una molecola di ATP e **piruvato**.

Il guadagno netto di energia del processo di glicolisi, per ogni molecola di glucosio, è:

- **2 molecole di ATP**
- **2 molecole di NADH**
- **2 molecole di piruvato**

A questo punto, il piruvato può andare incontro a due destini differenti a seconda delle condizioni:

- *Anaerobiosi* (va incontro a processi di fermentazione lattica o alcolica)
- *Aerobiosi* (viene trasformato in acetato e portato nel mitocondrio, dove entra nel ciclo di Krebs e, infine, nella catena di trasporto degli elettroni)

La fermentazione

La **fermentazione** è un processo metabolico tipico dei microrganismi (batteri e lieviti), avviene in ambiente anaerobico e, in funzione del composto organico derivante dalla molecola di piruvato, possiamo distinguerne diverse tipologie, tra cui:

- **Fermentazione alcolica** (processo che avviene, ad esempio, durante la trasformazione del mosto in vino ad opera delle cellule di lievito, e prevede due reazioni:
  - *Decarbossilazione (liberazione di CO_2) del piruvato* con formazione di acetaldeide;
  - *Produzione di etanolo (alcol etilico)* mediante la consumazione dell'energia ceduta da una molecola di NADH, che viene riossidata.
- **Fermentazione lattica** (avviene in molti microrganismi e in alcune cellule animali – globuli rossi nel tessuto muscolare scheletrico in seguito ad un intenso esercizio fisico – in caso di scarsità o completa assenza di ossigeno. Ad opera dell'enzima *lattato deidrogenasi (LDH)* l'acido piruvico, in quanto accettore finale di elettroni, viene ridotto ad acido lattico mediante la consumazione dell'energia ceduta da una molecola di NADH.
  Tale processo porta alla sintesi netta di 2 molecole di ATP per ogni molecola di glucosio)

8.2.2 *Respirazione cellulare*

La **respirazione cellulare** è un processo di trasferimento di elettroni dai coenzimi ridotti, che si riossidano, all'ossigeno molecolare O_2, che rappresenta l'accettore finale, promuovendo la formazione di molecole di H_2O (prodotto finale delle ossidazioni biologiche).
Tale processo avviene in ambiente aerobico all'interno dei mitocondri (sede anche della fosforilazione ossidativa) grazie ad una catena respiratoria caratterizzata da una serie di enzimi, raggruppati in complessi proteici, e molecole trasportatrici di elettroni.
Nello specifico, i mitocondri sono strutture delimitate da due membrane caratterizzate da un doppio strato fosfolipidico:

- **Membrana esterna** (è liscia e permeabile alla gran parte delle piccole molecole)
- **Membrana interna** (è ripiegata all'interno a formare le cosiddette *creste*, le quali sono circondate da una soluzione densa, la *matrice*, contenente:
  - *Enzimi e coenzimi*
  - *H_2O e fosfati*
  - *Altre molecole coinvolte nella respirazione cellulare*

  Sia nella matrice che nelle creste sono presenti enzimi del ciclo di Krebs e altri elementi. Inoltre, la membrana interna ha una permeabilità selettiva solo per specifiche molecole:

  - *Acido piruvico*
  - *ADP*
  - *ATP*

I processi ossidativi fondamentali che avvengono all'interno della matrice mitocondriale sono:

- **β-Ossidazione degli acidi grassi** (la parziale ossidazione della catena carboniosa di tali acidi porta alla formazione di strutture a 2 atomi di carbonio, gli *acetili*, che si legano ad uno specifico enzima, formando Acetil-CoA e coenzimi ridotti)
- **Ossidazione dell'acido piruvico** (avviene ad opera della *piruvato deidrogenasi*, con formazione di Acetil-CoA e NADH + H^+)
- **Ossidazione dell'Acetil-CoA mediante il ciclo di Krebs**
- **Gluconeogenesi** (reazioni iniziali della sintesi di glucosio a partire dal piruvato)
- **Sintesi degli acidi grassi** (a partire dall'Acetil-CoA)
- **Alcune tappe del ciclo dell'urea**

Tornando alla respirazione cellulare, possiamo distinguere 3 tappe principali:

- ***Ossidazione dell'acido piruvico***
- ***Ciclo di Krebs***
- ***Trasporto finale di elettroni***

Al termine dell'intero processo l'acido piruvico derivante dalla glicolisi viene completamente demolito, producendo CO_2 e H_2O.

8.2.2.1 *Ossidazione dell'acido piruvico*

La molecola di acido piruvico (prodotta nel citosol mediante il processo di glicolisi) passa nella matrice mitocondriale (membrana interna) e subisce una reazione di decarbossilazione ad opera dell'*enzima piruvato deidrogenasi*:

- Il carbonio del gruppo carbossilico (COOH in posizione 1) va via insieme agli atomi di ossigeno sottoforma di CO_2, lasciando un gruppo acetile a due atomi di carbonio (CH_3CO).
- Al contempo un NAD^+ viene ridotto a NADH + H^+.

Per ogni molecola di glucosio, quindi, si ottengono:

- **2 molecole di NADH**
- **2 molecole di CO_2**
- **2 gruppi acetili**

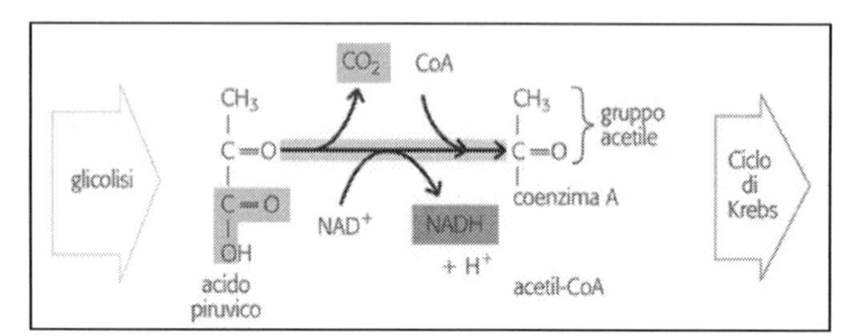

Il gruppo acetile si lega al coenzima A (grande molecola costituita, in parte, da un nucleotide), originando l'**Acetil-CoA**, che viene introdotto nel ciclo di Krebs.

8.2.2.2 *Ciclo di Krebs*

Come nel caso della glicolisi, ogni fase del ciclo di Krebs (anche detto ciclo dell'acido citrico o degli acidi tricarbossilici) è catalizzata da uno specifico enzima (il coenzima A, che collega la glicolisi al ciclo di Krebs, viene rilasciato al momento della prima reazione del ciclo) e distinguiamo 8 fasi:

1. Unione dell'Acetil-CoA ad una molecola di Ossalacetato ad opera della *citrato sintasi*, con formazione di **Citrato (6 C)**;
2. Isomerizzazione a **Isocitrato (6 C)** ad opera dell'*aconitato idratasi* (– H_2O)
3. Ossidazione e decarbossilazione in **α-chetoglutarato (5 C)** ad opera dell'*isocitrato deidrogenasi* e formazione di una molecola di NADH;
4. Decarbossilazione e conversione in **Succinil-CoA (4 C)** ad opera dell'*α-chetoglutarato deidrogenasi* e formazione di una seconda molecola di NADH;
5. Conversione in **Succinato (4 C)** ad opera dell'enzima *succinato-CoA ligasi* e formazione di una molecola di GTP;
6. Deidrogenazione con formazione di **Fumarato (4 C)** ad opera dell'enzima *succinato deidrogenasi (ubichinone)*, con formazione di una molecola di $FADH_2$;
7. Conversione in **L-Malato (4 C)** ad opera dell'enzima *fumarato idratasi*;
8. Ossidazione in **Ossalacetato (4 C)** ad opera dell'enzima *malato deidrogenasi*, chiudendo il ciclo e producendo una molecola di NADH.

Ad ogni giro, il ciclo consuma un gruppo acetile e rigenera una molecola di acido ossalacetico (due atomi di C dall'acido citrico vengono ossidati a CO_2). Parte dell'energia liberata dall'ossidazione degli atomi di carbonio viene utilizzata per:

- **Trasformare ADP in ATP** (1 molecola per ciclo)
- **Ridurre NAD^+ in NADH + H^+** (3 molecole per ciclo)
- **Ridurre FAD in $FADH_2$** (1 molecola per ciclo)

Per completare l'ossidazione di una molecola di glucosio sono necessari due giri del ciclo di Krebs e si ha un guadagno energetico complessivo di:

- **2 molecole di ATP** (+ 2 ATP della glicolisi)
- **2 molecole di GTP**
- **6 molecole di NADH** (+ 2 NADH della glicolisi e 2 NADH dall'ossidazione del piruvato)
- **2 molecole di $FADH_2$**

8.2.2.3 *Trasporto finale degli elettroni*

In quest'ultima fase della respirazione cellulare, gli elettroni che si trovano a livelli energetici elevati vengono trasferiti all'ossigeno, scendendo a livelli energetici inferiori. Tutto ciò avviene grazie ad una catena di trasporto di elettroni, tra i quali i **citocromi**, ovvero molecole/strutture che permettono di ricevere elettroni a diversi livelli energetici.
I principali trasportatori di elettroni sono, nell'ordine in cui si presentano:

- **Flavin mononucleotide (FMN)**
- **Coenzima Q (CoQ)**
- **Citocromi b, c, a, a_3**

Gli elettroni trasportati dall'NADH vengono trasferiti all'FMN, che si riduce, e subito dopo l'FMN passa gli elettroni al CoQ (che si riduce), tornando nella sua forma ossidata; scendendo lungo la catena di trasporto, gli elettroni passano a livelli energetici inferiori (liberando energia), fino ad essere accettati dall'O_2 che, combinandosi con gli ioni H, forma H_2O.
L'energia liberata viene poi utilizzata dai mitocondri per la sintesi di ATP (da ADP + P) mediante il processo di **fosforilazione ossidativa**: per ogni coppia di elettroni rilasciata da NADH e $FADH_2$ all'O_2 si formano, rispettivamente, 3 e 2 molecole di ATP ($FADH_2$ trattiene gli elettroni a un livello energetico minore rispetto a NADH).

8.2.2.4 *Fosforilazione ossidativa: sintesi di ATP*

Il processo di fosforilazione ossidativa rappresenta l'ultima tappa del processo di respirazione cellulare ed è caratterizzata dalla sintesi di ATP accoppiata al trasporto degli elettroni lungo la catena respiratoria. Tale processo dipende da un gradiente di protoni che si stabilisce attraverso la membrana mitocondriale e dal successivo utilizzo dell'energia potenziale immagazzinata in tale gradiente per ottenere ATP a partire da ADP e fosfato inorganico.

Nella membrana interna dei mitocondri troviamo tre complessi proteici (I, II, III) contenenti i trasportatori di elettroni e gli enzimi necessari a catalizzare il passaggio degli elettroni tra i vari trasportatori.

- **Complesso I**: contiene il trasportatore FMN e riceve elettroni dall'NADH. Gli elettroni vengono trasferiti al complesso II grazie al Coenzima Q (fa la spola tra i complessi I e II), che si trova all'interno della porzione lipidica della membrana.
- **Complesso II**: contiene il citocromo b, che riceve gli elettroni dal CoQ. Gli elettroni vengono trasferiti al complesso III attraverso il citocromo c, che fa la spola tra i complessi II e III.
- **Complesso III**: contiene i citocromi a e a_3. Gli elettroni tornano nella matrice, dove si combinano con ioni H^+ e O_2, formando H_2O.

I complessi proteici sono delle pompe protoniche, in quanto pompano i protoni dalla matrice mitocondriale allo spazio compreso tra le membrane del mitocondrio (perché la membrana interna è poco permeabile ad H^+), utilizzando l'energia liberata dal trasporto degli elettroni (per ogni coppia di elettroni, circa 10 protoni viene pompato fuori dalla matrice). In questo modo si crea un gradiente di concentrazione di protoni attraverso la membrana interna, con una maggior concentrazione nello spazio tra le membrane piuttosto che nella matrice.
La differenza di concentrazione protonica tra le due regioni è **energia potenziale**, che si trova in forma di gradiente elettrochimico (deriva da una differenza di concentrazione e di carica elettrica), che va ad azionare un qualsiasi processo che fornisca un canale per far tornare i protoni nella matrice. Il complesso proteico che permette ai protoni di rientrare nella matrice mitocondriale è l'**ATP-sintetasi**, che è formato da due unità:

- **F_0**: si trova all'interno della membrana del mitocondrio;
- **F_1**: è formata da 9 subunità e presenta i siti di legame per ATP e ADP.

Inoltre, l'ATP-sintetasi ha un canale interno, detto *poro*, che permette il passaggio dei protoni secondo il gradiente elettrochimico, che libera energia e permette la sintesi dell'ATP (ADP + Pi) (determinando cambiamenti conformazionali). Il meccanismo di sintesi dell'ATP è definito **accoppiamento chemiosmotico**, in cui si stabilisce un gradiente di protoni attraverso la membrana interna del mitocondrio e viene utilizzata l'energia potenziale per formare ATP attraverso il gradiente elettrochimico.

Bilancio energetico totale per ogni molecola di glucosio

La **glicolisi**, nel citosol, produce 2 molecole di ATP e 2 molecole di NADH; in presenza di ossigeno, gli elettroni dell'NADH attraversano la membrana interna dei mitocondri ed entrano nella catena di trasporto degli elettroni. Per ogni NADH si ottengono 3 molecole di ATP (2 NADH x 3 ATP = 6 ATP). Il guadagno totale dalla glicolisi è di **8 molecole di ATP**.

Durante la fase di **ossidazione dell'acido piruvico in Acetil-CoA**, che avviene all'interno della matrice mitocondriale, si producono 2 molecole di NADH (per riduzione da NAD+), per cui si ottengono 6 molecole di ATP (2 NADH x 3 ATP = 6 ATP) nella membrana mitocondriale. Il guadagno totale dall'acido piruvico è di **6 molecole di ATP**.

Il **ciclo di Krebs**, che avviene all'interno della matrice mitocondriale, produce:

- *2 molecole di ATP*
- *6 molecole di NADH*
- *2 molecole di FADH2*

Gli elettroni di NADH e FADH2 attraversano la membrana interna mitocondriale ed entrano nella catena di trasporto degli elettroni. Poiché per ogni molecola di NADH si formano 3 molecole di ATP, avremo un totale di 18 ATP (6 NADH x 3 ATP = 18 ATP), invece, poiché per ogni molecola di FADH2 si formano 2 molecole di ATP, avremo un totale di 4 ATP (2 FADH2 x 2 ATP = 4 ATP).
Il guadagno totale dal ciclo di Krebs è di **24 molecole di ATP**.

Il guadagno totale di ATP per ogni molecola di glucosio è pari a **38 molecole di ATP.**

8.3 Metabolismo lipidico

I lipidi rappresentano la vera e propria riserva energetica dell'organismo e vengono depositati, sottoforma di trigliceridi, all'interno degli adipociti bianchi. Una volta introdotti con la dieta, vengono idrolizzati dalle lipasi in modo tale che le componenti (acidi grassi e glicerolo) possano entrare nella cellula ed essere ossidati per produrre energia o, nel caso degli adipociti, essere esterificati nuovamente a trigliceridi ed immagazzinati come tali.
Mentre 1gr di carboidrati fornisce 4 Kcal, 1gr di lipidi fornisce energia pari a 9 Kcal.

Il processo di degradazione degli acidi grassi prevede, prima di tutto, la loro attivazione nel citosol attraverso una reazione di condensazione con il CoA ad opera dell'enzima *acil-CoA-sintetasi*, con perdita di una molecola di ATP (formazione di AMP).
A questo punto, l'acido grasso attivato può essere trasportato all'interno del mitocondrio da due enzimi:

- **Carnitina acil transferasi I:** enzima integrale della membrana mitocondriale esterna, che trasporta l'acile allo spazio intermembrana del mitocondrio.
- **Carnitina acil transferasi II:** enzima integrale della membrana mitocondriale interna, che trasporta l'acile nella matrice mitocondriale.

Segue la fase di ***β-ossidazione***, la quale prevede quattro reazioni cicliche, che si ripetono fino alla completa disgregazione della catena di acido grasso in unità di Acetil-CoA:

- Ossidazione dell'acil-CoA a **trans-delta2-enoil-CoA**, con produzione di una molecola di $FADH_2$.
- Idratazione con formazione di **S-3-idrossiacilCoA**.
- Deidrogenazione a **3-cheto-acil-CoA**, con produzione di una molecola di NADH.
- Scissione in **Acetil-CoA** e in un **acil-CoA** ridotto di una unità a due atomi di C.

Si prosegue con il ciclo di Krebs, in cui vengono prodotti NADH e $FADH_2$, fondamentali per la successiva produzione di ATP ($FADH_2$ = 1 ATP, NADH = 3,2 ATP) mediante la catena di trasporto degli elettroni.

9. STRUTTURA E PROCESSI VITALI DELLE PIANTE

In funzione del ciclo vitale (crescita, riproduzione e morte), le piante possono essere classificate in:

- **Annuali:** il ciclo vitale si svolge nell'arco di un anno (mais, geranio, calendula)
- **Biennali:** il ciclo vitale si completa nell'arco di due anni (carota)
- **Perenni:** il ciclo vitale può durare diversi anni (asparago, quercia)

Il corpo di una pianta vascolare presenta:

- **Sistema radicale:** è sotterraneo e ha il compito di saldare la pianta al suolo e assorbire gli elementi nutritivi necessari, quindi acqua e minerali.
- **Sistema di germogli:** è aereo e ha il compito di assorbire l'energia solare per effettuare gli scambi gassosi ed è costituito da:
  - *Fusto verticale* (sostiene le *foglie*, che sono i principali organi della fotosintesi)
  - *Strutture riproduttive* (nelle angiosperme si parla di *fiori* e *frutti*)

I tre sistemi tissutali che costituiscono il corpo della pianta e che ne collegano tutti gli organi e le strutture sono:

- **Sistema dei tessuti fondamentali:** nello specifico, è caratterizzato da:
  - *Parenchima* (tessuto costituito da cellule parenchimatiche viventi con una sottile parete cellulare primaria ed è deputato alle funzioni di fotosintesi, accumulo e secrezione)
  - *Collenchima* (tessuto caratterizzato da cellule collenchimatiche con spesse ed irregolari pareti cellulari primarie e funge da sostegno strutturale elastico)
  - *Sclerenchima* (tessuto costituito da cellule sclerenchimatiche con pareti cellulari primarie e secondarie, che forniscono un sostegno strutturale meccanico)
- **Sistema dei tessuti vascolari:** ha lo scopo di fornire sostegno, rigidità e trasporto di sostanze in tutta la pianta e, nello specifico, è caratterizzato da:
  - *Xilema* (tessuto deputato alla conduzione di acqua e minerali in tutti i compartimenti della pianta, fornisce sostegno strutturale e le cellule che lo caratterizzano sono le tracheidi e gli elementi vasali)
  - *Floema* (tessuto deputato al trasporto degli zuccheri, fornisce sostegno strutturale e presenta quattro tipologie cellulari)
- **Sistema dei tessuti dermici:** costituisce il sistema di protezione della pianta ed è caratterizzato da:
  - *Epidermide* (tessuto complesso che riveste la superficie delle piante erbacee: le cellule epidermiche delle parti aeree secernono una **cuticola** cerosa che riduce le perdite di acqua, mentre gli **stomi**, essendo dei piccoli pori, permettono gli scambi gassosi)
  - *Periderma* (tessuto complesso che riveste la superficie delle piante legnose)

La crescita delle piante, che prevede la divisione, l'allungamento e il differenziamento cellulare, avviene nei **meristemi** e può essere distinta in:

- **Crescita primaria:** ↑ lunghezza di fusto e radice grazie all'attività dei meristemi apicali.
- **Crescita secondaria:** ↑ spessore di fusto e radice e avviene a livello dei due meristemi laterali.

9.1 Il regno Plantae

Il regno Plantae è caratterizzato da organismi eucarioti pluricellulari che possiamo distinguere in piante con semi e piante senza semi (briofite e piante vascolari).
Nello specifico, le piante con semi sono distinte in due gruppi:

- **Gimnosperme:** piante che producono semi completamente esposti o all'interno dei coni e possiamo osservarne diverse classi, tra cui:
  - *Conifere* (piante legnose con aghi e, generalmente, sono monoiche, ovvero contengono i gametofiti maschili e femminili in diversi coni (quindi contengono i semi), presenti sulla stessa pianta)
  - *Cicadee* (piante con la caratteristica di essere dioiche, in quanto hanno i gametofiti maschili e femminili su piante separate)

  In generale, i coni maschili producono le microspore (gametofiti maschili), mentre i coni femminili originano le macrospore (gametofiti femminili).
- **Angiosperme:** piante vascolari caratterizzate dai fiori e dalla produzione di semi all'interno di un frutto (l'ovario dopo la fecondazione). Possiamo distinguere due classi di angiosperme:
  - *Monocotiledoni:* sono la maggior parte delle piante, sono solitamente erbacee, non presentano una crescita secondaria, sviluppano foglie con venature parallele e durante la germinazione producono un solo cotiledone (particolare tipologia di foglia, importante per lo sviluppo e per il sostentamento della pianta).
  - *Dicotiledoni:* possono essere sia piante erbacee che legnose, motivo per cui possono avere una crescita secondaria, sviluppano foglie con venature reticolate e durante la germinazione producono due cotiledoni; inoltre il seme non presenta l'endosperma, che viene assorbito dai cotiledoni prima della germinazione.

9.2 Organi e strutture

9.2.1 *Le foglie*

Le foglie sono uno degli organi della piante e, dal punto di vista strutturale, possono essere caratterizzate da:

- **Lamina** (rappresenta la parte larga e appiattita delle foglie, può presentare delle venature (parallele o reticolate) e, a seconda che siano a lamina singola o divise in più foglioline, possiamo distinguere le foglie in semplici o composte)
- **Picciolo** (rappresenta il gambo della foglia, che si diparte dal fusto a livello dell'ascella)
- **Stipole** (sono due appendici alla base della foglia, che possono esserci o meno)

Dal punto di vista anatomico, le foglie sono costituite da:

- **Epidermide:** riveste la porzione superiore ed inferiore della foglia, è ricoperto da una cuticola cerosa, fondamentale per intrattenere H_2O, ed è caratterizzato da una serie di pori per lo scambio di gas, definiti stomi, ognuno dei quali è circondato da due cellule di guardia, che ne controllano lo stato di apertura/chiusura)
- **Mesofillo:** è il tessuto fondamentale, caratterizzato da cellule parenchimatiche fotosintetiche, che può essere suddiviso in due zone/parenchimi:
    - *Mesofillo a palizzata* (è il sito della fotosintesi, in quanto ricco di cloroplasti, e va a costituire il parenchima superiore)
    - *Mesofillo spugnoso* (permette la diffusione dei gas, grazie alla presenza di una serie di spazi intercellulari (spazi aerei), e costituisce il parenchima inferiore)
- **Tessuto vascolare (nervature):** è caratterizzato da xilema, adibito al trasporto di H_2O e minerali essenziali, e floema, per il trasporto degli zuccheri prodotti con la fotosintesi verso i siti di accumulo.

La funzione principale della foglia è la fotosintesi, la cui efficienza è dovuta in gran parte alla presenza della lamina larga e appiattita ed è fondamentale lo stato di apertura/chiusura degli stomi. Nello specifico, l'apertura degli stomi è indotta dalla radiazione/luce blu, una componente della luce solare che funge da segnale ambientale e che provoca una serie di meccanismi:

- ***Attivazione di pompe protoniche*** (sulla membrana plasmatica delle cellule di guardia)
- ***Sintesi di acido malico*** (viene ionizzato, producendo protoni H^+ che vengono pompati fuori dalle cellule di guardia)
- ***Idrolisi di amido*** (si forma saccarosio, soluto osmoticamente attivo che si accumula nelle cellule di guardia)
- ***Creazione di un gradiente elettrochimico*** (questo gradiente guida l'ingresso di ioni osmoticamente attivi nelle cellule di guardia, nello specifico:
    - *Ioni potassio K^+:* attraverso canali K^+ voltaggio dipendenti
    - *Ioni Cloruro Cl^-:* attraverso specifici canali ionici

- ***Aumento della [soluti] nel vacuolo delle cellule di guardia***
- ***Movimento osmotico dell'acqua*** (H2O entra nella cellule di guardia per osmosi, aumentandone la turgidità e, di conseguenza, variazione della forma e apertura dello stroma)

La perdita di acqua avviene mediante due meccanismi, che sono:

- **Traspirazione:** è la perdita di vapore acqueo dalle parti aeree della pianta che avviene, generalmente, attraverso gli stomi e la velocità dipende da una serie di fattori ambientali, come temperatura, umidità e vento.
- **Guttazione:** è l'eliminazione di acqua, in forma liquida, dalle foglie di alcune piante e avviene quando l'umidità del terreno è elevata.

Un processo naturale che avviene è l'**abscissione**, ovvero il processo attraverso cui la pianta perde le proprie foglie, attraverso il coinvolgimento di una serie di variazioni fisiologico-anatomiche (degradazione della clorofilla, trasporto di sostanze alle altre parti della pianta, ecc...). Questo processo, in genere, avviene all'avvicinarsi dell'autunno/inverno o durante un periodo di siccità.

Infine, le foglie possono presentare delle modificazioni al fine di adempiere specifiche funzioni, infatti si può parlare di *spine* (foglie dure e appuntite per tener lontani gli erbivori), *viticci* (foglie che permettono alla pianta di attaccarsi ad altre strutture), ecc....

9.2.2 *Il fusto (corpo)*

Per quanto riguarda il fusto, c'è una differenza importante da fare tra:

- ***Piante erbacee:*** hanno un fusto tenero e sono quasi tutte annuali o biennali (poche perenni).
- ***Piante legnose:*** hanno un fusto legnoso, sono sempre perenni e si distinguono tra alberi, caratterizzati da un tronco libero alla base e ramificazioni da una certa altezza, e arbusti, caratterizzati da un fusto ramificato fin dalla base.

Per quanto riguarda la <u>struttura esterna</u> del fusto dei ramoscelli legnosi, possiamo riscontrare la presenza di **gemme**, ovvero germogli embrionali non sviluppati che, in funzione della localizzazione, sono distinte in:

- *Gemme terminali* (le ritroviamo sulla sommità del fusto)
- *Gemme ascellari* (le ritroviamo nelle ascelle delle foglie, in prossimità del nodo)

Le gemme dormienti sono ricoperte e protette da una serie di squame che, nel momento in cui la gemma riprende a crescere, cadono, lasciando la **cicatrice della squama della gemma**. Le foglie si inseriscono a livello del **nodo** (il punto di attacco sul ramo è la **cicatrice della foglia**, che è caratterizzata dalle **cicatrici del fascio**, che permettono l'estensione del tessuto vascolare dal fusto alla foglia) e la zona tra due nodi prende il nome di **internodo**. Infine, sono presenti le **lenticelle**, ovvero zone di cellule che permettono la diffusione dell'ossigeno all'interno del fusto legnoso.

Dal punto di vista anatomico, i fusti sono costituiti da:

- **Epidermide:** strato protettivo ricoperto da una cuticola cerosa, fondamentale per trattenere acqua all'interno, e dagli stomi, pori che permettono gli scambi gassosi.
- **Tessuto vascolare:** è caratterizzato da xilema, adibito al trasporto di H_2O e minerali essenziali, e floema, per il trasporto degli zuccheri in soluzione.
- **Tessuto fondamentale o corteccia con midollo:** hanno una funzione di accumulo.

Per quanto riguarda i fusti erbacei, la disposizione dei tessuti interni può variare, infatti:

- *Fusti delle dicotiledoni:* presentano fasci vascolari disposti circolarmente, una corteccia e un midollo ben distinti.
- *Fusti delle monocotiledoni:* presentano fasci vascolari sparsi nel tessuto fondamentale in maniera disorganizzata.

Per quanto riguarda la crescita, una caratteristica delle piante legnose, in particolare dicotiledoni legnosi e conifere, è quella di essere soggette a una crescita secondaria, dovuta all'azione di due meristemi laterali:

- **Cambio cribrolegnoso:** è il meristema laterale che dà origine allo *xilema secondario,* ovvero il legno, e al *floema secondario,* che è la corteccia interna (xilema e floema primari dei fasci vascolari originari si separano con il progredire della crescita secondaria).
- **Cambio suberofellodermico:** è il meristema laterale che produce il periderma (sughero e corteccia esterna), caratterizzato dal felloderma parenchimatico, che ha una funzione di accumulo, e dalle cellule del sughero, che ha una funzione protettiva (come l'epidermide delle piante erbacee).

9.2.3 *Le radici*

La morfologia dell'apparato radicale può essere di due tipi:

- ***Apparato radicale a fittone:*** presenta una radice principale, dalla quale si dipartono tantissime radici laterali.
- ***Apparato radicale fascicolato:*** presenta una serie di radici avventizie, ricche di radici laterali, che partono dalla base del fusto.

L'estremità di ogni radice è ricoperta dalla **cuffia radicale**, che è uno strato protettivo che riveste il meristema apicale della radice e orienta la crescita della radice verso il basso.

Dal punto di vista anatomico, le radici sono costituite da:

- **Epidermide:** strato protettivo della radice e le cellule epidermiche mostrano i *peli radicali,* ovvero delle piccole estensioni che favoriscono l'assorbimento di H_2O e minerali.
- **Tessuto vascolare:** il cilindro vascolare della radice è caratterizzato dal *periciclo,* uno strato di cellule parenchimatiche posto sotto l'endoderma che dà origine a radici e meristemi laterali e racchiude *xilema,* adibito al trasporto di H_2O e minerali essenziali, e *floema,* per il trasporto degli zuccheri in soluzione.

- **Tessuti fondamentali:** la *corteccia* presenta cellule parenchimatiche con funzione di accumulo di amido e il suo strato più interno, l'*endoderma*, regola l'entrata di H_2O e minerali nello xilema della radice. Inoltre, le radici delle monocotiledoni presentano anche un *midollo* centrale, composto da cellule parenchimatiche e circondato da un anello di fasci di xilema e floema alternati.

Il passaggio di H_2O e minerali, a partire dal suolo, segue il seguente percorso:

- *Epidermide* (pelo radicale)
- *Corteccia*
- *Endoderma*
- *Periciclo*
- *Xilema radicale*
- *Xilema del fusto*
- *Xilema delle foglie*

Lo spostamento verso l'alto attraverso i vari xilemi avviene grazie a una differenza di **potenziale idrico**: normalmente l'acqua ha un potenziale neutro ma, quando viene assorbita dalla radice con una soluzione di ioni, diventa leggermente negativa e tende. Di conseguenza, tende a spostarsi da un compartimento ad alto potenziale idrico a un compartimento con minore potenziale idrico: dato che l'atmosfera ha un potenziale idrico fortemente negativo, tramite le forze di coesione e adesione l'acqua è in grado di utilizzare il fusto della pianta per arrivare fino alle foglie, dalle quali traspirerà lasciando gli ioni trasportati. Il movimento delle sostanze nella radice può avvenire tramite:

- ***Cammino apoplastico:*** passano da una cellula all'altra attraverso le pareti cellulari porose interconnesse, definito *apoplasto.*
- ***Cammino simplastico:*** passano dal citoplasma di una cellula al citoplasma della cellula adiacente attraverso i plasmodesmi e si parla di *simplasto.*

Per quanto riguarda la crescita, le radici delle gimnosperme e delle dicotiledoni legnose sono soggette a una crescita secondaria, dovuta all'azione di due meristemi laterali:

- **Cambio cribrolegnoso:** è il meristema laterale che dà origine allo *xilema secondario,* ovvero il legno, e al *floema secondario,* che è la corteccia interna.

- **Cambio suberofellodermico:** è il meristema laterale che produce il *periderma,* che è la corteccia esterna.

Le piante ricavano il nutrimento necessario (10 macronutrienti, richiesti in quantità elevate, e 9 micronutrienti, richiesti in tracce) dal suolo, che è costituito da:

- *Minerali inorganici* (forniscono ancoraggio e sostanze nutritive alle piante)
- *Materia organica* (aumenta la capacità di trattenere acqua e rilascia nutrienti minerali)
- *Aria* (fornisce ossigeno per la respirazione aerobica)
- *Acqua* (fornisce acqua e nutrienti minerali disciolti)

9.2.4 *Strutture riproduttive*

Le angiosperme sono il gruppo vegetale più diffuso e sono piante in grado di produrre un fiore composto, che è caratterizzato da:

- **Sepali:** coprono e proteggono le strutture del fiore allo stadio di gemma.
- **Petali:** hanno la funzione di attrarre gli animali impollinatori.
- **Stame:** organo sessuale maschile che origina i granuli di polline ed è costituito da:
    - *Filamento* (sottile stelo sovrastato dall'antera)
    - *Antera* (struttura sacciforme in cui vengono prodotti i granuli pollinici)
- **Pistillo:** organo sessuale femminile, che può essere caratterizzato da uno o più carpelli, ovvero l'unità riproduttiva femminile, e presenta tre sezioni:
    - *Stigma* (sezione in cui si posa la cellula spermatica)
    - *Stilo* (sezione in cui si sviluppa il tubetto pollinico, che collega le altre due sezioni)
    - *Ovario* (sezione contenente gli ovuli e che diventa frutto dopo la fecondazione)

Entrambi gli organi sessuali (pistillo e stame) sono attaccati al ricettacolo e lo sviluppo dei gametofiti maschile e femminile seguono un processo specifico:

- **Gametofito maschile:** il processo avviene nello stame, la cui antera contiene una serie di sacchi pollinici (microsporangi), contenenti i *microsporociti (2n)* che, attraverso una divisione meiotica formano una tetrade di *microspore*, ognuna delle quali si divide per mitosi, generando il *granulo pollinico (gametofito immaturo)*, caratterizzato da due cellule:
    - *Cellula generativa:* si divide per mitosi, formando **2 cellule spermatiche (gameti maschili flagellati)**
    - *Cellula del tubetto pollinico:* forma il **tubetto pollinico**, attraverso cui le cellule spermatiche raggiungono l'ovulo.
- **Gametofito femminile:** il processo avviene nell'ovario del pistillo, che contiene gli ovuli (megasporangi), contenenti i *megasporociti (2n)* che, attraverso una divisione meiotica formano 4 *megaspore*, di cui 3 in degenerazione e una funzionale. La *megaspora funzionale (n)* si divide per mitosi, originando il *sacco embrionale (gametofito femminile)*, caratterizzato da:
    - *Cellula uovo*
    - *2 nuclei polari* (in una cellula centrale)
    - *3 cellule antipodali*
    - *2 sinergidi* (gametofito immaturo)

Avvengono una serie di processi distinti, che sono:

- **Impollinazione:** consiste nel trasferimento del polline dall'antera dello stame (maschile) allo stigma del pistillo (femminile) e può avvenire grazie a insetti, vari animali, aria e acqua; ovviamente, in base a chi provoca l'impollinazione, i fiori impollinati avranno colori e profumazioni differenti. Una volta nello stigma, le due cellule spermatiche scendono lungo il tubetto pollinico e raggiungono l'ovulo.

- **Fecondazione:** consiste nella fusione dei gameti e, nello specifico, si parla di doppia fecondazione, in quanto partecipano entrambe le cellule spermatiche del gametofito maschile, che portano alla formazione di:
    - *Zigote* (deriva dalla fecondazione della cellula spermatica con la cellula uovo e si svilupperà in un embrione multicellulare all'interno del seme)
    - *Endosperma* (è il tessuto nutritivo triploide, fondamentale per lo sviluppo dell'embrione, e deriva dalla fecondazione della seconda cellula spermatica con i due nuclei polari)
- **Germinazione:** processo di fuoriuscita del germoglio dal seme e può essere influenzato da:
    - *Fattori interni* (inibitori chimici, maturità dell'embrione, presenza/assenza di un rivestimento duro e spesso, ecc…)
    - *Fattori ambientali esterni* (ossigeno, acqua, temperatura, luce, ecc…)

9.3 Ormoni vegetali (fisiologia vegetale)

La crescita e lo sviluppo delle piante è continuamente influenzato dagli stimoli ambientali e, nello specifico, si parla di **tropismo**, che può essere di vario tipo:

- ***Fototropismo:*** la crescita è influenzata dalla direzione di provenienza della luce.
- ***Gravitropismo:*** la crescita è influenzata dalla gravità.
- ***Tigmotropismo:*** la crescita è influenzata da stimoli meccanici (contatto con una struttura solida).

Le sostanze che determinano le risposte ai vari stimoli sono gli **ormoni vegetali**, i quali si legano a specifici *recettori associati ad enzimi* sulla membrana plasmatica, innescando una reazione enzimatica. Tra le varie classi di ormoni vegetali abbiamo:

- **Auxine:** famiglia di ormoni vegetali, di cui l'acido indolacetico (IAA) è il più importante, coinvolta nell'allungamento cellulare, nel fototropismo, nella dominanza apicale (inibizione delle gemme laterali da parte del meristema apicale), nello sviluppo dei frutti e delle radici a livello delle zone del fusto che sono state tagliate.
- **Gibberelline:** composti terpenici, derivanti dall'acido mevalonico, coinvolti principalmente nell'allungamento del fusto, ma anche nella fioritura e nella germinazione dei semi.
- **Etilene:** composto chimico sintetizzato in tutte le piante superiori a partire dalla metionina, in particolare se sottoposte a stress, ed è coinvolto in diversi processi, tra cui la maturazione dei frutti, la dominanza apicale, la senescenza, l'abscissione fogliare e la tigmomorfogenesi (se soggette a stress meccanici come il vento costante, la produzione di etilene induce l'ispessimento del tronco e dei rami laterali, aumentando la resistenza della pianta).
- **Citochine:** molecole derivanti dall'adenina e i principali rappresentanti di questa categoria sono *zeatina* e *chinetina*. Queste sostanze promuovono la divisione e il differenziamento cellulare, ritardano la senescenza di alcuni organi vegetali e interagiscono con auxina ed etilene nella dominanza apicale.

- **Acido abscissico (ABA):** ormone dello stress ambientale sintetizzato, in condizioni di stress, in tutte le cellule contenenti cloroplasti o amiloplasti ed ha funzioni inibitori in diverse risposte fisiologiche delle piante superiori. In particolare, è coinvolto nella chiusura degli stomi a causa dello stress idrico (modula l'attività delle pompe ioniche sulle cellule di guardia, in modo da ridurre la perdita di acqua dovuta alla traspirazione) e nella dormienza di gemme e semi nei periodi freddi (stato temporaneo di riduzione delle attività fisiologiche)
- **Brassinosteroidi:** steroidi vegetali coinvolti nei processi di divisione e allungamento cellulare, differenziamento indotto dalla luce, sviluppo vascolare e nella germinazione.

Inoltre, si possono riscontrare diverse molecole segnale ormonali coinvolte nella difesa contro patogeni e insetti, tra cui:

- **Giasmonati:** ormoni vegetali prodotti in risposta alla presenza di insetti infestanti ed organismi patogeni e influenzano diversi processi (sviluppo del polline, crescita delle radici, maturazione dei frutti e senescenza).
- **Acido salicilico:** ormone prodotto nel sito di infezione che attiva la trascrizione di geni codificanti per proteine responsabili della resistenza sistemica acquisita (per combattere l'infezione).

10. ALIMENTAZIONE E NUTRIZIONE

10.1 Fabbisogno energetico

Nell'ambito della nutrizione, l'unità di misura utilizzata è la *chilocaloria kcal o Cal* (1kcal = 1000 cal). La *caloria (cal)*, corrispondente a 4.187 Joule, è la quantità di energia necessaria ad aumentare la temperatura di 1 mL di acqua distillata di 1 °C (da 14.5 °C a 15.5 °C).
Ovviamente, una volta introdotti gli alimenti all'interno dell'organismo, le cellule non utilizzano direttamente la loro energia chimica, ma i nutrienti subiscono una serie di trattamenti. Nello specifico, i nutrienti vengono deidrogenati, si formano coenzimi ridotti altamente energetici che vengono ossidati nei mitocondri, portando alla liberazione di energia, utilizzata principalmente per produrre ATP. Per i vari nutrienti si può parlare di:

- ***Valore calorico fisico:*** è il quantitativo energetico che si ottiene dal catabolismo completo dei nutrienti e corrisponde a 4.2 kcal/g per carboidrati, 9.2 kcal/g per lipidi, 5.6 kcal/g per proteine e 7 kcal/g per l'alcol.
- ***Valore calorico fisiologico:*** è il quantitativo energetico che si ricava dai nutrienti energetici e, ad eccezione delle proteine (4.4 kcal/g), i valori sono gli stessi del valore calorico fisico.
- ***Valore calorico netto:*** si ottiene correggendo il valore calorico fisiologico per la percentuale di assorbimento dei principi nutritivi (97% per carboidrati e lipidi, 90% per i proteine, 100% per l'alcol), quindi si ottengono 4 kcal/g per carboidrati, 9 kcal/g per lipidi, 4 kcal/g per proteine e 7 kcal/g per l'alcol.

Il dispendio energetico dell'organismo (fabbisogno) può essere valutato su 3 componenti:

1. **Quantità di calorie necessaria per il metabolismo basale:** è la spesa energetica legata alle funzioni della vita vegetativa ed è legata a parametri quali la costituzione fisica, l'età e il sesso. Attraverso i calorimetri si può valutare:
   - *Calorimetria diretta* (calore disperso dal soggetto in un determinato tempo)
   - *Calorimetria indiretta* (quantità di O_2 consumato in un determinato tempo)

   Una volta ottenuto il consumo energetico in un'ora (kcal / h), lo si rapporta alle dimensioni corporee del soggetto. Questo valore risulta maggiore nell'uomo e nei giovani a causa delle diverse percentuali di massa grassa – i tessuti che fanno parte della massa magra sono metabolicamente più attivi del tessuto adiposo.

2. **Quantità di calorie dispersa dalla termogenesi postprandiale:** il fenomeno della termogenesi postprandiale presenta due frazioni:
   - *Frazione obbligatoria* (dipende dal tipo di alimentazione e risulta maggiore se nella dieta prevalgono le proteine)
   - *Frazione facoltativa* (dipende da fattori individuali, come la responsività ai segnali periferici di avvenuta assunzione di cibo (leptina) e l'efficienza della termodispersione mediata dal tessuto adiposo bruno, e risulta maggiore quando il soggetto assume carboidrati)

3. **Energia necessaria per compiere attività fisica:** questa componente risulta molto variabile, in quanto dipende dal lavoro svolto, dalla sua durata e dall'intensità, per cui la sua determinazione è complessa e prevede 3 livelli di semplificazione e di approssimazione:
    - Valutazione del costo energetico di ogni singola attività effettuata espressa come **multiplo del metabolismo basale (kcal/min).** Il livello di attività fisica (LAF), nell'arco della giornata, risulterà la somma dei costi energetici di tute le attività.
    - Valutazione del costo energetico di attività complessive effettuate, che riuniscono le singole attività. Anche qui il costo è espresso come **multiplo del metabolismo basale.** Il LAF risulterà la somma dei costi di tutte le attività. Meno precisa, ma più pratica della precedente.
    - Valutazione dell'**Indice Energetico Integrato (IEI)**: costo energetico del tipo di lavoro svolto dal soggetto, che comprende un certo insieme di attività. Gli IEI delle varie occupazioni sono presenti in letteratura. Sono comprese le pause. Anche questo si esprime come **multiplo del metabolismo basale** e va ponderato per il tempo che il soggetto dedica all'attività. Precisione minore, ma semplificazione notevole.

In media, il dispendio energetico totale per un soggetto sano di 25 anni di sesso maschile è di circa 2500 kcal, mentre di sesso femminile è di circa 2100 kcal.
Esistono tabelle che riportano i **Livelli di Assunzione Raccomandati di Energia e Nutrienti (LARN)**, dove per l'apporto energetico e ogni singolo nutriente sono riportati 3 valori: *livello di assunzione raccomandato minimo,* soglia a cui il 97,5% della popolazione in esame non riesce a sostenere attività metabolica; *livello di assunzione raccomandato medio,* soddisfa il fabbisogno del 50%; *livello di assunzione raccomandato di riferimento,* soddisfa il fabbisogno del 97,5%. I LARN per la popolazione italiana sono detti **iLARN.**

Per mantenere il peso corporeo è necessario che le calorie assunte non superino il fabbisogno (dispendio energetico) e, secondo le Linee Guida per una Sana Alimentazione, l'apporto energetico ottimale dovrebbe derivare da:

- *10-15% da proteine*
- *25-30% da grassi*
- *55-60% da carboidrati*
- *Sali minerali e vitamine secondo i LAR (Livelli di Assunzione Raccomandati)*

Caso di gravidanza: l'alimentazione deve assicurare energia e nutrienti alla madre, ma anche la formazione di nuovi tessuti e riserve di nutrienti che saranno usati dal bambino durante l'allattamento. Il surplus calorico varia in base al peso della donna:

- *Donna normopeso* (l'aumento ponderale raggiungibile alla fine della gravidanza potrà essere compreso tra 12-15 kg – 1/2 Kg nel primo trimestre, dopodiché 350/400 gr per ogni settimana – e la quantità di calorie in più dovrà essere di 300 kcal/die a partire dal IV mese)
- *Donna sovrappeso* (l'aumento ponderale non deve superare gli 11 kg e il surplus calorico deve essere inferiore a 200 kcal/die a partire dal IV mese)
- *Donna sottopeso* (l'aumento ponderale può arrivare fino a 18 kg, con un aumento calorico di circa 350 kcal/die)

Secondo i LAR, i surplus calorico, proteico e di calcio possono essere raggiunti raddoppiando la quantità di latte o yogurt a colazione, le vitamine possono essere assunte con frutta fresca, ortaggi e pesce azzurro (quest'ultimo molto importante nell'ultimo trimestre, visto che il feto usa DHA per lo sviluppo della retina e del sistema nervoso).

Caso di allattamento: l'allattamento comporta un aumento delle richieste materne per alcuni nutrienti (a causa della maggiore energia necessaria alla sintesi dei componenti del latte e alla fuoriuscita di nutrienti che l'allattamento comporta), per cui l'introito calorico deve essere aumentato rispetto al nomale (molto importanti sono acqua, proteine, calcio e fosforo, vitamine A e C, acido folico...).

Caso di crescita: l'alimentazione deve favorire lo sviluppo psicofisico del bambino e prevenire l'insorgenza di disturbi tipici di quell'età (allergie, celiachia, obesità...). Nello specifico, per i primi 4 mesi di vita il latte deve essere l'unico alimento, lo svezzamento deve avvenire non prima del 4°mese e non dopo il 6°mese, per poi continuare per tutto il 1° anno di vita del bambino.
A 6 mesi il fabbisogno deve essere caratterizzato per il 50% da latte e per il 50% da altri alimenti.
Nel bambino da 1 a 3 anni, bisogna somministrare 100 kcal/die per ogni kg di peso corporeo, va ridotta la somministrazione di proteine animali e aumentata quella di proteine vegetali, mentre l'assunzione di grassi va ridotta dal 40 al 30% delle calorie totali.
Da 3 a 12 anni le proteine devono ricoprire il 10% delle calorie totali e i grassi ridotti intorno al 25%.

Caso di soggetto anziano: nell'anziano si osserva un fabbisogno minore del 20-30% rispetto all'adulto a causa della riduzione del metabolismo basale e dell'attività fisica. La copertura dei fabbisogni dei nutrienti, nell'anziano, può essere più difficoltosa a causa di alcune mancanze/difficoltà, come la mancanza di elementi dentari (ridotta masticazione), ridotta capacità di digerire e assorbire i nutrienti (specialmente Ca e Fe), ecc.... Di grande importanza sono ridurre la quantità di sale, bere frequentemente acqua, ingerire con attenzione ricchi alimenti proteici e grassi saturi.

10.1.1 *Corretta alimentazione*

Una corretta alimentazione consiste nell'assunzione delle giuste quantità di nutrienti (macronutrienti e micronutrienti) per garantire il corretto funzionamento dell'organismo. A tale scopo bisogna rivolgere l'attenzione al **fabbisogno energetico**, ovvero la quantità energetica necessaria al metabolismo basale dell'organismo, ovvero le funzioni vitali in uno stato di riposo:

- *Processi respiratori*
- *Processi circolatori*
- *Attività fisica* (movimento, processi digestivi, attività intellettiva)
- *Mantenimento della temperatura corporea*

Questa quota energetica si misura in kilocalorie (1000 calorie) e viene raggiunta grazie a:

- *Carboidrati* (4 kcal/g)
- *Lipidi* (9 kcal/g)
- *Proteine* (4 kcal/g)

Conoscendo il fabbisogno energetico dell'individuo (il metabolismo basale richiede una quota energetica pari a 25 kcal/Kg di peso corporeo) e altri parametri (indice di massa corporea, tipo di attività, ecc...) è possibile elaborare un profilo nutrizionale specifico per il soggetto, che prevede l'assunzione di 60% di carboidrati, 25% di lipidi e 15% di proteine. L'organismo, poi, provvederà ad attivare tutti i processi metabolici per trasformare i nutrienti assunti in energia.
In seguito alla digestione dei nutrienti (ridotti in glucosio, aminoacidi, colesterolo e trigliceridi) e al loro assorbimento, osserveremo una serie di processi a livello epatico legati alla produzione dell'insulina (metabolismo post-prandiale):

- *Glicolisi* (produzione di ATP)
- *Glicogenosintesi* (sia a livello epatico che muscolare)
- *Sintesi di trigliceridi* (immagazzinati nel tessuto adiposo come riserva energetica)
- *Sintesi proteica da aminoacidi semplici*

Tra un pasto e l'altro, invece, il metabolismo interprandiale sarà regolato da glucagone (a livello epatico) e adrenalina (a livello periferico), in cui saranno ci sarà il destocaggio delle risorse per assicurare un continuo nutrimento attraverso:

- *Glicogenolisi epatica e muscolare*
- *Lipolisi a livello adiposo* (i trigliceridi vengono scissi in acidi grassi e glicerolo che, a livello epatico, saranno convertiti prima in glucosio – per il SNC – e poi in corpi chetonici mediante processi di gluconeogenesi)
- *Proteolisi a livello muscolare*

10.2 Principi nutritivi

10.2.1 *Macronutrienti (nutrienti energetici)*

Tra i nutrienti energetici principali abbiamo carboidrati, lipidi, proteine e alcol che, oltre a fornire energia, hanno anche una funzione strutturale: le *proteine* sono le principali fonti di azoto e aminoacidi (utilizzati per la sintesi proteica), i *lipidi* costituiscono le membrane biologiche (doppio strato fosfolipidico), i *carboidrati* come il galattosio costituiscono i cerebrosidi della guaina mielinica delle fibre nervose.

Carboidrati (glucidi o zuccheri)

La principale funzione dei carboidrati è quella energetica (valore calorico netto di 4 kcal/g), sono molto utilizzati da tessuto muscolare e sistema nervoso e, dal punto di vista nutrizionale, abbiamo:

- ***Monosaccaridi*** (sono zuccheri semplici che non possono essere decomposti idroliticamente in prodotti che abbiano un carbonile e i più importanti dal punto di vista nutrizionale sono tre esosi:
    - *Glucosio:* è il monosaccaride più importante per animali e piante, ritrovandolo anche nella frutta.
    - *Fruttosio:* è un monosaccaride molto diffuso nel regno vegetale, in particolare nella frutta, e, insieme al glucosio, forma il saccarosio.
    - *Galattosio:* è un monosaccaride molto diffuso sia nelle piante che negli animali, è un costituente dei cerebrosidi della guaina mielinica delle fibre nervose e, insieme al glucosio, forma il lattosio.
- ***Disaccaridi*** (sono zuccheri semplici derivanti da due molecole di monosaccaridi con eliminazione di una molecola di H_2O e i più importanti dal punto di vista nutrizionale sono:
    - *Saccarosio:* è costituito da glucosio e fruttosio ed è il comune zucchero da tavola che si estrae dalla barbabietola o dalla canna da zucchero.
    - *Lattosio:* è costituito da glucosio e galattosio ed è presente nel latte.
    - *Maltosio:* deriva dalla scissione dell'amido, mediata da enzimi presenti nei semi in germinazione.
- ***Polisaccaridi*** (sono aggregati di un elevato numero di monosaccaridi, legati tra loro con eliminazione di diverse molecole di H_2O e i principali dal punto di vista nutrizionale sono:
    - *Amido:* polisaccaride di riserva delle piante derivante da numerose molecole di α-glucosio ed è costituito da due componenti, ovvero amilosio (con struttura lineare) e amilopectina (con struttura ramificata). L'amido viene idrolizzato dalle amilasi salivare e pancreatica ed è particolarmente abbondante in cereali, legumi e patate.
    - *Glicogeno:* polisaccaride di riserva degli animali, in particolare nei tessuti epatico e muscolare.

Tra i polisaccaridi, si osservano anche composti di monosaccaridi diversi dall'α-glucosio, che fanno parte della fibra alimentare. Tra gli alimenti contenenti la maggior quantità di fibre abbiamo legumi e frutta secca, mentre ortaggi e frutta fresca hanno quantità ridotte a causa del notevole contenuto di H_2O (più acqua c'è, meno carboidrati, lipidi e proteine ci sono). Anche se i componenti delle fibre non vengono digeriti, hanno importanti effetti sulla digestione, ad esempio aumentano il tempo della masticazione, modificano la velocità di transito intestinale, riducono l'assorbimento di nutrienti e il pH intestinale, hanno azione antitumorale, ecc....

Lipidi

I lipidi sono esteri tra un composto contenente uno o più radicali alcolici e uno o più radicali di acidi grassi superiori e, dal punto di vista nutrizionale, possiamo classificarli in:

- ***Gliceridi*** (sono prodotti di esterificazione di acidi grassi con una molecola di glicerolo, hanno una funzione di riserva sia per animali che piante e rappresentano i lipidi quantitativamente più abbondanti negli alimenti. Poiché il glicerolo possiede tre funzioni alcoliche (due primarie e una secondaria), può essere esterificato con una, due o tre molecole di acido grasso, dando origine a *mono-*, *di-* o *trigliceridi*. Gli acidi grassi, in particolare, sono catene idrocarburiche con un radicale carbossilico ad un'estremità e vengono classificati in base alla lunghezza della catena carboniosa e alla presenza o meno di insaturazioni in:
    - *Acidi grassi saturi*: hanno formula generale $C_nH_{2n}O_2$ e i più diffusi sono gli acidi palmitico e stearico.
    - *Acidi grassi insaturi*: possono essere monoinsaturi, come l'acido oleico, e polinsaturi, come l'acido arachidonico.

  I trigliceridi hanno, principalmente, una funzione energetica (valore calorico netto: 9 kcal/g), rappresentando la forma attraverso cui l'organismo conserva l'energia in eccesso all'interno degli adipociti, e vengono utilizzati quando i carboidrati non sono disponibili (digiuno, diabete mellito di tipo 1).

- ***Fosfolipidi*** (sono lipidi complessi polari formati da una molecola di glicerolo, i cui gruppi ossidrili (funzione alcolica) sono esterificati con due molecole di acido grasso e una molecola di acido fosforico, a cui si lega una molecola di colina, serina o etanolammina. Hanno principalmente una funzione strutturale, in quanto costituiscono l'impalcatura delle membrane biologiche da cui, grazie all'azione delle fosfolipasi, si liberano gli acidi grassi, che vanno a formare prostaglandine, trombossani e leucotrieni)
- **Steroidi** (sono lipidi insaponificabili costituiti da un nucleo principale tetraciclico e sono presenti sia nel regno vegetali (fitosteroli) che nel regno animale (zoosteroli). Un importante esempio è il *colesterolo*, particolarmente abbondante negli animali, che può portare alla formazione di esteri, ormoni steroidei, sali biliari e il 7-deidrocolesterorolo – precursore della vitamina D)

Proteine (protidi)

Le proteine sono composti quaternari (caratterizzati da C, H, O, N e S) costituiti da aminoacidi uniti da legami peptidici e vengono utilizzate come fonte energetica in caso di carenza di carboidrati (nel caso di digiuno prolungato) o quando ne è presente una quantità maggiore rispetto al fabbisogno (valore calorico netto: 4 kcal/g).
Nello specifico, le proteine sono la principale fonte di:

- *Aminoacidi essenziali* (sono quegli aminoacidi necessari alla sintesi proteica, di cui l'organismo non è in grado di sintetizzare il chetoacido, hanno una funzione strutturale, poiché vanno a sostituire le proteine catabolizzate, e sono 8 – fenilalanina, isoleucina, leucina, lisina, metionina, treonina, triptofano e valina)
- *Azoto*

L'assunzione di proteine deve essere adeguata sia dal punto di vista quantitativo che qualitativo e una proteina viene definita ad elevato **valore biologico** se presenta tutti gli aa essenziali in quantità sufficiente a permettere un adeguato sviluppo negli animali in accrescimento ed il mantenimento del turnover proteico negli animali adulti:

- *Proteine di origine animale* (sono tutte ad elevato valore biologico e hanno una digeribilità prossima al 100%)
- *Proteine di origine vegetale* (sono di valore biologico medio-basso, poiché carenti di uno o più aa essenziali, e hanno una digeribilità di circa 80-85%, per cui una parte degli aa non viene assorbita)

Il Livello di Assunzione Raccomandato (LAR) per le proteine è 1g di proteine per kg di peso corporeo ottimale (se le proteine sono solo di origine animale, l'assunzione ottimale è di 0.6g/Kg di peso corporeo).

10.2.2 *Micronutrienti: minerali (nutrienti inorganici)*

I minerali, o nutrienti inorganici, sono degli elementi primari in forma ionica che, in natura, risultano aggregati a formare sali più o meno complessi. La quantità di minerali nell'organismo viene estrapolata tramite degli studi sul residuo minerale che resta in seguito alla combustione dei tessuti organici. Nello specifico, in funzione dell'ordine di misura, possiamo distinguere i minerali in:

- **Macroelementi** (sono minerali presenti nel residuo minerale nell'ordine del grammo, tra cui:
    - *Sodio*
    - *Potassio*
    - *Calcio*
    - *Fosforo*
    - *Magnesio*
- **Oligoelementi** (sono minerali presenti nel residuo minerale in quantità inferiore e, in particolare, si parla di:
    - ***Elementi traccia*** (sono presenti nell'ordine di misura del milligrammo, tra i quali:
        - *Ferro*
        - *Zinco*
        - *Rame*
        - *Iodio*
        - *Fluoro*
        - *Cromo*
        - *Manganese*
        - *Selenio*
    - ***Elementi ultratraccia*** (sono presenti nell'ordine di misura del microgrammo, tra cui:
        - *Litio*
        - *Nichel*
        - *Arsenico*
        - *Piombo*

I minerali hanno funzioni strutturali, biochimiche e fisiologiche e per **biodisponibilità di un minerale** si intende la percentuale di nutriente che viene assorbita, trasportata nel sito d'azione ed eventualmente trasformata nella forma attiva. Inoltre, la quantità di minerali nei tessuti dipende dall'assorbimento intestinale e dalla capacità di eliminazione renale, che variano in base ai minerali.

Sodio Na (massa atomica 23 → 23mg = 1mEq)

Il sodio lo ritroviamo molto concentrato nel liquido extracellulare e le sue funzioni sono:

- *Regolazione della pressione osmotica e del volume dei fluidi extracellulari*
- *Regolazione dell'equilibrio acido-base*
- *Genesi del potenziale di membrana ed insorgenza del potenziale d'azione*
- *Scambi di nutrienti e substrati tra gli ambienti intracellulare ed extracellulare*

Per quanto riguarda il fabbisogno del sodio, abbiamo:

- ***Fabbisogno minimo:*** 6mEq/*die* (corrisponde a 138 mg/*die*)
- ***Livello di assunzione raccomandato (LAR):*** 25mEq/*die*
- ***Livello massimo di assunzione:*** 152mEq/*die* (corrisponde a 8,75 g NaCl/*die*)

Le fonti alimentari del sodio sono distinte in:

- ***Fonti non discrezionali di sodio:*** sono contenute negli alimenti, in particolare pane, formaggi, carni e pesci conservati)
- ***Fonti discrezionali di sodio:*** sono quelle aggiunte negli alimenti)

L'assorbimento del sodio avviene in tutto l'intestino tenue e nel colon ascendente, ha una biodisponibilità del 100% (completamente assorbito), mentre la sua eliminazione avviene attraverso le urine (via renale) e il sudore.

I casi di tossicità da eccessiva ingestione di sodio sono molto rari e sono causati, in genere, da una somministrazione sbagliata di concentrazioni saline ipertoniche o somministrazione di sale poco diluito con l'acqua ai neonati.

Potassio K (massa atomica 39 → 39mg = 1mEq)

Il potassio lo ritroviamo principalmente all'interno delle cellule e la sua principale funzione riguarda l'eccitabilità cellulare, nello specifico il fenomeno di ripolarizzazione al termine del potenziale d'azione a causa della sua fuoriuscita dalla cellula attraverso specifici canali.
Per quanto riguarda il fabbisogno del sodio, abbiamo:

- ***Fabbisogno minimo:*** 40mEq/*die* (1.6 g/*die*)
- ***Livello di assunzione raccomandato (LAR):*** 80mEq/*die* (3.2 mg/*die*)
- ***Livello massimo di assunzione:*** 150mEq/*die* (5,9 mg/*die*)

Tutti i cibi, ad eccezione di grassi, zucchero e alcolici, sono fonti alimentari di potassio, in particolare la frutta secca, le patate, i legumi secchi e alcuni pesci conservati.

L'assorbimento del potassio è molto efficace ed ha una biodisponibilità maggiore del 90%, in particolar modo in caso di digiuno, mentre la sua eliminazione avviene tramite le feci, arricchite con le secrezioni del colon.

I casi di carenza di potassio sono possibili solo a causa di patologie metaboliche (acidosi diabetica), dell'apparato digerente (vomito e diarrea prolungati) o dell'apparato escretore (nefropatie croniche).
I casi di intossicazione alimentare di potassio sono molto rari e sono legati ad insufficienza renale o somministrazione parenterale/enterale di oltre 450 mEq di potassio.

__Calcio Ca (calcemia = 10mg/100mL) e Fosforo P (2.5 – 4 mg/100ml)__

Il calcio e il fosforo sono strettamente correlati tra loro sia dal punto di vista funzionale che metabolico ed hanno un rapporto costante di 2:1 nell'osso e nel plasma grazie all'azione di tre ormoni: *paratormone, calcitonina* e *vitamina D.*

Il **calcio** (massa atomica 40 → 80mg = 1mEq) lo ritroviamo in tutti gli organi e tessuti e possiamo distinguere tra:

- ***Calcio osseo*** (comprende il 99% del calcio di tutto l'organismo e si trova principalmente in forma di idrossiapatite – sale complesso di fosfato di calcio – e in piccola quantità come carbonato e fluoruro)
- ***Calcio extra-osseo*** (a sua volta può essere distinto in:
    - *Calcio intracellulare* (si trova principalmente nei mitocondri e nel RE liscio, ma anche nel nucleo, dove è in grado di influenzare l'espressione genica, mentre la sua concentrazione nel citosol è molto bassa)
    - *Calcio extracellulare* (ha diverse funzioni importanti in quanto rappresenta il fattore 4° della coagulazione del sangue e riduce la permeabilità delle membrane plasmatiche al Na, riducendo l'eccitabilità cellulare)

Per quanto riguarda le fonti alimentari del calcio, sono rappresentato soprattutto da latte e formaggi, ma anche da crostacei, tuorlo e alcuni ortaggi.

La biodisponibilità del calcio non è molto elevata, in quanto solo il 30% viene assorbito, e per il processo di assorbimento è fondamentale la vitamina D; inoltre, abbiamo:

- *Fattori favorenti l'assorbimento* (rapporto calcio-fosforo 2:1 negli alimenti, la presenza di proteine e aa nel lume intestinale e un normale flusso biliare)
- *Fattori inibenti* (assunzione di cibi ricchi di fibra alimentare, eccesso di fosfati e di grassi nella dieta)

L'eliminazione di calcio, invece, avviene in parte con l'urina e in parte con le feci.

Infine, mentre una carenza cronica di calcio determina una riduzione della mineralizzazione delle ossa, una carenza acuta di calcio determina tetania, ipereccitabilità neuromuscolare, ecc...(rara).

Il **fosforo** è strettamente legato al calcio, l'85% si trova nello scheletro e presenta sia una funzione plastica che funzioni metaboliche (contribuisce al mantenimento dell'equilibrio acido-base, fa parte dell'ATP e dei nucleotidi di RNA e DNA).

Il fabbisogno di fosforo viene raggiunto facilmente, in quanto è diffuso in tutti gli alimenti, con un ***livello di assunzione raccomandato (LAR)*** di circa 0.6 g/*die.*

Le principali fonti alimentari di fosforo sono formaggi, legumi secchi e frutta secca, ma soprattutto carni e pesci.

L'assorbimento di fosforo avviene sottoforma di sali solubili o di acido fosforico (derivante dalla scissione del fosforo organico ad opera delle idrolasi). Il 60% del fosforo ingerito viene assorbito anche grazie alla vitamina D.

Magnesio Mg^{2+} (massa atomica 24 → 48mg = 1mEq)

Il magnesio risulta il 4° catione dell'organismo, lo ritroviamo per il 60/70% nel tessuto osseo, mentre il restante è intracellulare (soprattutto nei mitocondri). A livello di funzioni, il magnesio:

- *Fa parte della clorofilla*
- *Partecipa alla formazione dello scheletro*
- *È fondamentale per il metabolismo e per l'attività di molti enzimi*
- *È coinvolto nella replicazione del DNA e nella sintesi di RNA e proteine*
- *Riduce l'eccitabilità neuromuscolare*

Per quanto riguarda il fabbisogno del sodio, il ***livello di assunzione raccomandato (LAR)*** è di 150-500 mg/*die*, mentre la magnesiemia è circa 1.7 – 2.4 mg/100 mL.

Il magnesio lo ritroviamo nella gran parte degli alimenti, soprattutto quelli vegetali, e tra le principali fonti alimentari abbiamo la frutta secca, i legumi secchi e i cereali integrali.

L'assorbimento del magnesio corrisponde a circa il 30-40% della quantità ingerita (circa 100 mg/die) ed è influenzato positivamente dalla vitamina D, mentre la sua eliminazione avviene principalmente per via renale.

Casi di carenza sono rari e, generalmente, legati ad alcolismo, diarrea, alimentazione artificiale e aumentata eliminazione urinaria (provoca ipereccitazione neuronale).

Ferro Fe (numero atomico 26)

Il ferro è un metallo in grado di passare, reversibilmente, dallo stato ridotto (ferro ferroso Fe^{2+}) allo stato ossidato (ferro ferrico Fe^{3+}) ed è un nutriente essenziale per l'organismo grazie alle sue funzioni:

- *Costituisce una parte importante dell'emoglobina*
- *Costituisce i citocromi e altri enzimi coinvolti nei processi ossidativi* (perossidasi e catalasi)

Per quanto riguarda il fabbisogno del ferro, il ***livello di assunzione raccomandato (LAR)*** è di 10 mg/*die* per l'uomo e 18 mg/*die* per la donna in età fertile (a causa delle perdite mensili di ferro).

Il ferro lo ritroviamo sia negli alimenti vegetali (3%) che animali (20%), per cui tra le principali fonti alimentari abbiamo fegato, carne bovina, tuorlo dell'uovo, alcuni prodotti ittici, legumi secchi, ecc….

L'assorbimento del ferro avviene principalmente nel duodeno e del digiuno prossimale, con una biodisponibilità del 10%, che può essere influenzata positivamente da condizioni di anemia sideropenica e negativamente dalla presenza di fitati e ossalati.

Rame (Cu)

La quantità di rame nell'organismo varia da 50 a 120 mg (40% si trova nel muscolo) ed è un metallo in grado di passare, reversibilmente, dallo stato ossidato (rame rameoso Cu^{+}) allo stato ossidato (rame rameico Cu^{2+}). Tra le sue funzioni principali abbiamo:

- *Assorbimento del ferro*
- *Lega con la transferrina* (ossida Fe^{2+} a Fe^{3+})
- *Formazione dell'emoglobina*
- *Riproduzione degli eritrociti*
- *Formazione di alcuni enzimi*

Per quanto riguarda il fabbisogno del rame è di circa 1,2 mg/*die*, con un ***livello di assunzione raccomandato (LAR)*** di circa 1.5-3 mg/*die* (durante l'allattamento bisogna aumentare l'assunzione di rame del 20%).

Le fonti alimentari da cui si può ricavare il rame sono soprattutto alimenti di origine animale, come fegato, formaggi e prodotti ittici, ma anche di origine vegetale, come frutta secca e soia (con biodisponibilità più bassa rispetto a quella della carne).

L'assorbimento del rame rameoso avviene nell'intestino tenue, con una biodisponibilità del 50%, che può essere favorita dal pH acido.

Zinco (Zn)

Lo zinco lo ritroviamo sia negli organismi animali che vegetali: nell'uomo è presente principalmente nel muscolo e nelle ossa, ma anche in eritrociti, leucociti e plasma. Poiché non ci sono riserve di zinco è importante un suo apporto continuo ed ha diverse funzioni, tra cui:

- Secrezione dell'insulina
- Cofattore di diversi enzimi coinvolti nella duplicazione di DNA e sintesi proteica

Per quanto riguarda il fabbisogno dello zinco, il ***livello di assunzione raccomandato (LAR)*** è di 10 mg/*die* per l'uomo e 7 mg/*die* per la donna (in allattamento è necessario un aumento di 5 mg/*die*).

Le fonti alimentari da cui si può ricavare lo zinco sono sia alimenti di origine animale (maggiore biodisponibilità) che vegetale (minore biodisponibilità), come fegato, carni, formaggi, prodotti ittici, legumi secchi e noci.

L'assorbimento di zinco è circa del 30% ed è favorito dal pH acido e da uno stato carenziale, mentre è sfavorito dalla presenza di chelanti.

In caso di carenza di zinco si osservano lesioni cutanee, diarrea, riduzione delle difese immunitarie, ritardi nell'accrescimento, ecc....

Selenio (Se)

Il contenuto corporeo di selenio dipende dalla sua assunzione con gli alimenti, infatti varia dai 3 ai 30mg, e presenta la funzione di essere il cofattore della *glutatione perossidasi*, un metallo-enzima importante per la difesa contro gli agenti ossidanti.

Per quanto riguarda il fabbisogno del selenio, abbiamo:

- ***Fabbisogno minimo:*** 20 µg/*die*
- ***Livello di assunzione raccomandato (LAR):*** 55 µg/*die* (+ 15 µg/*die* in allattamento)

Le fonti alimentari da cui ricavare selenio sono sia di origine animale (fegato, tuorlo, prodotti ittici…) che di origine vegetale ma, in questo caso, il suo contenuto dipende dalla quantità presente nel terreno.

In caso di carenza si osserva una riduzione dell'attività della glutatione perossidasi, che favorisce processi di cancerogenesi, invecchiamento e malattie cardiovascolari.

Iodio (I)

Lo iodio si trova principalmente nella tiroide e la sua principale funzione è la sintesi degli ormoni tiroidei.

Per quanto riguarda i fabbisogno, il ***livello di assunzione raccomandato (LAR)*** è di circa 150 µg/*die*, da aumentare in caso di gravidanza (+ 25µg/*die*) e in caso di allattamento (+ 50µg/*die*).

Le fonti alimentari più importanti di iodio sono rappresentate da pesci marini, molluschi e crostacei., e viene assunto con gli alimenti sottoforma di ioduro (iodiemia = 0.3 µg/100ml).

In caso di carenza di iodio si osservano due meccanismi omeostatici:

- *Aumento della sintesi dell'ormone triiodotironina* T_3 (forma biologicamente più attiva)
- *Aumento della sintesi dell'ormone tireostimolante TSH, che determina l'ingrossamento della tiroide*

Fluoro F (circa 2.6 gr nell'organismo)

Il fluoro si trova soprattutto nelle ossa e nei denti e costituisce la calciofluoroapatite, un minerale molto resistente alla demineralizzazione presente nello smalto.

Il fabbisogno di fluoro non è ben conosciuto, ma il ***livello di assunzione raccomandato (LAR)*** corrisponde a 1.5–4 mg/*die.*

Le fonti alimentari del fluoro sono rappresentate dalle acque, dai pesci e dai frutti di mare e, analogamente allo iodio, dipendono dalla sua presenza nell'acqua.

L'assorbimento avviene rapidamente in forma di fluoruro, mentre più lento se è legato alle proteine.

Manganese Mn (circa 12-20 mg nell'organismo)

Il manganese è presente in piccole quantità in tutti gli esseri viventi e lo ritroviamo principalmente nelle ossa e negli organi ricchi di mitocondri (fegato, rene e pancreas). Tra le sue funzioni abbiamo:

- *Attivare molti sistemi enzimatici*
- *Favorire la sintesi di emoglobina e clorofilla*

Per quanto riguarda il fabbisogno di manganese è pari a 0.75 mg/*die*, con un ***livello di assunzione raccomandato (LAR)*** tra 1 e 10 mg/*die* (in base alla presenza di fitati nell'alimentazione).

Le fonti alimentari di manganese sono fegato, molluschi, legumi secchi, cereali e frutta secca.

L'assorbimento di manganese è molto basso (5-10%), risulta sfavorito dalla presenza di ferro, calcio, fitati e fosfato, mentre la sua eliminazione avviene tramite la bile (una parte riassorbita nell'ileo).

Cromo (Cr)

Il cromo risulta fondamentale per il metabolismo dei carboidrati e la sua forma ossidata (Cr^{6+}) ha un effetto ossidante molto forte, per cui è tossico.

Per quanto riguarda il fabbisogno del cromo, risulta sconosciuto.

Le fonti alimentari di cromo sono cereali, tuorlo, carni, ortaggi e frutta secca.

In caso di carenza di cromo si osservano intolleranza ai carboidrati, iperinsulinemia, riduzione del numero dei recettori per l'insulina, ipercolesterolemia e riduzione di colesterolo HDL.

10.2.3 *Micronutrienti: vitamine*

Le vitamine sono un gruppo di nutrienti chimicamente eterogenei e con caratteristiche biochimico-fisiologiche comuni:

- *Non sono sintetizzabili dagli animali e dall'uomo* (in alcuni casi dalla microflora intestinale)
- *Non forniscono energia* (sono indispensabili per l'uso metabolico dei nutrienti energetici)
- *Hanno un fabbisogno quantitativamente basso* (mg o μg)
- *La carenza determina manifestazioni cliniche regredibili con l'assunzione di piccole quantità*

La loro classificazione avviene in funzione della loro solubilità in due gruppi:

- ***Liposolubili*** (possono accumularsi nei tessuti dell'organismo, in particolar modo fegato e cute, per cui un'eccessiva assunzione può risultare tossica. Tra queste abbiamo:
  - *Vitamina A – Retinolo*
  - *Vitamina D – Antirachitica*
  - *Vitamina E*
  - *Vitamina K*
  - *Vitamina f (acidi grassi essenziali)*
- ***Idrosolubili*** (quelle assunte in eccesso vengono eliminate per via urinaria e abbiamo:
  - *Vitamine del complesso B*
  - *Vitamina C – Acido Ascorbico*

Vitamina A (retinolo)

In natura, nello specifico negli organismi animali, la vitamina A la ritroviamo sotto due forme:

- ***Vitamina A_1 – retinolo:*** è la forma più attiva e risulta particolarmente abbondante nell'olio di fegato dei pesci di acqua salata.
- ***Vitamina A_2 – deidro-3-retinolo:*** è la forma meno attiva ed è particolarmente abbondante nell'olio di fegato dei pesci di acqua dolce.

Negli organismi vegetali, invece, possiamo individuare le provitamine, ovvero sostanze, come i caroteni α, β e γ, che assumono attività vitaminica A in seguito ad una conversione enzimatica nell'organismo animale (hanno una minore attività vitaminica). Le funzioni del retinolo dipendono dalla trasformazione chimica che subisce: se ossidato ad acido retinoico, è coinvolto nell'accrescimento, nel differenziamento e nel mantenimento dei tessuti epiteliali, mentre se è ossidato a retinaie, è coinvolto nei fotorecettori della retina, in quanto rappresenta il gruppo prostetico della rodopsina.
I **LARN** per l'uomo e la donna corrispondono, rispettivamente, a 700 r.e. (retinolo-equivalente) e 600 r.e. e sono variabili in base a età, gravidanza, allattamento, ecc... La principale **fonte alimentare** del retinolo è l'olio di fegato dei pesci, ma anche il fegato di animali da macello, formaggi, uova e burro. Nell'uomo, segni di **carenza** sono cecità notturna, infiammazione, corneificazione e ispessimento della cute, lesioni oculari, ecc...Casi di **ipervitaminosi** sono poco frequenti e risultano caratterizzati da cefalea, vomito, turbe neurologiche ed epatopatia con cirrosi epatica.

Vitamina D (antirachitica)

La vitamina D è un insieme di composti steroidei fondamentali per il metabolismo di Calcio e Fosforo, tra cui:

- ***Vitamina D_2 – ergocalciferolo:*** è presente nei vegetali e deriva dalla provitamina ergosterolo.
- ***Vitamina D_3 – colecalciferolo:*** è presente negli animali e deriva dalla provitamina 7-deidrocolesterolo, che si ritrova a livello cutaneo, in seguito all'azione dei raggi UV, dopodiché viene ulteriormente convertito nella forma attiva, il *calcitriolo*.

La **funzione** principale della vitamina D è l'assorbimento intestinale del Calcio e le principali **fonti alimentari** sono gli oli di fegato di tonno e merluzzo, ma anche il fegato e il tuorlo dell'uovo.
Questa vitamina viene assorbita con i lipidi e, se non viene utilizzata, si accumula in diversi organi, in particolare nel fegato. Una **carenza** di vitamina D si manifesta in età pediatrica con il rachitismo, motivo per cui viene anche definita vitamina antirachitica (alterazioni del cranio, deformazioni della colonna vertebrale, alterazione negli arti, ecc…), e in età adulta con l'osteomalacia (deformabilità e scarsa consistenza del tessuto osseo, soprattutto dei corpi vertebrali e del bacino, frequenti fratture patologiche e dolori ossei diffusi).
Segni di **ipervitaminosi**, come anoressia, nausea, ipercalcemia e insufficienza renale, sono riscontrabili in soggetti che assumono elevate quantità di vitamina D (250-1250 μg/*die*) per un lungo periodo di tempo.

Vitamina E

La vitamina E rappresenta il più efficace tra i meccanismi di difesa non enzimatici contro gli agenti ossidanti, proteggendo da patologie cardiovascolari. Nei vegetali possiamo riscontrare diverse sostanze ad attività vitaminica E, tra cui:

- ***Tocoferoli*** (α-tocoferolo è la sostanza con la maggiore attività)
- ***Tocotrienoli***

Il **fabbisogno** di vitamina E dipende dalla quantità di acidi grassi polinsaturi assunta con l'alimentazione, ma in genere non meno di 8 mg/*die.* Le **fonti alimentari** più importanti sono gli oli vegetali e alcuni tipi di frutta secca, alimenti che comunque contengono un'elevata quantità di acidi grassi polinsaturi.
Generalmente, è raro riscontrare una **carenza** di vitamina E, le cui cause più comuni sono delle diete povere di grassi e le sindromi di malassorbimento.

Vitamina K

La vitamina K è fondamentale per favorire l'attività di vari fattori della coagulazione e possiamo distinguerne diverse tipologie, ovvero:

- ***Vitamina*** K_1 – ***fillochinone:*** vitamina naturale presente soprattutto nei vegetali.
- ***Vitamina*** K_2 – ***menachinone:*** vitamina naturale presente soprattutto negli animali.
- ***Vitamina*** K_3 – ***menadione:*** vitamina di sintesi.

Nonostante i LAR non siano valutabili con precisione, si presuppone che un'adeguata assunzione giornaliera possa essere pari a 1 µg/kg, e le principali **fonti alimentari** sono rappresentate da alcuni legumi secchi e vegetali a foglie verdi.
Per quanto riguarda le **carenze** da vitamina K, possono verificarsi solo nei primi giorni di vita, quando l'intestino è sterile e non è presente la microflora intestinale che, nell'adulto, ne produce continuamente piccole quantità.

Vitamina *f* (acidi grassi essenziali)

Gli acidi grassi essenziali sono rappresentati da:

- ***Acido linoleico (LA):*** acido grasso a 18 atomi di carbonio con 2 insaturazioni (omega-6).
- ***Acido linolenico (LNA):*** acido grasso a 18 atomi di carbonio con 3 insaturazioni (omega-3).

Le principali **funzioni** di questi acidi grassi essenziali sono tre, ovvero:

- *Costituiscono le membrane biologiche*
- *Influenzano il metabolismo del colesterolo* (in particolare, ne riducono la sintesi epatica e ne aumentano l'eliminazione mediante la bile)
- *Rappresentano i precursori di prostaglandine, trombossano e leucotrieni*

Le principali **fonti alimentari** sono rappresentate, per gli acidi grassi omega-6 da grassi di origine vegetale, mentre per gli acidi grassi omega-3 da prodotti ittici.

Vitamina B_1 (Tiamina)

Nell'organismo la forma attiva della vitamina B_1 risulta fosforilata (tiamina pirofosfato TPP), per cui agisce come coenzima di enzimi decarbossilanti che comportano un'ossidazione con eliminazione di CO_2. È coinvolta nel metabolismo dei carboidrati e dei nutrienti in generale, in quanto coinvolta nel ciclo di Krebs.
Per quanto riguarda il **fabbisogno**, risulta variabile in funzione della dieta, ma viene valutato intorno ai 0.33 mg/1000 kcal/*die*, mentre i **LAR** sono pari a 0,4 mg/1000 kcal/*die* (tali valori aumentano se la dieta è particolarmente ricca di carboidrati). Le **fonti alimentari più importanti** sono farine integrali di cereali ed i relativi derivati, frutta secca oleosa, fegato e carni suine. Poiché i depositi di tiamina sono sufficienti per brevi periodi di tempo, una sua **carenza** mostra la sintomatologia entro pochi giorni.

Vitamina B_2 (Riboflavina)

Nell'organismo, le forme attive di vitamina B_2 sono fosforilate e fungono da coenzimi nelle reazioni di ossido-riduzione per il metabolismo dei nutrienti.
I **LAR** sono pari a 0.6 mg/1000kcal e le **fonti alimentari** più importanti sono rappresentate da fegato, uova, formaggi e mandorle (per lo più alimenti di origine animale) e la flora batterica intestinale ne produce una quantità imprecisata.
Nell'uomo, generalmente, le forme di **carenza** da vitamina B_2 sono associate ad altre deficienze alimentari e, poiché quella in eccesso viene eliminata con le urine, non si conoscono casi di ipervitaminosi.

Vitamina B_3 (Niacina, Vitamina PP o Nicotinamide)

Da un punto di vista chimico, la vitamina B_3 è un derivato della piridina e i composti con tale attività vitaminica sono:

- *Acido nicotinico o niacina:* viene trasformato in nicotinamide in fegato e rene.
- *Nicotinamide*

La **funzione** principale è di partecipare ai processi di ossido-riduzione di tutti i nutrienti, in quanto la sua forma attiva è rappresentata dai coenzimi NAD^+ e $NADP^+$. Il **fabbisogno** è proporzionale alle calorie assunte, con **LAR** di 6.6 mg/1000kcal e le **fonti alimentari** più importanti sono fegato di vitello, crusca e soia.
In caso di **carenza** da vitamina B_3 si osserva la pellagra, caratterizzata da dermatite, diarrea e demenza.

Vitamine B_5 (Acido Pantotenico)

La sua forma attiva è il coenzima A (CoA), implicato nel metabolismo dei grassi e nell'utilizzazione di tutti i nutrienti. Poiché è molto diffuso in natura, è difficile stimarne il fabbisogno, ma il **livello di assunzione** raccomandato è di 5 mg/*die*.
Le **fonti alimentari** più importanti sono fegato, uova, alcuni pesci, cereali integrali, legumi secchi, ecc....

Vitamina B_6 (Piridossina)

Da un punto di vista chimico, la vitamina B_6 deriva dalla piridina e la sua forma attiva, nell'organismo, è fosforilata (piridossalfosfato). Per quanto riguarda le sue **funzioni**, è fondamentale per la sintesi e la demolizione degli aminoacidi, fungendo da coenzima di transaminasi, DOPA-decarbossilasi, ecc.... Il **fabbisogno**, dunque, cresce con l'aumento della quantità di proteine assunte, con i **LAR** di 0.2 mg/ g di proteina ingerita.
Le principali **fonti alimentari** di vitamina B_6 sono carni, prodotti ittici, legumi secchi e frutta secca.

Vitamina B_7 (Biotina o vitamina H)

Nell'organismo si lega, tramite un legame covalente, ad un residuo di lisina di specifici enzimi decarbossilanti, assumendo la forma di biocitina, che funge da coenzima per reazioni di carbossilazione (veicola CO_2 agli acili). Nello specifico, è fondamentale per:

- *Carbossilazione del piruvato in ossalacetato*
- *Sintesi degli acidi grassi*
- *Decarbossilazione dell'ossalacetato e del succinato*
- *Deaminazione di alcuni aminoacidi*
- *Sintesi di citrullina*

Anche se non si conosce l'esatto **fabbisogno**, è consigliata un'assunzione di circa 150-300 µg/*die*, e le principali **fonti alimentari** sono il fegato di vitello, crusca, soia e arachidi.
Inoltre, è molto raro osservare forme di **carenza** da biotina, in quanto questa vitamina viene sintetizzata dalla microflora.

Vitamina B_9 (Acido folico)

La forma attiva della vitamina B_9 è l'acido tetraidrofolico (THF), un accettore di unità monocarboniose coinvolto nella biosintesi di timina e purine.
Il **fabbisogno** è valutato tra 50-100 µg/*die*, con **LAR** di circa 200 µg/*die* (da aumentare in caso di gravidanza ed allattamento, rispettivamente, di 200 e 100 µg/*die*).
Le principali **fonti alimentari** sono rappresentate da legumi secchi, vari ortaggi e viene sintetizzata anche dalla microflora (non previene fenomeni carenziali). Cause di **carenza** possono essere una ridotta assunzione alimentare, alcolismo, farmaci, emorragia, gravidanza e si può osservare, come conseguenza, anemia megaloblastica.

Vitamina B_{12} (Cobalamina)

La vitamina B_{12} è caratterizzata da una serie di composti, tra cui il più attivo è la cianocobalamina, la cui principale **funzione** è la sintesi dei metili per riduzione dei gruppi CH_2OH (al loro trasporto provvede l'acido folico). Inoltre, è coinvolta nella formazione dei desossiribonucleotidi a partire da ribonucleotidi.
Il **fabbisogno** non è ben definito, la più importante **fonte alimentare** è rappresentata dal fegato, ma se ne riscontrano buone quantità in tutti gli alimenti di origine animale, mentre è completamente assente in quelli di origine vegetale.
Per quanto riguarda una sua **carenza**, può essere dovuta ad una mancata assunzione (caso dei vegani) o ad atrofia gastrica, con riduzione della sintesi di timina e, quindi, di DNA; si osservano, infatti, leucopenia, granulocitopenia e anemia megaloblastica.

Vitamina C (Acido ascorbico)

La vitamina C, o acido ascorbico, rappresenta un vero e proprio sistema ossido-riduttivo in quanto ha la capacità di ossidarsi e ridursi reversibilmente ed è fondamentale, in particolare, per la reazione di *idrossilazione della prolina a idrossiprolina* (conferisce resistenza al collagene). L'**avitaminosi C** induce:

- *Alterazione della sostanza cementante gli endoteli* (le pareti capillari sono fragili, per cui gli scambi nutritivi sono alterati e si rischiano emorragie)
- *Deficiente deposizione di tessuto osteoide* (il tessuto osseo risulta fragile)
- *Deficiente deposizione di dentina*

La vitamina C, inoltre, ha una funzione "scavenger", per cui riduce i livelli di radicale superossido e di acqua ossigenata (H_2O_2), composti in grado di generare radicali idrossilici che possono destabilizzare le membrane cellulari e il DNA. Per questa sua azione antiossidante ha un effetto di risparmio della vitamina E.
Ancora, favorisce l'idrossilazione del colesterolo a 7α-idrossicolesterolo, tappa per la sintesi dei sali biliari, e svolte alcuni ruoli anche nel sistema nervoso.
Le principali **fonti alimentari** sono rappresentate da agrumi, kiwi, fragole e peperoni ma, essendo una sostanza termolabile, è consigliabile l'assunzione di cibi crudi. I **LAR** sono di 60 mg/*die*, da aumentare in caso di gravidanza e allattamento, rispettivamente, di 20 e 40 mg/*die*.
Una **carenza** di vitamina C genera il cosiddetto scorbuto, ovvero una patologia caratterizzata da emorragie diffuse.

10.3Dieta mediterranea

La dieta mediterranea rappresenta un modello alimentare tipico dell'area mediterranea, che nel 2010 è stato riconosciuto dall'Unesco come "patrimonio immateriale dell'Umanità".
Questa dieta si vede caratterizzata sia da:

- **Macronutrienti**
  - *Carboidrati 60%* (forniscono energia di pronto utilizzo sottoforma di calorie (1gr = 4kcal) e si prediligono alimenti a basso indice glicemico (prodotti che determinano un moderato innalzamento della glicemia), con l'assunzione di pochissimi zuccheri semplici. I carboidrati vanno assunti regolarmente, senza eccessi durante la settimana, e alcuni esempi possono essere la pasta, il pane, ma anche cereali integrali (mais, orzo, riso, frumento e farro), in quanto sono ricchi di fibre (altamente presenti anche nella verdura), che facilitano il transito intestinale, limitano il contatto degli elementi nocivi con la mucosa gastrointestinale e, da evidenze scientifiche, si è visto che riducono il rischio di malattie cardiovascolari, diabete e hanno attività antitumorale)
  - *Lipidi 25-30%* (hanno funzione strutturale (colesterolo) e di riserva energetica (soprattutto i trigliceridi, che caratterizzano gli adipociti del tessuto adiposo bianco). Si stima che 1gr lipidi = 9kcal e possiamo distinguere i grassi (trigliceridi) in:
    - *Grassi saturi* (sono caratterizzati da acidi grassi privi di doppi legami e si tratta, per lo più, di grassi di origine animale, carne rossa, burro, formaggi e latte, in cui ad esempio riscontriamo l'acido palmitico – è consigliata un'assunzione limitata poiché aumentano i livelli di colesterolo plasmatico totale e LDL, aumentando il rischio di malattia coronarica)
    - *Grassi insaturi* (derivano principalmente da alimenti vegetali e dal pesce; in questa categoria abbiamo l'alimento principe della dieta mediterranea, ovvero l'**olio d'oliva**, che è ricco di acidi grassi monoinsaturi, in particolare di acido oleico (70-85%), che aiuta a ridurre l'accumulo di colesterolo, tenendo sotto controllo le concentrazioni sieriche di lipoproteine a bassa densità (LDL), che tende a restare nel sangue e depositarsi sulle pareti delle arterie (può portare aterosclerosi).
      Per tenere sotto controllo l'accumulo di colesterolo è importante l'assunzione di **pesce azzurro – merluzzo, alici, salmone, sardine e aringhe** (ricco di omega-3, acido grasso polinsaturo essenziale con funzione protettiva a livello cardiovascolare, grazie alla produzione metabolica di trombossani, prostacicline e leucotrieni) e **fitosteroli** in noci e mandorle (impediscono l'assorbimento intestinale del colesterolo esogeno).
      Tornando all'olio d'oliva, è anche ricco di vitamina E, polifenoli (soprattutto nell'extravergine), sostanze antiossidanti che, da quanto si è visto, stimolano l'espressione di geni che proteggono dal cancro e mostrano effetti significativi nella prevenzione di patologie cardiovascolari e neurodegenerative.
      Grazie alle sue proprietà, quindi, l'olio d'oliva può sostituire grassi di origine animale, come strutto o burro)

- *Proteine 10-15%* (sono la principale fonte di **azoto** e **aminoacidi essenziali**, possono essere sia di origine animale che vegetale, ma è preferibile un maggior consumo di proteine di origine vegetale (legumi e cereali, in particolare, forniscono all'organismo tutti gli aminoacidi essenziali di cui abbiamo bisogno) – per quanto riguarda la carne, è preferibile la carne bianca alla rossa, da assumere 1-2 volte al mese.
  Alla carne si preferisce il pesce che, oltre ad essere un'ottima fonte di proteine, è fonte anche di vitamina D e acidi grassi polinsaturi omega-3 (acido eicosapentaenoico e acido docosaesaenoico), che proteggono il sistema cardiovascolare e hanno effetti antitrombotici.
  Una caratteristica delle proteine è quella di esser soggette ad un processo di turnover proteico (demolizione e sintesi – una parte degli aminoacidi liberati viene riutilizzata per la sintesi di nuove proteine grazie a fattori metabolici ed ormonali, ma una parte viene persa attraverso il catabolismo ossidativo), per cui bisogna cercare di mantenere un equilibrio tra le proteine assunte e quelle eliminate attraverso i prodotti azotati del catabolismo, quali urea, creatinina, acido urico (eliminati con urine, feci, sudore…); nello specifico, si parla di bilancio azotato delle proteine)

- **Micronutrienti** (sono componenti importanti per lo svolgimento delle funzioni biologiche e vengono assunti con la dieta, tra questi:
  - *Sali minerali* (sono composti inorganici fondamentali, in quanto permettono una serie di funzioni biologiche importantissime, ad esempio il Fe è un componente fondamentale dell'emoglobina, Na, K e Mg sono importanti per la trasmissione sinaptica, Ca è utile allo sviluppo di ossa e denti e favorisce le funzioni muscolari, lo Iodio gestisce la funzionalità della tiroide, ecc… Li possiamo riscontrare, ad esempio, nel pesce, nei legumi, nel latte, nella carne…)
  - *Acqua* (è fondamentale per mantenere una corretta idratazione e un buon equilibrio di acqua corporea, per cui è consigliabile un apporto quotidiano compreso tra 1.5 – 2L, la ritroviamo molto nella frutta fresca, ma anche nelle verdure. A livello di liquidi anche il vino rosso ha la sua importanza nella dieta (ovviamente assunto con moderazione), in quanto è ricco di un antiossidante, che il resveratrolo – i radicali liberi contribuiscono alla comparsa e all'avanzamento di malattie cardiache e neurodegenerative, per cui gli antiossidanti hanno lo scopo di eliminare i radicali liberi, riducendo lo stress ossidativo e favorendo il risanamento di organi e tessuti per una funzionalità ottimale)
  - *Fibre* (sono polisaccaridi derivanti dalla parete cellulare (cellulosa, pectina, amido, glicogeno) e, anche se non abbiamo gli enzimi deputati alla loro digestione come gli animali, sono importanti poiché la loro presenza aumenta il movimento peristaltico dell'intestino. La verdura è un alimento ricchissimo di fibre, ma anche i legumi e i cereali integrali)
  - *Vitamine* (non sono sintetizzate dall'organismo, per cui devono essere assunte con l'alimentazione (nell'ordine di mg e μg, la frutta ne è molto ricca, ma presenta anche acqua e zuccheri, come il fruttosio), non forniscono energia, ma sono fondamentali per l'utilizzo metabolico dei nutrienti energetici.

L'uomo ha bisogno di 13 vitamine essenziali, che possiamo distinguere in due categorie:

- ***Idrosolubili*** (sono facilmente eliminate dall'organismo attraverso le urine, per cui è necessaria una costante assunzione per mantenere un'adeguata quantità a livello corporeo
  - *8 VITAMINE DI CLASSE B* (sono generalmente coenzimi di numerose reazioni biochimiche e sono:
    - *Vitamina B1 – Tiamina* (viene trasformata in tiamina pirofosfato, coenzima coinvolto nel metabolismo dei carboidrati. La troviamo negli alimenti vegetali in forma libera – legumi, cereali – e in quelli animali fosforilata – fegato)
    - *Vitamina B2 – Riboflavina* (necessaria alla formazione dei coenzimi FMD e FAD per il metabolismo di carboidrati, proteine e lipidi. La troviamo principalmente in latte, fragole, arance)
    - *Vitamina B3 – Niacina* (è il precursore dei coenzimi NAD e NADP e la ritroviamo nella carne e nel lievito di birra)
    - *Vitamina B5 – Acido Pantotenico*
    - *Vitamina B6 – Piridossina* (precursore di cofattori per il metabolismo degli aminoacidi)
    - *Vitamina B7 – Biotina* (coenzima coinvolto nelle reazioni di carbossilazione, lo ritroviamo in cereali, riso, noci, carne)
    - *Vitamina B9 – Acido Folico* (agisce nella scomposizione e nell'utilizzo delle proteine e la ritroviamo nella gran parte di vegetali verdi)
    - *Vitamina B12 – Cobalamina* (la ritroviamo soprattutto nel fegato, è assente nei vegetali)
  - *VITAMINA C – ACIDO ASCORBICO* (è necessario per la sintesi del collagene dei tessuti connettivo e osseo ed ha un'importante funzione antiossidante, in quanto riduce i livelli di radicale superossido e acqua ossigenata, ovvero composti in grado di generare radicali idrossilici che possono destabilizzare le membrane cellulari e il DNA. Lo ritroviamo in ortaggi e frutta fresca)
- ***Liposolubili*** (vengono immagazzinate, per cui bisogna cercare di non eccedere:
  - *VITAMINA A – RETINOLO* (permette il corretto funzionamento del sistema visivo, il mantenimento delle cellule epiteliali intestinali e la ritroviamo sia in alimenti di origine animale ricchi di grassi (burro, latte, fegato…) che di origine vegetale contenenti il precursore beta-carotene (zucca, carote, spinaci…)
  - *VITAMINA D – ANTIRACHITICA* (è responsabile dell'omeostasi di calcio e fosforo nell'organismo, agendo con gli ormoni paratiroidei ed è indispensabile per la mineralizzazione delle ossa. Lo troviamo nell'olio di fegato di merluzzo, latte, uova, salmone)
  - *VITAMINA E* (ha il maggior potere antiossidante, quindi permette di ridurre i radicali liberi prodotti nell'organismo, proteggendo da malattie cardiovascolari e tumori. La ritroviamo in molti alimenti di origine vegetale, come noci, mandorle, cereali, ortaggi e frutta)
  - *VITAMINA K* (mantiene costanti i livelli di alcuni fattori della coagulazione e partecipa alla fissazione del calcio nelle ossa. La ritroviamo sia in alimenti di origine animale che vegetale – vegetali a foglie verdi (cavoli, broccoli, spinaci…) – e alcuni oli, come l'olio d'oliva e di soia, e viene assorbita a livello intestinale

10.4Gli alimenti

Gli alimenti possono essere di origine:

- ***Animale:*** contengono proteine di elevato valore biologico e lipidi in quantità rilevanti, ma mancano di carboidrati (ad eccezione del latte) e di fibra alimentare.
- ***Vegetale:*** presentano proteine di qualità medio-bassa, una prevalenza di carboidrati, fibra alimentare e acidi grassi mono/polinsaturi, ma mancano di vitamina B_{12} (cobalamina).

10.4.1 *Alimenti di origine animale*

Latte e derivati

Il latte è il prodotto di secrezione della ghiandola mammaria della femmina di un mammifero e, nello specifico, è una miscela contenente diversi nutrienti a seconda se si presenta in forma di:

- *Emulsione* (contiene lipidi e vitamine liposolubili)
- *Fase dispersa* (contiene proteine, fosfati di calcio e magnesio)
- *Soluzione* (contiene glucidi, vitamine idrosolubili ed altri Sali)

Risulta essere un alimento completo solo per il lattante della stessa specie, mentre non lo è per le altre fasi della vita a causa della carenza di microelementi e dei rapporti tra biomolecole. I valori riguardanti la composizione del latte variano in base a vari fattori, quali il periodo di lattazione, la stagione, l'alimentazione dell'animale, ecc....

Nel **latte di mucca** possiamo riscontrare:

- *Proteine (circa 3.5g/10mL):* sono rappresentate da caseina (80%) e proteine sieriche (20%) e, dal punto di vista nutrizionale, presentano un elevato valore biologico, in quanto ricche di tutti gli aminoacidi essenziali.
- *Lipidi:* sono rappresentati principalmente da trigliceridi (98-99%), mentre in minima quantità si osservano fosfolipidi, steroli, acidi grassi liberi (il 60% dei quali sono saturi) e tracce di vitamine liposolubili.
- *Glucidi:* sono rappresentati principalmente da lattosio, un disaccaride caratterizzato da glucosio e galattosio che viene digerito dall'enzima lattasi e favorisce l'assorbimento di calcio e la crescita della flora batterica (in grado di sintetizzare vitamina del complesso B).
- *Minerali:* sono rappresentati principalmente dal calcio (119mg/100g), che si trova legato alla caseina e all'acido fosforico in qualità elevate (una tazza di latte, circa 250mL, consente la copertura del 20-30% di LAR per il calcio e del 20% di LAR per il fosforo).
- *Vitamine:* sono rappresentate principalmente dalle vitamine del complesso B (B_2 e B_{12}) e dalla vitamina A.

Altre tipologie di latte sono il latte di capra (ha un maggior contenuto di calcio e vitamine liposolubili), il latte di asina (è più simile al latte della donna per la qualità di acidi grassi e per il rapporto caseina-proteine sieriche) e il latte di pecora (risulta più ricco rispetto a quello di mucca).

Lo **yogurt** è il prodotto di coagulazione del latte ottenuto mediante il processo di fermentazione acido-lattica tramite l'azione di due microrganismi:

- *Lactobacillus delbrueckii* susp. *bulgaricus*
- *Streptococcus salivarius* var. *thermophilus*

Questi due microrganismi, nel prodotto finale, devono essere vitali e abbondanti (100 milioni di unità formanti colonie per mL) e, qualora si usassero altri batteri, si parla di latte fermentato (non di yogurt). Il prodotto finale della fermentazione batterica ha un pH di 3.9 – 4.3 per effetto dell'idrolisi del 20-30% del lattosio e della sua conversione in acido lattico.
Lo yogurt ha una maggiore disponibilità di ferro e calcio e una migliore digeribilità rispetto al latte.

Per quanto riguarda i **formaggi** e la **ricotta**, se al latte di aggiungono enzimi che coagulano la caseina (caglio) o sostanze che riducono il pH, si ottengono:

- *Cagliata* (dalla cui lavorazione si ricava il formaggio)
- *Siero* (dalla cui cottura si ricava la ricotta)

Nella cagliata sono presenti caseina, calcio, grassi e vitamina A (mancano lattosio, vitamine idrosolubili e proteine sieriche) e il valore nutrizionale dei formaggi mostra:

- *Elevata quantità di proteine di buon valore biologico*
- *Elevate quantità di calcio, fosforo e zinco*
- *Buone quantità di vitamina A, B_2 e B_{12}*
- *Elevato valore calorico dovuto alla presenza di grassi, in particolare saturi* (motivo per cui i formaggi non vanno consumati quotidianamente)

Uova

Per uovo si intende l'insieme delle strutture che si formano nell'ovaio e nell'ovidotto e presenta, generalmente, un peso medio di 55-60 g (17g di tuorlo, 33g di albume, il restante è dato dal guscio). Nello specifico, un uovo è caratterizzato da due componenti:

- *Albume:* soluzione acquosa di proteine di elevato valore biologico, con scarso contenuto di sali minerali e vitamine.
- *Tuorlo:* miscela di lipidi (trigliceridi e fosfolipidi), che ne rappresentano i $^2/_3$, e proteine di elevato valore biologico, che ne rappresentano i $^1/_3$; inoltre, si osserva un buon contenuto di sali minerali, tra cui ferro e zinco, e vitamine del complesso B.

Carni

Le carni sono le masse muscolari ed i tessuti connettivi ad esse annessi degli animali da macello, da cortile e della selvaggina. In generale, presentano un contenuto proteico di circa il 20%, un contenuto di grassi variabile, da cui dipende il valore energetico, e sono povere di glucidi. Nello specifico, possiamo riscontrare:

- *Proteine:* possono essere miofibrillari (actina, miosina e tropomiosina), sarcoplasmatiche (mioglobina), connettivali dell'endomisio e del perimisio (collagene ed elastina).
- *Lipidi:* il contenuto lipidico dipende da fattori quali la specie, fattori genetici, l'età dell'animale e il taglio della carne.
- *Sali minerali:* il rapporto Na/K è relativamente basso e il contenuto di ferro è più o meno uguale in tutte le carni (solo quella di cavallo ne ha il doppio).
- *Vitamine:* è particolarmente importante il contenuto di vitamine idrosolubili del complesso B (B_1, B_2, B_3, B_6 e B_{12}).

Prodotti per la pesca

I prodotti per la pesca possono essere definiti come le carni delle specie commestibili della fauna marina e di acqua dolce. In generale, i pesci sono alimenti ricchi di proteine, poveri di glucidi e con una quota lipidica variabile, ma ricca di acidi grassi insaturi ω-3. Nello specifico, si riscontrano:

- *Proteine:* sono di elevato valore biologico, mostrano un buon contenuto di lisina e si possono riscontrare anche sostanze azotate non proteiche (aminoacidi liberi, ammoniaca, creatina, purine, pirimidine, ecc…).
- *Lipidi:* sono particolarmente ricchi di acidi grassi insaturi ω-3.
- *Vitamine:* si possono osservare quantità variabili di vitamine idrosolubili e liposolubili, in particolare vitamine B_3, B_6 e D.
- *Sali minerali:* sono ricchi in sodio, ferro, selenio, iodio e zinco.

10.4.2 *Alimenti di origine vegetale*

Legumi

I legumi sono i semi commestibili di piante appartenenti alla Famiglia delle Papilionacee e sono alimenti poveri di grassi, ricchi di proteine, carboidrati e fibra alimentare. Dal punto di vista nutrizionale, possiamo distinguere:

- *Legumi secchi:* possiedono un elevato contenuto calorico e un basso contenuto di acqua, per cui i nutrienti si trovano in maggior concentrazione.
- *Legumi freschi*

Tra i più comuni legumi possiamo riscontrare fagioli, piselli, lenticchie, ceci e fave e, nello specifico, possiamo riscontrare:

- *Proteine:* sono rappresentate principalmente da legumelina, faseolina e legumina, ma sono carenti di aminoacidi solforati, per cui hanno un basso valore biologico; tra l'altro la percentuale di assorbimento degli aminoacidi delle proteine vegetali è circa 80-85%.
- *Carboidrati:* sono rappresentati da amido (45%), glicidi solubili (2-5%), come il saccarosio, ma anche una buona quantità di fibra alimentare, come lignina e pectina.
- *Lipidi:* il contenuto lipidico è generalmente basso, ad eccezione di soia e arachidi, e prevalgono gli acidi grassi polinsaturi, in particolare l'acido linoleico (ω-6).
- *Sali minerali:* il rapporto Na/K è a favore del potassio, per cui il consumo dei legumi è consigliato per i soggetti affetti da ipertensione, ma non per quelli con insufficienza renale. Inoltre, sono molto ricchi di ferro e calcio.
- *Vitamine:* si osserva una modesta presenza di vitamina C e vitamine liposolubili, ma principalmente vitamine idrosolubili, come le vitamine B_1 (tiamina), B_6 (piridossina) e i folati.

Cereali

I cereali sono alimenti vegetali appartenenti alla Famiglia delle Graminacee, costituiscono la principale fonte di nutrimento per l'uomo (alimenti base della dieta mediterranea) e tra questi abbiamo frumento, riso, mais, orzo, segale, avena, ecc….
Dei cereali viene utilizzata la cariosside, ovvero il frutto della pianta, e sono caratterizzati da:

- *Proteine (10%):* hanno un basso valore biologico, dovuto alla carenza di lisina, treonina e triptofano, ma un alto contenuto di aminoacidi solforati, per cui le proteine di cereali e legumi risultano complementari.
- *Glucidi (65-75%):* gli zuccheri sono rappresentati principalmente dall'amido (65-80%), ma anche dalla cellulosa, la sua presenza facilità la motilità intestinale, riducendo il tempo di transito intestinale (riduce il rischio di carcinoma colorettale, stipsi, ecc…); inoltre, si riscontrano anche basse quantità di zuccheri semplici, quali saccarosio e raffinosio.
- *Lipidi:* sono scarsi nella cariosside, si concentrano nell'embrione e, prevalentemente, si riscontrano trigliceridi, i cui acidi grassi sono rappresentati per il 30-60% da acido linoleico.

- *Vitamine:* si riscontrano, in particolare, le vitamine B_1, B_3, B_6 ed E nei cereali e nelle farine integrali, mentre nei cereali raffinati il contenuto vitaminico è molto minore.
- *Minerali:* il contenuto di sali minerali è notevole, con rapporti Na^+/K^+ e Ca^{2+}/P^+ a favore di potassio (K) e fosforo (P); come nel caso delle vitamine, il contenuto è maggiore nei cereali integrali, in particolare riguardo ferro e magnesio.

Tra gli alimenti appartenenti alla categoria dei cereali, oltre a quelli già citati in precedenza, abbiamo:

- **Frumento** (le sue proteine possono essere classificate in solubili – costituiscono circa il 20% e sono concentrate nelle parte che si eliminano nella molitura – ed insolubili – sono rappresentate da gliadina e glutenina che, durante l'impastamento della farina con l'acqua, vanno a costituire il glutine, la cui capacità è quella di trattenere l'acqua)
- **Pane** (si ottiene mescolando uno sfarinato di frumento – farina, se proveniente da grano tenero, o semola, se proveniente da grano duro – con acqua e lievito, e il suo valore nutritivo dipende dal valore nutritivo dello sfarinato di provenienza: è maggiore per il pane integrale)
- **Pasta** (si ottiene dalla lavorazione di un impasto di semola (75%) ed acqua (25%) e, poiché la gran parte delle calorie della pasta è fornita dall'amido, viene considerata un equilibratore della razione alimentare)
- **Riso** (presenta una cariosside vestita, il risone, che non è idonea all'alimentazione sia umana che animale a causa delle grandi quantità di silice che contiene; dal punto di vista proteico, il riso contiene solo 7g di proteine per 100g di parte edibile, ma con una qualità molto elevata, ed è molto importante per la presenza della vitamina B_1)
- **Mais** (possiamo osservare diverse varietà di mais in funzione dell'aspetto e della composizione chimica delle cariossidi, il cui germe è destinato all'estrazione dell'olio; le proteine costituiscono il 9% e la principale proteina è la zeina, che è povera di lisina e triptofano, i lipidi costituiscono circa il 4% e li ritroviamo soprattutto nel germe. Inoltre, il classico colore giallo è dato dalla presenza di carotenoidi, fondamentali per una discreta attività vitaminica A)

Ortaggi

Gli ortaggi, ad eccezione delle patate, mostrano una serie di caratteristiche comuni, ovvero:

- *Povertà di glucidi* (prevalentemente solubili), *lipidi e protidi* (basso valore biologico)
- *Notevole contenuto di acqua* (è inversamente proporzionale al contenuto di fibra alimentare)
- *Rapporto Na/K a favore del potassio (K)*

Le differenze, invece, si possono riscontrare in relazione al contenuto di ferro (presente soprattutto negli ortaggi a foglia), calcio (significativo negli ortaggi a foglia, in cui il rapporto Ca/P è a favore del calcio) e vitamine, in particolare vitamina C, vitamina A (caroteni, quindi zucca gialla, pomodoro, carote, ortaggi a foglia), vitamina K (Brassicacee e vegetali a foglia) e folati. Per quanto riguarda queste ultime, la cottura induce una forte perdita di sali minerali, vitamine del complesso B e vitamina C.

Per quanto riguarda, invece, la patata, la sua importanza dal punto di vista nutrizionale è legata alla presenza di amido, che è il principale costituente energetico (il contenuto di grassi è irrisorio e sono assenti diversi aminoacidi essenziali). Poiché i rapporti tra proteine, zuccheri e grassi richiamano quelli dei cereali, le patate ne rappresentano una valida alternativa e possono essere considerate degli equilibratori.

Frutta

Il frutto rappresenta il prodotto della trasformazione dell'ovario dopo la fecondazione, per cui si parla anche di alcuni ortaggi, quali zucchine, pomodori, melanzane, peperoni, ecc....
Dal punto di vista nutrizionale, possiamo classificare la frutta in:

- ***Frutta fresca*** (possiamo distinguere la frutta fresca in tre tipologie, ovvero:
  - *Polposa:* può essere acidula (agrumi, prugne, albicocche, ananas, fragole...) o zuccherina (uva, fichi, banane) ed è caratterizzata da una predominanza di zuccheri semplici, uno scarso contenuto di proteine e sali minerali, una discreta quantità di fibra alimentare. Inoltre, il rapporto Na/K è a favore del potassio (K) e, spesso. Il rapporto Ca/P è a favore del calcio (Ca), mentre il contenuto di vitamine B e K è abbastanza basso. Alcuni tipi di frutta (kiwi, fragole, lamponi...) sono principali fonti di vitamina C (acido ascorbico), mentre altri (albicocche, nespole...) di caroteni. Inoltre, negli agrumi sono presenti più di 60 composti fenolici ad attività antiossidante che fanno parte del gruppo dei flavonoidi.
  - *Farinosa:* un esempio sono le castagne, caratterizzate da una buona quantità di amido, fibra alimentare e vitamina B_6 (piridossina).
  - *Oleosa:* esempi sono le olive, le noci fresche e i frutti esotici, come avocado e cocco; il contenuto energetico è legato alla quantità di lipidi e l'acido grasso più presente è l'acido oleico (ω-9), il cui effetto antiaterogeno è stato ampiamente dimostrato.
- ***Frutta secca*** (i nutrienti conservano i rapporti presenti nei corrispettivi alimenti freschi (ad eccezione della vitamina C, che è quasi assente) ma, poiché il contenuto d'acqua è ridotto, sono più concentrati. Anche la frutta secca può essere distinta in tre tipologie:
  - *Dolce:* degli esempi sono pesche, datteri, prugne e uva, che possono essere essiccati ed hanno un valore energetico dipendente dal contenuto di carboidrati. Nello specifico, è elevato il contenuto di fibra alimentare e di zuccheri semplici (possono squilibrare facilmente la razione alimentare), per quanto riguarda i sali minerali, si osserva un elevato contenuto di Fe e K e, nei fichi secchi, anche di Ca; infine, si osserva un buon contenuto di vitamina B_3 e caroteni in pesche e albicocche.
  - *Farinosa:* un esempio sono le castagne secche, caratterizzate da un buon contenuto di fibra alimentare, potassio e vitamina B_2.
  - *Oleosa:* ha un contenuto di grassi (acido oleico e linoleico soprattutto) maggiore del 50%, per cui un contenuto calorico elevato, ma anche da un importante contenuto di fibra alimentare e proteine a basso valore biologico. Per quanto riguarda i sali minerali, sono presenti in concentrazioni medio-elevate (ad eccezione del sodio), con un rapporto Ca/P a favore del fosforo, mentre a livello vitaminico, si riscontrano buone quantità di vitamina B_1 e folati ed elevate quantità di vitamina E.

Funghi

I funghi presentano una composizione di nutrienti energetici scarsa e simile a quella degli ortaggi, quindi basso contenuto glucidico (alcune specie hanno un buon contenuto di fibra alimentare), proteico (con proteine di bassa qualità) e lipidico. A livello di minerali, il contenuto non è elevato, ad eccezione del potassio che, in alcuni casi, risulta elevato, ma bisogna considerare la qualità del terreno in cui i funghi crescono. Complessivamente, il contenuto vitaminico è molto buono, soprattutto per quanto riguarda la vitamina B_3 (niacina) e la vitamina B_{12}, assente negli altri alimenti di origine vegetale.

Oli e Grassi

Gli oli (lipidi allo stato fluido a temperatura ambiente) e i grassi (lipidi allo stato solido a temperatura ambiente) sono fortemente energetici, hanno una buona funzione plastica e, generalmente, contengono vitamine liposolubili (in particolare vitamina E) che ne favoriscono l'assorbimento.
Da un punto di vista calorico, ogni tipologia di olio fornisce circa 900kcal/100g di alimento, e i LAR (livelli di assunzione raccomandati) di vitamina E dipendono dalla quantità di acidi grassi polinsaturi (PUFA) dell'alimentazione. Di questa categoria fanno parte diversi alimenti, quali:

- **Burro** (si ottiene per sbattimento della crema del latte (panna), precedentemente pastorizzata, ed il prodotto finale deve avere un contenuto di grassi non inferiore all'82%. La composizione degli acidi grassi è molto simile a quella del latte, con un 60% di grassi saturi)
- **Lardo, strutto e sugna** (sono grassi derivati dal maiale e, mentre il lardo è un grasso sottocutaneo, lo strutto e la sugna rappresentano un grasso viscerale; la composizione in acidi grassi dei lipidi è variabile ma, in genere, almeno 1/3 sono grassi saturi)
- **Oli di semi** (hanno una composizione in acidi grassi insaturi variabile e, spesso, presentano un elevato contenuto di acidi grassi polinsaturi, in particolare acido linoleico (ω-3). In ogni caso, il rapporto ω-3/ω-6 è sempre a favore di ω-6. Alcuni oli, come l'olio di cocco, sono fortemente aterogeni e cardio tossici per l'elevata percentuale di acidi grassi saturi)
- **Margarina** (deriva da acidi grassi vegetali compattati tramite un processo di idrogenazione parziale, che determina alcuni cambiamenti negli acidi grassi, ovvero:
    - *Formazione di acidi grassi monoinsaturi a partire dai polinsaturi*
    - *Coniugazione dei doppi legami degli acidi grassi polinsaturi*
    - *Formazione di acidi grassi trans a partire da quelli cis* (sono correlati al rischio di aterosclerosi e malattie cardiovascolari)
- **Olio di oliva** (è l'alimento principale della dieta mediterranea che viene estratto dal frutto dell'*Olea europaea*: viene definito vergine se l'estrazione avviene con processi meccanici o fisici che non alterino le caratteristiche dei composti presenti nella drupa. Circa il 70% dei trigliceridi dell'olio d'oliva è caratterizzata da acido oleico (ω-9) e si preferisce all'olio di semi. Inoltre, l'olio d'oliva è ricco di composti fenolici idrosolubili che, insieme ai tocoferoli, costituiscono gli antiossidanti, fondamentali per l'attività antitumorale e la prevenzione delle patologie cardiovascolari)

Bevande

Le **bevande alcoliche** sono caratterizzate da concentrazioni variabili di alcol e derivano da processi di fermentazione (eventualmente anche di distillazione) di frutta, semi di cereali e tuberi. L'alcol viene metabolizzato per 85% dal fegato ed è circa 1g al giorno per Kg di peso corporeo: un uomo sano non deve bere più di 2 bicchieri di vino al giorno, mentre la donna non più di uno. Tra le bevande alcoliche abbiamo:

- ***Vino:*** è costituito per l'85% da acqua, per un 4.5–16% da alcol etilico e poi altre sostanze (alcoli, polialcoli, pectine, polisaccaridi, vitamine, composti fenolici (flavonoidi e non flavonoidi, che conferiscono proprietà antiossidanti al vino – l'attività antiossidante è maggiore nel vino rosso), ecc….
- ***Birra:*** è costituita da acqua (86-95%), alcol etilico (2-6%), glucidi (destrine, glicerolo ecc…) e buone quantità di vitamine B_2 e B_3.

Le **bevande analcoliche** derivano dalla diluizione dei succhi di frutta (12g/100mL) con l'acqua (naturale o gassata), con l'aggiunta di zucchero. Le bevande a base di polpa di frutta contengono almeno il 40% di polpa (filtrata o centrifugata) e vengono diluite con acqua e addizionate di zuccheri e, eventualmente, di vitamina C e vitamina A. Tra le bevande analcoliche abbiamo:

- ***Caffè:*** presenta un contenuto calorico trascurabile, che viene perso durante il processo di torrefazione dei chicchi, e in una tazza di caffè ci sono circa 60-250mg di caffeina. La caffeina agisce, principalmente, sul SNC e sull'apparato digerente (stimola la secrezione gastrica e biliare, aumenta la peristalsi intestinale, attiva i processi di lipolisi e glicogenolisi, inducendo un aumento della glicemia).
- ***Tè:*** è un infuso di foglie di *Camellia sinensis*, caratterizzato da sostanze azotate, minerali, cellulosa, pentosani, cere e oli essenziali; il contenuto medio di caffeina in una tazza di tè è di circa 50-80mg,
- ***Cacao:*** i semi della pianta di cacao vengono fermentati, torrefatti e macinati per ottenere una polvere che viene consumata, in sospensione, in acqua calda. La più importante sostanza nervina presente è la *teobromina* ed il contenuto energetico, a differenza delle precedenti bevande, è significativo proprio a causa della modalità di preparazione prevista.

10.5Trasformazione degli alimenti

Il processo di trasformazione degli alimenti consiste in una serie di modificazioni meccaniche, fisiche, chimiche e biochimiche che conferiscono un valore aggiunto al prodotto alimentare finale rispetto all'alimento grezzo. Queste trasformazioni possono essere:

- *Spontanee* (nel caso in cui una trasformazione spontanea sia dannosa, si parla di alterazione)
- *Indotte artificialmente* (lo scopo è apportare specifici cambiamenti nelle proprietà dell'alimento)

Le trasformazioni alimentari possono essere a carico di:

- **Glucidi** (comprendono tre tipologie di processi, ovvero:
  - *Idrolisi dell'amido e dei polisaccaridi:* è una reazione che può essere sia spontanea, come nei frutti in maturazione, che indotta, come per la produzione di bevande alcoliche.
  - *Ossidazione degli zuccheri a* CO_2 *e* H_2O*:* generalmente, è una reazione spontanea indesiderata che peggiora le proprietà organolettiche e nutrizionali degli alimenti, ma è desiderabile nelle prime fasi della vinificazione e nella lievitazione del pane.
  - *Fermentazione degli zuccheri:* è un processo ossidativo di alcuni batteri e lieviti in anaerobiosi, che porta alla formazione di etanolo o acido lattico, rispettivamente, nei casi di fermentazione alcolica e fermentazione lattica.
- **Proteine** (comprendono quattro tipologie di processi, ovvero:
  - *Denaturazione delle proteine:* consiste nella perdita della struttura tridimensionale, con il conseguente annullamento delle proprietà biologiche (il processo è favorito da temperature elevate, variazioni di pH e aumento della concentrazione ionica del mezzo).
  - *Caramellizzazione (reazione di Maillard):* genera una serie di composti responsabili di odore sgradevole, imbrunimento e riduzione della digeribilità delle proteine (il processo viene favorito da elevate temperature).
  - *Proteolisi:* consiste nella scissione delle proteine in peptidi e, se non è eccessiva, è una trasformazione desiderabile, in quanto aumenta la digeribilità delle proteine.
  - *Putrefazione:* può verificarsi in seguito alla proteolisi e deriva dalla degradazione degli aminoacidi, con produzione di composti azotati e solforati aromatici (a volte può migliorare le proprietà organolettiche delle carni)
- **Lipidi** (comprendono tre tipologie di processi, ovvero:
  - *Inacidimento o idrolisi dei trigliceridi:* è una reazione, catalizzata dalla lipasi, che produce acidi grassi liberi, responsabili di sapori sgradevoli (il processo è favorito da condizioni di umidità).
  - *Irrancidimento chetonico:* è un'alterazione responsabile di odori e sapori sgradevoli, ma viene sfruttata per la produzioni di alcuni formaggi, come il gorgonzola.
  - *Irrancidimento ossidativo:* è un'alterazione che colpisce trigliceridi, fosfolipidi e caroteni, portando alla liberazione di radicali liberi che innescano una cascata di reazioni che inducono la produzione di composti responsabili di cattivi odori.

Come già accennato in precedenza, la trasformazione prevede diverse tipologie di metodi o trattamenti, che possono essere:

- **Meccanici:** agiscono sulla consistenza, sulla forma e sull'aspetto degli alimenti e possono essere sia trattamenti di preparazione alla vera e propria trasformazione che direttamente la trasformazione desiderata. Tra questi abbiamo operazioni di cernita, omogeneizzazione, centrifugazione, macinazione, frantumazione, ecc....
- **Fisici:** agiscono sullo stato fisico degli alimenti e, generalmente, consistono nella riduzione del contenuto di acqua. Lo scopo per cui vengono applicati i trattamenti fisici può essere la conservazione, la preparazione di ingredienti per la preparazione di alcuni alimenti, come nel caso del latte in polvere, o l'ottenimento di prodotti concentrati. Tra questi abbiamo la liofilizzazione, l'essiccazione, la crioconcentrazione, distillazione, ecc....
- **Chimici:** consistono nell'aggiunta di additivi (indicati con la lettera E più uno specifico numero) negli alimenti allo scopo di modificarne la composizione, le proprietà nutrizionali o le proprietà organolettiche. Tra gli additivi abbiamo coloranti, conservanti, antiossidanti, stabilizzanti, gelificanti, dolcificanti, ecc....
- **Biotecnologici:** consistono in profonde modificazioni biochimiche attraverso l'utilizzo di enzimi, microrganismi o organismi non microbici; possono rappresentare il processo di lavorazione fondamentale (fermentazione alcolica nella produzione del vino) o i processi complementari che accompagnano altre trasformazioni (stagionatura degli insaccati) o ancora processi di preparazione ad una fase successiva della lavorazione.

10.6Conservazione degli alimenti

La conservazione degli alimenti consiste nell'inibizione o nel rallentamento dei processi alterativi che si verificano spontaneamente nei prodotti alimentari. Nello specifico, quello conservativo è un trattamento che mira a modificare alcuni parametri ambientali o chimico-fisici dell'alimento in modo da creare condizioni sfavorevoli ai fenomeni di alterazione, ma sono processi invasivi che determinano cambiamenti nelle proprietà nutritive e organolettiche dell'alimento stesso.
Tra i parametri su cui si va ad agire abbiamo:

- ***Attività dell'acqua:*** l'acqua crea un mezzo che favorisce la crescita e la riproduzione dei microrganismi, come anche numerose reazioni chimiche; di conseguenza, il contenuto di acqua libera deve essere tenuto al di sotto di un valore soglia.
- ***Temperatura:*** poiché le diverse specie microbiche sono adattate ad uno specifico intervallo di temperatura (*optimum*), possiamo distinguere tra:
  - *Specie psicrofile* (sono adattate alle basse temperature)
  - *Specie mesofile* (sono adattate a temperature intermedie)
  - *Specie termofile* (sono adattate alle alte temperature)

  Di conseguenza, la temperatura più idonea per la conservazione dipende dalla suscettibilità dell'alimento stesso alla contaminazione da parte dei vari microrganismi (generalmente, la crescita microbica avviene tra -18°C e 90°C). I trattamenti termici, comunque, sono molto invasivi poiché influiscono sull'attività degli enzimi e sulle proprietà organolettiche.

- *pH:* influenza le reazioni chimiche e la crescita microbica: mentre i batteri mostrano una crescita ottimale in condizioni di neutralità o lieve acidità, i lieviti e le muffe crescono bene in un intervallo più esteso di pH. Generalmente, per la conservazione e, quindi, per la completa inibizione della crescita microbica, il pH deve essere inferiore a 4.5 (si raggiunge più facilmente con gli alimenti di origine vegetale, in quanto sono più acidi).
- ***Potenziale di ossido-riduzione:*** determina la maggiore o minore tendenza all'ossidazione e, quindi, le condizioni che favoriscono la crescita di microrganismi aerobi e anaerobi: gli alimenti di origine vegetale sono più suscettibili ai processi ossidativi e alla contaminazione di microrganismi aerobi, mentre quelli di origine animale sono più suscettibili ai processi ossidativi e alla contaminazione di microrganismi anaerobi, in particolare batteri del genere *Clostridium*.

Per quanto riguarda, invece, i metodi di conservazione, possiamo osservarne diverse tipologie:

- **Disidratazione:** è un trattamento che abbassa l'attività dell'acqua ed ha un forte impatto sulle proprietà organolettiche degli alimenti; tra questi si ricordano la liofilizzazione, l'evaporazione, l'osmosi inversa, l'essiccazione, ecc....
- **Trattamento termico:** ha un'azione microbicida che, in funzione della temperatura, può interessare tutti i microrganismi (nel caso dei prodotti a lunga conservazione) o soltanto quelli patogeni (è meno dannosa per le proprietà nutritive dell'alimento). Per ottenere l'effetto ottimale bisogna equilibrare la temperatura e la durata del processo (più la temperatura è elevata, minore è il tempo di esposizione necessario). Tra questi abbiamo i processi di sterilizzazione, pastorizzazione, ecc....
- **Trattamento crioscopico:** ha un effetto microbostatico, in quanto i microrganismi non vengono uccisi dal freddo, ma se ne blocca la crescita. Quando la temperatura viene portata al di sotto degli 0°C (punto crioscopico dell'alimento), l'acqua libera presente nell'alimento congela, riducendone l'attività. I due metodi utilizzati a tale scopo sono la refrigerazione (la temperatura utilizzata è superiore al punto crioscopico dell'alimento, che non congela) e il congelamento (la temperatura viene portata al di sotto del punto crioscopico dell'alimento, che congela).
- **Metodi chimici:** sfruttano l'aggiunta di sostanze chimiche ad azione antimicrobica o antiossidante (additivi alimentari), che vanno a modificare le proprietà dell'alimento. Oltre agli additivi, si possono usare i conservanti naturali, che vanno a modificare le proprietà organolettiche dell'alimento: tra questi metodi naturali abbiamo la salagione a secco (aggiunta di NaCl) o in salamoia (soluzioni saline), l'aggiunta di zuccheri (riducono l'attività dell'acqua), la conservazione sott'olio (isola l'alimento dal contatto con l'aria), sott'aceto (abbassa il pH del mezzo) e l'affumicamento (abbassa l'attività dell'acqua e ha attività antimicrobiche e antiossidanti).
- **Metodi radioattivi:** sfruttano l'azione delle radiazioni ad alta frequenza sugli acidi nucleici dei microrganismi, tra cui i raggi UV e le radiazioni ionizzanti.
- **Metodi biologici:** sfruttano i processi di fermentazione (la fermentazione lattica abbassa il pH del mezzo e l'attività dell'acqua, liberando sostanze ad azione antimicrobica).
- **Conservazione sotto vuoto:** prevede la totale assenza di aria, che non permette la crescita di microrganismi aerobi (viene accoppiata alla refrigerazione).

11.IGIENE

11.1Malattie infettive e prevenzione

Quelle infettive sono patologie causate da specifici agenti microbici (virus, batteri, funghi, protozoi, ecc...) che, in funzione della relazione che instaurano con l'ospite, possono essere distinti in:

- **Saprofiti:** traggono nutrimento da materiali residui di altri organismi e sono presenti nell'ambiente.
- **Commensali:** convivono con l'ospite in tegumenti e mucose, senza procurare danni né benefici.
- **Parassiti:** vivono in organismi di specie diversa e possono essere *patogeni* (se creano danni) o *opportunisti* (creano danni solo se l'organismo ha difese immunitarie compromesse).

La fasi che portano alla manifestazione di una malattia prevedono:

1. **Contaminazione/esposizione all'agente:** contatto tra l'individuo e l'agente patogeno e si può parlare di:
    - *Serbatoio di infezione* (corrisponde all'ambiente naturale in cui vive l'agente eziologico di una malattia, che può essere l'uomo, l'animale o l'ambiente)
    - *Sorgente* (è la fonte da cui il patogeno può trasferirsi all'ospite attraverso veicoli, organismi inanimati che trasportano il patogeno all'individuo (aria, acqua, suolo, alimenti, strumentazione infetta, ecc...), e vettori, organismi viventi che prelevano gli agenti patogeni dalla sorgente di infezione, rilasciandoli nell'ambiente o inoculandoli nell'individuo sano (vettori meccanici, obbligati o di arricchimento). Nel caso di una trasmissione mediata da veicoli o vettori si parla di **trasmissione indiretta**)
2. **Penetrazione:** l'agente patogeno supera le prime barriere difensive dell'ospite, ovvero cute (barriera fisica) e mucose (meccanismi antimicrobici come lacrime, succhi gastrici, ecc...), invadendo l'organismo, che può reagire attraverso diversi tipi di immunità (umorale, cellulo-mediata, ecc...).
3. **Localizzazione:** il patogeno raggiunge l'organo bersaglio, in cui trova le condizioni adatte al suo sviluppo. La diffusione avviene grazie ad una serie di meccanismi dei microrganismi, che sono in grado di eludere le difese dell'organismo (mimetismo antigenico, fattori antifagocitari, capacità di sopravvivenza nelle cellule fagocitarie, ecc...), mentre la colonizzazione del tessuto bersaglio avviene grazie all'adesività, ovvero una proprietà dovuta alla presenza di strutture superficiali in grado di riconoscere specifici recettori della cellula dell'ospite.
4. **Infezione:** c'è l'interazione vera e propria tra il patogeno e l'individuo ed iniziano a comparire i segni della patologia, a cui può seguire la guarigione (grazie all'immunità specifica, che porta alla distruzione del patogeno), la cronicizzazione o la morte.

La **prevenzione delle malattie** (cronico-degenerative) è classificata in 3 livelli:

- **Prevenzione primaria:** agisce sugli individui sani cercando di impedire l'insorgenza di nuovi casi e avviene attraverso il potenziamento delle difese immunitarie, la correzione dei comportamenti a rischio e il miglioramento delle condizioni degli ambienti di vita e di lavoro.
- **Prevenzione secondaria:** agisce sugli individui affetti da una malattia, ma che non manifestano ancora segni clinici ed ha lo scopo di aumentare la sopravvivenza o la guarigione del malato (non si applica alle malattie infettive, in quanto il periodo asintomatico è troppo breve per una diagnosi precoce).
- **Prevenzione terziaria:** agisce sui malati conclamati per mantenere il loro equilibrio metabolico ed evitare di sfociare in fenomeni invalidanti.

Nel caso delle malattie infettive, quindi, si osservano 2 livelli e, nello specifico, si parla di **profilassi**, le cui misure possono essere distinte in:

- ***Profilassi indiretta*** (è rivolta alla sfera ambientale – depurazione delle acque, bonifica dei terreni, ecc... – se alla persona – educazione, formazione e informazione sanitaria – mettendo in atto una serie di interventi generici)
- ***Profilassi diretta*** (può essere distinta in:
  - *Generica:* è orientata all'individuazione delle fonti di infezione e alla loro neutralizzazione mediante misure di disinfezione, sterilizzazione e disinfestazione.
  - *Specifica:* agisce sull'individuo sano tramite il potenziamento delle difese immunitarie e la resistenza alle infezioni, comprendendo la vaccinoprofilassi, la sieroprofilassi e la chemioprofilassi.

Per quanto riguarda le strategie di profilassi generica, prevedono 5 fasi:

1. **Identificazione e inattivazione della sorgente di infezione:** l'obiettivo è quello di impedire la diffusione del patogeno agendo sul serbatoio (bonifica ambientale) e sulle sorgenti d'infezione (isolamento del malato). Secondo la legislazione, un sospetto o un accertato caso di malattia infettiva deve essere notificato all'autorità sanitaria competente, in modo da avviare un'indagine epidemiologica e conoscere il quadro della patologia, la catena di contagio, ecc.... Secondo il **DM. 15/12/1990** le malattie infettive sono distinte in 5 classi:
   - **I.** *Malattie per cui si richiede una segnalazione immediata* (colera, peste, ecc...)
   - **II.** *Malattie rilevanti per elevata frequenza* (varicella, rosolia, ecc...)
   - **III.** *Malattie per le quali sono richieste possibili documentazioni* (AIDS, malaria, ecc...)
   - ***IV.*** *Malattie per le quali alle singole segnalazioni del singolo caso da parte del medico deve seguire la segnalazione dell'USL solo quando si verificano focolai epidemici* (scabbia, ecc...)
   - ***V.*** *Malattie infettive e diffusive notificate all'USL e zoonosi*
2. **Eradicazione della sorgente di infezione:** in caso di zoonosi è possibile eliminare la sorgente, mentre quando la sorgente è l'uomo bisogna mettere in atto misure per rimuovere i fattori ambientali che facilitano la diffusione della patologia, per cui si procede con:
   - *Disinfezione* (mira a distruggere i microrganismi patogeni)
   - *Disinfestazione* (mira a distruggere i macroparassiti presenti nell'ambiente o eliminati dai malati/portatori)

3. **Riduzione della comunicabilità della sorgente:** lo scopo è quello di impedire la diffusione del patogeno attraverso una serie di provvedimenti che limitano il contatto del soggetto malato o portatore con gli altri (isolamento, contumacia) e che impongono specifici controlli al fine di ripristinare lo stato di salute ottimale (sorveglianza sanitaria). In base alle modalità di trasmissione, l'isolamento del malato può essere un *isolamento da contatto* (per patologie trasmesse per contatto), *isolamento respiratorio* (per patologie trasmesse per via aerea a breve distanza, per cui si utilizzano specifici dispositivi di protezione) e *isolamento enterico* (per patologie a trasmissione oro-fecale, per cui si utilizzano guanti).

4. **Trattamento della sorgente di infezione:** trattamento del malato con cure e farmaci (antibiotici), che limitano la diffusione del patogeno agli individui con cui il malato entra a contatto.

5. **Interventi rivolti a impedire la trasmissione dell'infezione:** sono interventi di carattere igienico-sanitario che agiscono su veicoli, vettori e comportamenti scorretti. Le più efficaci operazioni di sanità sono rappresentate dalla bonifica dell'ambiente attraverso sistemi di potabilizzazione, smaltimento controllato delle acque reflue, trattamenti termici di risanamento degli alimenti, controlli più stringenti sulle matrici ambientali e alimentari. Tra gli interventi per eliminare i patogeni abbiamo:
   - *Sistemi di disinfezione e sterilizzazione* (agiscono sui microrganismi che contaminano superfici o matrici ambientali, come acqua e aria, e permettono di ridurre il rischio di diffusione della patologia. In ambiente sanitario sono molto importanti e, in funzione dell'uso dei vari strumenti, saranno utilizzati trattamenti differenti. Nello specifico, la **disinfezione** è un processo che porta all'inattivazione di tutti i microrganismi patogeni attraverso l'uso dei <u>disinfettanti</u> (alcoli, tensioattivi, agenti ossidanti, ecc...), mentre la **sterilizzazione** porta alla diretta eliminazione di tutti i microrganismi, comprese le spore. Il processo di sterilizzazione prevede:
     - <u>*Metodi fisici*</u> (prevedono l'uso del calore, che altera proteine e lipidi dei microrganismi (fiamma diretta per anse e spatole, incenerimento per i rifiuti sanitari, calore secco per vetreria e strumenti metallici, calore umido per i liquidi) e delle radiazioni, che alterano la funzionalità delle macromolecole biologiche (radiazioni ionizzanti e non ionizzanti – raggi UV e microonde)
     - <u>*Metodi chimici*</u> (eliminano la flora microbica e possono essere organici (aldeidi, fenoli, essenze, tensioattivi...) o inorganici (acidi, alogeni, alcali...)
     - <u>*Metodi meccanici*</u> (la filtrazione si usa per i terreni di coltura, che sono termolabili)
   - *Sistemi di disinfestazione* (agiscono su macroparassiti coinvolti nella diffusione dei patogeni mediante l'utilizzo di ratticidi e insetticidi, che possono essere di origine:
     - <u>*Naturale*</u> (tra gli insetticidi ad alta efficacia e bassa tossicità per l'uomo abbiamo le <u>piretrine</u>, che agiscono sul sistema nervoso degli insetti e sono particolarmente usate in ambiente domestico, il <u>DDT (dicloro-difenil-tricloroetano)</u>, che induce paralisi motoria degli insetti)
     - <u>*Sintetica*</u> (un esempio sono i piretroidi, che sono simili alle piretrine ma hanno maggiore efficacia)

Per quanto riguarda, invece, le strategie di profilassi specifica, sono specifiche per ogni patologia e si parla di:

- ***Vaccinoprofilassi o immunoprofilassi attiva:*** ha lo scopo di stimolare l'immunità adattativa specifica degli individui al fine di prevenire il diffondersi delle patologie infettive nella popolazione e prevede la somministrazione di un vaccino, ovvero una preparazione contenente un antigene Ag trattato per stimolare la risposta antigenica dell'organismo, ma senza indurre la malattia. Nello specifico, il vaccino stimola il sistema immunitario a reagire contro determinati Ag (risposta primaria), in modo che ad un secondo incontro con lo stesso l'organismo sia in grado di reagire in maniera più massiccia, impedendo lo sviluppo della patologia (risposta secondaria).
  La **risposta primaria** prevede:
  - *Periodo di latenza in seguito alla somministrazione* (termina con la produzione di Ab)
  - *Aumento del numero di IgM fino ad un livello massimo* (da 4 giorni a 4 settimane)
  - *Riduzione del numero di IgM e produzione delle cellule della memoria* (IgG nel siero e IgA nei secreti)

  La **risposta secondaria** si ha nel momento in cui viene reintrodotto lo stesso Ag, ed è caratterizzata da un rapido aumento delle IgG.
  Le caratteristiche principali di un vaccino sono:
  - *Efficacia* (capacità di proteggere il più a lungo possibile contro una patologia)
  - *Innocuità* (dipende dalla purezza delle preparazioni e dei metodi per ottenerle)
  - *Immunogenicità* (capacità di indurre una risposta immunitaria efficace nella sede d'infezione e indurre una memoria immunologica di lunga durata)
  - *Praticità d'uso e costo contenuto*

- ***Sieroprofilassi o immunoprofilassi passiva:*** prevede l'acquisizione, in tempi rapidi, di un'immunità contro specifici Ag mediante la somministrazione di Ab già formati, per cui si utilizza quando è necessaria un'azione rapida (tossine botulinica e tetanica, veleno di serpenti, ecc…). Ovviamente, l'immunità resta finché le molecole sono ancora in circolo (in genere 2-4 mesi) e i sieri immuni possono essere distinti in:
  - *Monovalenti o polivalenti* (in base a se siano diretti contro uno o più antigeni)
  - *Eterologhi o omologhi* (in base alla provenienza di origine animale o umana)

- ***Chemioprofilassi:*** è una pratica di prevenzione primaria che prevede la somministrazione di farmaci o antibiotici per prevenire l'infezione o le sue complicanze ed è utilizzata, soprattutto, per soggetti ad alto rischio che si sono esposti alla sorgente di infezione (terapia antimalarica).

11.2Epidemiologia

L'epidemiologia è la disciplina che studia le cause e i fattori che determinano l'insorgenza delle malattie e la loro diffusione, al fine di preservare e migliorare la salute dell'intera popolazione. Nello specifico, i parametri che va a studiare sono:

- *Frequenza:* quanto spesso e quando compare una malattia in una popolazione.
- *Distribuzione:* dove, in che luogo geografico compare la malattia.
- *Determinanti:* i fattori che favoriscono l'insorgenza della malattia in una popolazione, la cui alterazione può modificare la frequenza e i caratteri della malattia stessa.

Nelle malattie trasmissibili possiamo osservare determinanti individuali (sesso, età, abitudini di vita...), determinanti strettamente legati al patogeno (virulenza, tropismo...) e determinanti ambientali (temperatura, lo stato igienico di acque, luoghi e matrici alimentari...), che possono essere distinti in:

- ***Determinanti primari*** (hanno un ruolo fondamentale nella comparsa della malattia e possono essere classificati come:
    - *Endogeni all'ospite:* genetica, metabolismo, comportamento, ecc....
    - *Esogeni all'ospite:* parassiti, traumi, carenze alimentari, allergeni, ecc....
- ***Determinanti secondari o predisponenti*** (sono fattori capaci di influire sulla probabilità che la malattia si manifesti (rischio), ma non sono fondamentali alla patologia)

L'oggetto di studio dell'epidemiologia, quindi, è rappresentato da una popolazione di soggetti malati e non malati che hanno una o più caratteristiche in comune ed è possibile distinguere una frazione di popolazione sensibile, che può manifestare la patologia, e una frazione di popolazione esposta al fattore di rischio, caratterizzata da individui esposti. La popolazione di rischio è quella parte di popolazione caratterizzata da una sovrapposizione sia di individui esposti che suscettibili. In epidemiologia possiamo suddividere tre branche:

- **Epidemiologia descrittiva:** descrive una situazione, andando a stimare la frequenza di malattia e le sue caratteristiche nella popolazione.
- **Epidemiologia analitica:** comprende raccolte di dati che permettono di verificare un'ipotesi su uno o più determinanti della malattia.
- **Epidemiologia sperimentale:** permette di verificare l'associazione causa-effetto mediante la sperimentazione.

Al fine di stabilire correlazioni e confronti, gli studi epidemiologici utilizzano una serie di indici numerici:

- **Frequenza:** numero di individui che presentano la malattia.
- **Rapporto:** mette a confronto diversi gruppi.
- **Proporzione:** tipologia di rapporto che include il numeratore al denominatore.
- **Tasso:** tipologia di proporzione che include la temporalità del fenomeno e possiamo distinguere diversi tipi di tasso, ovvero:

- *Tassi grezzi* (numero di eventi che si verificano all'interno della popolazione in un determinato intervallo di tempo, come i tassi di mortalità e natalità)
- *Tassi specifici* (riguardano specifici gruppi aventi determinate caratteristiche, come il sesso e l'età)
- *Tasso di prevalenza* (rapporto tra il numero di casi di malattia osservati al tempo t_0 e il numero totale di individui osservati allo stesso tempo)
- *Tasso di incidenza* (rapporto tra nuovi casi in un prestabilito periodo di osservazione e il numero di soggetti osservati, sensibili ed esposti, nello stesso periodo di osservazione; fornisce una stima dei nuovi casi che insorgono in una popolazione in una determinato periodo di tempo)

Il **rischio relativo (RR)** è la grandezza che permette di quantizzare le associazioni causa-effetto ed è definito come il rapporto tra l'incidenza di malattia negli esposti al fattore di rischio e l'incidenza nei non esposti allo stesso fattore. RR, quindi, fornisce la probabilità che gli esposti hanno di contrarre la malattia e, in funzione del suo valore, possiamo distinguere:

- *Fattore di rischio (RR > 1)*
- *Fattore protettivo (RR < 1)*
- *Fattore indipendente (RR = 1)*

L'**Odds Ratio (rapporto incrociato)** permette di ottenere il grado di associazione tra fattore e malattia partendo dalla valutazione di un caso reale.
Nel caso in cui non è possibile svolgere uno studio su un'intera popolazione, bisogna scegliere un **campione**, ovvero un insieme di elementi che rappresentano la popolazione.
I metodi di campionamento possono essere:

- ***Non probabilistico:*** il campione viene scelto sulla base di criteri di comodo o praticità, per cui risultano poco indicativi per uno studio epidemiologico e i dati poco affidabili.
- ***Randomizzazione semplice:*** si estraggono, casualmente, gli elementi costituenti il campione.
- ***Randomizzazione sistematica:*** si scelgono le unità ad intervalli regolari nella popolazione che si vuole studiare.
- ***Randomizzazione stratificata:*** la popolazione è suddivisa in strati in base ad un determinato fattore e all'interno di questi gli individui vengono scelti casualmente; in questo modo si aumenta la precisione della stima dei dati finali dello studio.
- ***A cluster:*** si suddivide la popolazione in cluster che rappresentano l'unità di interesse.

La numerosità del campione deve essere effettuata sulla base di due fattori:

- ***Varianza:*** indica il grado di variazione nella popolazione e può derivare dalla conoscenza della malattia o da risultati di indagini analoghe (la numerosità del campione è direttamente proporzionale alla varianza).
- ***Intervallo di confidenza:*** è la misura della bontà della stima calcolata e più l'intervallo è ristretto, più il valore si avvicina a quello vero, fornendo una stima più precisa.

La bontà della stima viene calcolata attraverso il **livello di confidenza**, che esprime quanto il valore trovato sia vicino a quello reale.

Gli studi epidemiologici mirano a dimostrare o meno un'ipotesi e sono distinti in:

- **Studi retrospettivi o caso-controllo:** sono vantaggiosi perché permettono di ottenere informazioni rapidamente, in quanto gli eventi si sono già manifestati e i dati sono disponibili. Questi studi vanno ad indagare, quindi, gruppi di individui che sono stati esposti al determinante di una malattia, nei quali possiamo distinguere:
    - *Casi* (individui che hanno manifestato la malattia)
    - *Controlli* (individui che non hanno manifestato la malattia)
- **Studi prospettivi o di coorte:** forniscono una stima dell'incidenza della malattia e, anche se richiedono più tempo, sono meno soggetti agli errori sistematici . Questi studi permettono di seguire la comparsa della malattia nel tempo: si selezionano due gruppi costituiti da individui sani, di cui uno solo viene esposto al determinante di malattia, dopodiché si segue la distribuzione, nel tempo, degli individui che manifesteranno la malattia e di quelli che non la manifesteranno.

In funzione degli studi epidemiologici, possiamo distinguere le patologie in:

- **Malattie sporadiche:** si osservano pochi casi in un ampio lasso di tempo.
- **Malattie endemiche:** sono presenti, costantemente, in uno specifico luogo, anche con pochi casi.
- **Malattie epidemiche:** si osserva un incremento del numero di casi in più luoghi in un breve lasso di tempo
- **Pandemia:** si manifesta quando l'epidemia si estende geograficamente e comprende più zone continentali.

È possibile rappresentare graficamente una malattia epidemica mettendo in relazione il numero di nuovi casi (in ordinata Y) e il tempo (in ascissa X), in modo da ottenere una **curva epidemica.**

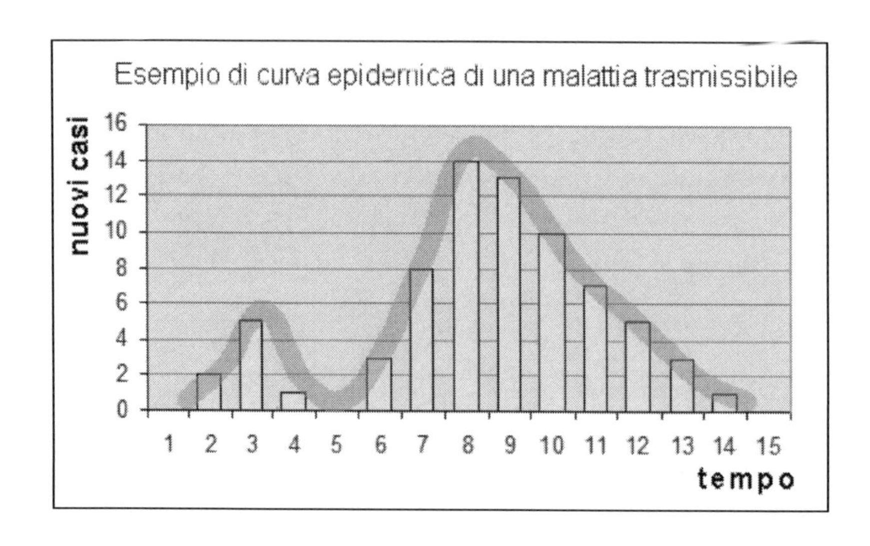

11.3Valutazione del rischio

Il **rischio R** è definito come la probabilità di accadimento di un evento e può essere misurato da due grandezze, che sono:

- *Frequenza P* (probabilità di accadimento)
- *Magnitudo M* (gravità delle conseguenze)

L'equazione R = P x M descrive la *curva di isorischio* e le strategie di controllo degli eventi indesiderati che possono verificarsi prevedono:

- ***Valutazione del rischio (risk assesment):*** permette di quantificare i possibili eventi dannosi correlati all'esposizione, in modo da minimizzare gli effetti negativi sulla popolazione.
- ***Gestione del rischio (risk management):*** prevede la messa in opera di tutte quelle soluzioni che possono influire sulla probabilità di accadimento dell'evento, mettendo in atto:
    - *Misure mitigative* (provvedimenti tecnici e procedurali che agiscono sulla magnitudo, riducendo l'entità delle conseguenze sfavorevoli)
    - *Misure preventive* (sono provvedimenti tecnici e procedurali che agiscono sulla frequenza, riducendo la probabilità che si verifichino eventi indesiderati)

La protezione della saluta e la tutela dei lavoratori contro i rischi sul luogo di lavoro è alla base del **D.Lgs 81/2008**, il quale si è soffermato sul rischio derivante dall'esposizione ad agenti chimici e biologici. Quindi, bisogna valutare:

- ***Rischio chimico:*** dovuto all'esposizione a sostanze chimiche dannose per l'individuo.
- ***Rischio biologico:*** dovuto all'esposizione di microrganismi patogeni capaci di provocare malattie, di cui bisogna considerare diverse caratteristiche:
    - *Infettività* (capacità di sopravvivere alle difese dell'ospite e replicarsi in esso)
    - *Patogenicità* (capacità di indurre malattia in seguito all'infezione)
    - *Trasmissibilità* (capacità di esser trasmesso da un soggetto infetto o portatore ad un soggetto sano)
    - *Neutralizzabilità* (misure profilattiche di prevenzione o misure terapeutiche)
    - *Modalità di diffusione nell'ambiente*

I datori di lavoro, infatti, hanno l'obbligo di descrivere l'eventuale presenza, nei luoghi di lavoro, di agenti microbiologici pericolosi e di redigere un vero e proprio documento di **valutazione del rischio**, in cui sono descritte e dettagliate le misure da adottare per minimizzare il rischio per la salute dei lavoratori. Nello specifico, il procedimento di valutazione del rischio è costituito da 4 fasi:

1. ***Identificazione del pericolo***
2. ***Valutazione della relazione dose-risposta***
3. ***Valutazione dell'esposizione***
4. ***Caratterizzazione del rischio***

La capacità infettante è una misura quantificabile ed è espressa come DI_{50} (Dose Infettante 50) che indica il numero di microrganismi necessari a causare un'infezione rilevabile al 50% degli organismi esposti. Si preferisce però usare la DI_0 o Dose minima infettante, la dose al di sotto della quale il contagio non induce infezione.

Fase 1 – Identificazione del pericolo

Permette di conoscere meglio e caratterizzare il pericolo biologico presente nell'ambiente considerato e, per farlo, ci si avvale di tutte le informazioni riguardanti la gravità della patologia indotta, la diffusione nell'ambiente e la modalità di trasmissione. Inoltre, di grande aiuto sono i dati epidemiologici legati alla diffusione della patologia nella popolazione e la classificazione degli agenti biologici nei 4 gruppi, in funzione del tipo di interazione con l'organismo umana e, quindi, della sua pericolosità, derivante dal **D.Lgs 81/2008**.
Nello specifico, infatti, si passa dagli *agenti biologici del Gruppo 1*, che presentano poche probabilità di causare malattie nell'uomo, agli *agenti biologici del Gruppo 4*, che sono in grado di provocare malattie gravi nell'uomo, rappresentando un elevato rischio per i lavoratori e per la propagazione alla comunità, in quanto non sono disponibili misure profilattiche o terapeutiche efficaci.

Fase 2 – Valutazione della relazione dose-risposta

In questa fase si va a valutare l'effetto dovuto all'esposizione ad una dose nota di agente biologico attraverso l'applicazione di un modello matematico. Nello specifico, gli effetti derivanti dal contatto con i patogeni sono descritti da *curve dose-risposta* ottenute attraverso:

- *Studi epidemiologici* (forniscono dati attraverso l'osservazione della popolazione)
- *Studi sperimentali* (vengono condotti, principalmente, sugli animali da laboratorio, ma anche su gruppi di volontari che vengono esposti, in condizioni controllate, al patogeno)

In questo modo, quindi, si ottiene una curva dose-risposta di forma sigmoidea che mette in relazione gli effetti dell'infezione e la dose somministrata, in modo da quantificare l'effetto che il patogeno può avere sulla salute.

Fase 3 – Valutazione dell'esposizione

A questo punto bisogna quantizzare il numero di microrganismi che possono essere assunti attraverso il contatto diretto con la matrice contaminata. A tale scopo, è necessario conoscere due parametri:

- *Grado di contaminazione dell'ambiente di esposizione* (si può misurare attraverso metodiche analitiche mirate ad isolare e identificare i patogeni nelle varie matrici ambientali)
- *Quantità di matrice con cui si viene in contatto* (questa influisce sulla possibilità che il soggetto esposto possa manifestare la patologia)

Fase 4 – Caratterizzazione del rischio

In quest'ultima fase si vanno a combinare le informazioni ottenute al fine di determinare il rischio che si verifichi l'evento d'infezione. Si può procedere in due modi:

a) *Si relazionano le valutazioni dell'esposizione con la relazione dose-risposta* (si ottiene una misura generale del rischio o una misura degli effetti)
b) *Si combinano l'intera distribuzione dell'esposizione e della relazione dose-risposta con modelli matematici complessi* (si ottiene una stima del rischio più precisa e considera l'andamento generale)

Una volta ottenuta una valutazione quantitativa del rischio, si passa alla fase di gestione del rischio, in cui si vanno a decidere e mettere in atto le misure di prevenzione e protezione per le varie tipologie di rischio, che sono:

- ***Rischio nullo:*** non sono previste misure.
- ***Rischio molto basso:*** prevede misure preallarme.
- ***Rischio basso:*** prevede tutte le misure ritenute idonee per evitare il ripetersi della situazione di rischio.
- ***Rischio medio:*** prevede l'adozione delle misure atte ad impedire il raggiungimento del livello potenziale di rischio.
- ***Rischio alto:*** adozione degli interventi necessari a ridurre o eliminare il rischio connesso.
- ***Rischio molto alto:*** prevede l'adozione di misure che consentono di ridurre e/o eliminare la fonte di rischio.

L'ambiente sanitario, ovviamente, è quello maggiormente esposto al rischio biologico poiché gli operatori sanitari (medici, infermieri, tecnici, ecc...) sono continuamente a contatto con i materiali biologici (saliva, sangue, fluidi, strumenti contaminati e altre sostanze). Il rischio, in questo caso, può dipendere da due fattori:

- *Rischio di contatto* (dipende dal tipo di attività, dalle misure di prevenzione utilizzate e dalla prevalenza dell'infezione nella popolazione)
- *Rischio di contrarre la malattia* (dipende dalla carica infettante e dalla resistenza del soggetto)

Nell'ambito sanitario, i patogeni con cui il personale sanitario viene maggiormente a contatto sono quelli a trasmissione aerea, come i micobatteri che causano la tubercolosi (TBC), e quelli a trasmissione ematica, come i virus dell'epatite B, C, HIV, ecc...
Per cercare di impedire il contatto con i patogeni, gli operatori sanitari devono seguire attentamente le linee guida per la prevenzione, che prevedono l'utilizzo dei DPI (guanti, mascherine, camici protettivi...).

11.4Rifiuti solidi

Il D.Lgs n° 156 del 3 Aprile 2006, caratterizzato da norme in materia ambientale, definisce rifiuto qualsiasi sostanza o oggetto, la cui categoria è riportata nell'allegato A, di cui il detentore si disfi o abbia l'obbligo di disfarsene.
La gestione dei rifiuti prevede un insieme di regole mirate a coordinare l'interno processo, che va dalla produzione al prodotto finale e che, quindi, coinvolge le varie fasi di raccolta, trasporto e smaltimento dei rifiuti (comprende il controllo di tali operazioni e la possibilità di riutilizzare i materiali di scarto).
Inoltre, tale decreto prevede la separazione, a monte, del Rifiuto Solido Urbano (RSU), che può essere riutilizzato per la trasformazione, il riutilizzo o la produzione di energia. La raccolta differenziata, ovviamente, deve avvenire in modo da raggruppare i rifiuti urbani in frazioni merceologiche (vetro, carta, plastica, ecc…), e la sua organizzazione è affidata ai singoli comuni.

Raccolta e allontanamento dei rifiuti

In base alla loro origine, i rifiuti solidi possono contenere sostanze organiche che possono andare incontro a diversi processi, quali la fermentazione o la putrefazione e, di conseguenza, originare prodotti tossici e nocivi per la salute umana. Questo potenziale rischio può essere annullato o ridotto minimizzando i tempi di sosta dei rifiuti nelle strade e sottoponendoli a processi idonei di raccolta e allontanamento:

- *Fase di raccolta:* prevede l'utilizzo di diversi contenitori, ognuno specifico per una tipologia di rifiuto.
- *Fase di allontanamento:* prevede il ritiro, da parte del personale incaricato, che trasporta i rifiuti nelle apposite aree di smaltimento attraverso degli specifici automezzi, che hanno lo scopo di evitare lo spargimento di materiali ed esalazioni nocive.

Smaltimento dei rifiuti

La fase di smaltimento dei rifiuti prevede l'utilizzo combinato di tre sistemi in grado di trasformare le diverse frazioni di rifiuto ed ha lo scopo di ridurre l'impatto dei rifiuti sull'ambiente. Questi tre sistemi sono:

a) ***Discarica controllata:*** consiste nella sistemazione di strati di rifiuti, intervallati da strati di argilla, sul terreno precedentemente impermeabilizzato (per ridurre il rischio di contaminazione delle falde acquifere). Tra i vantaggi di tale sistema si annoverano la rapidità di realizzazione e la mancanza di prodotti di scarto, mentre il più grande svantaggio è la necessità di una corretta progettazione, costruzione, gestione e controllo del sistema che, altrimenti, avrebbe un forte impatto negativo. Generalmente, i siti più idonei alla costruzione sono cave abbandonate e lontane dai centri abitati, in quanto i rifiuti producono biogas (deriva dalla fermentazione anaerobica dei rifiuti organici ed è una miscela ricca di metano) e percolato (può raggiungere le falde acquifere, provocando un grave inquinamento chimico e microbiologico). Una volta raggiunta la sua capacità massima, la discarica va coperta e, se possibile, il sito viene recuperato come area verde.

b) ***Compostaggio:*** è un processo biologico aerobico controllato che, a partire da residui vegetali o animali, porta alla produzione di una miscela di sostanze umificate, definite *compost*, che può essere utilizzato per ricostituire la struttura dei suoli, favorendo il riequilibrio termico del terreno. Tale processo avviene in 4 fasi, caratterizzate da diverse popolazioni batteriche e fungine:
   - *Mesofila* (è caratterizzata da un innalzamento della temperatura ad opera degli organismi mesofili, che iniziano la decomposizione ossidativa della materia organica fino al superamento dei 40°C)
   - *Termofila* (è caratterizzata da un ulteriore aumento di temperatura ad opera di attinomiceti e funghi, che degradano la sostanza organica con produzione, prima, di acidi grassi e, successivamente, di ammoniaca fino al raggiungimento dei 70°C)
   - *Maturazione* (la decomposizione procede con reazioni più lente a carico di composti organici complessi, quali lignina e cellulosa, e può avvenire nei cosiddetti digestori, che permettono il controllo di parametri di processo, come i gradi di umidità, di aerazione della massa e la temperatura)
   - *Raffreddamento* (la temperatura diminuisce sempre di più, avvicinandosi a quella ambientale, in modo da ottenere il compost, ovvero un prodotto inodore in cui la sostanza organica è stabilizzata e umificata)

   In funzione della composizione di rifiuto iniziale si possono ottenere diverse qualità di compost, che possono essere utilizzate come ammendante in agricoltura o nei vivai, per il ripristino di aree ambientali degradate o come riempimento finale delle discariche esaurite.

c) ***Incenerimento e termovalorizzazione:*** gli *inceneritori* consentono lo smaltimento di rifiuti attraverso un processo di combustione ad alta temperatura che dà origine ad un effluente gassoso, ceneri e polveri. I *termovalorizzatori,* invece, sono impianti che permettono un recupero energetico: la combustione genera energia sottoforma di calore, che va a surriscaldare l'acqua contenuta in una caldaia, producendo vapore, il quale può essere utilizzato per azionare una turbina con produzione di energia elettrica. Il tipo di rifiuto destinato a questi impianti è la frazione secca, ottenuto rimuovendo la frazione organica e i materiali non combustibili (vetro e metalli). Il vantaggio di tali sistemi è quello di ridurre il volume finale dei rifiuti e permettere di generare energia a partire dagli scarti urbani, mentre lo svantaggio è caratterizzato da un rischio di inquinamento idrico e atmosferico, oltre che da alti costi di installazione e mantenimento.

Classificazione dei rifiuti

In base all'origine, i rifiuti vengono classificati in rifiuti urbani e speciali, mentre in funzione delle caratteristiche di pericolosità in rifiuti pericolosi e non pericolosi.
Inoltre, i rifiuti vengono identificati attraverso il Codice Europeo del Rifiuto (CER), ovvero un numero di sei cifre che viene assegnato ad ogni tipologia di rifiuto:

- *Prime due cifre* (indicano la categoria di attività che genera il rifiuto)
- *Due cifre centrali* (indicano il processo produttivo che genera il rifiuto)
- *Ultime due cifre* (indicano il singolo rifiuto)

Gestione dei rifiuti (D.Lgs n°152/06)

La gestione dei rifiuti, ovvero l'insieme delle politiche che regolano l'intero processo dei rifiuti, viene disciplinata nella parte IV del D.Lgs n° 152/06 e, nello specifico, nei seguenti tre articoli:

- *Art. 179:* detta i criteri di priorità nella gestione dei rifiuti, che stabiliscono i fini che le pubbliche amministrazioni devono perseguire nell'esercizio delle proprie competenze; nello specifico, le autorità devono impegnarsi attivamente nella prevenzione e nella riduzione della produzione di rifiuti attraverso, ad esempio, lo sviluppo di tecnologie pulite.
- *Art. 180:* definisce i metodi con cui le pubbliche amministrazioni possono prevenire la produzione di rifiuti e diminuirne la nocività, ponendo particolare attenzione sull'informazione e sulla sensibilizzazione dei consumatori; di grande importanza, inoltre, è la promozione, nelle aziende, di sistemi di qualità, della certificazione ambientale e dell'analisi dei prodotti al fine di valutare l'impatto di un prodotto sull'ambiente.
- *Art. 181:* riguarda il recupero dei rifiuti definendo l'obbligo, per le pubbliche amministrazioni, di favorire la riduzione dello smaltimento dei rifiuti tramite il recupero, il reimpiego ed il riciclaggio, l'adozione di forme di recupero per ottenere la materia prima secondaria dai rifiuti ed il loro utilizzo per produrre energia. Nello specifico, quindi, vengono trattati i tre concetti che definiscono la riutilizzazione dei materiali contenuti nei rifiuti, ovvero:
    - ***Rimpiego*** (consiste nel riutilizzo del bene, altrimenti destinato allo smaltimento, per un uso identico a quello per cui è stato concepito, come nel caso di una bottiglia)
    - ***Recupero*** (prevede che un rifiuto venga utilizzato per la produzione di materie prime secondarie che, a loro volta, possono essere impiegate nella produzione di beni diversi da quello originario)
    - ***Riciclaggio*** (prevede che il rifiuto venga riutilizzato per produrre lo stesso tipo di bene originario)

12. ECOLOGIA

12.1 Ecologia delle popolazioni

Possiamo individuare diverse caratteristiche delle popolazioni, quali:

- **Densità:** è il numero di individui di una specie per unità di area o di volume in un dato tempo.
- **Dispersione (distribuzione spaziale):** può essere aggregata (raggruppata in determinate parti dell'ambiente), uniforme (uniformemente distribuita) o casuale (distribuzione non prevedibile).
- **Grandezza:** è determinata dal tasso pro capite medio delle nascite (b), delle morti (d), dell'immigrazione (i) e dell'emigrazione (e).
- **Tasso di crescita (r):** è il tasso di variazione (aumento o diminuzione) della popolazione su base pro capite, per cui $r = b - d$ su scala globale (senza tener conto del fenomeno migratorio). Le popolazioni crescono quando il tasso di **natalità** pro capite medio è maggiore del tasso di **mortalità** pro capite medio. Quando si analizzano i cambiamenti delle popolazioni su scala locale, occorre tener conto anche della migrazione, che distinguiamo in immigrazione (i) ed emigrazione (e), per cui $r = (b - d) + (i - e)$ per una popolazione locale (tenendo conto del fenomeno migratorio).

Il **potenziale biotico (rmax)** è la velocità massima con cui una specie o una popolazione potrebbe aumentare di numero in condizioni ideali. Anche se certe popolazioni possono mostrare un tipo di crescita accelerata (crescita esponenziale), per limitati periodi di tempo, alla fine il tasso di crescita decresce fino a zero o diventa negativo.
La grandezza di una popolazione è modificata dai limiti ambientali. La **capacità portante (K)** dell'ambiente è la più grande popolazione che può essere mantenuta per un tempo indefinito da un particolare ambiente. La **crescita logistica di una popolazione** viene descritta da una curva a forma di S (nelle popolazioni naturali la curva logistica si osserva raramente).
I fattori che influenzano le dimensioni di una popolazione possono essere di due tipi:

- **Fattori densità-dipendenti:** regolano la crescita delle popolazioni influenzando una maggior proporzione della popolazione quando la densità aumenta (esempi sono predazione, malattie e competizione).
- **Fattori densità-indipendenti:** limitano la crescita delle popolazioni, ma non sono influenzati dai cambiamenti nella densità di popolazione (esempi sono gli uragani e le bufere di neve).

Mentre le **specie semelpare** spendono la loro energia in un unico e immenso sforzo riproduttivo, le **specie iteropare** hanno ripetuti cicli riproduttivi durante i loro cicli vitali. Sebbene esistano diverse combinazioni di **strategie di sopravvivenza**, alcuni ecologi riconoscono due estremi:

- **Strategia r:** si basa su un alto tasso di crescita; gli organismi r-selezionati hanno spesso dimensioni corporee piccole, tassi riproduttivi elevati, cicli vitali brevi e, in genere, prevalgono in ambienti variabili.

- **Strategia K:** si basa sul mantenimento della popolazione a livello della capacità portante dell'ambiente; gli organismi K-selezionati, spesso, hanno dimensioni corporee grandi, tassi riproduttivi bassi, cicli vitali lunghi e prevalgono, generalmente, negli ambienti stabili.

Le due strategie semplificano in modo eccessivo la maggior parte delle strategie di sopravvivenza. Molte specie hanno una combinazione di caratteri r-selezionati e K-selezionati, come pure caratteri che non possono essere classificati né come r-selezionati né come K-selezionati. Una **life table** mostra i dati di mortalità e di sopravvivenza di una popolazione o di una coorte (gruppo di individui della stessa età), in diversi momenti del loro ciclo vitale.
La **sopravvivenza** è la probabilità per un dato individuo in una popolazione o in una coorte di sopravvivere fino ad una determinata età. Ci sono tre tipi generali di **curve di sopravvivenza**:

- *Tipo I* (con mortalità maggiore in età avanzata)
- *Tipo II* (con mortalità diffusa equamente in tutte le classi di età)
- *Tipo III* (con mortalità maggiore in età giovanile)

Molte specie esistono come **metapopolazione**, un insieme di popolazioni locali in cui gli individui sono distribuiti in un mosaico di habitat all'interno di un sistema ambientale, che consiste in una grande area di terreno (da alcuni a molti Km^2) composta da ecosistemi interagenti.
All'interno di una metapopolazione, gli individui occasionalmente migrano da un habitat locale ad un altro, mediante emigrazione ed immigrazione.
Gli **habitat source** sono i siti preferiti, in cui il successo riproduttivo locale è maggiore della mortalità locale (l'eccesso di individui si disperde dagli habitat source).
Gli **habitat sink** sono habitat di minor qualità, dove gli individui possono morire oppure, se sopravvivono, hanno uno scarso successo riproduttivo; se avviene l'estinzione di una popolazione sink locale, gli individui di una popolazione source possono ricolonizzare successivamente l'habitat vacante.

La popolazione mondiale aumenta di circa 83 milioni all'anno, raggiungendo 6.8 miliardi nel 2009. Sebbene la popolazione umana continua ad aumentare, il tasso di crescita pro capite (r) è diminuito nel corso degli ultimi anni, da un picco di circa il 2% annuale nel 1965 ad un valore di 1,2% annuale nel 2009. Gli esperti di **demografia umana** (statistica delle popolazioni umane) prevedono che la popolazione mondiale si stabilizzerà (r = 0, o crescita zero della popolazione) alla fine del XXI secolo.
I **paesi altamente sviluppati** hanno il più basso tasso di natalità, il più basso tasso di mortalità infantile, il più basso tasso di fertilità totale, l'aspettativa di vita più lunga e il più elevato PNL pro capite (una misura della quantità di beni e servizi che un cittadino medio potrebbe acquistare in un anno in quel determinato paese).
I **paesi in via di sviluppo** hanno il più alto tasso di natalità, il più alto tasso di mortalità infantile, il più alto tasso di fertilità totale, la più breve aspettativa di vita ed il più basso PNL pro capite.
La **struttura di età** di una popolazione influisce molto sulla dinamica di popolazione, infatti è possibile, per un paese, avere un tasso di fertilità al livello di sostituzione e, tuttavia, subire ancora una crescita demografica se la maggior parte della popolazione è in età pre-riproduttiva. Una struttura di età giovane determina un momento di crescita della popolazione positivo quando l'ampio gruppo in età pre-riproduttiva raggiunge la maturità e si riproduce.

I paesi in via di sviluppo tendono ad avere una forte **pressione demografica**, nella quale il rapido aumento della popolazione degrada l'ambiente, anche se ciascun individuo consuma poche risorse. I paesi sviluppati tendono ad avere una forte **pressione consumistica**, nella quale ciascun individuo di una popolazione a crescita lenta o stazionaria consuma una grande quantità di risorse, che porta comunque al degrado ambientale.

12.2 Ecologia delle comunità

Lo stile di vita distintivo ed il ruolo di un organismo in una comunità costituiscono la sua **nicchia ecologica**, che tiene conto di tutti gli aspetti biotici ed abiotici dell'esistenza di un dato organismo. L'**habitat**, il luogo in cui un organismo vive, è uno dei parametri usati per descrivere la nicchia ecologica. Gli organismi sono potenzialmente in grado di sfruttare un maggior numero di risorse e di svolgere un ruolo più ampio all'interno della comunità di quanto realmente facciano. La nicchia ecologica potenziale di un organismo è la sua nicchia fondamentale, mentre la nicchia che di fatto occupa è la sua nicchia realizzata.
La **competizione** si verifica quando due o più individui cercano di usare la stessa risorsa essenziale, come cibo, acqua, riparo, spazio vitale o luce solare. La competizione può verificarsi tra individui della stessa popolazione (**competizione intraspecifica**) o tra individui di specie diverse (**competizione interspecifica**).
Secondo il **principio di esclusione competitiva**, due specie non possono occupare la stessa nicchia nella stessa comunità per un periodo di tempo illimitato; una specie è soppiantata da un'altra specie per effetto della competizione per una risorsa limitante. In un esperimento classico che dimostra l'esclusione competitiva, Gause ha cresciuto due specie di parameci: in provette separate, la popolazione di ciascuna specie è aumentata e si è stabilizzata. Nella stessa provetta, invece, una specie ha prosperato e l'altra si è estinta. Gause ha concluso che, essendo le due specie molto simili, nel tempo una delle due doveva alla fine trionfare a spese dell'altra.
Alcune specie simili riducono la competizione mediante la **ripartizione delle risorse**, vale a dire evolvendosi in modo da sfruttare in modo diverso le risorse. Altre specie riducono la competizione mediante la **dislocazione dei caratteri**, vale a dire selezionando caratteristiche strutturali, ecologiche e comportamentali divergenti da una gamma potenziale, in cui le caratteristiche delle due specie si sovrappongono. Le dimensioni dei becchi dei fringuelli di Darwin rappresentano un esempio di dislocazione dei caratteri; nelle aree in cui il fringuello medio e quello piccolo sono presenti insieme, lo spessore dei loro becchi è distintivo; tuttavia, dove le due specie vivono separatamente, lo spessore del becco ha dimensioni intermedie simili.
La **predazione** è il consumo di una specie (preda) da parte di un'altra (predatore).
Durante la **coevoluzione** tra il predatore e la preda, il primo evolve capacità sempre maggiori di catturare le prede, mentre la seconda evolve una sempre migliore abilità a sfuggire il predatore.
La **simbiosi** è un'associazione intima o a lungo termine tra due o più specie e possiamo distinguerne tre tipologie: mutualismo, commensalismo e parassitismo.
Nel **mutualismo** entrambe le specie traggono vantaggio e tre esempi di mutualismo sono: i **batteri fissatori d'azoto** e le leguminose, le **zooxantelle** ed i coralli, le **micorrize** (funghi e radici delle piante).

Nel **commensalismo**, una specie trae vantaggio e l'altra non viene influenzata; due esempi di commensalismo sono: i pesciolini d'argento e le formiche legionarie, le epifite e le piante di maggiori dimensioni.
Nel **parassitismo**, un organismo (parassita) tra vantaggio, mentre l'altro (ospite) viene danneggiato; un esempio di parassitismo sono gli acari che vivono sulle o nelle api. Alcuni parassiti sono patogeni, ovvero causano malattie.
Le **specie chiave** sono presenti in numero relativamente piccolo, ma sono cruciali nella determinazione della composizione in specie e del funzionamento ecosistemico dell'intera comunità. A differenza della specie chiave, che hanno un impatto indipendente dalla loro abbondanza, le **specie dominanti** influenzano fortemente la comunità di cui fanno parte in virtù della loro abbondanza.
La complessità di una comunità si esprime in termini di **ricchezza di specie**, il numero di specie in una comunità, ed in termini di **diversità di specie**, una misura dell'importanza relativa di ciascuna specie in una comunità, sulla base di abbondanza, produttività o dimensioni.
Spesso la ricchezza di specie è elevata quando un habitat è strutturalmente complesso, quando una comunità non è isolata (effetto distanza) o sottoposta a stress intenso, quando è disponibile una maggior quantità di energia (ipotesi energia-ricchezza di specie), negli **ecotoni** (zone di transizione tra comunità) e nelle comunità antiche che non hanno subito grosse perturbazioni (disturbo), eventi che distruggono la struttura di una comunità.
Diversi studi suggeriscono che la ricchezza di specie possa favorire la stabilità di una comunità. Il numero di specie di uccelli presenti su ciascuna delle isole del Pacifico meridionale è inversamente correlato al suo isolamento geografico, ovvero alla distanza dalla Nuova Guinea. La ricchezza di specie diminuisce all'aumentare della distanza dalla Nuova Guinea.
La valutazione della biodiversità di un ecosistema rappresenta spesso un parametro per la valutazione dello stato di salute dell'ecosistema stesso.

Per quanto riguarda, invece, lo sviluppo della comunità, si parla di **successione**, ovvero la sostituzione ordinata di una comunità con un'altra. Possiamo distinguere tra:

- **Successione primaria:** si verifica in un'area che non è stata abitata precedentemente (ad esempio, rocce nude)
- **Successione secondaria:** incomincia in un'area dove vi era una comunità preesistente ed un suolo ben formato (ad esempio, una coltivazione abbandonata)

Il disturbo influenza la successione e la ricchezza di specie. Secondo l'**ipotesi del disturbo intermedio**, la ricchezza di specie è massima in presenza di perturbazioni moderate, che producono un mosaico di habitat a differenti stadi della successione.
Il **modello organismico** vede la comunità come un "superorganismo" che attraversa determinati stadi di sviluppo (successione) fino a raggiungere la maturità (climax). Secondo questa visione, le interazioni biologiche sono le principali responsabili della composizione in specie e gli organismi sono altamente interdipendenti.
La maggior parte degli ecologi sostiene il **modello individualistico**, che rifiuta il concetto di una comunità altamente interdipendente. Secondo questo modello, i principali fattori che determinano la composizione in specie di una comunità sono i fattori abiotici e gli organismi sono alquanto indipendenti gli uni dagli altri.

12.3 Ecosistemi e biosfera

Il **flusso di energia** attraverso un ecosistema segue un corso lineare, dal sole ai produttori, e da questi ai consumatori, fino ai decompositori. Gran parte di quest'energia viene convertita in calore attraverso i passaggi da un organismo all'altro e, perciò, è inutilizzabile da parte degli organismi che occupano il successivo **livello trofico**.
Le relazioni trofiche possono essere espresse in forma di **catene alimentari** o, più realisticamente, come **reti alimentari**, che mostrano le numerose vie alternative che l'energia può prendere tra i produttori, i consumatori e i decompositori di un ecosistema.
Le **piramidi ecologiche** esprimono la progressiva riduzione del numero degli organismi, della biomassa e dell'energia presenti in livelli trofici successivi:

- *Piramide di numeri:* mostra il numero di organismi in ciascun livello trofico di un dato ecosistema.
- *Piramide di biomassa:* mostra la biomassa totale in ciascun livello trofico successivo.
- *Piramide di energia:* indica il contenuto energetico della biomassa di ciascun livello trofico.

La **produttività primaria lorda (PPL)** di un ecosistema è la velocità con cui la fotosintesi cattura l'energia, mentre la **produttività primaria netta (PPN)** è l'energia che rimane, come biomassa, dopo la respirazione cellulare delle piante e degli altri produttori.

12.3.1 *Cicli della materia negli ecosistemi*

I cicli della materia negli ecosistemi sono distinti in: ciclo del carbonio, ciclo dell'azoto, ciclo del fosforo e ciclo idrologico.
L'anidride carbonica è un gas che gioca un ruolo importante nel **ciclo del carbonio**. Il carbonio entra nelle piante, nelle alghe e nei cianobatteri sottoforma di anidride carbonica e viene incorporato nelle molecole organiche attraverso la fotosintesi. La respirazione cellulare, la combustione e l'erosione delle rocce calcaree restituiscono l'anidride carbonica all'acqua e all'atmosfera, rendendola di nuovo disponibile per i produttori.

Il **ciclo dell'azoto** si svolge attraverso 5 fasi:

- *Fissazione dell'azoto:* conversione dell'azoto gassoso in ammoniaca.
- *Nitrificazione:* conversione dell'ammoniaca o dell'ammonio in nitrati.
- *Assimilazione:* conversione dei nitrati, dell'ammoniaca o dell'ammonio in proteine, clorofilla ed altri composti azotati da parte delle piante (anche la conversione delle proteine vegetali in proteine animali è considerata assimilazione).
- *Ammonificazione:* conversione dell'azoto organismo in ammoniaca e ioni ammonio.
- *Denitrificazione:* conversione dei nitrati in azoto gassoso.

Il **ciclo del fosforo** non presenta composti gassosi biologicamente importanti. I fosfati inorganici derivanti dall'erosione delle rocce si accumulano nel suolo e vengono assorbiti dalle radici delle piante. Gli animali ottengono il fosforo necessario dalla loro dieta. I decompositori rilasciano fosfati inorganici nell'ambiente. Grandi quantità di fosforo possono restare fuori dai cicli biologici per milioni di anni quando si depositano nei fondali oceanici.

Il **ciclo idrologico** comporta uno scambio di acqua tra le terre emerse, gli oceani, l'atmosfera e gli organismi. L'acqua entra nell'atmosfera attraverso l'evaporazione e la traspirazione, per poi lasciarla sottoforma di precipitazioni; sulle terre emerse, l'acqua percola attraverso il suolo, scorre con i fiumi e si raccoglie nei laghi e nei mari. Le caverne sotterranee e gli strati sottostanti di roccia porosa immagazzinano l'acqua costituendo le falde acquifere. Lo scorrimento in superficie è il movimento delle acque superficiali dalla terra all'oceano.

Se un ecosistema è dominato dai **processi bottom-up** (dal basso verso l'alto), la disponibilità delle risorse, come i nutrienti minerali, controlla il numero di produttori (il livello trofico più basso), che a sua volta controlla il numero di erbivori, che controlla il numero di carnivori.
I **processi top-down** (dall'alto verso il basso) regolano gli ecosistemi a partire dal livello trofico più alto, mediante il consumo dei produttori da parte dei consumatori. Se un ecosistema è dominato dai processi top-down, un aumento nel numero dei massimi predatori ha un effetto a cascata lungo la rete alimentare, attraverso gli erbivori ed i produttori.

12.3.2 *Fattori abiotici negli ecosistemi*

Il 30% dell'energia solare che raggiunge la Terra viene immediatamente riflesso, mentre il 70% viene assorbito dall'atmosfera e dalla superficie terrestre. Alla fine, tutta l'energia solare assorbita dalla Terra ritorna allo spazio sottoforma di radiazioni infrarosse (calore). La combinazione tra la forma pressoché sferica della Terra e l'inclinazione del suo asse di rotazione concentra l'energia solare all'equatore e la diluisce verso i poli; i tropici sono dunque più caldi ed hanno un clima meno variabile rispetto alle aree temperate e polari.
La luce visibile ed una porzione dei raggi infrarossi riscaldano la superficie terrestre e la parte bassa dell'atmosfera. Il calore atmosferico trasferito dall'equatore ai poli produce un movimento di aria calda verso i poli e di aria fredda verso l'equatore, ottenendo come effetto una moderazione del clima globale.
I **venti** risultano in parte dalle differenze nella pressione atmosferica e dall'**effetto Coriolis**, che consiste nella tendenza, dovuta alla rotazione della Terra, delle masse d'aria o d'acqua in movimento ad essere deviate verso destra nell'emisfero settentrionale e verso sinistra nell'emisfero meridionale.
Le **correnti oceaniche** di superficie sono determinate dai venti prevalenti e dall'effetto Coriolis.
Le **precipitazioni** sono influenzate dalla latitudine, dall'altitudine, dalla topografia, dalla vegetazione, dalla distanza dall'oceano o da altre grandi masse d'acqua e dall'ubicazione su un continente o su altre masse di terre emerse. Le precipitazioni raggiungono valori massimi dove l'aria calda passa sopra l'oceano, assorbe l'umidità e poi si raffredda, come nei casi in cui l'aria umida è costretta a risalire il versante di una montagna. I deserti si sviluppano sui versanti montuosi che subiscono l'**effetto ombra** o all'interno dei continenti. Gli **incendi** liberano i nutrienti minerali intrappolati nella materia organica secca, rimuovono la copertura vegetale ed espongono il suolo, aumentandone in tal modo l'erosione. Molti ecosistemi, come le savane, lo chaparral, le praterie ed alcuni tipi di foreste comprendono organismi adattati agli incendi.
La ***Hubbard Brook Experimental Forest (HBEF)*** è il sito di numerosi studi relativi all'idrologia (ad esempio, precipitazioni, scorrimento superficiale e flusso sotterrano), alla biologia (ad esempio, effetti della deforestazione e variazioni nelle popolazioni di salamandre), alla geologia, alla chimica (ad esempio le piogge acide) delle foreste e degli ecosistemi acquatici associati.

12.4 Ecologia e biogeografia

12.4.1 *Biomi*

Un **bioma** è una grande regione di terra emersa, relativamente distinta dalle altre e definita da clima, suolo, flora e fauna caratteristici. Tra questi possiamo distinguere:

- **Tundra:** è il bioma più settentrionale ed è caratterizzata da uno strato sotterraneo permanentemente gelato (permafrost) e da una vegetazione bassa, adattata al freddo estremo ed alla breve stagione di crescita.
- **Taiga (foresta boreale):** è dominata dagli alberi di conifere, adattati ad inverni freddi, breve stagione di crescita, suoli acidi e poveri di minerali.
- **Foresta temperata pluviale:** riceve abbondanti precipitazioni, è dominata da grandi conifere.
- **Foresta temperata decidua:** si trova dove le precipitazioni sono relativamente abbondanti ed i suoli sono ricchi di materia organica; è dominata da latifoglie che perdono le foglie stagionalmente.
- **Prateria temperata:** possiede tipicamente un suolo profondo e ricco di minerali; le precipitazioni sono moderate, ma incerte.
- **Chaparral (bioma mediterraneo):** è caratterizzato da arbusti ed alberi di sclerofille sempreverdi; si trova in aree con inverni miti e piovosi ed estati calde ed asciutte.
- **Deserti:** si trovano in aree sia temperate (deserti freddi) sia subtropicali o tropicali (deserti caldi) con bassi livelli di precipitazioni; ospitano organismi con adattamenti specializzati per la minimizzazione della perdita d'acqua.
- **Savana (prateria tropicale):** è caratterizzata da distese erbacee con alberi sparsi; si trova in aree tropicali con piovosità bassa o stagionale.
- **Foresta tropicale pluviale:** è caratterizzata da suoli poveri di minerali e precipitazioni elevate per tutto l'anno; sia la ricchezza di specie che la produttività sono elevate.

La ricerca di giacimenti di petrolio e le esercitazioni militari causano danni di lunga durata alla tundra; il disboscamento distrugge la taiga e le foreste temperate pluviali; le foreste temperate decidue vengono rase al suolo dal disboscamento, effettuato sia per ricavare legname sia per creare terre libere per le fattorie, le piantagioni di albero e lo sviluppo del territorio.
La crescita della popolazione umana e, conseguentemente, l'espansione dell'agricoltura e delle attività industriali, minacciano la maggior parte delle foreste tropicali pluviali di tutto il mondo.
Le aree di allevamento hanno rimpiazzato la gran parte delle praterie temperate; le savane vengono sempre più convertite in tenute per il bestiame. Lo sviluppo di chaparral in collina determina smottamenti e gravi incendi, mentre lo sviluppo del territorio nei deserti riduce gli habitat naturali.

12.4.2 *Ecosistemi acquatici*

Negli ecosistemi acquatici, i fattori ambientali importanti sono la salinità (concentrazione di sali disciolti), la quantità di ossigeno disciolto, la disponibilità di luce, i livelli di minerali essenziali, la profondità dell'acqua, la temperatura, il pH e la presenza o assenza di moti ondosi e correnti.
Da un punto di vista ecologico, la vita acquatica è suddivisa in:

- *Plancton:* organismi che fluttuano passivamente.
- *Necton:* organismi che nuotano attivamente.
- *Benthos:* organismi che vivono sui fondali.

Il **fitoplancton** è costituito da alghe e cianobatteri fotosintetizzanti, che formano la base delle reti alimentari nella maggior parte delle comunità acquatiche. Lo **zooplancton** comprende organismi non fotosintetici, tra cui protozoi, piccoli crostacei e larve di molti animali.
Gli ecosistemi d'acqua dolce comprendono quelli di acqua corrente (fiumi e torrenti), quelli di acqua stagnante (laghi e stagni) e le zone umide (paludi ed acquitrini).
Negli **ecosistemi di acqua corrente**, l'acqua fluisce tramite una corrente; essi posseggono poco fitoplancton e dipendono dai detriti provenienti dalle terre emerse per gran parte della loro energia.
I grandi **ecosistemi d'acqua dolce** (laghi) sono suddivisi in zone in base alla profondità dell'acqua:

- *Zona litorale marginale:* contiene vegetazione emergente ed alghe ed è molto produttiva.
- *Zona limnetica*: è la massa d'acqua a largo della riva che si estende fino a dove la luce riesce a penetrare; gli organismi includono fitoplancton, zooplancton e grossi pesci.
- *Zona profonda*: è priva di luce ed ospita quasi esclusivamente batteri decompositori.

Le **zone umide**, ambienti di transizione tra le acque dolci e le terre emerse, sono generalmente coperte da acque poco profonde (almeno durante una parte dell'anno) e mostrano vegetazione e suoli caratteristici; esse svolgono numerosi servizi ecosistemici di valore.
Un **estuario** è una massa d'acqua costiera, parzialmente circondata da terre emerse, che comunica liberamente con il mare e riceve un cospicuo apporto di acqua dolce dai fiumi. La salinità oscilla secondo i cicli delle maree, il periodo dell'anno e le precipitazioni. Gli estuari temperati di solito contengono paludi salmastre, mentre le zone costiere tropicali sono dominate dalle foreste di mangrovie.
Quattro importanti ambienti marini sono:

- ***Zona intertidale:*** linea di costa tra la bassa e l'alta marea; gli organismi della zona intertidale possiedono adattamenti al moto ondoso, alla vita sommersa (alta marea) ed all'esposizione all'aria (bassa marea).
- ***Ambiente bentonico:*** è costituito dai fondali oceanici; le praterie marine, le foreste di fichi e le barriere coralline sono comunità bentoniche importanti nelle acque poco profonde degli oceani.
- ***Provincia neritica:*** è la massa d'acqua compresa tra la linea costiera e la profondità massima di 200 metri; gli organismi che vivono nella provincia neritica sono tutti nectonici o planctonici. Il fitoplancton, che abbonda nella zona eufotica (dove penetra luce a sufficienza per la fotosintesi), rappresenta la base della rete alimentare.

- *Provincia oceanica:* è quella parte dell'ambiente marino che si estende a profondità maggiori di 200 metri; l'ambiente è uniformemente privo di luce, freddo e sottoposto a forti pressioni. Gli abitanti della provincia oceanica sono predatori e detritivori, che si nutrono della neve marina, ovvero dei detriti provenienti dalle altre zone dell'oceano.

L'inquinamento delle acque e le dighe influenzano negativamente gli ecosistemi di acqua corrente. L'aumento dei nutrienti, causato dalle attività umane, stimola la crescita delle alghe, rendendo eutrofici gli stagni ed i laghi. L'agricoltura, l'inquinamento e lo sviluppo del territorio minacciano le zone umide e gli estuari. L'inquinamento, lo sviluppo delle aree costiere, gli scavi minerari, le trivellazioni per i pozzi petroliferi e la pesca eccessiva minacciano gli ecosistemi marini.

12.4.3 *Ecotoni e biogeografia*

Un **ecotono** è la zona di transizione in cui due comunità o biomi si incontrano ed interagiscono. Gli ecotoni forniscono un'ampia varietà di habitat e sono spesso popolati da una maggior varietà di organismi rispetto ai due ecosistemi adiacenti.

La **biogeografia** è lo studio della distribuzione geografica di piante ed animali, che comprende la provenienza delle popolazioni, le modalità con cui è stata raggiunta l'attuale distribuzione e la datazione degli spostamenti. Ciascuna specie ha avuto origine una sola volta nel suo centro di origine, da cui si è diffusa finora che non è stata fermata da una barriera fisica, biologica o ambientale; l'**areale** di una determinata specie è quella porzione del pianeta Terra in cui essa vive.
Alfred Wallace divise le terre emerse in sei principali regni biogeografici: Paleartico, Neartico, Neotropicale, Etiopico, Orientale ed Australiano. Ciascun regno presenta delle caratteristiche biologiche distintive, in quanto è separato dagli altri da una barriera, come una catena montuosa, un deserto o un oceano. Oggi, le attività dell'uomo stanno contribuendo a rendere omogenei i regni biogeografici.

12.5 Questioni ambientali globali

La **diversità biologica** è la varietà di organismi, considerata a tre livelli: popolazioni, specie ed ecosistemi.
La **diversità genetica** è la varietà genetica all'interno di una specie, sia nell'ambito di una data popolazione sia tra popolazioni geograficamente separate.
La **ricchezza di specie** è il numero di specie di archeobatteri, batteri, protisti, piante, funghi e animali.
La **diversità ecosistemica** è la varietà di ecosistemi sulla Terra, come foreste, praterie, deserti, laghi, estuari costieri e barriere coralline.
Una specie viene considerata **estinta** in seguito alla morte dell'ultimo individuo che la rappresenta. Una specie il cui numero di individui è talmente ridotto, in tutto o in gran parte del suo areale, da essere a rischio imminente di estinzione, viene definita **specie a rischio di estinzione**.

Una specie le cui popolazioni sono molto ridotte, ma il rischio di estinzione non è imminente viene definita **specie minacciata**.
Le attività umane che contribuiscono alla riduzione della diversità biologica comprendono la distruzione e la frammentazione degli habitat, l'inquinamento, l'introduzione di specie invasive, il controllo dei predatori e degli organismi dannosi, la caccia commerciale illegale ed il commercio di animali vivi. Di tutte queste, le più significative sono la distruzione e la frammentazione degli habitat.

12.5.1 *Biologia della conservazione*

La biologia della conservazione è lo studio delle modalità con cui l'uomo influisce sugli organismi e dello sviluppo di progetti per proteggere la diversità biologica.

Per **conservazione *in situ*** si intendono interventi mirati a mantenere la biodiversità in natura ed è particolarmente necessaria nelle 25 zone critiche della biodiversità del mondo. Lo studio delle connessioni esistenti in un sistema ambientale eterogeneo costituito da diversi ecosistemi interagenti si definisce *ecologia dei sistemi ambientali*. I biologi stanno concentrando i loro sforzi sempre più nella preservazione della biodiversità in interi ecosistemi e sistemi ambientali.

Per **conservazione *ex situ*** si intendono interventi per la salvaguardia delle specie condotti all'interno di strutture artificiali; ne sono esempi l'accoppiamento delle specie in cattività nei giardini zoologici e le banche di semi delle piante da raccolto geneticamente diverse.

L'***Endangered Species Act (ESA)*** autorizza il Fish and Wildlife Service americano a proteggere le specie in via di estinzione e quelle minacciate, sia negli USA che altrove. Tuttavia, l'ESA è controverso, poiché non risarcisce ai proprietari terrieri le perdite finanziarie causate dall'impossibilità di sviluppare le loro terre se in esse vivono specie in via di estinzione o minacciate. I conservazionisti vorrebbero rafforzare l'ESA in modo da poter gestire interi ecosistemi e mantenere la diversità biologica in maniera completa, piuttosto che cercare di salvare le specie in via di estinzione come entità isolate.
A livello internazionale, la ***Convention on International Trade in Endangered Species of Wild Flora and Fauna (CITES)*** protegge gli animali e le piante in via di estinzione considerati di valore nel commercio ad alto lucro degli organismi viventi. Il rispetto del trattato varia da paese a paese; dove viene esercitato un potere esecutivo, le punizioni non sono molto severe, e quindi continua ad esistere il commercio illegale di specie rare e di alto valore commerciale.

12.5.2 *Deforestazione*

Le foreste forniscono numerosi servizi ecosistemici, tra cui gli habitat naturali, la protezione dei bacini idrografici, la prevenzione dell'erosione del suolo, la mitigazione del clima e la protezione dalle inondazioni. Il più grande problema riguardante le foreste è la **deforestazione**, ovvero l'abbattimento temporaneo o permanente di questi ecosistemi per uso agricolo o altri motivi. Questo fenomeno determina un aumento dell'erosione del suolo e, di conseguenza, ne diminuisce la fertilità; essa, inoltre, contribuisce alla perdita di diversità biologica.
Quando una foresta viene abbattuta, il bacino idrografico non riesce ad assorbire e trattenere l'acqua, e l'entità totale dello scorrimento superficiale nei fumi e nei torrenti aumenta. La deforestazione può avere effetti sui cambiamenti climatici regionali e globali e contribuire ad un aumento della temperatura globale. Le foreste vengono distrutte per ottenere terreni agricoli, per produrre legname pregiato, per facilitare la pastorizia e per fornire legna da ardere.
L'**agricoltura di sussistenza**, con cui una famiglia produce solo il cibo necessario a nutrirsi, è forse la causa del 60% della deforestazione delle foreste pluviali tropicali. L'abbattimento estensivo di alcune foreste boreali in Alaska, Canada e Russia rappresenta, attualmente, la fonte principale del legno per le industri e delle fibre di cellulosa nel mondo.

12.5.3 *Riscaldamento globale*

I **gas serra** (anidride carbonica, metano, ozono di superficie, ossido nitroso e clorofluorocarburi) causano l'**effetto serra**, per cui l'atmosfera trattiene il calore e riscalda la superficie terrestre. L'aumento di CO_2 e di altri gas serra nell'atmosfera è preoccupante a causa dell'aumento dell'effetto serra, ovvero il surriscaldamento causato dall'aumento dei livelli dei gas che trattengono le radiazioni infrarosse.
Nel corso del XXI secolo, il **riscaldamento globale** potrà provocare un innalzamento del livello del mare e cambiamenti nelle precipitazioni, che a loro volta determinano siccità più frequenti in alcune aree ed inondazioni più frequenti in altre.
Il riscaldamento globale sta causando lo spostamento degli areali di alcune specie; alcuni biologi ritengono che alcune specie si estingueranno, altre non ne saranno influenzate, mentre altre ancora cresceranno es espanderanno i loro areali. Si stanno accumulando sempre più dati che collegano il riscaldamento globale ed i problemi relativi alla salute umana (particolarmente nei paesi in via di sviluppo). I problemi concernenti l'agricoltura includono l'aumento delle inondazioni e delle siccità ed il declino della produttività agricola nelle aree tropicali e subtropicali.

12.5.4 *Diminuzione dell'ozono stratosferico*

L'**ozono** O_3 è una forma di ossigeno; quello che si trova nello strato più basso dell'atmosfera è un inquinante prodotto dall'uomo, mentre quello presente nella stratosfera è un prodotto naturale ed essenziale. La **stratosfera**, che circonda la Terra ad una distanza di 10-45 km dalla superficie terrestre, contiene infatti uno strato di ozono che scherma la superficie terrestre dalla gran parte delle dannose radiazioni ultraviolette provenienti dal sole.
La quantità totale di ozono presente nella stratosfera sta diminuendo ed ogni anno grandi aree di ozono si assottigliano in corrispondenza dell'Antartide. La distruzione dell'ozono stratosferico è dovuta ai clorofluorocarburi e ad altri composti simili contenenti cloro e bromo.
L'esposizione eccessiva alle radiazioni UV è correlata a numerosi problemi relativi alla salute umana, tra cui la cataratta, il cancro della pelle e l'indebolimento del sistema immunitario. Gli scienziati temono che gli aumentati livelli di radiazioni UV possano distruggere gli ecosistemi, come la rete alimentare antartica. Si teme, inoltre, che gli elevati livelli di radiazioni UV possano danneggiare le coltivazioni e le foreste.

13. TECNICHE

13.1 Tecniche di biologia cellulare

13.1.1 *Microscopia*

Il microscopio è uno degli strumenti più importanti per lo studio delle strutture cellulari e possiamo distinguere le tecniche microscopiche in due tipologie principali: *microscopia ottica* ed *elettronica*.

Microscopia ottica

Il **microscopio ottico** è caratterizzato da un tubo con lenti di vetro a ciascuna estremità, attraverso le quali passa la luce visibile, che va ad irradiare il campione e, mediante rifrazione, ingrandisce l'immagine. Le proprietà fondamentali di un microscopio sono due:

- **Ingrandimento:** rapporto tra le dimensioni effettive del campion e quelle dell'immagine vista al microscopio (il massimo di ingrandimento è x1000)
- **Risoluzione o potere risolutivo:** distanza minima tra due punti alla quale questi possono essere distinti l'uno dall'altro, è circa 500 volte maggiore a quello dell'occhio e dipende da:
  - *Qualità delle lenti*
  - *Lunghezza d'onda della sorgente luminosa* (è inversamente proporzionale alla risoluzione, per cui la risoluzione aumenta al diminuire della lunghezza d'onda)

Poiché la luce visibile utilizzata dal microscopio ottico ha una lunghezza d'onda che va da 400 nm (violetto) a 700 nm (rosso), è impossibile osservare dettagli inferiori a 0.2μm.
Lo sviluppo della microscopia ottica e dei sistemi di colorazione ha permesso di osservare e studiare gli organuli cellulari anche se, generalmente, tali metodi di colorazione uccidono le cellule. Ad oggi, lo studio delle cellule vive è possibile grazie a microscopi ottici dotati di speciali sistemi ottici:

- ***Microscopia in campo chiaro*** (l'immagine si forma grazie alla trasmissione della luce attraverso la cellula ma, a causa del poco contrasto, i dettagli della struttura cellulare non sono visibili)
- ***Microscopia in campo scuro*** (la cellula appare come un oggetto luminoso su uno sfondo scuro poiché i raggi di luce sono diretti lateralmente e solo la luce diffusa riesce ad attraversare le lenti)
- ***Microscopia a contrasto di fase*** e ***microscopia a contrasto di interferenza differenziale*** (entrambe sfruttano le differenze di densità all'interno della cellula, permettendo di osservarne le strutture interne)
- ***Microscopia a fluorescenza*** (fondamentale per ricercare molecole specifiche all'interno della cellula grazie all'utilizzo di *coloranti fluorescenti* – molecole in grado di assorbire l'energia luminosa ad una determinata lunghezza d'onda e la riemettono ad un'altra – che si legano al DNA o a proteine. Un esempio è la *Green Fluorescent Protein (GFP)*)

- *Microscopia confocale* (produce immagini molto nitide: le cellule marcate con il colorante fluorescente vengono montate su un vetrino e colpite da una luce ultravioletta, in modo tale che il marcatore fluorescente possa emettere luce visibile, rendendo visibile un singolo piano della cellula. Questo microscopio produce delle sezioni ottiche da diversi piani della cellula, che poi vengono riassemblate da un computer per ottenere un'immagine tridimensionale)

Microscopia elettronica

Il **microscopio elettronico** permette di studiare l'ultrastruttura cellulare, ha un ingrandimento massimo di 250.000 volte ed un potere risolutivo 10.000 maggiore rispetto al microscopio ottico poiché utilizza radiazioni con lunghezze d'onda di 0.1 – 0.2 nm prodotte da un fascio di elettroni. Possiamo distinguere due tipologie di microscopio elettronico, ovvero:

- *Microscopio elettronico a trasmissione* (si preparano delle sezioni ultrasottili (50 – 100 nm) utilizzando delle lame di vetro o diamante, dopodiché si pone il campione su una griglia metallica e lo si bombarda con un fascio di elettroni che, dopo aver attraversato il campione, cade su una lastra fotografica o su uno schermo a fluorescenza, che mostra l'immagine)
- *Microscopio elettronico a scansione (MES)* (fornisce informazioni sulla forma e sulle caratteristiche esterne del campione: quando il fascio elettronico collide sui vari punti del campione, vengono emessi degli elettroni secondari, la cui intensità varia al variare dei contorni della superficie, che forniscono un'immagine tridimensionale della superficie del campione)

13.1.2 *Replica plating*

È una tecnica utilizzata per identificare ceppi batterici diversi in una miscela eterogenea di ceppi, in funzione delle loro necessità di crescita. L'iter, quindi, a partire da una piastra madre contenente delle colonie di ceppi differenti, è il seguente:

1. ***Si preme delicatamente il velluto sterile sulla piastra madre*** (in tal modo, un po' di ciascuna colonia presente si trasferirà sul velluto, mantenendo la stessa distribuzione)
2. ***Si preme delicatamente il velluto su una nuova piastra*** (in questo modo si effettua il trasferimento dei ceppi)
3. ***Incubazione della piastra copia*** (può essere costituita da un terreno minimo di nutrienti)
4. ***Confronto della distribuzione delle colonie tra la piastra madre e la piastra copia*** (la presenza di un determinato ceppo nella piastra madre, ma non nella piastra copia, sta a indicare la mancanza di qualche sostanza nutritiva necessaria per la crescita)

13.1.3 *Visualizzazione del rilascio di Ca^{2+} nelle cellule*

Possiamo individuare diverse tecniche per la misurazione del Ca^{2+} libero nel citoplasma delle cellule e tra queste abbiamo l'utilizzo di:

- *Sostanze in grado di produrre luminescenza quando si legano allo ione* (l'**equorina** è una di queste molecole: viene iniettata nel citoplasma tramite aghi microscopici e, quando l'IP_3 apre i canali del Ca^{2+} sul RE aumentandone, quindi, la concentrazione citosolica, si forma il complesso equorina-Ca^{2+} con emissione di luce)
- *Molecole idrosolubili artificiali* (**fura-2** e **quin-2** sono esempi di molecole sintetizzate artificialmente che possono essere utilizzate come indicatori del rilascio di Ca^{2+}. Queste molecole emettono fluorescenza una volta esposte alla luce UV ma, poiché la sua lunghezza d'onda varia a seconda che la molecola sia o meno legata agli ioni Ca^{2+}, la quantificazione del rilascio di Ca^{2+} può essere effettuata misurando l'intensità della fluorescenza ad entrambe le lunghezze d'onda. Queste molecole possono essere iniettate oppure combinate con una piccola molecola organica idrofobica che permette loro di transitare direttamente attraverso la membrana: una volta nella cellula, alcuni enzimi eliminano il gruppo organico aggiunto, liberando i rilevatori del Ca^{2+})
- *Molecole calcio–ionofore alla membrana plasmatica* (funzionano da carrier o canali ionici, permettendo l'aumento della permeabilità della membrana plasmatica agli ioni Ca^{2+}, che entrano nella cellula)

13.1.4 *Frazionamento cellulare*

Il **frazionamento cellulare** è una tecnica per la purificazione delle diverse parti delle cellule, che possono così essere studiate con metodiche fisiche o chimiche.
Nello specifico, le cellule vengono rotte delicatamente, l'estratto cellulare viene sottoposto a centrifugazione e la forza centrifuga separa l'estratto cellulare in due frazioni:

- **Pellet:** è la frazione depositata sul fondo della provetta e contiene il materiale più pesante, come i nuclei.
- **Supernatante:** è la frazione liquida al di sopra del pellet e contiene le particelle più leggere, le molecole disciolte e gli ioni.

Il supernatante, a sua volta, può essere prelevato e nuovamente centrifugato a velocità maggiori, in modo da separare nel pellet le componenti più pesanti (mitocondri e cloroplasti).
Quindi, possiamo distinguere la centrifugazione in:

- *Centrifugazione differenziale* (il supernatante è centrifugato a velocità via via più alte, permettendo ai componenti cellulari di essere separati in funzione di dimensioni e densità)
- *Centrifugazione su gradiente di densità* (permette di purificare, ulteriormente, i componenti cellulari del pellet: la provetta viene riempita con una serie di soluzioni a densità decrescente, (soluzioni di saccarosio) e, durante il processo, gli organuli si distribuiranno in una posizione del gradiente dove la propria densità equivale a quella della soluzione di saccarosio)

13.1.5 *Colture cellulari*

Le **colture cellulari** sono cellule viventi cresciute in contenitori da laboratorio e il loro utilizzo è un approccio fondamentale per studiare gli effetti delle sostanze sulle cellule umane. Nello specifico, se le colture cellulari derivano da singole cellule, formano i **cloni**, ovvero cellule geneticamente identiche alla cellula originale (ad eccezione di mutazioni casuali), che risultano ideali per gli esperimenti di genetica, biochimica, biologia molecolare e medicina.
Batteri e lieviti crescono molto facilmente nelle colture da laboratorio ed è possibile far crescere le cellule in sospensioni liquide e in terreni di crescita ricchi di materiali nutrienti e fonti organiche: *E.Coli* è un batterio molto utilizzato, viene coltivato in soluzioni caratterizzate da una fonte organica di carbonio (glucosio), una fonte organica di azoto e sali inorganici (ciclo di crescita = 20 min).

Ovviamente, è possibile coltivare anche cellule animali, per le quali i materiali nutritivi fondamentali per la loro crescita si differenziano ampiamente: generalmente, richiedono aminoacidi essenziali (quelli che la cellula non può sintetizzare autonomamente), specifici fattori di crescita forniti dall'aggiunta di siero ematico (molto richiesti dalle cellule di mammifero), ecc…
Le colture non hanno una durata infinita, poiché a un certo punto smettono di dividersi e muoiono, ma la situazione è diversa per le linee tumorali, che si dividono in maniera indefinita: la prima linea tumorale fu ottenuta nel 1951 ed è conosciuta con il nome **HeLa** (iniziali del paziente con tumore). Quindi, si utilizzano principalmente colture derivate da cellule tumorali o colture derivate da cellule normali "immortalizzate" tramite cambiamenti genetici.

Inoltre, è possibile coltivare anche cellule vegetali per ottenere piante complete e il protocollo prevede i seguenti passaggi:

- ***Prelievo di frammenti di tessuto somatico*** (a livello della radice, del germoglio o dei meristemi, in quanto sono le regioni, generalmente, prive di virus)
- ***Coltura del tessuto prelevato in condizioni ambientali controllate***
- ***Differenziamento cellulare e formazione del callo*** (massa di tessuto disorganizzato)
- ***Coltivazione di singole cellule del callo in un mezzo ricco di fattori di crescita***
- ***Formazione di plantule con radici e germogli*** (a partire da cellule totipotenti)

A questo protocollo seguirà la crescita e la formazione di piante mature, geneticamente identiche a quella di partenza.

13.1.6 *Produzione di anticorpi monoclonali (mAb)*

Gli **anticorpi monoclonali (mAb)** sono cloni di anticorpi in grado di reagire esclusivamente con l'epitopo di uno specifico antigene ed il loro utilizzo si estende a vari campi, che vanno dalla ricerca scientifica all'applicazione in ambito medico (test di gravidanza, screening per il cancro prostatico, esame per HIV, ecc…). Per ottenere questi particolari anticorpi, il procedimento prevede:

- ***Iniezione della molecola d'interesse nell'animale da laboratorio*** (generalmente un topo)
- ***Sviluppo di una risposta immunitaria***
- ***Estrazione delle cellule B attivate dalla milza*** (vengono inserite in un terreno di coltura)
- ***Fusione con le cellule di mieloma*** (per evitare che le cellule B muoiano una volta messe in coltura, si induce la loro fusione con linfociti cancerosi)
- ***Formazione delle cellule di ibridoma*** (mantengono caratteristiche di entrambe le linee cellulari:
    - *Producono anticorpi Ab come le cellule B attivate*
    - *Si dividono in maniera rapida e indefinita come le cellule di mieloma*
- ***Separazione delle cellule di ibridoma dalla coltura***
- ***Generazione dei cloni*** (sintetizzeranno tutti lo stesso anticorpo specifico, in quanto derivano da una singola cellula di ibridoma)

13.2 Tecniche microbiologiche

L'utilizzo delle tecniche microbiologiche prevede tre fasi fondamentali:

- **Allestimento delle colture di microrganismi**
- **Isolamento delle colonie di interesse**
- **Identificazione delle colonie isolate**

Fase 1 – Allestimento delle colture di microrganismi

L'**allestimento di colture** rappresenta la tecnica di laboratorio più diffusa per l'identificazione dei microrganismi.
I terreni di coltura utilizzati per la coltivazione, *in vitro*, di **batteri, muffe, lieviti e protozoi** sono caratterizzati da un insieme di sostanze nutritive, cromogene, composti antibatterici o antimicotici.
In funzione del loro stato fisico, possiamo distinguere i terreni di coltura in:

- ***Solidi (agarizzati)***: risultano sottoforma di gel a temperatura ambiente, in quanto contengono il 5 – 10% di agar (gelificante che non viene degradato dagli enzimi della gran parte dei microrganismi e costituisce un supporto per la formazione delle colonie)
- ***Semisolidi***: risultano meno compatti in quanto contengono una minor percentuale di agar.
- ***Brodi***: risultano liquidi a temperatura ambiente, in quanto non presentano agar.

Inoltre, i terreni di coltura possono essere ancora suddivisi in:

- ***Nutritivi***: sono ricchi di nutrienti e permettono la crescita di tutte le specie microbiche.
- ***Selettivi***: contengono sostanze in grado di inibire la crescita di alcuni microrganismi, per cui permettono la crescita solo di determinati batteri.
- ***Differenziali***: permettono di distinguere e differenziare un determinato germe in funzione di specifiche caratteristiche metaboliche.
- ***Di arricchimento***: forniscono nutrimenti e condizioni ambientali che favoriscono la crescita di microrganismi presenti in piccole quantità e, contemporaneamente, impediscono la crescita di altri.

Mentre i batteri crescono e si moltiplicano facilmente su substrati sintetici, i **virus** hanno bisogno di *colture cellulari*, in quanto sono parassiti endocellulari obbligati che necessitano di cellule ospiti vive per replicarsi. Possiamo distinguere le colture cellulari animali utilizzate in:

- ***Colture primarie***: sono ottenute direttamente da organi animali, che vengono lisati e trattati con enzimi proteolitici per separarne le cellule.
- ***Colture diploidi***: sono ottenute dai tessuti umani.
- ***Colture di linea cellulare continua***: sono ottenute da mutazioni delle cellule diploidi, che assumono caratteristiche morfologiche alterate rispetto alle cellule di origine.

Le colture virali sono utilizzate per la diagnosi delle infezioni umane e le colture cellulari vengono scelte in funzione delle caratteristiche del virus.

Fase 2 – Isolamento delle colonie di interesse

Per isolare la colonia di interesse da una coltura di microrganismi e, quindi, ottenere **colonie pure**, si preleva una singola colonia da una coltura mista e la si trasferisce su un terreno nutritivo, in modo da separarla dagli altri microrganismi e farla crescere. I metodi per l'isolamento sono:

- ***Semina in piastra*** (permette di ottenere delle colonie isolate e prevede l'utilizzo di un'ansa da inoculo, che presenta il materiale, e un terreno agarizzato in capsula di Petri. Nello specifico, si va a strisciare l'ansa avanti e indietro come se si volesse dividere la capsula in più settori, in modo da depositare la maggior parte del materiale nella prima strisciata e disseminare ulteriormente le cellule con le successive strisciate)
- ***Diluizione*** (permette la crescita separata delle colonie e prevede l'inoculo di diluizioni del campione di coltura mista direttamente in terreno agarizzato fuso (circa 42°C), che viene lasciato solidificare all'interno delle capsule Petri sterili)

Fase 3 – Identificazione delle colonie isolate

A seguire la fase di isolamento delle colonie c'è la fase di identificazione dei microrganismi, che può essere effettuata attraverso due tipologie di metodiche:

- **Metodi fenotipici** (si basano sulla valutazione di una serie di caratteristiche fenotipiche, quali la morfologia cellulare, il pH, la colorazione di Gram, il tipo di metabolismo, ecc…, che permettono di ottenere informazioni preliminari per restringere il campo; dopodiché, attraverso dei test biochimici si arriva ad identificare la specie di appartenenza)
- **Metodi molecolari** (si basano sullo studio delle proteine e del DNA)

13.2.1 *Metodi fenotipici*

I metodi fenotipici sono basati sulla valutazione di una serie di caratteristiche fenotipiche, in particolare la morfologia cellulare e la risposta alla colorazione di Gram (per i batteri). L'osservazione al microscopio necessita di un corretto allestimento dei preparati, che possono essere:

- *Preparati a fresco*: si ottengono ponendo una goccia di sospensione microbica su un vetrino porta-oggetti, la si copre con un vetrino copri-oggetto e la si osserva al microscopio a contrasto di fase con ingrandimento 400X. L'osservazione di preparati a fresco permette di osservare il tipo di motilità dei microrganismi (in particolare lieviti, muffe e protozoi), ma anche le dimensioni cellulari e la presenza di un eventuale nucleo.
- *Preparati colorati*: sono particolarmente indicati per l'osservazione dei batteri e permettono di osservare le dimensioni e la forma cellulare, come anche la disposizione e la presenza delle strutture interne. A tale scopo vengono utilizzati:
  - **Coloranti basici o cationici** (presentano il cromoforo nello ione positivo e colorano le strutture cariche negativamente; esempi sono il *blu di metilene* e il *cristalvioletto*)
  - **Coloranti acidi o anionici** (presentano il cromoforo nello ione negativo e colorano le strutture cariche positivamente; esempi sono l'*eosina* e la *fucsina acida*)

Le colorazioni possono essere identificate in 4 tipologie:

- ***Semplici:*** sono effettuate con un solo colorante (blu di metilene)
- ***Complesse differenziali:*** sono effettuate con diversi coloranti per evidenziare diversi batteri o strutture proteiche (colorazione di Gram e colorazione di Ziehl-Neelsen).
- ***Negative:*** le cellule risultano meno colorate rispetto al colore di fondo (inchiostro di china)
- ***Con metalli pesanti:*** sono utilizzate per l'osservazione al microscopio elettronico (sali di osmio)

Prima di procedere alla colorazione, però, i batteri devono essere fissati: viene prelevata una piccola quantità della coltura in esame, che viene diluita con una goccia d'acqua posta sul vetrino e, successivamente, essiccata passando il vetrino sulla fiamma di un becco Bunsen.

Colorazione di Gram

La colorazione di Gram è la tecnica di colorazione più utilizzata in batteriologia per distinguere la categoria di appartenenza del batterio, la forma (bacilli, cocci o spirilli) e la disposizione (a grappolo, a catena…) delle cellule. Prevede una serie di fasi:

- *Il campione fissato viene coperto con una soluzione di cristal-violetto* – **1min**
- *Si lava via il colorante e si copre il vetrino con una soluzione di Lugol* – **1 min**
- *Il vetrino viene lavato con un decolorante, come alcool-acetone*
- *Si copre il campione con fucsina o safranina*
- *Si allontana l'eccesso di colorante e si lava il preparato*
- *Osservazione al microscopio ottico con obiettivo ad immersione:*

- **Cellule Gram-positive** (si mostrano di colore viola, in quanto l'alcol non ha danneggiato la parete cellulare, per cui il colorante resta tra la parete e la membrana cellulare)
- **Cellule Gram-negative** (si mostrano di colore rosso poiché perdono il primo colorante, in quanto l'alcol ha sciolto i lipidi di membrana esterna, danneggiando la parete)

Colorazione di Ziehl-Neelsen

La colorazione di Ziehl-Neelsen è una colorazione acido rapida utilizzata per l'identificazione di batteri del genere *Mycobacterium*, che sono particolarmente resistenti alla penetrazione del colorante e si decolorano con difficoltà (acido-resistenti). Questa colorazione prevede:

- *Il campione fissato viene coperto con una soluzione di **carbolfucsina basica**, per poi essere delicatamente riscaldato*
- *Il campione viene trattato con alcol e poi con acido fino ad allontanare il colore residuo*
- *Il preparato viene lavato e si aggiunge il **blu di metilene**, un colorante di contrasto*
- *Osservazione al microscopio ottico con obiettivo ad immersione:*
  - **Batteri alcol-acidi resistenti** (si presentano colorati in rosso)
  - **Altre cellule batteriche** (si presentano colorate in blu)

Colorazione di Shaeffer e Fulton

La colorazione di Shaeffer e Fulton permette di osservare la presenza di endospore, ovvero strutture batteriche caratterizzate da un involucro spesso che le rende difficilmente colorate ma, allo stesso tempo, difficilmente decolorabili. Tale colorazione prevede:

- *Il preparato fissato viene poggiato su un sostegno al di sopra di una vaschetta contente acqua, che viene fatta bollire e il calore induce la fissazione del colorante*
- *Il colorante verde malachite viene distribuito sul vetrino esposto al vapore* – **3-5 min**
- *Il vetrino viene lavato con acqua*
- *Si aggiunge il colorante safranina* – **5 min**
- *Ulteriore lavaggio con acqua*
- *Osservazione al microscopio ottico:*
  - **Endospore** (si presentano di colore verde, poiché trattengono il primo colorante)
  - **Altre componenti** (si presentano di colore rosso, conferito dalla safranina)

Delle colonie si possono osservare diversi caratteri morfologici, quali:

- ***Dimensioni:*** da qualche decimo di millimetro a 1 cm
- ***Bordo:*** uniforme, sfrangiato, ondulato o con protuberanze
- ***Superficie:*** liscia, granulosa, grinzosa o spugnosa
- ***Altezza:*** colonie piatte, convesse al centro, sollevate
- ***Consistenza:*** burrosa, collosa o gommosa
- ***Odore:*** putrido, aromatico, fruttato

- ***Trasparenza ottica:*** colonie trasparenti, opalescenti, traslucide o opache
- ***Cromogenesi:*** incolori, bianco giallastre o colorate.

I microrganismi, inoltre, possono essere differenziati in funzione di:

- **Temperatura di incubazione:**
  - *Psicrofili*: crescono a temperature comprese tra 0-20°C (microflora ambientale)
  - *Mesofili*: crescono a temperatura comprese tra 20-40°C (possono essere patogeni)
  - *Termofili*: crescono a temperature superiori a 50°C
- **Richiesta di O_2:**
  - *Aerobi stretti*: crescono solo in presenza di ossigeno
  - *Anaerobi obbligati:* crescono solo in assenza di ossigeno
  - *Facoltativi:* crescono sia in presenza che in assenza di ossigeno
  - *Microaerofili*: crescono meglio in atmosfera, con una concentrazione ridotta di ossigeno ed una concentrazione di CO_2 del 5-10%

Come già accennato, tra i metodi fenotipici ci sono anche una serie di test biochimici per l'identificazione dei batteri in funzione delle loro caratteristiche metaboliche, tra i quali i test della catalasi, dell'ossidasi, della coagulasi, di idrolisi della gelatina, di fermentazione degli zuccheri, e dell'indolo.

Test della catalasi

Il test della catalasi viene effettuato per scoprire se il microrganismo in esame è in grado di produrre l'enzima catalasi, un enzima che viene prodotto da microrganismi aerobi per neutralizzare le forme tossiche dei metaboliti dell'ossigeno, in particolare il perossido di idrogeno (H_2O_2, che viene scisso in 2 molecole di H_2O e 1 molecola di O_2), derivante dal processo respiratorio.
Per effettuare il test si pone una colonia su una soluzione di H_2O_2 al 3% e si osserva se c'è o meno la produzione di bolle di ossigeno: l'enzima catalasi è presente in caso di formazione di bolle.

- ***Batteri catalasi-positivi*** (comprendono aerobi obbligati e anaerobi facoltativi che utilizzano l'ossigeno come accettore finale di elettroni, tra cui *bacilli, stafilococchi* e *micrococchi*)
- ***Batteri catalasi-negativi*** (comprendono anaerobi obbligati e anaerobi facoltativi che fermentano, tra cui *streptococchi, clostridium* ed *enterococchi*)

Test dell'ossidasi

Il test dell'ossidasi viene effettuato per scoprire se il microrganismo in esame presenta l'enzima citocromo-ossidasi, un enzima che ritroviamo nei batteri aerobi che utilizzano l'ossigeno come accettore finale di elettroni.
Per effettuare il test, si pone una colonia su carta da filtro e si aggiunge una goccia del reattivo tetra-metil-para-fenilendiammina, che funge da substrato dell'enzima, la cui presenza è indicata dalla colorazione violacea.

- ***Batteri ossidasi-positivi*** (comprendono le pseudonadaceae)
- ***Batteri ossidasi-negativi*** (comprendono gli enterobatteri)

Test della coagulasi

Il test della coagulasi viene effettuato per individuare lo Staphylococcus aureus, un microrganismo che è in grado di produrre la coagulasi, un enzima che converte il fibrinogeno (solubile) in fibrina (insolubile) nel plasma e che, quindi, permette al batterio di inibire la fagocitosi dei leucociti. Per effettuare il test si inocula una sospensione della colonia batterica in una provetta contenente plasma di coniglio: se all'incubazione a 37°C si forma coagulo, la colonia è coagulasi +.

13.2.2 *Metodi molecolari*

I metodi molecolari servono ad identificare i microrganismi sulla base di una serie di caratteristiche genetiche che ne costituiscono i cosiddetti *fingerprint*, come le proteine cellulari e il DNA. Queste tecniche di biologia molecolare vengono utilizzate in caso di microrganismi difficilmente coltivabili, difficilmente isolabili in coltura, ecc… Il procedimento prevede una serie di fasi:

1. ***Estrazione del DNA microbico*** (si prepara una sospensione di cellule microbiche in acqua sterile, che viene prima portata a 95°C per alterarne la struttura e poi a 0°C per indurre uno shock termico che provoca la lisi delle membrane cellulari: il contenuto cellulare viene riversato all'esterno e il DNA può essere isolato mediante centrifugazione – lo troviamo nel supernatante)
2. ***Amplificazione di un tratto genico mediante PCR*** (consiste nella produzione di diverse copie della sequenza di DNA di interesse e prevede l'utilizzo della *DNA polimerasi*, dei *desossiribonucleotidi* e dei *primer*, oligonucleotidi sintetici di circa 20 basi che sono complementari alla sequenza da amplificare e che servono da innesco per l'amplificazione del segmento di DNA tra esse compreso. Ogni ciclo PCR si compone di tre fasi fondamentali:
    - **Fase di denaturazione**: avviene a una temperatura di 94-95°C e permette la separazione della doppia elica di DNA (sequenza target) tramite la rottura dei legami-H presenti tra le basi azotate.
    - **Fase di annealing**: avviene a circa 50-65°C, ha una durata di 30-40 secondi e consiste nell'appaiamento dei primer alle sequenze complementari dei filamenti denaturati di DNA (tramite formazione di legami-H).
    - **Allungamento**: avviene intorno ai 70-72°C ed è la fase in cui la DNA polimerasi (la *Taq polimerasi* è una di queste e deriva da un organismo termofilo) replica il segmento di DNA compreso tra le sequenze complementari ai primer.

    La ripetizione sequenziale del ciclo permette un'amplificazione esponenziale della sequenza in questione e per verificarne la riuscita è possibile analizzare il prodotto mediante elettroforesi su gel di agarosio)

3. ***Definizione della sequenza nucleotidica*** (la sequenza di interesse viene evidenziata attraverso le tecniche di ibridazione, che si basano sull'associazione della sequenza di interesse con una sonda marcata con traccianti radioattivi o fluorescenti e, in caso di complementarietà, i due filamenti si appaieranno tra loro. Questi metodi prevedono, in genere, l'immobilizzazione dell'acido nucleico su una matrice solida (nitrocellulosa, nylon, gel di agarosio) e tra le tecniche principali abbiamo:
   - *Southern Blot* (tecnica per rilevare la presenza di specifiche sequenze di DNA in una miscela grazie all'utilizzo di una sonda marcata con traccianti radioattivi o fluorescenti – in caso di complementarietà con la sequenza di interesse, i due filamenti si appaieranno tra loro. Per prima cosa i frammenti di DNA devono essere separati attraverso un processo di elettroforesi su gel di agarosio, quindi viene applicato un campo elettrico che provoca la migrazione delle molecole in funzione di carica e dimensione. A questo punto, le sequenze di dsDNA subiscono un pretrattamento per ottenere sequenze di ssDNA, che vengono trasferite, per capillarità, su una membrana di nitrocellulosa (*blotting*), sulla quale vengono fissate per essiccamento a 80°C o esposizione a raggi UV. Infine, attraverso l'incubazione con una sonda marcata, si potrà evidenziare la sequenza di interesse)
   - *Northern Blot* (tecnica per l'identificazione dell'RNA e, nello specifico, permette di misurare quantitativamente e valutare le dimensione dell'mRNA di un gene. La differenza con il Southern Blot è che la separazione elettroforetica dell'mRNA avviene con l'aggiunta di formaldeide per distruggere la struttura secondaria ed evitare la formazione di ibridi che rallenterebbero la corsa su gel di agarosio. Dopodiché ci sarà il trasferimento su una membrana di nitrocellulosa e l'ibridazione avviene con sonde radioattive)
   - *Western Blotting* (tecnica per l'identificazione delle proteine utilizzando degli Ab coniugati con enzimi o sostanze chemiluminescenti)
4. ***Confronto con banche dati internazionali***
5. ***Identificazione della specie***

13.2.3 *Antibiogramma*

È un saggio di laboratorio che permette di valutare la sensibilità, *in vitro*, di un microrganismo ai chemioantibiotici: contemporaneamente vengono testati diversi antibiotici, in modo da selezionare solo quelli che riescono a inibire il microrganismo. Quindi, è un ottimo strumento per stabilire la migliore strategia terapeutica (farmaci potenzialmente attivi *in vivo*) per un paziente. Possiamo distinguere due tecniche principali, che sono:

- **Metodo per diluizione in terreno liquido**: prevede l'allestimento, in brodo nutritivo, di una serie di diluizioni dell'antibiotico di cui si vuole saggiare l'attività, insieme ad una stessa quantità della coltura del microrganismo in esame. Queste provette vengono incubate per 18-24 ore, dopodiché si va ad individuare, attraverso il confronto con apposite tabelle, la **Minima Concentrazione Inibente (MIC)**, ovvero la più bassa [antibiotico] per cui si osserva l'assenza di crescita (le provette si presentano di colore limpido – il torbido indica crescita microbica) – è una concentrazione batteriostatica.
  A questo punto si può determinare la **Minima Concentrazione Battericida (MCB)**, ovvero la più bassa [farmaco] che determina la morte del 99,9% del microrganismo. A tale scopo si allestiscono delle subcolture in terreno agarizzato specifico utilizzando le provette con terreno limpido e con una diversa [antibiotico]; in seguito all'incubazione di 24 ore si va ad individuare la [antibiotico] che mostrerà assenza di colonie, quindi la sua MCB.

- **Metodo per diffusione in terreno solido (metodo Kirby-Bauer):** è particolarmente indicato per determinare l'efficacia di un antibiotico rispetto ad un altro e prevede la semina di una sospensione del microrganismo da saggiare in capsule di Petri con terreno agarizzato/solido, sul quale vengono disposti dei dischetti contenenti differenti antibiotici allo stato liofilo. Questi ultimi, a contatto con H_2O del terreno, si sciolgono e iniziano a migrare determinando un gradiente continuo di [antibiotica] che diminuisce all'allontanarsi dal dischetto. Le piastre vengono incubate per 18-24 ore, dopodiché si osserverà la presenza o assenza di aloni di inibizione della crescita intorno al dischetto con l'antibiotico. Il batterio può essere definito:

  - *Resistente all'antibiotico* (è presente crescita batterica intorno al dischetto)
  - *Con resistenza intermedia* (dipende dalla misura dell'alone che si forma)
  - *Sensibile all'antibiotico* (non si osserva crescita batterica intorno al dischetto)

  La valutazione dell'efficacia di un antibiotico per un determinato batterio deve tener conto anche di fattori che influenzano la formazione dell'alone, come:

  - *Peso molecolare* (molecole con maggior peso molecolare diffondono più lentamente)
  - *Forma della molecola* (molecole meno ramificate migrano più facilmente)
  - *Cariche elettriche della molecola* (possono interagire con gli ioni solfato (anioni negativi) dell'agar, per cui sarà favorita la migrazione di molecole con cariche negative)

13.2.4 *Esame parassitologico delle feci*

L'esame parassitologico delle feci è utile per diagnosticare le parassitosi intestinali, in quanto nel materiale fecale è possibile riscontrare la presenza di cisti di protozoi, uova di vermi parassiti o il parassita stesso. Il procedimento analitico prevede:

- ***Campionamento:*** il prelievo viene effettuato lontano dalla somministrazione di antibiotici e farmaci antiparassitari, viene raccolto all'interno di contenitori sterili e a larga apertura e deve essere privo di urine.
- ***Trasporto in laboratorio:*** deve avvenire entro poche ore dal prelievo.
- ***Analisi microscopica:*** è utile per individuare cisti (forma dormiente) e trofozoiti (forma attiva) di protozoi e uova di elminti. Ovviamente, se la quantità di microrganismi presenti è scarsa, sarà necessario utilizzare delle tecniche colturali o di concentrazione.
- ***Analisi macroscopica:*** si valutano l'aspetto e il colore del campione, la presenza di sangue o muco e la presenza di vermi adulti o segmenti di cestoidi visibili ad occhio nudo.

Per effettuare l'esame a fresco si pone una piccola quantità di campione su un vetrino portaoggetti, si aggiunge una goccia di soluzione fisiologica, si stempera con una bacchetta di vetro e si copre con un vetrino copri-oggetto. Inoltre, al campione si possono aggiungere delle colorazioni specifiche:

- ***Colorazione di Lugol:*** utile per rilevare trofozoiti e cisti di protozoi e se ne pone una goccia direttamente sul campione presente sul vetrino.
- ***Colorazione Giemsa:*** si allestisce uno striscio di feci, lo si fissa con metanolo e, dopo aver diluito la soluzione colorante, si colora il vetrino per 20 minuti; dopodiché si lava il colorante in eccesso, si lascia asciugare e si osserva al microscopio con obiettivo ad immersione.

Infine, per aumentare la rilevabilità dell'esame a fresco e facilitare la ricerca e la diagnosi di eventuali parassiti, si possono affiancare delle tecniche:

- **Precipitazione o metodo di Ridley:** tramite centrifugazione si tenta di facilitare la precipitazione di microrganismi nello strato più profondo (se ne formano 4 e l'ultimo è quello che presenta il materiale biologico): si trasferisce una goccia della sospensione sul vetrino e lo si osserva al microscopio.
- **Flottazione:** è utile nella ricerca di elminti e prevede l'aumento della densità della sospensione fecale mediante l'aggiunta di NaCl per permettere il galleggiamento di eventuali parassiti, per cui si osserva il surnatante.
- **Diafanizzazione di Kato-Katz:** si pone un'aliquota di campione su un vetrino portaoggetti, che viene coperto con del cellofan trasparente trattato con glicerina (si concentra e diafanizza le feci), acqua e verde malachite; dopo averlo lasciato ad asciugare per circa 1h, si osserva il preparato al microscopio.

13.2.5 *Valutazione microbiologica delle urine*

L'analisi delle urine è un insieme di esami di laboratorio che permette di analizzare le caratteristiche chimiche, fisiche e microbiologiche del liquido e del sedimento ed è un esame non invasivo per la diagnosi di patologiche renali e delle vie urinarie.
L'urina, anche definita "filtrato del sangue", è il liquido prodotto dai reni, la cui fondamentale funzione è quella di filtrare il sangue e depurarlo dalle scorie metaboliche, che vengono eliminate dall'organismo insieme all'eccesso di acqua e sostanze disciolte (sostanze tossiche, farmaci, ecc...).

Le caratteristiche fisiche delle urine includono:

- ***Colore***: in condizioni normali risulta di colore giallo paglierino a causa della presenza di pigmenti presenti nella dieta e dei metaboliti prodotti dall'organismo. Altre colorazioni delle urine sono indice di alterazioni (il rosso indica presenza di sangue, l'arancione la presenza di urobilina, il verde-marrone indica presenza di bilirubina e ,quindi, danni al fegato).
- ***Torbidità***: in condizioni normali l'urina è limpida, mentre la torbidità può essere dovuta ad un aumento di sali poco solubili o alla presenza di muco e batteri, indicando infezioni delle vie urinarie.
- ***Peso specifico o densità***: varia in relazione alla capacità del rene di mantenere l'omeostasi dei liquidi e degli elettroliti e una sua alterazione può essere indice di condizioni patologiche (insufficienza renale, diabete mellito, ecc...).

L'esame chimico delle urine ha lo scopo di rilevare e valutare [analiti] normalmente presenti o assenti nelle urine in condizioni sia fisiologiche che patologiche. Questa valutazione chimica può essere effettuata attraverso strumenti che utilizzano il metodo citofluorimetrico o mediante strisce reattive (dipstick) caratterizzate da una serie di reagenti in fase solida. Tra le caratteristiche chimiche:

- ***pH:*** rappresenta il grado di acidità delle urine, normalmente compreso tra 5.5 e 7, la cui alterazione può essere indice di condizioni di acidosi o alcalosi metabolica.
- ***Glicosuria:*** in condizioni di normalità, non è presente glucosio nelle urine e la sua presenza può essere indice di patologie diabetiche.
- ***Chetonuria:*** in condizioni di normalità, i corpi chetonici sono assenti nelle urine.
- ***Ematuria:*** in condizioni fisiologiche il sangue non è presente nelle urine e la sua presenza può essere indice di anemia, reazioni allergiche, ecc...
- ***Nitriti:*** sono prodotti dal metabolismo di alcuni batteri (E. Coli, enterococchi, stafilococchi) che infettano le vie urinarie.
- ***Proteinuria:*** la presenza di proteine nelle urine in condizioni fisiologiche è inferiore a 150mg.

Le caratteristiche microbiologiche sono determinate attraverso l'esame dell'urinocoltura, che rappresenta il principale strumento di diagnosi di infezioni delle vie urinarie o dell'apparato genitale, in quanto permette di valutare la quantità e la tipologia di germi presenti nell'urina.
Per l'esame dell'**urinocoltura** si immette il campione di urine all'interno di sistemi analitici costituiti da slide contenenti i terreni di coltura che, generalmente, sono di tre tipi:

- ***CLED:*** per la determinazione della carica batterica totale.
- ***Mac Conkey Agar:*** per la conta dei batteri Gram-negativi.

- ***Pseudomonas selective Agar:*** per la ricerca del genere *Pseudomonas*.

Lo slide così composto viene incubato a 36°C per 18-24h, dopodiché si valuta la carica batterica delle urine in funzione alla presenza di colonie sul terreno CLED: il risultato è espresso come numero di Unità Formanti Colonie (UFC)/mL di urina (valori fisiologici di carica batterica < 100.000 UFC/mL). I patogeni riscontrati più frequentemente sui terreni selettivi sono:

- *E. coli*: responsabile dell'80% delle cistiti.
- *Proteus, Enterococcus e Klebsiella*: responsabili delle infezioni delle vie urinarie.
- *Staphylococcus*: responsabile delle infezioni urogenitali.
- *Candida albicans*: lievito riscontrato nelle urine di persone immunodepresse.

Infine, per una valutazione più accurata delle caratteristiche microbiologiche delle urine, viene effettuata l'analisi microscopica del sedimento urinario, che si ottiene in seguito per centrifugazione e rappresenta l'insieme dei corpuscoli presenti nell'urina. Tra i principali corpuscoli abbiamo:

- **Cilindri:** sono normalmente assenti nelle urine e la loro presenza indica una disfunzione renale, in quanto sono particelle formate da agglomerati di proteine che si formano nei tubuli renali in caso di pH acido e basso flusso; tra i principali ci sono cilindri ialini (in condizioni di stress e sforzo fisico, indicano nefrite), cilindri pigmentati (costituiti da emoglobina e pigmenti biliari, indicano emolisi o alterazioni epatiche), ecc...
- **Cristalli:** sono normalmente presenti nel sedimento urinario e derivano dalla precipitazione e dalla successiva aggregazione di sostanze disciolte; tra i principali ci sono fosfati amorfi, ossalati di calcio e urati.
- **Cellule epiteliali:** sono normalmente presenti in piccole quantità a causa del normale ricambio cellulare dell'epitelio delle vie urinarie.
- **Microrganismi:** in condizioni fisiologiche l'urina è sterile, per cui la presenta di batteri e miceti può essere indice di infezioni.

13.2.6 *Tecniche diagnostiche*

Le tecniche di diagnosi microbiologica vengono scelte in funzione della tipologia di agente patogeno e della natura del materiale biologico da analizzare. Principalmente possiamo distinguere:

- **Metodiche di diagnosi diretta:** permettono l'isolamento e l'identificazione microbica attraverso l'allestimento di colture cellulari a partire dal materiale biologico, ma possono richiedere tempi lunghi.
- **Metodiche di diagnosi indiretta:** sono tecniche specifiche e più rapide che prevedono l'utilizzo di mAb (cellule ibride di linfociti B + cellule di mieloma) per individuare gli antigeni prodotti da specifici agenti patogeni, quindi si basano sul riconoscimento Ag-Ab. Tra queste:
  - **Reazione di fissazione del complemento**
  - **Tecnica dell'emoagglutinazione**
    - *Determinazione del titolo antistreptolisinico O (TAS)*
    - *Tecnica di agglutinazione al lattice*
    - *Tecniche di immunofluorescenza*
    - *ELISA*

Reazione di fissazione del complemento

La reazione di fissazione del complemento è una metodica di diagnosi indiretta molto utilizzata per rilevare la formazione di eventuali immunocomplessi.
Una soluzione di Ag noti viene messa a contatto con il siero del paziente (scomplementato mediante calore), a cui si aggiunge del siero fresco di cavia, contenente quantità note di proteine del complemento. Dopo un'incubazione a 37°C per 30 min, si aggiunge un sistema rivelatore costituito da emazie ed Ab anti-emazie (emolisine). Segue un'incubazione a 37°C per 30 min, dopodiché si osserva se c'è stata o meno emolisi:

- **Niente emolisi:** nel siero del paziente sono presenti Ab diretti contro l'Ag noto, per cui si forma l'immunocomplesso Ag-Ab, a cui si lega il complemento (il sistema rivelatore emazie-emolisine resta libero.
- **Produzione di emolisi:** indica assenza dell'Ab nel siero, per cui il complemento è libero e si lega al sistema rivelatore.

Tecnica dell'emoagglutinazione (neutralizzazione dell'antigene Ag)

La tecnica dell'emoagglutinazione viene utilizzata per la ricerca dei virus, i quali presentano le *emoagglutinine*, ovvero Ag di superficie che provocano l'agglutinazione delle emazie. Lo scopo di questa tecnica, quindi, è quello di verificare la presenza di Ab anti-emoagglutinine nel siero del paziente, mettendolo a contatto con una quantità nota di virus e con un sistema rivelatore costituito da una [emazie] definita. Il risultato sarà:

- **Emoagglutinazione:** indica l'assenza di Ab nel siero.
- **Mancata emoagglutinazione:** indica la presenza di Ab nel siero del paziente.

Possiamo individuare diverse tecniche basate sulla reazione di neutralizzazione dell'antigene (emoagglutinazione), tra cui:

- **Determinazione del titolo antistreptolisinico O**
- **Test di immunofluorescenza**
- **Test ELISA**

La **determinazione del titolo antistreptolisinico O** è una tecnica diagnostica indiretta utile per la rilevazione di infezioni streptococciche, in particolare da *Streptococcus Pyogenes β-emolitico*, che è responsabile di infezioni delle vie respiratorie superiori, glomerulonefriti ed endocarditi, e produce l'enzima extracellulare streptolisina-O, che provoca la lisi delle emazie.
Nello specifico, il siero del paziente viene messo a contatto con un sistema rivelatore, caratterizzato da emazie di coniglio, e streptolisina, per cui potremo osservare:

- **Emolisi:** non ci sono Ab anti-streptolisina O nel siero del paziente, di conseguenza questi enzimi andranno a lisare le emazie.
- **Assenza di emolisi:** ci sono Ab anti-streptolisina O nel siero del paziente, che vanno a neutralizzare l'enzima aggiunto e le emazie restano intatte.

La determinazione del titolo antistreptolisinico O può essere effettuata anche tramite la **tecnica di agglutinazione al lattice**, in cui l'Ag è adsorbito su sfere di lattice che vengono messe a contatto con diverse diluizioni del siero del paziente. In caso nel siero siano presenti gli Ab, questi andranno a legarsi ad un'unica sfera ricoperta di Ag, formando il reticolo di Marrack: in caso di agglutinazione è possibile determinare il titolo anticorpale, che corrisponde alla maggiore diluizione che dà il risultato positivo.

Test di immunofluorescenza

I **test di immunofluorescenza** si basano sulla reazione di agglutinazione, sono utili per l'identificazione sia di Ag che di Ab e prevedono l'utilizzo di Ab marcati con un fluorocromo (colorante che assorbe nell'ultravioletto, emettendo nel visibile), come la *fluoresceina*, che emette luce verde. Nello specifico, possiamo distinguere tra:

- **Immunofluorescenza diretta:** permette di verificare la presenza di un Ag ignoto nel siero del paziente attraverso l'aggiunta di mAb marcato e specifico per quell'Ag. In seguito all'incubazione del siero con il mAb, si effettua un lavaggio del vetrino/pozzetto per rimuovere gli Ab in eccesso e si passa all'osservazione al microscopio. La presenza di corpuscoli fluorescenti indica la presenza di Ag specifici per il mAb nel siero del paziente.
- **Immunofluorescenza indiretta:** permette di ricerca Ab specifici nel siero del paziente, che viene messo a contatto con Ag noti e un antisiero marcato, contenente Ab anti-Ig (fondamentale per evidenziare l'eventuale presenza di complessi Ag-Ab).

Test ELISA (Dosaggio Immuno-Assorbente legato ad un Enzima)

Il **test ELISA** è una tecnica, basata sulla reazione di agglutinazione, che utilizza specifici Ab per identificare nel siero del paziente un determinato Ag prodotto da un microorganismo patogeno o un determinato Ab. Possiamo distinguere tra:

- **Elisa competitivo:** test quali-quantitativo per determinare la [Ag] nel siero del paziente; questo Ag viene messo a contatto con specifici Ab immobilizzati sul fondo del pozzetto e con una con quantità nota dello stesso Ag coniugato, però, con enzima. In questo modo, quindi, l'Ag nel siero compete con l'Ag marcato per il legame agli Ab fissati e, in seguito ad una serie di lavaggi, si va a rilevare la fluorescenza: meno fluorescenza ci sarà, maggiore sarà la quantità di Ag da quantificare.
- **Elisa non competitivo:** test qualitativo e semi-quantitativo per verificare la presenza o l'assenza di Ag o Ab e possiamo distinguere due varianti:
  - *Metodo diretto (a sandwich):* si usa per determinare la presenza di un Ag nel siero del paziente e prevede il fissaggio di uno specifico Ab (per Ag ricercato) sul fondo del pozzetto. In seguito ad un lavaggio, si inserisce il siero del paziente nel pozzetto e un Ab secondario marcato con enzima (fosfatasi alcalina) per evidenziare l'eventuale formazione del complesso Ag-Ab. Per finire, si aggiunge il substrato dell'enzima (p-nitrofenilfosfato, idrolizzato a p-nitrofenolo), che reagisce con l'Ab secondario, emettendo fluorescenza in presenza dell'Ag (l'intensità del colore sarà proporzionale alla quantità di Ag presente nel campione).
  - *Metodo indiretto:* si usa per determinare la presenza di specifici Ab nel siero del paziente e prevede il fissaggio di un Ag specifico sul fondo del pozzetto. In seguito ad un lavaggio per rimuovere l'eccesso di Ag, si aggiunge il siero e, nel caso in cui fosse presente l'Ab, si avrà la formazione del complesso Ag-Ab, evidenziato dall'aggiunta di Ab anti-Ig marcate con un enzima (*biotina*). Infine, in seguito ad un secondo lavaggio per rimuovere gli Ab anti-Ig in eccesso, quelli rimasti associati al complesso reagiscono con il substrato dell'enzima (*streptavidina*), producendo una razione cromogenica che indica la presenza di Ab nel siero.

13.3 Tecniche istologiche

13.3.1 *Allestimento di un preparato istologico (vetrino)*

L'allestimento di un preparato istologico, una volta effettuato il prelievo del tessuto da esaminare (tramite biopsia), prevede una serie di fasi:

1. **Fissazione:** ha lo scopo di preservare la morfologia cellulare e tissutale del frammento in esame, bloccando i processi degradativi che avvengono in seguito alla morte cellulare e fissando le molecole del tessuto allo stato chimico e nella posizione in cui si trovavano in vivo. Praticamente, si immerge il frammento di tessuto in un contenitore contenente il fissativo (in rapporto 20:1) e tra i più utilizzati abbiamo la formaldeide al 4% (formalina al 10%), in quanto permette una buona qualità di fissazione.
2. **Processazione dei tessuti:** è caratterizzata da passaggi intermedi che hanno lo scopo di permettere la successiva sostituzione dell'acqua presente nel tessuto con la paraffina e avviene attraverso uno strumento, che è il processatore automatico, nel quale vengono inserite le biocassette contenenti i tessuti fissati.
    - ***Disidratazione*** (si allontana l'acqua dal tessuto utilizzando soluzioni di etanolo sempre più concentrate – da 70% a 100%, ovvero l'etanolo assoluto)
    - ***Diafanizzazione*** (si sostituisce l'alcol con un solvente della paraffina utilizzando lo xilolo, che rende il campione trasparente e traslucido)
3. **Inclusione in paraffina liquida:** necessaria per rendere il tessuto omogeneamente duro e compatto, in modo da consentire il taglio di sezioni dello spessore di pochi micron.
4. **Taglio delle sezioni istologiche:** avviene tramite il microtomo (quello rotativo è il più utilizzato) e si ottengono sezioni istologiche (4-6 micron), che vengono montate su un vetrino portaoggetti.
5. **Colorazione:** è la fase che permette la successiva osservazione microscopica poiché aumenta il contrasto delle diverse componenti cellulari e tissutali (si fanno reagire composti diversi che si legano al tessuto, dando una colorazione caratteristica). La colorazione classica è quella con ematossilina/eosina, che si basa su un'interazione acido (eosina) – basico (ematossilina).

13.3.2 *Colorazione Ematossilina/Eosina (bicromica)*

La colorazione Ematossilina/Eosina (E/E) è la colorazione di base che viene utilizzata per l'osservazione microscopica (ottica) negli esami istopatologici di routine e si basa su un'interazione acido-basico tramite l'utilizzo di:

- **Ematossilina (emallume di Mayer):** colorante basico che colora in blu/viola le componenti cellulari cariche negativamente (basofile) che ritroviamo nel nucleo (proteine di membrana, acidi nucleici, membrane cellulari…)
- **Eosina:** colorante acido che colora di rosa/rosso le componenti cariche positivamente (acidofile) che ritroviamo a livello citoplasmatico (proteine cellulari e mitocondriali…)

Nello specifico, la colorazione prevede 3 fasi:

- **Fase di sparaffinatura** (con concentrazioni sempre minori di etanolo – da 100° a 80° - ognuna per 5 minuti, con un lavaggio finale con acqua distillata)
- **Fase di colorazione:**
    - *Il campione viene ricoperto di ematossilina* – **5min**
    - *Si effettua un lavaggio con acqua di fonte e poi acqua distillata per eliminare l'eccesso di colorante* – **5min**
    - *Si colora il vetrino con eosina* – **1min**
    - *Lavaggio in acqua distillata*
- **Fase di disidratazione** (con concentrazioni sempre maggiori di etanolo – da 70° a 100% - ognuna per 1 minuto

13.3.3 *Colorazione di Papanicolau (tricromica)*

La colorazione di Papanicolau è una colorazione tricromica utilizzata in citologia per osservare la maturazione delle cellule e prevede l'utilizzo di tre coloranti:

- **Ematossilina** (colorante nucleare)
- **Orange G** (colorante citoplasmatico della cheratina)
- **EA – miscela policroma di Eosina e Verde Luce** (colorante citoplasmatico delle cellule pavimentose mature superficiali (in rosa) e immature intermedie e basali (verde-celeste))

13.3.4 *Colorazione PAS (bicromica)*

La colorazione PAS (Periodic acid–Schiff) è una tecnica istochimica che consiste nel determinare la formazione di gruppi aldeidici tramite l'ossidazione con Acido Periodico e nel rivelarne la comparsa nel tessuto mediante il reattivo di Schiff.
La sua caratteristica, quindi, è quella di mostrare tutto ciò che viene secreto dalla cellula (mucine, glicoproteine…) e assume una notevole importanza nel caso dell'Adenocarcinoma del colon.
La procedura di questa metodica prevede i seguenti passaggi:

- *La sezione viene ricoperta con Acido Periodico* – **10min**
- *Lavaggio con acqua distillata per eliminare l'eccesso*
- *Si ricopre la sezione con il reattivo di Schiff* – **20min**
- *Lavaggi con acqua distillata per eliminare l'eccesso*
- *Si ricopre la sezione con una goccia di Ematossilina* – **1min**
- *Lavaggio con acqua distillata per rimuovere l'eccesso e poi con acqua corrente* – **5min**
- *Disidratazione con Alcol (95% e 100%), Xilene e Balsamo*
- *Si monta il vetrino mettendo una goccia di collante sulla sezione, che viene ricoperta tramite un vetrino copri-oggetto*

Alla visione al microscopio, i nuclei si presenteranno colorati in blu, mentre le sostanze PAS positive avranno un colore rosso-magenta.

13.4 Tecniche di purificazione e caratterizzazione delle proteine

13.4.1 *Estrazione delle proteine*

Prima di poter effettuare la purificazione delle proteina, è necessario che queste vengano rilasciate dalle cellule e dagli organelli cellulari. Nello specifico, l'estrazione delle proteine prevede 3 fasi:

1) **Omogeneizzazione:** tale fase induce una rottura cellulare, che può essere ottenuta mediante varie tecniche, quali:
    - *Frantumazione del tessuto in uno specifico tampone* (è la tecnica più semplice, con la quale le cellule – ma anche molti organelli subcellulari, quali mitocondri, perossisomi, ecc... – subiscono una rottura, rilasciando le proteine solubili)
    - *Omogeneizzatore Potter-Elvejhem* (è una metodica più delicata che prevede l'utilizzo di questa sorta di provetta dalle pareti spesse, nella quale scorre uno stantuffo che aderisce alle pareti: la compressione dell'omogenato intorno allo stantuffo determina la rottura delle cellule, lasciando intatti molti organelli)
    - *Sonicazione* (metodica che utilizza le onde sonore per rompere le cellule)
    - *Ripetuti cicli di congelamento e scongelamento*
2) **Centrifugazione differenziale:** il campione viene sottoposto ad una forza centrifuga pari a 600 volte la forza di gravità, formando un precipitato di cellule integre e nuclei. Se la proteina di interesse non si trova nel nucleo, è possibile eliminare il precipitato e centrifugare il surnatante ad una maggiore velocità per far precipitare i mitocondri (15.000g). Un'ulteriore centrifugazione a 100.000g fa precipitare la frazione microsomale, caratterizzata da ribosomi e frammenti di membrana.
3) **Salting out:** costituisce una grossolana fase di purificazione basata sulla diversa solubilità delle proteine (dipende dalle interazioni con le molecole di H_2O), utilizzando il solfato di ammonio come reagente. Quando questo si aggiunge a una soluzione proteica, parte dell'acqua di solvatazione viene sottratta per formare interazioni ione-dipolo con il sale e, a causa della minore disponibilità di H_2O per la loro idratazione, le proteine interagiscono tra loro mediante interazioni idrofobiche, si aggregano e precipitano. A una determinata concentrazione di solfato di ammonio, si forma un precipitato che contiene proteine diverse da quelle che si vuole purificare e che vengono eliminate mediante centrifugazione. Poi, l'aggiunta di altro sale determina la precipitazione di un altro gruppo di proteine in cui, solitamente, è presente la proteina di interesse. Il precipitato viene centrifugato e raccolto. La quantità di solfato d'ammonio da aggiungere viene calcolata sperimentalmente facendo riferimento a una soluzione satura al 100%. In genere si porta la soluzione proteica a circa il 40% di saturazione per ottenere un primo precipitato; al sovranatante si aggiunge poi altro solfato, raggiungendo livelli di saturazione del 60-70% per ottenere un secondo precipitato, che può contenere la proteina di interesse.

   Queste tecniche grossolane non permettono di ottenere un campione molto puro, ma permettono di eliminare una quota di proteina aspecifiche dall'omogenato grezzo, in modo da facilitare le successive procedure di purificazione.

13.4.2 *Cromatografia su colonna*

La tecnica cromatografica si basa sul principio che composti diversi possono distribuirsi diversamente tra fasi immiscibili (liquido/liquido, soldo/liquido e gas/liquido). Nello specifico, è possibile distinguere tra:

- *Fase stazionaria*
- *Fase mobile:* fluisce lungo la stazionaria, trasportando il campione da separare, i cui componenti interagiscono con la fase stazionaria in maniera più o meno forte, conferendo una mobilità rispettivamente più lenta e più rapida.

Nella *cromatografia su colonna* il materiale che costituisce la fase stazionaria è impaccato nella colonna, sulla cui sommità viene stratificato il campione da separare, mentre la fase mobile (eluente) viene fatta scorrere attraverso la colonna. Il campione, quindi, viene trasportato dall'eluente lungo la colonna, facendo interagire i suoi componenti con la fase stazionaria.
Possiamo distinguere differenti tipologie di cromatografia, tra cui:

- **Cromatografia per esclusione molecolare (filtrazione su gel)**: separa le molecole in base alle dimensioni ed è molto utile per separare proteine di peso molecolare diverso. La fase stazionaria è costituita da piccole particelle di gel di forma sferica, rese porose da legami crociati e, generalmente, si utilizzano polimeri di carboidrati, come il destrano (agarosio), o polimeri a base di poliacrilamide. Poiché questi polimeri presentano una serie di pori con diametro specifico, quando si mette un campione in colonna, le molecole più piccole possono entrare nei pori, per cui sono rallentate nella discesa. Di conseguenza, le molecole più grandi eluiscono per prime, seguite dalle più piccole, ritardate dal passaggio attraverso i pori. I vantaggi sono la separazione in funzione delle dimensioni ed il suo utilizzo per stimare il peso molecolare di una molecola confrontando il profilo di eluizione del campione con quello di molecole standard.
- **Cromatografia di affinità**: sfrutta la specificità di legame delle proteine e la fase stazionaria è caratterizzata un polimero legato covalentemente ad un ligando, che lega selettivamente la proteina desiderata, mentre le altre possono essere eluite facilmente dal tampone. Successivamente, la proteina d'interesse legata viene eluita usando una soluzione contenente ligando libero, che compete con la fase stazionaria per il legame con la proteina. Le interazioni proteina-ligando della fase stazionaria possono essere distrutte con variazioni di pH e forza ionica. Tale metodica consente di ottenere proteine molto pure.
- **Cromatografia a scambio ionico**: utilizza una resina per legare le proteine d'interesse, come nel caso della cromatografia di affinità, ma l'interazione è meno specifica e si basa sulla carica netta: una resina a scambio ionico avrà un ligando con carica positiva (scambiatore di anioni, in genere Cl^-) o negativa (scambiatore di cationi, in genere K^+ o Na^+). Inizialmente, la colonna è equilibrata con un tampone con pH e forza ionica idonei, la miscela proteica viene inserita nella colonna: le proteine con carica netta opposta a quella dello scambiatore si legano alla resina, quelle senza carica netta o con la stessa carica netta eluiranno per prime. Per eluire le proteine legate si usa un tampone con pH che neutralizza la carica presente sulle proteine legate alla resina oppure un tampone ad elevata concentrazione salina. Il tampone di eluizione stacca le proteine legate, che vengono eluite.

13.4.3 *Elettroforesi*

L'elettroforesi è una tecnica per la caratterizzazione delle proteine presenti nel sangue o nel siero e si basa sul movimento e sulla separazione di particelle cariche all'interno di un campo elettrico.
Generalmente, il mezzo più comunemente utilizzato per la separazione delle proteine è un gel di poliacrilamide (quello di agarosio viene utilizzato più per gli acidi nucleici), caratterizzato da una serie di pozzetti in cui verrà caricato il campione.
In seguito, questo gel viene inserito all'interno di una vaschetta di alluminio di plastica contenente un tampone e caratterizzata da due elettrodi alle estremità, che inducono un campo elettrico (si specificano il voltaggio e i tempi). Di conseguenza, quindi, si osserverà il movimento delle proteine all'interno del gel e la loro separazione in funzione di vari parametri, quali:

- *Massa*
- *Dimensione*
- *Carica*
- *Forma*

Una variante dell'elettroforesi classica è quella che prevede il trattamento del campione con il detergente Sodio Dodecil-Solfato (SDS) prima di esser caricato sul gel, per cui si parla di ***elettroforesi SDS/PAGE***. Questo composto, che va a legarsi, in maniera aspecifica, alle proteine in quantità proporzionale alla loro massa molecolare, ne provoca la denaturazione, rompendo le interazioni che costituiscono le strutture terziaria (legami tra i vari residui R) e quaternaria. In conseguenza del legame con l'anione SO_3-, tutte le proteine del campione hanno carica negativa ed hanno più o meno tutte la stessa forma; inoltre, l'acrilamide funge da setaccio molecolare, dando maggiore resistenza alle proteine grandi. A questo punto, poiché forma e carica sono pressappoco le stesse, la caratteristica determinante è la dimensione: le proteine più piccole si muoveranno più rapidamente rispetto a quelle grandi.
L'SDS/PAGE può essere utilizzata per valutare il peso molecolare delle proteine, confrontando la migrazione elettroforetica del campione con quella di sostanze standard.

Inoltre, nel caso si voglia studiare la proteina nella sua conformazione nativa, la separazione delle proteine può avvenire anche su gel di acrilamide senza SDS e, in tal caso, si parla di ***gel nativo***. In questo caso la mobilità delle proteine nel gel dipende da dimensione, forma e carica.

Un'ulteriore variante dell'elettroforesi su gel è rappresentata dalla ***focalizzazione isoelettrica***, che si basa sui diversi punti isoelettrici che hanno le varie proteine. Il punto isoelettrico (pI) è il valore di pH al quale una proteina non ha carica netta, poiché il numero delle cariche positive bilancia quello delle cariche negative. Nello specifico, in questa tecnica, nel gel viene creato un gradiente di pH mediante l'aggiunta di una miscela di sostanze provviste di carica (anfoliti): quando le proteine migrano attraverso il gel, incontrano regioni a pH differenti e, quindi, la loro carica cambia. Alla fine, ogni proteina raggiunge il punto del gel in cui non ha carica netta (pI) e non migra più.

I metodi di focalizzazione isoelettrica ed elettroforesi SDS/PAGE possono essere combinati nell'elettroforesi bidimensionale (gel 2-D), in modo da ottenere una separazione ancora migliore, con un altissimo grado di risoluzione: la focalizzazione isoelettrica è utilizzata in una dimensione, mentre l'elettroforesi nella direzione perpendicolare alla prima separazione.

13.4.4 *Determinazione della struttura primaria di una proteina*

La determinazione della struttura primaria di una proteina è un'operazione di routine della biochimica classica e si compone di varie fasi:

1) ***Stabilire quali aminoacidi sono presenti e in che proporzioni:*** per scomporre una proteina negli aa che la compongono bisogna riscaldare una soluzione di proteina in ambiente acido, generalmente HCl 6M a 100-110°C per 12-36h, per idrolizzare i legami peptidici. La separazione e l'identificazione dei prodotti si esegue tramite un analizzatore di aminoacidi, che fornisce informazioni sia sull'identità degli aminoacidi che sulle loro quantità. Tale analizzatore separa la miscela degli aminoacidi mediante cromatografia a scambio ionico o cromatografia liquida ad alta risoluzione (HPLC) e, in funzione delle informazioni ottenute, si sceglie la procedura da utilizzare per determinare la sequenza.
2) ***Determinazione dell'identità degli aa N–terminale e C–terminale della catena polipeptidica***: questa fase è particolarmente utile per verificare se una proteina è caratterizzata da una o due catene polipeptidiche, piuttosto che per la determinazione della sequenza dei singoli peptidi.
3) ***Taglio della proteina in frammenti più piccoli, di cui si determina la sequenza amminoacidica:*** gli strumenti automatici possono eseguire un'analisi a partire dall'estremità N-terminale, seguita dall'idrolisi di ogni aminoacido della sequenza e dalla sua successiva identificazione (degradazione di Edman). Ovviamente, più aumenta il numero di aminoacidi, più il metodo diventa complesso.

Scissione della proteina in peptidi

Le proteine possono essere frammentate in corrispondenza di siti specifici da enzimi o reagenti chimici:

- *Tripsina:* enzima che scinde il legame peptidico in corrispondenza di aa che hanno gruppi R carichi positivamente, come lisina e arginina. La scissione fa sì che l'aminoacido con la catena laterale carica positivamente si trova all'estremità C–terminale di uno dei peptidi prodotti nella reazione. Un peptide può essere identificato automaticamente come l'estremità C–terminale della catena originaria se il suo aminoacido C–terminale non è un sito di taglio.
- *Chimotripsina*: enzima che scinde i legami peptidici in corrispondenza degli aminoacidi aromatici tirosina, triptofano e fenilalanina; tali aminoacidi si trovano all'estremità C–terminale dei peptidi prodotti dalla reazione.
- *Bromuro di cianogeno (CNBr):* reagente chimico i cui siti di taglio sono sui residui interni della metionina; lo zolfo della metionina reagisce con il carbonio del CNBr per produrre un lattone omoserinico all'estremità C–terminale del frammento.

La scissione di una proteina con uno dei suddetti reagenti produce una miscela di peptidi che, successivamente, verranno separati tramite HPLC. Ovviamente, l'uso di reagenti diversi su campioni diversi della proteina produce miscele peptidiche differenti.

Metodo di Edman: determinazione della sequenza peptidica

Dopo che i peptidi sono stati separati l'uno dall'altro, le sequenze vengono determinate mediante il metodo di degradazione di Edman. Tale metodo sta diventando così efficace da ridurre la necessità di identificare le estremità N–terminale e C–terminale di una proteina mediante metodi chimici o enzimatici.
Il reagente di Edman è il fenil isotiocianato (PITC), che reagisce con il residuo N–terminale del peptide, modificando l'aminoacido: questo può essere allontanato, lasciando intatto il resto del peptide, ed essere rivelato come un feniltioidantoin (PTH) derivato dall'aminoacido. Il secondo aa del peptide modificato può essere trattato allo stesso modo, poi il terzo e così via.... Utilizzando uno strumento automatico, chiamato sequenziatore, il processo viene ripetuto finché non è determinata la sequenza intera del peptide.

Un altro metodo per determinare la sequenza amminoacidica di una proteina si basa sul fatto che la sequenza di aa rispecchia la sequenza di basi del DNA del gene che codifica per quella proteina. Sulla base del codice genetico, quindi, si può dedurre la sequenza degli aminoacidi di una proteina. Purtroppo, però, tale metodo non stabilisce la posizione dei ponti disolfuro, non rivela aminoacidi modificati dopo la traduzione, come l'idrossiprolina, e non tiene conto delle trasformazioni che avvengono nel genoma eucariotico prima che la proteina finale venga sintetizzata.

13.5 Tecniche di biotecnologia degli acidi nucleici

Le *nucleasi* sono degli enzimi che catalizzano l'idrolisi dello scheletro fosfodiesterico degli acidi nucleici, per cui possono essere specifiche per DNA o per RNA, e ancora per singolo o doppio filamento. In funzione della regione di DNA in cui avviene il taglio possiamo parlare di esonucleasi (il taglio avviene all'estremità della molecola) ed endonucleasi (il taglio avviene all'interno della molecola).
Tra le endonucleasi c'è un particolare gruppo, definito ***endonucleasi di restrizioni***, che sono state fondamentali per lo sviluppo della tecnologia del DNA ricombinante e sono in grado di tagliare l'acido nucleico in corrispondenza di specifiche sequenze. Tali enzimi sono stati scoperti durante delle ricerche genetiche su batteri e batteriofagi e, nello specifico, riconoscono le sequenze palindrome. Esempi di endonucleasi di restrizione sono:

- ***Eco*RI:** è stata isolata da E. coli ed il suo sito nel DNA è 5'–GAATTC–3' (la sequenza di basi sull'altro filamento, ovviamente, sarà 3'–CTTAAG–5'). Il legame idrolizzato è quello fosfodiesterico tra la G e la A e tale rottura viene operata su entrambi i filamenti; poiché ci sono 4 residui nucleotidici tra i due siti di taglio sui filamenti opposti, che lasciano estremità coesive (*sticky ends*), possono ancora rimanere associate attraverso la formazione di legami-H tra le basi complementari ed essere risaldate dalla DNA ligasi.
- ***Hae*III:** questo enzima di restrizione è in grado di effettuare un taglio che lascia le estremità piatte (*blunt ends*).

13.5.1 *Clonaggio*

Il frammento di DNA in esame viene inserito in un DNA virale (batteriofago) o batterico (plasmide, ovvero una piccola molecola circolare che non fa parte del DNA cromosomico circolare del batterio). Il loro utilizzo è importante per ottenere maggiori quantità di DNA ricombinante attraverso il processo definito clonaggio.
Per clone si intende una popolazione geneticamente identica di organismi, cellule, virus o molecole di DNA.

Clonaggio di virus (batteriofagi)

Nel clonaggio di batteriofagi, uno strato di batteri che ricopre una piastra Petri viene infettato con dei fagi; ogni virus infetta una cellula batterica e si riproduce. Man mano che il virus si moltiplica, sulla piastra Petri appare un alone (placca), ovvero l'area in cui le cellule batteriche sono state uccise e che contiene la progenie di virus, cloni dell'originale.
Per clonare cellule singole, sia da fonte batterica che eucariotica, un piccolo numero di cellule viene distribuito in modo molto diluito su una piastra contenente il mezzo di crescita desiderato; in tal modo le cellule crescono separate tra loro ed ogni colonia che appare corrisponderà ad un clone derivato da una singola cellula.
Viene definito **vettore** il trasportatore per il gene di interesse che è stato clonato, mentre il gene di interesse può avere diversi nomi (DNA estraneo, inserto, gene X, ecc...).

Clonaggio di batterio (plasmidi)

Il DNA plasmidico è l'altro principale vettore utilizzato per il DNA ricombinante, ha la capacità di replicarsi indipendentemente dal cromosoma batterico e può essere trasferito da un ceppo di una specie batterica ad un altro attraverso il contatto cellula-cellula. Il batterio che acquisisce un plasmide (contenente il gene estraneo, inserito tramite endonucleasi di restrizione e DNA ligasi) viene detto trasformato; i batteri sono spinti ad acquisire il DNA estraneo grazie all'uso di due metodi:

- *Shock termico dei batteri a 42°C con successivo raffreddamento su ghiaccio*
- *Elettroporazione* (il batterio viene sottoposto ad un campo elettrico)

Per vedere quale batterio abbia acquisito il plasmide si effettua una selezione: ogni plasmide scelto per il clonaggio deve possedere qualche tipo di marcatore di selezione che, generalmente, sono geni che conferiscono resistenza agli antibiotici. Dopo la trasformazione, i batteri vengono piastrati su un mezzo contenente l'antibiotico per il quale il plasmide porta la resistenza: solo i batteri che possiedono il plasmide cresceranno. Uno dei primi plasmidi utilizzati è il **pBR322** (derivante da E. coli), che presenta:

- *Origine di replicazione* (gli permette di replicarsi in maniera indipendente dal resto del genoma)
- *Gene* tet^r (per la resistenza alla tetraciclina)
- *Gene* amp^r (per la resistenza all'ampicillina)
- *Diversi siti per gli enzimi di restrizione*

Il DNA estraneo deve essere inserito in un sito di restrizione unico, così che l'uso degli enzimi di restrizione tagli il plasmide soltanto in quel punto.
Una delle prime difficoltà del clonaggio è stata quella di trovare il plasmide giusto che possedesse siti di restrizione tagliabili degli stessi enzimi necessari per tagliare il DNA estraneo e, ad oggi, ne sono stati creati diversi che possiedono molti siti di restrizione differenti in una piccola regione del DNA (*sito di clonaggio multiplo (MCS)* o *regione polilinker*). Una serie di vettori di clonaggio ben noti sono i plasmidi pUC (plasmide Universale di Clonaggio), che posseggono una caratteristica che facilita la procedura di selezione, ovvero il ***gene lacZ*** (costituisce la base per la tecnica di selezione detta screening bianco/blu): codifica per la subunità α dell'enzima β-galattosidasi, utilizzato per scindere i disaccaridi (lattosio). La regione polilinker è localizzata all'interno del gene lacZ per cui, quando viene inserito il gene estraneo, questo inattiva il gene.
Il plasmide pUC viene digerito nel suo MCS da enzimi di restrizione e il frammento di DNA estraneo viene estratto dal DNA di origine con gli stessi enzimi; questi vengono combinati e legati insieme per azione della DNA ligasi, in modo da fornire due prodotti nella reazione di ligazione. Il prodotto desiderato è il plasmide contenente il DNA estraneo, mentre l'altro è un plasmide che si è richiuso su sé stesso senza il nuovo inserto di DNA. Nello specifico, ci saranno 3 possibili prodotti:

1. *Batteri che acquisiscono il plasmide più l'inserto*
2. *Batteri che acquisiscono il plasmide senza inserto*
3. *Batteri che non acquisiscono il plasmide*

Successivamente, la miscela di batteri viene piastrata su un mezzo contenente ampicillina ed il colorante X-gal: la β-galattosidasi idrolizza un legame nella molecola di X-gal, rendendola blu. Poiché i batteri da trasformare sono mutanti, producono una versione difettiva di β-galattosidasi, che manca della subunità α.

- Se i batteri non acquisiscono nessun plasmide, ad essi mancherà il gene della resistenza e non cresceranno.
- Se i batteri acquisiscono un plasmide che manca dell'inserto, avranno un gene lacZ funzionante e produrranno la subunità α della β-galattosidasi: queste colonie produrranno β-galattosidasi attiva, che taglierà il colorante X-gal, per cui cresceranno con un colore blu.
- Se i batteri acquisiscono un plasmide contenente l'inserto, il gene lacZ sarà inattivato e queste colonie saranno prive di colore, per cui si presenteranno bianche, come le normali colonie batteriche sull'agar.

13.5.2 *Reazione a Catena della Polimerasi (PCR)*

La PCR (reazione a catena della polimerasi) è una reazione di amplificazione *in vitro* di uno specifico segmento di DNA per produrne diverse copie e prevede l'utilizzo di:

- *DNA polimerasi (Taq polimerasi)*
- *Desossiribonucleotidi (dNTP)*
- *Primer* (oligonucleotidi sintetici di circa 20-30 basi complementari alla sequenza da amplificare e fungono da innesco per l'amplificazione)

Il processo di amplificazione è caratterizzato da tre fasi (si ripetono ciclicamente):

1. **Fase di denaturazione**: avviene a una temperatura di 94-95°C e permette la separazione della doppia elica di DNA (sequenza target) tramite la rottura dei legami-H presenti tra le basi azotate (la quantità di energia termica necessaria alla denaturazione varia in funzione della percentuale di C e G presenti nella sequenza).
2. **Fase di annealing**: avviene a circa 50-65°C, ha una durata di 30-40 secondi e consiste nell'appaiamento dei primer alle sequenze complementari dei filamenti denaturati di DNA (tramite formazione di legami-H).
3. **Allungamento**: avviene intorno ai 70-72°C ed è la fase in cui la DNA polimerasi (la *Taq polimerasi* è una DNA polimerasi derivante dal batterio termofilo *Thermus aquaticus*) replica il segmento di DNA compreso tra le sequenze complementari ai primer, utilizzando i dNTP.

Il numero di cicli varia da 30 a 50, dopodiché si raggiunge la fase di plateau e per verificarne la riuscita del processo di può analizzare il prodotto tramite elettroforesi su gel di agarosio.

13.5.3 *DNA Fingerprinting*

I campioni di DNA possono essere studiati e comparati utilizzando la tecnica del DNA Fingerprinting, che prevede la digestione del DNA con enzimi di restrizione ed un successivo processo di elettroforesi su gel di agarosio. I frammenti di DNA possono essere direttamente visualizzati sul gel, che viene immerso in una soluzione di bromuro di etidio ed illuminato agli UV. In seguito a questa parte di processo, avvengono le seguenti fasi:

1. ***Trasferimento del DNA su una membrana di nitrocellulosa mediante la tecnica del Southern blot:*** il gel di agarosio viene immerso in una soluzione di NaOH per denaturare il DNA, in modo che solo il ssDNA si leghi alla nitrocellulosa. La membrana viene messa sul gel di agarosio, che si trova al di sopra di un supporto solido e di un foglio di carta da filtro immerso nel tampone; al di sopra della nitrocellulosa vengono posizionati fogli di carta assorbente asciutta. L'azione capillare trasporta il tampone dal basso verso l'alto nella carta asciutta, attraversa il gel e poi la nitrocellulosa; dopodiché i frammenti di DNA escono dal gel e vanno sulla nitrocellulosa.
2. ***Visualizzazione dei frammenti di DNA sulla nitrocellulosa:*** una sonda di DNA marcata con ^{32}P viene incubata con la membrana di nitrocellulosa e si legherà solo ai frammenti di DNA complementari. Infine, si espone la membrana ad una lastra autoradiografica per produrre un autoradiogramma e osservare i frammenti di DNA ibridizzati.

13.5.4 *Sequenziamento del DNA*

Il sequenziamento del DNA è un processo che ha lo scopo di determinare l'esatta sequenza con cui si susseguono le basi nucleotidiche (Adenina A, Guanina G, Timina T, Citosina C) nelle molecole di DNA contenute nel campione in esame.
Le due metodiche principali del sequenziamento del DNA sono:

- ***Metodo di Maxam e Gilbert*** (prevede la *degradazione chimica del DNA*, che viene trattato con reagenti chimici che lo degradano in corrispondenza di specifici nucleotidi)
- ***Metodo Sanger*** (realizza la *sintesi enzimatica del DNA*, che termina in corrispondenza di specifici nucleotidi)

Queste due metodiche presentano degli elementi in comune, in quanto generano dei frammenti di ssDNA, ognuno dei quali risulta più lungo di una base rispetto al precedente, prevedono la separazione dei frammenti su gel di poliacrilamide in condizioni denaturanti (SDS–PAGE), con migrazione in base al peso molecolare, e la lettura delle sequenze avviene tramite metodi di marcatura (autoradiografia o fluorescenza).

Metodo di Maxam e Gilbert

Questo metodo prevede la degradazione dei frammenti di DNA, ma non è più utilizzato in quanto i composti usati sono tossici ed è un metodo manuale. La metodica si basa su:

- *Capacità di alcuni composti di tagliare, in maniera selettiva, il DNA in corrispondenza di una determinata base:*
    - ***Dimetilsolfato DMS*** (agisce a livello della Guanina G che, per trattamento con la piperidina, viene identificata, modificata per metilazione ed allontanata in modo da promuovere la frammentazione del DNA in quel punto)
    - ***Acido Formico*** (la sua somministrazione allenta il legame glicosidico, agendo quindi sulle purine Adenina A e Guanina G, e l'aggiunta della piperidina realizza l'idrolisi del frammento di DNA a quel livello)
    - ***Idrazina*** (una volta inserita, l'aggiunta della piperidina provoca la frammentazione a livello della Timina T modificata. Se la reazione avviene in ambiente salino, il residuo che viene modificato è la Citosina C)
- *Capacità di individuare i nucleotidi modificati e catalizzare la rottura del DNA:*
    - ***Piperidina***

Nello specifico, il procedimento prevede tre fasi:

1. Il dsDNA da sequenziare viene marcato all'estremità 5' e denaturato per ottenere la separazione dei singoli filamenti.
2. Suddivisione del campione in 4 provette, ognuna delle quali contiene un determinato composto chimico (DMS, acido formico, idrazina, idrazina in ambiente salino). Tali reazioni vengono condotte in modo controllato e ciascun filamento marcato sarà tagliato un'unica volta, ottenendo dei frammenti, la cui lunghezza dipenderà dalla distanza tra l'estremità marcata e il sito di taglio.
3. Separazione dei vari frammenti tramite elettroforesi

Metodo Sanger (a terminazione di catena)

Metodo basato sulla sintesi di nuove molecole di DNA complementari alla sequenza stampo a catena singola che si vuole sequenziare e prevede l'impiego di:

- *DNA polimerasi*
- *Primer a sequenza nota* (per l'ibridazione con lo specifico stampo)
- *Dideossiribonucleotidi trifosfati ddNTP* (provocano l'arresto dell'oligomerizzazione alla terminazione della catena poiché sono privi di un gruppo OH all'estremità 3' del deossiribosio)

Anche in questo caso, il campione viene suddivido in 4 provette, ognuna delle quali contiene:

- *Desossiribonucleotidi trifosfati dNTP*
- *Dideossiribonucleotidi trifosfati ddNTP* (marcati con fluorofori)

I frammenti, quindi, presenteranno diverse lunghezze e termineranno tutti con la stessa base poiché i ddNTP non possono formare il legame fosfodiestere con il successivo nucleotide per continuare la catena. Segue la separazione tramite elettroforesi (metodo manuale). Successivamente, il metodo è stato automatizzato, diventando più rapido:

- *La fluorescenza viene visualizzata attraverso un laser*
- *Un sistema multicapillare permette letture in parallelo per generare un elettroferogramma*

13.5.5 *DNA Microarray*

La DNA Microarray è una tecnica di biologia molecolare che permette, attraverso un solo esperimento, l'analisi dell'espressione dell'interno genoma, per cui viene utilizzata per studiare l'espressione genica (livello di trascrizione del genoma *in vivo*).
Il principio su cui si basa un microarray prevede:

- *Posizionamento di specifiche sequenze nucleotidiche in un ordine definito*
- *Appaiamento delle sequenze con sequenze complementari di DNA/RNA marcate con sostanze fluorescenti di vario colore*
- *Quantificazione del DNA o RNA legato*

Questa tecnica trova utilità, ad esempio, per determinare l'eventuale tossicità di un nuovo farmaco nei confronti del fegato:

1. ***Produzione o acquisto di un microarray:*** è caratterizzato da ssDNA, che rappresenta migliaia di geni diversi, ognuno dei quali è applicato in un punto specifico del microarray)
2. ***Raccolta di due diverse popolazioni di cellule epatiche:*** una trattata con il potenziale farmaco, l'altra non trattata; quindi, si prepara l'mRNA trascritto in queste cellule.
3. ***Conversione dell'mRNA in cDNA:*** si aggiungono marcatori fluorescente verdi al cDNA delle cellule non trattate e marcatori fluorescenti rossi al cDNA delle cellule trattate con il farmaco.
4. ***Aggiunta dei cDNA marcati al chip:*** i cDNA si legano alle sequenze complementari nei ssDNA del chip.
5. ***Scansione del chip e analisi della fluorescenza tramite un computer:*** viene calcolato il rapporto tra i puntini rossi (sequenza di DNA sul chip che si è legata al cDNA dalle cellule trattate) e quelli verdi (sequenza di DNA sul chip che si è legata al cDNA dalle cellule non trattate), e viene generato un codice di lettura dei colori.
6. ***Comparazione dei risultati del microarray:*** viene effettuati tramite controlli condotti con cellule epatiche e farmaci tossici rispetto a farmaci non tossici.

Una variante del DNA microarray sono gli array di proteine, che si basano sull'interazione tra proteine e anticorpi Ab purificati, che devono essere creati in maniera specifica per una determinata patologia.

DOMANDE D’ESAME e RISPOSTE

Candidato: Biologia della salute (ambito sanitario-diagnostico-forense) – Lab clinica analitica sperimentale – Tecnica: campo flusso

-Differenze cellula eucariotica e procariotica

In base alla presenza di singole cellule o di una moltitudine di cellule, gli organismi possono dividersi in procarioti ed eucarioti. I procarioti sono caratterizzati da singola cellula che svolge tutte le funzioni vitali e sono distinti in eubatteri ed archeobatteri, mentre gli eucarioti possono essere caratterizzati sia da organismi unicellulari (protisti) che pluricellulari (piante, funghi e animali). La maggior differenza tra eucarioti e procarioti è data dal fatto che gli eucarioti posseggono una compartimentazione interna sprovvista nei procarioti, che presentano solo il citosol e il nucleolo, senza però alcuna divisione netta tra citoplasma e nucleo (assenza di membrana). I procarioti presentano solo dei mesosomi, invaginazioni della membrana fondamentali in funzioni enzimatiche e di divisione, mentre negli eucarioti sono presenti veri e propri organelli in compartimenti specifici.

Inoltre, il DNA nei procarioti è organizzato in un unico cromosoma circolare che non risulta avvolto da istoni, mentre negli eucarioti il DNA è una molecola lineare strettamente associata a proteine istoniche.

Le cellule procariote sono più piccole rispetto alle corrispettive eucariote e la riproduzione nei procarioti avviene tramite riproduzione asessuata per scissione binaria mentre negli eucarioti si ha la riproduzione sessuata attraverso mitosi e meiosi.

Nei procarioti è inoltre presente la parete cellulare (formata da peptidoglicani), essenziale per conferire forma e rigidità, che si ritrova però anche a livello di eucarioti ma solo in piante (cellulosa) e funghi (chitina), strutturalmente diversa da quella dei procarioti.

I ribosomi sono presenti in entrambi i tipi cellulari ma differiscono per forma e grandezza (maggiore in eucarioti).

In più, nei procarioti non è presente il citoscheletro, sistema di filamenti proteici responsabile di forma, polarità, movimento, collocazione e organizzazione degli organelli, struttura invece presente negli eucarioti, i cui flagelli sono composti proprio da microtubuli (flagellina nei procarioti). Il metabolismo procariote può essere anaerobico o aerobico mentre negli eucarioti può essere solo aerobico.

Infine, nei procarioti i processi di trascrizione e traduzione avvengono nel citosol quasi in contemporanea, cosa assai molto diversa rispetto agli eucarioti, dove la trascrizione avviene a livello nucleare, con seguente processo post-trascrizionale di maturazione dell'mRNA (capping, poliadenilazione e splicing), mentre la traduzione avviene a livello ribosomico nel citoplasma.

-Rischio clinico e ambiente clinico

Il rischio è la probabilità di accadimento di un certo evento ed è dato dalla frequenza per la magnitudo, per cui è misurabile. Naturalmente si cerca sempre di evitare un certo rischio e per quanto riguarda il rischio clinico esso è visto come la probabilità che un paziente sia vittima di un evento avverso, cioè subisca un qualsiasi "danno o disagio imputabile, anche se in modo involontario, alle cure mediche prestate durante il periodo di degenza, che causa un prolungamento del periodo di degenza, un peggioramento delle condizioni di salute o la morte".

-Cromatografia liquida

Candidato: Scienze dell'alimentazione e della nutrizione – Microbiota intestinale

-Insulina (correlato alla tesi)

L'insulina è un ormone peptidico dalle proprietà anaboliche, prodotto dalle cellule β delle isole di Langerhans all'interno del pancreas. La sua funzione più nota è quella di regolare i livelli di glucosio ematico riducendo la glicemia mediante l'attivazione di diversi processi metabolici e cellulari. Ha inoltre un essenziale ruolo nella sintesi proteica assieme ad altri ormoni che sinergicamente partecipano a tale processo, tra cui l'asse GH/IGF-1, e il testosterone. L'ormone insulina ha anche funzione di lipogenesi, cioè lo stoccaggio di lipidi all'interno del tessuto adiposo.

I suoi ormoni antagonisti sono il cortisolo (ormone alla base dell'insulinoresistenza), l'adrenalina, il glucagone, l'aldosterone e il GH. Gli ormoni che invece migliorano la sua azione sono il testosterone, il fattore di crescita insulino-simile e, in minor misura gli estrogeni (stimolano la sintesi della proteina transcortina, che lega e inibisce il cortisolo).

-Neurone

Il neurone è una delle due unità strutturali del sistema nervoso (l'altra è la glia).

I neuroni sono cellule specializzate nella trasmissione dell'impulso nervoso le cui caratteristiche sono l'eccitabilità, quindi la capacità di ricevere stimoli e trasformarli in impulsi nervosi, e la conducibilità, ovvero la capacità di trasmettere questi impulsi a un'altra cellula.

I neuroni sono funzionalmente collegati tra loro tramite particolari connessioni chiamate sinapsi. Il neurone è composto da:

- Corpo cellulare/Pirenoforo, il quale contiene nucleo e gran parte degli organuli cellulari, conferendo al citoplasma aspetto granuloso. Esso è deputato alla ricezione dei segnali in ingresso;
- Dendriti: prolungamenti citoplasmatici ramificati deputati alla ricezione e alla trasmissione dei segnali nervosi verso il corpo cellulare;
- Assone/Neurite: prolungamento citoplasmatico che trasporta impulsi nervosi in uscita. Il trasferimento delle informazioni avviene tra la porzione terminale di un assone (neurone pre-sinaptico) ed un altro neurone (neurone post-sinaptico) in maniera unidirezionale.

I neuroni possono essere classificati in base a struttura e funzione.

In base alla struttura possono essere multipolari (due o più dendriti e un assone, come motoneuroni dei muscoli scheletrici), unipolari (dal corpo cellulare si origina un solo solo prolungamento che si separa poi in dendrite e assone, come i neuroni sensitivi) e bipolari (corpo cellulare interposto tra dendrite e assone, molto rari).

In base alla funzione i neuroni possono essere sensitivi/sensoriali (ricezione informazioni dalla periferia verso il SNC), motoneuroni (bersaglio del segnale sono gli organi periferici) e interneuroni (interconnessione tra i neuroni del SNC).

-Consenso informato (Legge 219/17)

Fa parte del codice deontologico ed è il trattamento che verrà fatto al paziente, previa minuziosa descrizione e accettazione scritta dello stesso, in cui viene spiegato cosa verrà effettivamente fatto alla persona (ed è diverso dal consenso informativo dei dati).

Il consenso informato è la manifestazione di volontà che il paziente esprime liberamente in ordine ad un trattamento sanitario ed è "condicio sine qua non" per poter proseguire in molte pratiche assistenziali (intervento chirurgico, trasfusioni, diagnosi invasive ed altro).

Il consenso informato valido deve essere:

- personale: espresso direttamente dal soggetto per il quale è previsto l'accertamento, salvo i casi di incapacità, riguardanti i minori e gli infermi di mente;
- libero: non condizionato da pressioni psicologiche da parte di altri soggetti;
- esplicito: manifestato in maniera chiara e non equivocabile;
- consapevole: formato solo dopo che il paziente ha ricevuto tutte le informazioni necessarie per maturare una decisione;
- specifico: in caso di trattamento particolarmente complesso, l'accettazione del paziente deve essere indirizzata verso tali procedure, mentre non avrebbe alcun valore giuridico un consenso del tutto

generico al trattamento. In alcune situazioni particolari, come per esempio quelle relative ad un intervento chirurgico nel caso in cui non ci fosse certezza sul grado di espansione ed invasione di una neoplasia, si ricorre al consenso allargato(*);

- attuale;
- revocabile in ogni momento.

Il consenso informato è sempre obbligatorio. Le uniche eccezioni all'obbligo del consenso informato sono:

- le situazioni nelle quali la persona malata abbia espresso esplicitamente la volontà di non essere informata;
- in situazioni d'urgenza, ovvero quando le condizioni della persona siano talmente gravi e pericolose per la sua vita da richiedere un immediato intervento. In questi casi si parla di "consenso presunto";
- i casi in cui il paziente si sottopone alle cure di routine (prelievo ematico). In questo caso si può parlare di "consenso implicito";
- i casi nei quali le indagini diagnostiche precedenti all'intervento non hanno consentito al chirurgo di avere una previsione definitiva e certa dell'intervento. In questo caso si parla di "consenso allargato"(*);
- i trattamenti sanitari obbligatori (TSO).

Il consenso informato, quindi, postula il diritto del paziente di scegliere, accettare o anche rifiutare i trattamenti (diagnostici, terapeutici, ecc.), dopo esser stato pienamente informato sulla diagnosi, il decorso previsto dalla malattia, tutti i possibili rischi ad essa correlati e sulle alternative terapeutiche e le loro conseguenze. - Cromatografia

Candidato: Biologia molecolare e cellulare su ramo neurobiologico

-Organizzazione del tessuto connettivo

Sotto il nome di tessuto connettivo vengono raggruppati tessuti diversi fra loro derivanti dal mesoderma, i quali hanno però in comune alcune importanti caratteristiche:

- dal punto di vista morfologico, in tutti i tessuti connettivi esiste una abbondante sostanza interposta fra le cellule, detta sostanza intercellulare/sostanza fondamentale/matrice, che presenta caratteristiche diverse nei diversi tipi di tessuto connettivo. Le cellule sono quindi ben separate le une dalle altre;
- dal punto di vista funzionale, il tessuto connettivo avvolge e si insinua tra le formazioni costituite dagli altri tessuti, svolgendo una funzione di sostegno e di protezione dei vari organi, e dà origine a specifici organi con funzione di sostegno (es. ossa); esso inoltre contribuisce, attraverso la sostanza fondamentale, ai processi di ricambio e di nutrizione
  cellulare, in quanto tale sostanza è impregnata del liquido interstiziale; I

principali tipi di tessuto connettivo dell'organismo adulto sono:

- tessuti connettivi propriamente detti (cellule fibroblasti)
  - t.c. lasso (=poco denso): fibre collagene disposte in modo sparso, riempie spazi tra organi e tessuti, abbondante matrice
  - t.c. denso o fibroso: fibre collagene disposte in fasci, elevata resistenza alla trazione (tendini)
  - t.c. elastico: fasci paralleli di elastina, espansione e ritorno elastico (legamenti → osso-osso) ◦ t.c. reticolare: fibre reticolari, struttura supporto ad alcuni organi (fegato, milza)
- tessuti connettivi specializzati
  - tessuto adiposo: isolamento termico e accumulo sostanze energetiche (bianco e bruno)
  - tessuto cartilagineo: priva di nervi e vasi sanguini; condrociti ricevono nutrimento per diffusione
  - tessuto osseo: forza, durezza, elasticità e leggerezza, per sostegno; compatto o spugnoso
  - sangue e tessuti che producono le cellule del sangue (midollo osseo)

Con l'eccezione del sangue, la cui sostanza fondamentale (plasma) è liquida, tutti i tessuti connettivi presentano una matrice nella quale sono sempre presenti, sia pure in proporzioni diverse, tre tipi di fibre, sintetizzate e secrete dalle cellule del tessuto connettivo:

- fibre collagene, costituite dai diversi tipi di collagene; questa è la proteina più abbondante del corpo umano ed è dotata di proprietà notevoli: possiede una forza tensile (capacità di essere stirata senza rompersi) paragonabile a quella dell'acciaio, associata alla possibilità di allungarsi entro ristretti limiti, riassumendo le dimensioni iniziali una volta cessata la trazione (es. tendini);
- fibre elastiche, costituite da elastina; questa proteina dà origine a fibre ramificate e interscambiate (anastomizzate) fra loro, dotate di notevole elasticità;
- fibre reticolari, costituite da collagene e glicoproteine; queste proteine danno luogo a fibre corte e ramificate.

-Nefrone

Il nefrone è l'unità strutturale e funzionale del rene dei vertebrati. È composto essenzialmente da due parti principali:

- Corpuscolo renale o di Malpighi, che assolve alla formazione di preurina a partire dalla filtrazione di plasma sanguigno proveniente dalle arterie renali. Il processo di ultrafiltrazione avviene per diffusione passiva, cioè senza dispendio di energia. Il corpuscolo renale è a sua volta composto da un glomerulo, contenuto nel Malpighi (formato da una fitta rete di capillari anastomizzati e denominata rete mirabile arteriosa, generata dalla dilatazione della arteriola afferente) e da un'espansione a fondo cieco del tubo urinifero che prende il nome di capsula del Bowman, la quale contiene i podociti. Capsula di Bowman e Malpighi sono, praticamente, la stessa cosa;
- Tubulo renale, costituito da diversi dotti, il quale raccoglie la preurina e la trasforma in urina, destinata alla vescica. Il processo di trasformazione coinvolge una serie di trasportatori molecolari che consumano energia.

Il nefrone ha inizio dal corpuscolo renale; continua poi con il tubulo contorto prossimale, che prosegue nella parte midollare del rene con una lunga ansa a forma di "U" chiamata ansa di Henle e torna nella parte corticale con il tubulo contorto distale, che infine defluisce in un dotto collettore che porta l'urina nella pelvi renale.

I dotti collettori si riuniscono a formare dotti papillari che infine scaricano l'urina nella pelvi renale.

Il nefrone svolge tre funzioni:

1) Ultrafiltrazione del plasma: il plasma viene filtrato e solo ciò che è piccolo passa le maglie del filtro (cataboliti, sali, H_2O, etc.); invece le molecole più grosse restano nel capillare. Questo processo avviene nel corpuscolo renale;
2) Riassorbimento delle sostanze utili: il processo avviene nel tubulo contorto prossimale e distale;
3) Concentrazione dell'ultrafiltrato per formare urina: il processo avviene nel dotto collettore tramite l'azione della vasopressina (che aumenta il numero di acquaporine che assorbono acqua) e tramite la concentrazione di cloruro di sodio ed urea a livello del liquido extracellulare.

I nefroni possono essere corticali (glomeruli in prossimità della capsula del rene), juxtamidollari (glomeruli localizzati profondamente nella corticale, in vicinanza della midollare) e intermedi (corpuscolo renale sito a metà della corticale).

-Codice deontologico del biologo

Il codice deontologico del biologo è uno strumento scritto che stabilisce e definisce le concrete regole di condotta dell'attività professionale e si presenta come la "carta d'identità" del biologo. Presenta un totale di 38 articoli suddivisi in 6 Titoli, con norme di carattere sia programmatico (linee comuni generali di comportamento) che precettivo (obblighi e divieti).

- Titolo 1: principi generali (11 articoli), in cui si parla della figura del biologo e in quale ambiti possa intervenire, oltre che esplicitare l'importanza di questa figura professionale che deve essere leale, corretta e con autonomia di giudizio, il cui rispetto verso persone terze non deve mai mancare. Inoltre, all'articolo 9 si parla di ECM, crediti necessari da acquisire per rimanere all'interno dell'ordine.
- Titolo 2: rapporti con l'Ordine e il consiglio di disciplina (1 articolo): collaborare con l'Ordine, osservare scrupolosamente tutti i provvedimenti, assenza di vincolo di mandato per i biologi con ruoli istituzionali.
- Titolo 3: rapporti esterni (6 articoli) in cui si tratta il rapporto tra il biologo e parti terze.

- Titolo 4: rapporti interni (4 articoli) che vertono sull'importanza del biologo nell'essere trasparente con figure quali colleghi, collaboratori e tirocinanti, senza dimenticare l'importante articolo 20 sulla concorrenza sleale.
- Titolo 5: esercizio professionale (14 articoli) dove si parla degli incarichi che il biologo può ricevere e di come esso possa accettare, eseguire, rinunciare o cessare un incarico. È presente anche l'informativa.
- Titolo 6: disposizioni transitorie e finali (2 articoli): tratta delle norme integrative che sono sopraggiunte con l'ultima revisione del 2019.

-PCR

Candidato: Scienze della nutrizione umana – Epidemiologia delle malattie cardiovascolari (parametri antropometrici)

-Cuore: da chi è innervato? (I nervi del SNP, sia esso simpatico che parasimpatico) Il cuore è innervato dal plesso cardiaco:

- Nervo Vago (10° nervo cranico)
- SNP simpatico/ortosimpatico → Gangli cervicali e toracici

Il sistema nervoso simpatico e il parasimpatico hanno sul cuore, come sulla maggior parte degli organi un'azione antagonista. L'eccitazione del cuore è intrinseca (automatica), a carico del nodo senoatriale, che riceve innervazione sia dal sistema parasimpatico che dal simpatico e sono in grado di modularne la attività. Il miocardio è innervato solo dal sistema adrenergico, quindi non vi è innervazione vagale nel muscolo cardiaco, solo il nodo senoatriale è innervato dal nervo vago; il sistema simpatico innerva invece sia il tessuto di conduzione che il muscolo. -

Rischio biologico + esempi di gruppi di rischio (COVID tra rischio 2 e 3) Il rischio biologico indica la probabilità di accadimento di un determinato evento e quando si parla di rischio biologico è correlato all'entrata di contaminanti biologici all'interno del corpo umano. Quando si parla di contaminazione biologica si indica la crescita, la sopravvivenza e l'azione dei microrganismi che, oltre ad attaccare e decomporre gli alimenti, si insediano nel corpo, provocando infezioni (patogeni vivi), intossicazioni (tossine batteriche) e/o tossinfezioni (patogeno + tossina), causate per la maggior parte delle volte da batteri. Le caratteristiche dei microrganismi da considerare sono la patogenicità (capacità di sopravvivere e replicarsi nell'ospite), la trasmissibilità (da soggetto infetto/portatore a soggetto suscettibile) e la neutralizzabilità (misure profilattiche di prevenzione), essenziali per dividere questi organismi in vari gruppi di rischio.

- Gruppo di rischio 1: poche probabilità di causare malattie negli umani (es. Saccharomyces cerevisiae);
- Gruppo di rischio 2: può causare malattie in soggetti singoli ma è difficile che si propaghi nella collettività (Clostridium tetani e botulinum, polio, tenia);
- Gruppo di rischio 3: alto rischio nei singoli soggetti ma ancora basso/moderato nella collettività (antrace, TBC, HIV, epatite B e C);
- Gruppo di rischio 4: gravi malattie negli umani (Ebola).

-Antibiogramma

Candidato: Attività di diagnostica e ricerca – Emopatie maligne su pazienti con sindrome mielodisplastica con tecniche di citogenetica e biologia molecolare

-Plasmide

Il plasmide è una molecola di DNA circolare a doppio filamento, presente nel citoplasma dei batteri, capace di replicarsi indipendentemente dal cromosoma batterico. I plasmidi contengono le informazioni genetiche per alcune caratteristiche specifiche, come la resistenza dei batteri agli antibiotici, e trovano largo impiego nella biologia molecolare per riprodurre indefinitamente frammenti di DNA e per inserire in un batterio uno o più geni estranei.

Vengono molto utilizzati in fase di clonaggio, in quanto presentano una piccola regione di DNA in cui sono presenti molti siti di restrizione differenti (MCS o regione polilinker). I plasmidi di clonaggio universale presentano una regione MCS localizzata all'interno del gene lacZ per cui, quando viene inserito un gene estraneo, questo va ad inattivare lacZ. Per osservare un eventuale battere trasformato (plasmide con gene estraneo) è necessario coltivare una piastra batterica contenente ampicillina e colorante X-gal: se le colonie sono prive di colore, l'attecchimento è avvenuto, poiché il gene lacZ inattivo non produce β-galattosidasi che quindi non taglia il colorante X-gal che rimane inattivo a sua volta.

-Crediti ECM

L'ECM, attivo in Italia dal 2002, è il processo attraverso il quale il professionista sanitario si mantiene aggiornato per rispondere ai bisogni dei pazienti, alle esigenze del Servizio sanitario e al proprio sviluppo professionale, con l'obbligo deontologico di mettere in pratica le nuove conoscenze e competenze per offrire un'assistenza qualitativamente utile. I crediti ECM si ritrovano nel codice deontologico all'articolo 9, in cui si esplica come sia possibile acquisire i 150 crediti necessari attraverso attività formativa residenziale (FR) seguendo seminari e convegni in prima persona o tramite attività formativa a distanza (FAD) via web. La messa a regime di tale meccanismo prevede l'accumulo di 150 crediti in 3 anni.

-PCR

Candidato: Ecologia

Analisi Posidonia (pianta che ha a che fare con il lavoro della candidata) -

Anticorpo -

Gli anticorpi (Ab) sono proteine recettrici del sistema immunitario (immunità acquisita umorale) derivanti dall'attivazione dei linfociti B in plasmacellule, che a loro volta maturano in anticorpi. Gli Ab sono dotati di siti di legame per uno specifico antigene, con cui formano un complesso stabile. Essi presentano due subunità più lunghe, chiamate catene pesanti, e due subunità più corte, dette catene leggere, unite in una struttura a forma di Y che ha sia regioni costanti, caratteristiche della specie che le produce, sia regioni variabili, che determinano la specificità di un Ab per un certo antigene; ne deriva una struttura tridimensionale complementare a quella dell'antigene.

Sono presenti cinque classi di anticorpi:

(1) IgM: abbondanti nel plasma, sono le prime che vengono secrete durante l'infezione;
(2) IgG: abbondanti nel plasma, subentrano alle IgM e sono in quantità elevata per un numero maggiore di tempo e sono di memoria;
(3) IgA: elevata presenza a livello di mucose (intestinale e respiratoria) e nei secreti (saliva, lacrime, latte);
(4) IgE: coinvolte prevalentemente nel corso di allergie e nelle malattie parassitarie;
(5) IgD: esposti sulla superficie delle cellule del sistema immunitario, rappresentano i recettori che consentono a tali cellule di riconoscere gli antigeni (favoriscono la differenziazione dei linfociti B in plasmacellule).

Come detto, per produrre anticorpi i linfociti B devono essere attivati: APC espone MHC e Ag, cui segue l'incontro con il linfocita T helper con recettore esposto per quel particolare Ag. Si instaura un legame APC + linfocita T helper, con complesso scambio di citochine che portano all'attivazione del linfocita B che inizia a moltiplicarsi dando origine ad un clone di cellule che hanno tutte il gene specifico per riconoscere quel determinato Ag.

Nel corso della proliferazione le cellule si differenziano in 2 gruppi:

- plasmacellule, che secernono grandi quantità di anticorpo solubile;
- cellule B della memoria che poi entrano a far parte delle gamma globuline del plasma. Qualora lo stesso Ag penetrasse nuovamente nell'organismo, questi Ab lo riconoscerebbero immediatamente (immunizzazione).

-Valutazione di impatto ambientale (D. Lgs. 152/06) e Valutazione Ambientale Strategica (VAS) Il D. Lgs. 152/06 tratta norme in materia ambientale ed ha come obiettivo primario la promozione dei livelli di qualità della vita umana, da realizzare attraverso la salvaguardia ed il miglioramento delle condizioni dell'ambiente e l'utilizzazione accorta e razionale delle risorse naturali. Tale decreto si articola in varie parti:

a) nella parte seconda, le procedure per la valutazione ambientale strategica (VAS), per la valutazione d'impatto ambientale (VIA) e per l'autorizzazione ambientale integrata (IPPC);
b) nella parte terza, la difesa del suolo e la lotta alla desertificazione, la tutela delle acque dall'inquinamento e la gestione delle risorse idriche;
c) nella parte quarta, la gestione dei rifiuti e la bonifica dei siti contaminati;
d) nella parte quinta, la tutela dell'aria e la riduzione delle emissioni in atmosfera;
e) nella parte sesta, la tutela risarcitoria contro i danni all'ambiente.

In particolar modo la VAS (valutazione ambientale strategica) è l'elaborazione di un rapporto concernente l'impatto sull'ambiente, conseguente all'attuazione di un determinato piano o programma da adottarsi o approvarsi, lo svolgimento di consultazioni, la valutazione del rapporto ambientale e dei risultati delle consultazioni nell'iter decisionale di approvazione di un piano o programma e la messa a disposizione delle informazioni sulla decisione.

-PCR

Candidato: Biotecnologie e tesi su valutazione peptidi antimicrobici e focus ora su COVID -Risposta immunitaria varia da vaccino a vaccino?

La risposta immunitaria è l'insieme delle risposte attivate dal sistema immunitario verso i microrganismi patogeni. La risposta immunitaria non è sempre uguale.

I vaccini conferiscono all'individuo un'immunità attiva (artificiale), ovvero stimolano il sistema immunitario a reagire contro determinati antigeni. Il sistema immunitario conserva la memoria dell'incontro con l'antigene (cellule B della memoria) in modo tale che ad un secondo incontro l'organismo è in grado di reagire in maniera più massiccia e non sviluppa la patologia. I vaccini sono delle preparazioni che contengono antigene trattato in modo da stimolare la risposta antigenica senza indurre la malattia. Sono diretti contro diverse malattie infettive, ma anche contro tossine prodotte da batteri e, quelli di nuova concezione, contro le cellule tumorali.

Lo scopo del vaccino quindi è di mimare in un soggetto sano, quello che accade nel momento dell'infezione, per cui le preparazioni devono contenere antigeni in grado di stimolare la risposta immunitaria.

La stimolazione del sistema immunitario in seguito all'inoculazione del vaccino può essere distinta in una risposta primaria e una secondaria. Nella risposta primaria si hanno tre momenti diversi. Dopo la somministrazione, si ha il periodo di latenza che termina con la comparsa degli anticorpi circolanti (da 24 ore a 2 settimane). Subito dopo il tasso di IgM cresce fino a raggiungere il livello massimo da 4 giorni a 4 settimane, poi il numero degli anticorpi diminuisce prima rapidamente e poi lentamente e in questa fase sono prodotte le cellule della memoria. Man mano che diminuisce il numero delle IgM, dopo 3-4 settimane vengono prodotte le IgG (siero) e le IgA (secreti). Quando viene reintrodotto lo stesso antigene nell'organismo, si determina una risposta secondaria in cui si ha un rapido aumento di IgG, anticorpi con maggiore affinità per l'antigene. Gli individui vaccinati sviluppano la resistenza contro l'antigene dopo circa 3 settimane. A seconda del tipo di vaccino varia la durata dell'immunità; quelli prodotti con germi vivi attenuati determinano un'immunità efficiente e persistente rispetto ai vaccini prodotti con germi uccisi.

-Recettore di membrana *(caratteristica: riconosce un elemento in entrata scatenando una risposta)* I recettori di membrana entrano in gioco durante la comunicazione cellulare, rispondendo a determinati segnali che vengono captati proprio dai recettori di superficie. I recettori possono essere classificati in tre grandi categorie (più una):

- Recettori accoppiati a canali ionici: convertono i segnali chimici in segnali elettrici e sono presenti principalmente a livello di neuroni e cellule muscolari. Il complesso ligandorecettore induce una variazione conformazionale del recettore con conseguente apertura del canale ionico a cui è associato, permettendo così il flusso degli ioni;
- Recettori accoppiati a proteine G: sono proteine transmembrana costituite da 7 α-eliche connesse tra loro che, attraversando la membrana cellulare, interagiscono con il complesso delle proteine G. Le proteine G sono formate da 3 subunità che, allo stato inattivo, si presentano come subunità α (legata

al GDP) e le subunità β e γ che formano un complesso tra loro. Al momento in cui si forma il complesso ligando-recettore, il complesso βγ subisce una variazione conformazionale che lo porta ad associarsi ed attivare la proteina G: ciò induce la dissociazione della subunità α dal complesso βγ e la riduzione dell'affinità della subunità α per il GDP, che viene sostituito da una molecola di GTP. A questo punto sia la subunità α che il complesso βγ possono interagire con le proteine bersaglio, che possono essere canali ionici o enzimi (adenilato ciclasi, fosfolipasi C), che generano secondi messaggeri.

Le due vie di trasduzione del segnale principali per questo tipo di recettori sono:

- Via del cAMP: una volta che l'ormone si lega allo specifico recettore, si stacca la subunità α della proteina G e si passa da GDP a GTP. Il complesso GTP+subunità α agisce sull'adenilato ciclasi di membrana, che trasforma ATP in cAMP, il quale a sua volta attiva la proteina chinasi A che, per fosforilazione, attiva una proteina già esistente (serina, treonina) inducendo una risposta cellulare;

- Via dell'IP_3: le proteine G legano e attivano l'enzima di membrana fosfolipasi C, che scinde il PIP_2 (fosfatidilinositolo-4,5-bifosfato) in due messaggeri:

  - IP_3 (inositolo trifosfato): zucchero fosfato idrofilo che, a livello del citosol, si lega ai canali Ca^{2+} del RE, determinando il rilascio di ioni Ca^{2+} nel citosol, i quali interagiscono con la calmodulina che a sua volta può dare o una risposta cellulare immediata (contrazione, secrezione) oppure legarsi ad una proteina chinasi che fosforila una proteina eisstente inducendo una risposta cellulare;

  - DAG (diacilglicerolo): PIP_2 prende contatto con DAG (acidi grassi saponificabili) che a sua volta attiva gli enzimi proteina chinasi C (PKC), che vanno a fosforilare una serie di proteine bersaglio che porteranno a risposta cellulare;

- Recettori accoppiati ad enzimi: sono proteine transmembrana caratterizzate da un sito di legame esterno per la molecola segnale e un sito di legame interno per l'enzima. La classe più numerosa è caratterizzata da tirosina-chinasi, ovvero enzimi in grado di fosforilare le catene laterali di tirosina di determinate proteine, che diventano i siti di legame per una serie di proteine segnale intracellulari. Quindi, al momento in cui si ha la formazione del complesso ligando-recettore ci sarà un processo di fosforilazione del recettore ad opera dell'enzima e l'attivazione di una cascata di proteine chinasi, fino ad arrivare all'attivazione della proteina bersaglio;

- Un'ultima categoria è quella dei recettori intracellulari, ovvero fattori di trascrizione, localizzati nel citosol o nel nucleo, che attivano o reprimono l'espressione di specifici geni. Gli ormoni steroidei sono un esempio di molecole segnale che interagiscono con tali recettori:

  1. l'ormone steroideo diffonde attraverso la membrana e si lega al recettore intracellulare;
  2. il complesso ormone-recettore entra nel nucleo;
  3. il complesso si lega ad una regione specifica del DNA; 4. il legame inizia la trascrizione in mRNA; 5. l'mRNA direziona la sintesi di proteine.

-Che cos'è una normativa ISO (perché viene fatta?)

L'ISO è una organizzazione fondata nel secondo dopoguerra il cui obiettivo è promuovere lo sviluppo della standardizzazione nel mondo, allo scopo di favorire gli scambi di beni e servizi tra nazioni e di sviluppare la cooperazione in ambito intellettuale, scientifico, tecnologico ed economico. Ciò viene fatto attraverso l'emanazione di normative proprio sotto il loro nome; per cui, una normativa ISO viene riconosciuta come riferimento a livello internazionale da diversi paesi (in base agli accordi vigenti tra le nazioni interessate da tale norma), contribuendo al libero scambio di prodotti e servizi.

-ELISA

Candidato: Scienze biologiche e dell'alimentazione – Analisi microbiota e correlazione allo stress
-Marcatori di stress (correlata alla tesi)
-Analisi del cortisolo: osservazione dei preanaliti, quando è più alta (segue ritmi circadiani, quindi più alta al mattino) e da quali ghiandole è prodotte (corticale delle surrenali)

Il cortisolo è un ormone steroideo che prende parte al metabolismo delle proteine, dei lipidi e dei carboidrati. Influenza la concentrazione di glucosio nel sangue, aiuta a mantenere costante la pressione arteriosa, ha una funzione regolatoria sul sistema immunitario. La maggior parte del cortisolo nel sangue è legato a una proteina; solo una piccola percentuale è "libera" e biologicamente attiva. Il cortisolo libero è secreto nell'urina ed è presente nella saliva.

Normalmente la concentrazione di cortisolo nel sangue (come nell'urina e nella saliva) aumenta e diminuisce seguendo un "ritmo circadiano". Raggiunge il massimo al mattino presto, per poi decrescere durante il giorno, raggiungendo il punto più basso intorno a mezzanotte. Questo ritmo può cambiare se la persona lavora ad orari irregolari (ad esempio se fa i turni di notte) e dorme in

momenti diversi della giornata; può alterarsi quando una patologia frena o stimola la produzione di cortisolo.
(CRH → ACTH → Surrenali → Cortisolo)
Il cortisolo è prodotto e secreto dalle ghiandole surrenali, due organi triangolari posti sopra i reni. La produzione dell'ormone è regolata dall'ipotalamo, nel cervello, e dall'ipofisi, un piccolo organo localizzato sotto l'encefalo. Quando la concentrazione di cortisolo diminuisce, l'ipotalamo rilascia CRH, che stimola l'ipofisi a produrre ACTH. L'ACTH stimola le ghiandole surrenali a produrre e rilasciare cortisolo. Affinché sia prodotta una normale quantità di cortisolo, l'ipotalamo, l'ipofisi e le ghiandole surrenali devono funzionare adeguatamente.

-One Health: nutrizione e sostenibilità ambientale
One Health è una strategia mondiale per intensificare le collaborazioni interdisciplinari nell'assistenza sanitaria dell'uomo, degli animali e dell'ambiente.

L'obiettivo è il progresso dell'assistenza sanitaria pubblica grazie alla condivisione delle conoscenze scientifiche.

Data ormai per scontata l'interconnessione tra la salute delle persone, degli animali, delle piante e dell'ambiente, l'approccio integrato di One Heath è finalizzato a costruire un'analoga interconnessione tra studiosi dei diversi settori per lavorare al raggiungimento del benessere comune e per affrontare le eventuali minacce, come è successo con il Covid-19.

La FAO promuove l'approccio One Health perché lo ritiene indispensabile per il raggiungimento degli Obiettivi dell'Agenda 2030 delle Nazioni Unite e sostiene la progettazione e l'attuazione di strategie comuni; incoraggia inoltre la condivisione dei dati epidemiologici e delle informazioni scientifiche tra Paesi diversi per pianificare risposte efficaci nelle emergenze sanitarie. Tra gli obiettivi della strategia One Health c'è anche la protezione della biodiversità e il sostegno alle buone pratiche in agricoltura per prevenire, mitigare e gestire le malattie delle piante (sono già stati costituiti gruppi di lavoro multisettoriali per studiare la resistenza microbica) e di conseguenza avere raccolti sufficienti a sfamare il maggior numero di persone. La condivisione delle buone pratiche dal campo alla tavola è anche in linea con le indicazioni della strategia europea "Farm to Fork" che mira al raggiungimento della sicurezza alimentare.

Proprio la FAO collabora con l'Organizzazione Mondiale della Sanità (OMS) e l'Organizzazione mondiale per la salute animale (OIE) a sostegno dei programmi One Heath.

Tra le priorità di One Health:

- Rafforzamento dei sistemi di monitoraggio, sorveglianza e comunicazione per prevenire e rilevare l'insorgenza di malattie animali e zoonotiche e controllarne la diffusione;

- Comprensione dei fattori di rischio per la diffusione delle malattie dalla fauna selvatica agli animali domestici e all'uomo per prevenire e gestire i focolai di malattie;
- Sviluppare capacità di coordinamento e condivisione delle informazioni;
- Rafforzare le infrastrutture veterinarie e fitosanitarie per produrre alimenti sicuri;
- Aumentare le capacità dei settori alimentare e agricolo per combattere e ridurre al minimo i rischi della resistenza agli antimicrobici (a cui stanno lavorando congiuntamente EFSA, ECDC ed EMA);
- Promuovere la sicurezza alimentare a livello nazionale e internazionale.

-FISH (ibridazione in situ)

Candidato: Biotecnologie mediche – Patologie infiammatorie cutanee

-Esocitosi

Mediante esocitosi la cellula secerne ormoni, muco, proteine del latte, enzimi digestivi, anticorpi, proteine della matrice extracellulare, neurotrasmettitori ecc. oppure espelle prodotti di scarto. La cellula riversa al suo esterno delle molecole accumulate all'interno di una vescicola, tramite la fusione di quest'ultima con la membrana plasmatica.

Esistono vari tipi di esocitosi tra cui l'esocitosi a secrezione costitutiva (vescicole esocitiche) e l'esocitosi a secrezione regolata (vescicole secretorie).

-HACCP (punto fondamentale/parametro di controllo: temperatura)
Il sistema HACCP indica l'analisi dei rischi e dei punti critici di controllo, correlati alla produzione di un bene alimentare. Si è iniziato a parlare di HACCP a livello europeo attraverso la direttiva 93/43 relativa all'igiene dei prodotti alimentari, recepita in Italia con il D. Lgs. 155/97, poi abrogato a favore del Reg. CE 852/04 (sempre in merito all'igiene alimentare).

Preliminarmente all'allestimento di tale sistema sono necessarie alcune azioni preliminari: →costituzione di un gruppo di lavoro formato da persone aventi competenze necessarie a redigere un piano HACCP quali tecnici, operatori specializzati e consulenti esterni, →descrizione del prodotto e modalità di utilizzo e consumo (composizione, proprietà chimico-fisiche, imballaggio, conservazione) e →costruzione del diagramma di flusso dell'attività aziendale (schema processo di lavorazione di una determinata linea produttiva) e dello schema d'impianto (rappresentazione grafica degli ambienti di produzione con apparecchiature e movimentazione merci).

Il sistema HACCP presenta 7 principi:
1) Individuazione di ogni pericolo ed analisi del rischio.
Il pericolo è l'inaccettabile contaminazione, crescita o sopravvivenza di microrganismi indesiderati o loro tossine, il quale rappresenta una proprietà intrinseca non legata a fattori esterni. Una volta identificato il pericolo si può passare all'analisi del rischio. Il rischio viene espresso attraverso la moltiplicazione tra la probabilità di accadimento di un certo evento per la gravità che tale evento può portare (ovvero il danno, che rappresenta una qualsiasi conseguenza negativa). L'analisi del rischio si compone di tre fasi: valutazione del rischio, gestione del rischio e comunicazione del rischio.

La valutazione del rischio si compone a sua volta di 4 fasi in cui si identifica il pericolo per poi arrivare alla caratterizzazione del rischio. L'individuazione del pericolo permette di valutare il pericolo biologico presente nell'ambiente ed espresso attraverso gruppi di rischio che vanno dall'uno (basso) al quattro (potenzialmente mortali per l'uomo). Dopodiché si passa alla valutazione della dose di agente biologico, ovvero si applica un modello matematico che permetta di valutare l'effetto dovuto all'esposizione di dose nota di agente biologico e questi effetti, dati dal contatto coi patogeni, sono descritti da curve dose-risposta o da studi epidemiologici e sperimentali (esposizione dell'agente patogeno all'ospite e primo contatto). Successivamente si valuta il numero di microrganismi che possono essere assunti attraverso contatto diretto con matrice contaminata. È necessario considerare la quantità di matrice con cui si viene a contatto, che può influire sulla comparsa o meno della patologia. Ultimo passaggio è la caratterizzazione il rischio, fatta combinando tutte le informazioni finora presenti in modo da avere un responso finale sulla natura e sulle dimensioni del rischio stesso.

La gestione del rischio viene effettuata normalmente da persone politiche, il cui compito è quello di mettere in atto misure preventive e di protezione per le varie tipologie di rischio. Sapendo che il rischio zero non esiste, l'obiettivo è quello di portare il rischio su livelli accettabili, o comunque fare in modo che tale problema non si diffonda.

La comunicazione del rischio avviene tramite scambio di informazioni tra valutatori e gestori con parti terze interessate, siano esse un'azienda o comuni cittadini. Questo processo deve essere trasparente ed interattivo.

2) Individuazione dei punti critici di controllo (CCP).

I punti critici di controllo CCP non devono essere confusi con i punti di controlli: questi ultimi, nel caso in cui avvenga una perdita di controllo in una fase della lavorazione, non provocano un danno alla salubrità del prodotto, che presenta quindi un pericolo accettabile, cosa che invece non accade nei CCP dove l'allontanamento da uno specifico sistema di controllo porta ad un'inaccettabile salubrità del prodotto. Il controllo dei CCP si deve basare su pochi ma specifici parametri di riferimento, ed il più importante risulta essere la temperatura (temperatura essenziale non solo in ambito alimentare ma anche in ambito farmaceutico).

Contestualmente, è necessario seguire determinate procedure parallele al controllo dei CCP, essenziali per il conseguimento di un corretto piano di autocontrollo: SOP (procedure fondamentali nella gestione di alcuni pericoli, come calibrazione, prelievo, raccolta, conservazione, ecc.), GMP (corrette modalità operative nel corso della lavorazione) e SSOP (corrette procedure di pulizia e disinfezione delle attrezzature desinate al contatto con gli alimenti).

3) Definizione dei limiti critici.

I limiti critici permettono di distinguere, a livello di CCP, una situazione di accettabilità o di inaccettabilità. Questi limiti possono essere qualitativi, quando si ha un cambiamento delle proprietà organolettiche e sensoriali, oppure quantitativi quando identificate tramite dei valori numerici.

4) Definizione delle attività di monitoraggio.

Il monitoraggio (o sorveglianza) rappresenta quella sequenza programmata di misurazioni e osservazioni relative al parametro posto sotto controllo nel CCP, al fine di accertare il rispetto dei limiti critici prefissati.

5) Definizione delle misure correttive.

Le azioni correttive entrano in gioco se si supera il limite critico e possono essere effettuate nei confronti del prodotto (rifiuto o sua eliminazione per non conformità, bonifica per riutilizzo in cicli di lavorazione, ripristino delle condizioni di sicurezza in caso di superamento di soli limiti operativi) o nei confronti del ciclo di lavorazione (interventi sul personale, sulle macchine oppure riscrivendo parte della procedura). 6) Definizione delle procedure di verifica.

Lo scopo delle procedure di verifica è quello di accertare il corretto ed efficace funzionamento del piano di autocontrollo aziendale, per cui ciò che che viene fatto è quello che effettivamente è scritto sulla procedura operativa, in modo che tutte le procedure portino ad avere un prodotto salubre. Le procedure di verifica comprendono: aggiornamento della documentazione, esame dei valori registrati in modo da valutare complessivamente i risultati del monitoraggio, taratura della strumentazione di monitoraggio.

7) Gestione di documentazione e registrazioni.

Ultimo step è quello che porta alla compilazione e all'archiviazione di certi documenti, quali piano HACCP completo, con gruppi da lavoro, diagramma di flusso e linee produttive dei sette punti in esame, schede operative concernenti il monitoraggio dei CCP e registro di non conformità, programma di sanificazione e difesa degli infestanti, programma di formazione del personale, procedure di rintracciabilità, esiti analitici dei campioni, documentazione audiovisiva e certificazioni del personale (ove richiesto).

-Western Blot

Candidato: Scienze dell'alimentazione e nutrizione umana – Alimentazione, stile di vita e microbiota intestinale

-Come si determinano i componenti di una flora intestinale (es. come faccio a dire che c'è più Candida o meno? Metagenomica)

-Cromatina (DNA+ istoni): eucromatina ed eterocromatina

La cromatina è la caratteristica struttura del cromosoma degli eucarioti in cui il DNA è strettamente associato a delle proteine del nucleo, cariche positivamente, chiamate istoni. Gli istoni hanno funzione di avvolgere e compattare i lunghissimi filamenti di DNA per poterli contenere nel ristretto spazio nucleare. Il complesso DNA-proteine all'interno del nucleo è chiamato nucleosoma e la successione di queste unità strutturali costituisce una sorta di collana di perle che si ripiega in domini ad ansa spiralizzati, la cui condensazione porta a formare il cromosoma.

Numerosi dati hanno permesso di collegare l'espressione genica al grado di condensazione della cromatina. Infatti, colorando il nucleo centrale si possono distinguere zone in cui la cromatina è più densa e colorata in maniera più scura (eterocromatina) e zone meno colorate caratterizzate dalla presenza di cromatina meno condensata (eucromatina). L'eterocromatina è ricca di sequenze ripetute di DNA e non viene trascritta, perché troppo compatta e inaccessibile per l'RNA polimerasi mentre l'eucromatina è effettivamente quella trascritta. Infatti, il processo di trascrizione e la conseguente espressione del gene dipendono dalla sua accessibilità, perciò la parte di DNA che ogni cellula esprime è la porzione di eucromatina.

In seguito al differenziamento cellulare il grado di condensazione di regione diverse delle cromatina varia da cellula a cellula e il rapporto eucromatina-eterocromatina diminuisce, segno questo che ogni cellula esprime solo una piccola e specifica porzione del proprio DNA.

-Sicurezza alimentare e agricoltura sostenibile

Per sicurezza alimentare si intende la garanzia che un alimento non causerà danno dopo esser stato preparato e/o consumato secondo l'uso a cui è destinato. Il percorso a livello europeo comincia con la direttiva 93/43, in cui si è introdotto il termine di igiene alimentare, recepita in Italia attraverso il D. Lgs. 155/97, con inclusione anche della metodologia di valutazione dei rischi e di controllo del processo produttivo a livello aziendale (HACCP), decreto oggi sostituita dal Reg. CE 852/04. Altra normativa importante è stata la 178/02, in cui sono presenti i principi ed i requisiti generali della legislazione alimentare, con interesse della tutela della vita umana e della salute di tutti gli esseri viventi oltre che dell'ambiente. Qui viene anche introdotto il concetto di tracciabilità e rintracciabilità degli alimenti, il principio di precauzione (politica di condotta cautelativa per quanto riguarda le decisioni politiche ed economiche sulla gestione delle questioni scientificamente controverse) e il sistema di allerta rapido (RASFF: sistema di allarme rapido europeo che consente di condividere con maggiore efficienza le informazioni relative a gravi rischi per la salute derivanti da alimenti e mangimi).

Quando si parla di sicurezza alimentare bisogna tener conto che gli alimenti adibiti al consumo umano non sono distribuiti in modo uniforme nella popolazione mondiale (circa 795 milioni di persone nel mondo – ovvero una persona su nove – sono denutrite) ma anzi, il cibo è "esclusivo" di una certa cerchia di individui, principalmente quelli che abitano nei paesi sviluppati, mentre nei paesi in via di sviluppo il 12,9% della popolazione è denutrita, con l'Asia continente capofila per numero di persone che soffrono la fame (due terzi della popolazione totale).

Per questo l'ONU ha stilato nel 2015 un programma con 17 obiettivi di sviluppo sostenibile, tra cui proprio la necessità di eliminare la fame nel mondo (soprattutto a livello infantile), con il nome di Agenda 2030, indicando questo come l'anno entro cui è necessario apportare significativi cambiamenti, tanto in campo alimentare quanto in quello ambientale, energetico, ecc.

L'agricoltura è il settore che impiega il maggior numero di persone in tutto il mondo, fornendo mezzi di sostentamento per il 40% della popolazione mondiale. È la principale fonte di reddito e di lavoro per le famiglie rurali più povere.

500 milioni di piccole aziende agricole nel mondo, la maggior parte delle quali dipende da risorse piovane, forniscono l'80% del cibo che si consuma nella maggior parte del mondo sviluppato. Investire nei piccoli agricoltori, sia donne sia uomini, è la strada migliore per aumentare la sicurezza alimentare e la nutrizione dei più poveri, e per aumentare la produzione alimentare per i mercati locali e globali.

Dal 1900, il settore agricolo ha perso il 75% della varietà delle colture. Un uso migliore della biodiversità agricola può contribuire ad un'alimentazione più nutriente, a migliori mezzi di sostentamento per le comunità agricole e a sistemi agricoli più resilienti e sostenibili.

Se le donne attive in agricoltura avessero pari accesso alle risorse rispetto agli uomini, il numero delle persone che soffre la fame nel mondo potrebbe ridursi fino a 150 milioni.

Per cui uno dei punti da raggiungere entro il 2030 è quello di garantire sistemi di produzione alimentare sostenibili e implementare pratiche agricole resilienti che aumentino la produttività e la produzione, che aiutino a proteggere gli ecosistemi, che rafforzino la capacità di adattamento ai cambiamenti climatici, a condizioni meteorologiche estreme, siccità, inondazioni e altri disastri e che migliorino progressivamente la qualità del suolo.

-PCR

Candidato: Biologia della nutrizione umana
-Ipercolesterolemia
-Diastole (atri) e sistole (ventricoli)
-Neurotrasmettitore

I neurotrasmettitori sono sostanze prodotte dai neuroni e liberate nelle sinapsi (più esattamente nello spazio o fessura sinaptica) in seguito all'arrivo di un impulso nervoso. Essi sono contenuti nei bottoni presinaptici (ossia nei terminali dell'assone), all'interno delle vescicole sinaptiche. All'arrivo di un impulso nervoso, le vescicole sinaptiche si fondono (per esocitosi) con la membrana pre-sinaptica, versando il loro contenuto (il neurotrasmettitore) nello spazio sinaptico. Le molecole del neurotrasmettitore raggiungono la membrana post-sinaptica, dove si legano a recettori o a canali ionici specifici.

Il legame tra recettore e neurotrasmettitore scatena la risposta nel neurone post-sinaptico: la risposta può essere eccitatoria, se il neurotrasmettitore determina una depolarizzazione della membrana post-sinaptica, o inibitoria se, invece, determina una iperpolarizzazione della membrana.

Glutammato e aspartato sono neurotrasmettitori eccitatori, mentre glicina e GABA (acido gammaammino-butirrico) sono neurotrasmettitori inibitori.

Acetilcolina e catecolamine (dopamina, noradrenalina) possono avere azione eccitatoria o inibitoria a seconda del tipo di recettore a cui si lega il neurotrasmettitore: ad esempio, i recettori adrenergici sono distinti in $\alpha 1$ (eccitatori), $\alpha 2$ (recettori presinaptici ad azione inibitoria), $\beta 1$ (eccitatori) e $\beta 2$ (inibitori), per cui l'azione del neurotrasmettitore noradrenalina avrà effetti diversi a seconda dei recettori che va a stimolare. Il cuore, ad esempio, ha recettori $\beta 1$, la cui stimolazione da parte della noradrenalina determina un aumento della frequenza e della forza del battito cardiaco, mentre la stimolazione dei recettori $\beta 2$ a livello dei bronchi provoca il rilassamento della muscolatura bronchiale.

L'azione del neurotrasmettitore termina quando esso viene rimosso dallo spazio sinaptico e riassorbito nel neurone pre-sinaptico (processo di reuptake) oppure inattivato da enzimi specifici liberati nello spazio sinaptico (ad esempio, l'acetilcolinesterasi per l'acetilcolina). In base alle dimensioni molecolari, possiamo distinguere due diverse categorie di neurotrasmettitori: molecole a basso peso molecolare (derivate da singoli amminoacidi) e piccoli polipeptidi (da 3 a 36 amminoacidi, ricordiamo le endorfine, la sostanza P e il neuropeptide Y). I neuropeptidi vengono sintetizzati nel corpo cellulare del neurone, a livello del RER (dai ribosomi), "processati" e successivamente trasferiti (all'interno di vescicole di trasporto) fino al bottone sinaptico, dove vengono immagazzinate nelle vescicole sinaptiche.

I neurotrasmettitori a basso peso molecolare vengono invece prodotti direttamente nei bottoni presinaptici, per mezzo di enzimi che provengono dal corpo cellulare e che vengono trasportati fino al terminale presinaptico.

In alcune sinapsi sono presenti anche recettori situati sulla membrana pre-sinaptica, che modulano l'azione e la liberazione del neurotrasmettitore con un meccanismo a feedback negativo (quando il neurotrasmettitore viene liberato le molecole che si legano ai recettori pre-sinaptici hanno infatti un'azione inibente il rilascio di nuove molecole del neurotrasmettitore): i recettori α2-adrenergici appartengono a questa categoria e la loro stimolazione determina l'inibizione del rilascio di noradrenalina dalle vescicole sinaptiche.

Esami gold standard per la celiachia -(esami: gastroscopia, esami ematici nei bambini, ricerca genetica)
Replica plating

-

Candidato: Iusm e alimentazione umana (obesità)

-Anoressia nervosa (collegamento con tesi)

-Lipidi

I lipidi sono una classe eterogenea di macromolecole scarsamente solubili in acqua ma solubili in solventi organici. Generalmente, i lipidi si possono dividere in saponificabili e insaponificabili, data dalla possibilità o meno di saponificazione, dove per saponificazione si intende l'idrolisi degli esteri del glicerolo formati dagli acidi grassi superiori (oli e grassi) in condizioni basiche: dalla reazione si formano glicerolo e sapone.

I lipidi hanno una funzione strutturale (componente della membrana cellulare), una funzione di riserva energetica a lungo termine, sono dei messaggeri chimici (ormoni) e possono fungere da isolanti termici.

Si possono classificare in lipidi semplici saponificabili (apolari), lipidi complessi saponificabili (polari) oppure in lipidi insaponificabili.

- I lipidi semplici saponificabili (o apolari) sono i trigliceridi (oli e grassi) e le cere.
  I trigliceridi sono esteri del glicerolo con 3 molecole di acidi grassi. Il loro punto di fusione diminuisce all'aumentare delle insaturazioni (quindi dei doppi legami C=C).
  Sono trigliceridi i grassi (solidi a T_{amb}, ricchi di acidi grassi saturi quindi senza doppi legami) e gli oli (liquidi a T_{amb}, trigliceridi più ricchi di acidi grassi insaturi quindi con doppi legami); si hanno inoltre le cere (esteri di acidi grassi con alcoli superiori a catena molto lunga, secrete da ghiandole protettive dei vertebrati per tenere pelle morbida e impermeabile).

- I lipidi complessi saponificabili (o polari) sono molecole anfipatiche con coda idrofobica e testa polare, tra cui troviamo fosfolipidi e sfingolipidi.
  I fosfolipidi sono i principali componenti delle membranecellulari con funzione strutturale, formati da glicerolo, 2 molecole di acido grasso e da 1 molecola di acido fosforico che esterifica il terzo ossidrile del glicerolo. Gli sfingolipidi hanno uno scheletro molecolare che presenta una coda polare legata ad una molecola di sfingosina (amminoalcol a lunga catena insatura).
- I lipidi insaponificabili non vengono scissi per idrolisi data l'assenza di acidi grassi. Rappresentano una piccola percentuale dei lipidi e sono costituiti da vari composti apolari fra cui colesterolo (sintetizzato a livello epatico, è materiale di partenza per la sintesi del testosterone e altri ormoni steroidei) e squalene (precursore di colesterolo e ormoni steroidei).

-PNRR e Green Transition/Economia circolare (=progettazione di uno studio vero e proprio)

La transizione ecologica è uno dei pilastri del PNRR (Piano Nazionale di Ripresa e Resilienza) e del progetto Next Generation EU. Rappresenta infatti, insieme a digitalizzazione e inclusione sociale, uno degli assi portanti dei finanziamenti stanziati dalla Commissione Europea per supportare la ripresa in un'ottica di sviluppo sostenibile e di basso impatto ambientale.

La Missione 2 del PNRR, denominata Rivoluzione Verde e Transizione Ecologica, si concentra su alcune tematiche chiave della "Green transition", quali:

- Economia circolare
- Transizione energetica
- Efficienza energetica degli edifici
- Inquinamento atmosferico
- Gestione dei rifiuti
- Gestione delle risorse idriche
- Mobilità sostenibile

Obiettivo della missione è quello di accompagnare la società, dagli enti locali alle varie attività produttive, verso la decarbonizzazione e una maggiore sostenibilità ambientale. Molti degli investimenti e delle risorse dipendono direttamente dal MiTE (Ministero per la Transizione Ecologica) che ha anche il compito di monitorare e fare il punto della situazione rispetto al raggiungimento di target e milestone.

[PNRR → Transizione ecologica → Economia circolare (rifiuti)]
È bene ricordare come il PNRR includa misure fondamentali per la transizione verde ma faccia in realtà parte di una gamma di incentivi e riforme ancora più ampia promosse dal Ministero per il raggiungimento degli obiettivi 2030 e 2050.

La Missione 2 del PNRR sul tema della rivoluzione verde prevede le seguenti componenti con i relativi stanziamenti di fondi:

- M2C1 – Agricoltura sostenibile ed economia circolare, per un totale di 6,47 miliardi di euro (inclusi i fondi del PNRR, del React EU e del Fondo Complementare);
- M2C2 – Transizione energetica e mobilità sostenibile, con uno stanziamento importante di 25,36 miliardi di euro;
- M2C3 – Efficienza energetica e riqualificazione degli edifici, con un ingente somma stanziata pari a 22,24 miliardi;
- M2C4 – Tutela del territorio e della risorsa idrica, con 15,37 miliardi di euro di finanziamento.

Complessivamente, si sta parlando di un valore di 69,94 miliardi di euro, pari 37% dei fondi totali messi a disposizione dal PNRR, per un arco temporale che va dal 2021 al 2026.

Per quanto riguarda l'agricoltura sostenibile e l'economia circolare (M2C1), il PNRR prevede una serie di investimenti e riforme per favorire l'adozione dell'economia circolare. In particolare, prevede la definizione di una strategia che includa, oltre ai principi di riciclo e riuso, anche il ruolo chiave dell'ecodesign, ovvero della progettazione sostenibile, e di altri aspetti come la bioeconomia, la blue economy (= modello di economia a livello globale dedicato alla creazione di un ecosistema sostenibile grazie alla trasformazione di sostanze precedentemente sprecate in merce redditizia) e l'uso di materie prime critiche. La strategia introdurrà anche una serie di indicatori e strumenti per il monitoraggio.

Sempre in tema di economia circolare, il PNRR stanzia 600 milioni di euro per alcuni progetti "faro" che puntano a realizzare progetti innovativi in tema di gestione e trattamento dei rifiuti in alcune filiere strategiche, come quella dei RAEE (rifiuti da apparecchiature elettriche ed elettroniche), del tessile e delle plastiche. Progetti che includono sistemi di monitoraggio ambientale, anche attraverso l'uso di droni e di tecnologie di intelligenza artificiale, per combattere e prevenire gli scarichi illegali.

Per migliorare la gestione dei rifiuti e la raccolta differenziata, questa componente mira a rafforzare le infrastrutture per la raccolta differenziata e ad ammodernare o sviluppare nuovi impianti di trattamento rifiuti, con una attenzione alle aree del Sud Italia.

L'ulteriore obiettivo della M1C1 è quello di sviluppare una filiera agricola e alimentare più intelligente e sostenibile, riducendone l'impatto ambientale.

-Elettroforesi e punto isoelettrico

Candidato: Scienze biologiche e biologia

-Funzione e organizzazione della matrice extracellulare

La matrice extracellulare (MEC o ECM) rappresenta la più complessa unità di organizzazione strutturale dei tessuti degli organismi viventi, costituendo la parte di un tessuto non composta da cellule. Essa infatti costituisce lo spazio extracellulare, che occupa tramite intricata rete tridimensionale di macromolecole (pletora di proteine immerse in una matrice di polisaccaridi che si aggregano in un reticolo organizzato). La matrice è principalmente composta da:

- Proteine fibrose (insolubili), divisibili a loro volta in due gruppi, uno con funzione principalmente strutturale (collagene ed elastina) e uno con funzioni principalmente adesive (fibronectina, laminine, entactine e la vitronectina).
  Il collagene fornisce forza strutturale e resistenza alla trazione mentre l'elastina fornisce elasticità. Alcuni collageni, interagendo ad esempio con laminine o proteoglicani, costituiscono le impalcature delle lamine basali (LB). Le proteine d'adesione agevolano inoltre la connessione delle cellule tessutali all'ECM stessa e ne influenzano la

polarizzazione: la fibronectina, infatti, favorisce il congiungimento dei fibroblasti e di altre
  cellule con la matrice dei tessuti connettivi, mentre le laminine favoriscono quello delle cellule epiteliali con le LB. La vitronectina, infine, interagisce con l'elastina, i glicosamminoglicani e i collageni e modula l'angiogenesi e la degradazione dell'ECM stessa.

- Catene polisaccaridiche di glicosamminoglicani/mucopolisaccaridi (GAG) e proteoglicani (PG), le quali formano nei tessuti connettivi la cosiddetta "sostanza fondamentale", gelatinosa e fortemente idratata in cui sono immerse le proteine fibrose; questo gel di polisaccaridi consente la diffusione di sostanze nutritive, metaboliti e ormoni tra il sangue e le cellule dei tessuti e resiste alle forze compressive esercitate sull'ECM.

I GAG sono importanti per l'idratazione cellulare mentre i PG si formano dall'unione dei glicosaminoglicani con specifiche proteine e sono importanti per l'impalcatura strutturale. Dal punto di vista funzionale, la matrice extracellulare determina le caratteristiche fisiche dei tessuti e molte delle proprietà biologiche delle cellule in essa incorporate: l'ECM funziona principalmente da impalcatura (stabilizza la struttura fisica dei tessuti) ma va ad influenzare anche la forma, la funzione ed il metabolismo cellulare. Infatti, le macromolecole della matrice sequestrano fattori di crescita, molecole come l'acqua o i minerali, e controllano fenomeni fisiologici (morfogenesi), fisiopatologici (guarigione delle ferite) e patologici (invasione e metastatizzazione tumorale). Sebbene l'ECM sia presente strutturalmente e funzionalmente in tutte le componenti tessutali che costituiscono un organo, quali epiteli, vasi, muscoli, nervi e connettivo, è proprio nel tessuto connettivo che essa è più abbondante, tanto da determinare le proprietà dell'organo stesso. Se pensiamo che i tessuti connettivi, costituenti primari della cute e delle ossa, formano l'impalcatura degli organi, comprendiamo come sia proprio l'organizzazione quali-quantitativa delle macromolecole della loro ECM a determinare la tipologia di tessuto connettivo più adatto ai requisiti funzionali dei vari organi: l'ECM può calcificare, come nei tessuti ossei, dove forma strutture solide come la roccia, o costituire la struttura trasparente della cornea, o assumere l'organizzazione che conferisce ai tendini la loro enorme resistenza alla trazione.

L'ECM non solo si presenta come sostanza extracellulare, ma è anche organizzata in strutture specializzate come le lamine basali. Esse si trovano alla base di tutti gli epiteli e gli endoteli e circondano anche singole cellule muscolari, gli adipociti e le cellule di Schwann, che avvolgono gli assoni neuronali formando la mielina. Le lamine basali giocano anche un ruolo importante nella rigenerazione dei tessuti dopo un danno: quando tessuti come il muscolo, il nervo e l'epitelio vengono danneggiati, le lamine sopravvivono e forniscono un'impalcatura lungo la quale le cellule in rigenerazione possono migrare.

-Batteri emangioblasti e formazione del compost dove essi entrano attivamente

Il compostaggio è una tecnica attraverso la quale viene controllato, accelerato e migliorato il processo naturale a cui va incontro qualsiasi sostanza organica in natura, per effetto della degradazione microbica. Si tratta infatti di un processo aerobico di decomposizione biologica della sostanza organica che permette di ottenere un prodotto biologicamente stabile in cui la componente organica presenta un elevato grado di evoluzione.

I microrganismi operano un ruolo fondamentale nel processo di compostaggio in quanto traggono energia per le loro attività metaboliche dalla materia organica, liberando acqua, biossido di carbonio, sali minerali e sostanza organica stabilizzata ricca di sostanze umiche, il compost appunto.

In base alle modifiche biochimiche che subisce la sostanza organica durante il compostaggio, il processo si può suddividere schematicamente in due fasi:

- Fase di biossidazione, nella quale si ha l'igienizzazione della massa a elevate temperature: è questa la fase attiva caratterizzata da intensi processi di degradazione delle componenti organiche più facilmente degradabili, con una prima fase mesofila fino ai 45°C e una successiva fase termofila fino a 75°C;
- Fase di maturazione, durante la quale il prodotto si stabilizza arricchendosi di molecole umiche, caratterizzata da processi di trasformazione della sostanza organica la cui massima espressione è la formazione di sostanze umiche.

La prima fase è un processo aerobio ed esotermico; la presenza nella matrice di composti prontamente metabolizzabili (molecole semplici quali zuccheri, acidi organici, aminoacidi) comporta elevati consumi di ossigeno e parte dell'energia della trasformazione è dissipata sotto forma di calore. L'effetto più evidente di questa fase è l'aumento della temperatura che, dai valori caratteristici dell'ambiente circostante, passa a 60 °C e oltre, in misura tanto più repentina e persistente quanto maggiore è la fermentescibilità del substrato e la disponibilità di ossigeno atmosferico. L'aerazione del substrato è quindi una condizione fondamentale per la prosecuzione del processo microbico. La liberazione di energia sotto forma di calore caratterizza questa fase del processo di compostaggio che viene definita termofila, comportando un'elevata richiesta di ossigeno da parte dei microrganismi che entrano in gioco per la degradazione della sostanza organica, con formazione di composti intermedi come acidi grassi volatili a catena corta (acido acetico, propionico e butirrico), tossici per le piante ma rapidamente metabolizzati dalle popolazioni microbiche.

Il prodotto che si ottiene al termine di questa fase è il compost fresco, un materiale igienizzato e sufficientemente stabilizzato grazie all'azione dei batteri aerobi. Proprio l'igienizzazione, e quindi l'inattivazione di semi di piante infestanti e organismi patogeni, è uno dei più importanti effetti di questa prima fase, purché la temperatura si mantenga su valori superiori a 60 °C per almeno cinque giorni consecutivi (come prescritto dalla D.G.R.V. 568/05).

Con la scomparsa dei composti più facilmente biodegradabili, le trasformazioni metaboliche di decomposizione interessano le molecole organiche più complesse e si attuano con processi più lenti, anche a seguito della morte di una buona parte della popolazione microbica dovuta a carenza di nutrimento. È questa la seconda fase, chiamata anche fase di maturazione, nel corso della quale i processi metabolici diminuiscono di intensità e accanto ai batteri sono attivi gruppi microbici costituiti da funghi e attinomiceti che degradano attivamente amido, cellulosa e lignina, composti essenziali dell'humus. In questa fase le temperature si abbassano a valori di 40-45 °C per poi scendere progressivamente, stabilizzandosi poco al di sopra della temperatura ambiente.

Nel corso del processo, la massa viene colonizzata anche da organismi appartenenti alla microfauna, che agiscono nel compostaggio attraverso un processo di sminuzzamento e rimescolamento dei composti organici e minerali, diventando così parte integrante della buona riuscita di questo complesso processo naturale.

Il prodotto che si ottiene è il compost maturo, una matrice stabile di colorazione scura, con tessitura simile a quella di un terreno ben strutturato, ricca in composti umici e dal caratteristico odore di terriccio di bosco. I microrganismi che naturalmente degradano la sostanza organica nel processo di compostaggio possono esplicare al meglio la loro attività metabolica se l'ambiente che li ospita fornisce le sostanze nutritive e offre delle condizioni ottimali di sviluppo.

I parametri che influenzano il compostaggio sono il pH, la temperatura, l'ossigeno, la porosità, l'umidità ed il rapporto C/N.

-PCR quantitativa

Candidato: Retrovirus e farmaci antiretrovirali (proteina Rac1)

-Tessuto nervoso

Il tessuto nervoso deriva dall'ectoderma ed è costituito da due tipi di cellule: i neuroni (trasmettono l'impulso nervoso) e le cellule gliali o della microglia (non sono dotate di conducibilità ma isolano, sostengono e nutrono i neuroni).

Caratteristiche dei neuroni sono l'eccitabilità, quindi la capacità di ricevere stimoli e trasformarli in impulsi nervosi, e la conducibilità, ovvero la capacità di trasmettere questi impulsi ad un'altra cellula. Pur esistendo di vari tipi, i neuroni hanno una struttura di base costituita da:

- Corpo cellulare/Pirenoforo, il quale contiene nucleo e gran parte degli organuli cellulari, conferendo al citoplasma aspetto granuloso. Esso è deputato alla ricezione dei segnali in ingresso;
- Dendriti, visti come lunghi prolungamenti citoplasmatici ramificati deputati alla ricezione e alla trasmissione dei segnali nervosi dalla periferia al corpo cellulare;
- Assone/Neurite, prolungamento citoplasmatico che permette la trasmissione a distanza dell'impulso nervoso in uscita (anche a lunghe distanze). Il trasferimento delle informazioni avviene tra la porzione terminale di un assone (neurone pre-sinaptico) ed un altro neurone (neurone post-sinaptico) in maniera unidirezionale. Per esempio, l'assone di un neurone motorio situato nel midollo spinale può arrivare fino alla punta dei piedi.

Gli assoni della maggior parte dei neuroni sono rivestiti di mielina, una sostanza di natura lipidica prodotta dalle cellule di Schwann, particolare tipo di cellule gliali. Queste cellule avvolgono l'assone in più strati a formare un "manicotto" detto guaina mielinica, che non è continuo, ma interrotto periodicamente da punti che ne sono privi, detti nodi di Ranvier: in corrispondenza di questi punti l'assone è direttamente a contatto con l'ambiente circostante. Esistono comunque anche assoni mielinici, presenti nel sistema simpatico, preposto alla regolazione delle funzioni vegetative, quali respirazione, circolazione e digestione.

A seconda della loro localizzazione e della funzione svolta, si possono distinguere:

- Neuroni sensoriali o afferenti, i quali ricevono le informazioni dall'esterno e le trasmettono al SNC;
- Interneuroni o neuroni di associazione, che trasmettono i segnali all'interno di regioni del SNC;
- Neuroni motori o efferenti, che hanno il compito di trasmettere i segnali dal SNC agli organi effettori (che sono quelli che mettono in atto le risposte) come i muscoli e le ghiandole. I neuroni possono essere collegati tra loro in vario modo, dai semplici archi riflessi alle complesse connessioni del cervello. Gli archi riflessi semplici consentono di rispondere in modo istantaneo a stimoli provenienti dall'ambiente e sono costituiti da un neurone sensoriale (collegato ai recettori) che trasmette il segnale ad un interneurone situato nel SNC, a sua volta collegato a un neurone motorio che stimola l'effettore.

-Rischio biologico (vedi sopra, solo aggiunta della contaminazione)

La contaminazione biologica può essere di tre tipi: primaria (materie prime contaminate all'origine), secondaria (alimenti contaminati in una delle fasi produttive) e crociata (trasferimento agente contaminante da un alimento all'altro tramite attrezzature o operatori). Più i cibi sono manipolati e costituiti da più ingredienti, più elevato è il numero di batteri che contengono e di conseguenza è minore la sicurezza igienica e la vita commerciale del prodotto.

-*Elettroforesi*

Candidato: Geologia marina – Etologia squali

Metodi di tracciamento (collegamento con tesi sugli squali) -
Mitocondrio -

I mitocondri sono organuli citoplasmatici delle cellule eucariote nelle quali avviene la trasformazione dell'energia contenuta nei composti organici, che vengono demoliti e convertiti in energia (ATP) direttamente utilizzabile dalla cellula nei vari processi metabolici: è la respirazione cellulare aerobica. Per tale motivo hanno un maggior numero di mitocondri le cellule con un elevato metabolismo, come le cellule muscolari, mentre ne sono privi i globuli rossi.

I mitocondri sono delimitati da due membrane, separate dallo spazio intermembrana: la membrana esterna è liscia e permette il passaggio di piccole molecole grazie alla presenza di numerose porine, mentre la membrana interna è selettivamente permeabile e si ripiega a formare le creste mitocondriali, che delimitano la matrice del mitocondrio. All'interno della matrice avvengono le reazioni enzimatiche che permettono la liberazione di energia da molecole organiche ed il suo trasferimento a molecole di ATP ed è possibile osservare la presenza del DNA mitocondriale (filamento circolare a doppia elica) e di ribosomi per la sintesi proteica.

La teoria dell'endosimbiosi afferma che i mitocondri sarebbero i discendenti di primitive cellule procarioti entrate in simbiosi con l'antenato della cellula eucariote.

Codice deontologico -*vedi sopra*
Colorazione di Gram-

Candidato: Scienze alimentazione e nutrizione umana – Disturbi comportamento alimentare

Ormoni correlati nei disturbi alimentari (correlato alla tesi – leptina) -
Splicing -

Lo splicing è un meccanismo post-trascrizionale tipico delle cellule eucariote, che avviene sull'mRNA immaturo appena trascritto. In sé, lo splicing è un processo tramite il quale avviene la rimozione delle zone non codificanti dell'mRNA, ovvero gli introni, e successiva fusione degli esoni per formare un mRNA maturo. Il complesso di enzimi che si occupa della rimozione è chiamato spiceosoma. Ciò è necessario per avere un corretto mRNA maturo che verrà poi tradotto nei ribosomi per concludere la sintesi proteica.

-Biosicurezza: regole di lab

I livelli di biosicurezza vengono utilizzati per identificare e standardizzare tutte le misure di protezione necessarie in un laboratorio al fine di proteggere gli operatori ma indirettamente anche l'ambiente e gli individui esterni. Per stilare i vari livelli di biosicurezza (BSL) la prima cosa da tenere a mente è con quali agenti biologici si sta lavorando, in modo da redigere un rapporto esaustivo.

Oggigiorno, un laboratorio deve avere un BSL di livello 2, con presenza quindi di cappe biologiche, lavandini con acqua corrente, zone di pronto soccorso, postazioni per il lavaggio degli occhi ed accesso ad apparecchiature in grado di decontaminare le attrezzature di laboratorio (autoclavi). Lo smaltimento dei rifiuti deve essere controllato e i DPI da avere sono mascherina e occhiali protettivi, ove richiesto.

In laboratori BSL 3 si prevedono delle implementazioni rispetto ai precedenti: si hanno camici monouso, tute da laboratorio e protezione a livello respiratorio, tutti DPI rimossi e decontaminati prima di uscire dal lab. Inoltre si necessita di una doppia porta d'ingresso, di condizionamento separato, di un sistema di aerazione specifico con filtri HEPA (foglietti filtranti in microfibre assemblati su più strati, separati da setti in alluminio) e di una pressione interna negativa. In laboratori BSL 4, quindi di massimo contenimento, si devono seguire norme di comportamento restrittive e specifiche. Si necessita di solida formazione nel campo e nessun individuo deve entrare da solo in lab. L'accesso deve essere controllato e all'interno del lab devono essere presenti cappe di classe 3, oltre che specifici spogliatoi d'entrata e d'uscita (con docce), gli scarichi devono essere decontaminati, deve essere presente l'alimentazione elettrica di emergenza e sistemi d'aria HEPA a ciclo unico, con tute (DPI) a pressione positiva.

-PCR

Candidato: Biologia cellulare e molecolare – Espressione genica di retrovirus endogeno nello spettro autistico

-Sintesi proteica

La traduzione o sintesi proteica è l'ultima parte del meccanismo che porta ad avere la nascita di nuove proteine. Tendenzialmente si parla di sintesi proteica sia in termini di trascrizione e traduzione dell'mRNA ma è la traduzione che codifica il messaggio in sé dell'RNA.

Nel processo di traduzione, le informazioni contenute nell'mRNA vengono utilizzate per formare una proteina (catena polipeptidica). Possiamo distinguere 3 fasi: inizio (comporta la formazione di un complesso molecolare costituito da mRNA – ribosoma – 1° tRNA), allungamento (fase in cui si ha l'allungamento della catena proteica grazie all'aggiunta progressiva degli amminoacidi) e la terminazione (fase finale del processo che si ha quando si arriva in corrispondenza, sul ribosoma, dei codoni di stop, in modo da liberare la proteina nella cellula).

-Rifiuto in lab e trattamento di questi rifiuti (materiale che viene più riciclato: camici e vetreria)

I rifiuti del lab sono definiti rifiuti speciali e si differenziano proprio dai rifiuti urbani di quotidiana produzione domestica. I rifiuti speciali possono essere:

- non pericolosi, ma che richiedono particolari modalità di smaltimento (es. tamponi diluiti, scarico alcune titolazioni, ecc.);
- pericolosi, che possono essere a rischio chimico (solidi – DPI contaminati, contenitori, puntali, provette, reattivi scaduti, o liquidi – acidi, basi, sali, solventi organici) e a rischio biologico (colture cellulari, parti di animali, liquidi biologici, piastre Petri, anse).

Per quanto riguarda i laboratori standard (BSL 2) poco o nulla del materiale contaminato richiederà di essere portato via dal laboratorio e distrutto. La maggior parte della vetreria, degli strumenti e del vestiario di lab (come i camici) sono i materiali che più spesso vengono riciclati. La condizione ideale sarebbe quella in cui tutto il materiale infetto fosse decontaminato, autoclavato o incenerito nel lab. I materiali infetti ed i contenitori devono essere ben identificati secondo le norme nazionali (D.Lgs. 152/06) ed internazionali (Direttiva 98/08).

I rifiuti non infetti possono essere riutilizzati o eliminati come se fossero rifiuti comuni; gli oggetti taglienti contaminati (es. bisturi) devono essere raccolti in contenitori rigidi e trattati come materiale infetto. Il materiale infetto può passare in autoclave se necessaria decontaminazione per riutilizzo, altrimenti può poi essere eliminato o andare direttamente nell'inceneritore.

I rifiuti sono identificati a livello europeo attraverso codice CER di 6 cifre, in cui le prime due cifre indicano la categoria di attività che genera il rifiuto (classe), le due cifre centrali indicano il processo produttivo che genera il rifiuto (sottoclasse) e le ultime due cifre sono identificative del singolo rifiuto (categoria). In tale elenco i rifiuti pericolosi sono indicati con un asterisco.

-Western Blot

Candidato: Scienze farmaceutiche applicate e scienze dell'alimentazione (disbiosi intestinale e malattie infiammatorie correlate)

Morbo di Crohn (correlato alla tesi)-

Tessuto epiteliale -

Il tessuto epiteliale riveste e protegge il corpo sia esternamente (pelle) che internamente negli organi cavi che comunicano in modo più o meno diretto con l'esterno (come stomaco e utero); è flessibile, ma resistente e deriva da tutti e tre i foglietti embrionali. A seconda della forma delle cellule che lo compongono, il tessuto epiteliale è distinto in pavimentoso (formato da cellule piatte), cubico o cilindrico. Inoltre, in base al numero degli strati di cellule che lo costituiscono, si distinguono tessuti epiteliali semplici (monostratificati), composti (pluristratificati) e pseudostratificati, ovvero formati da un unico strato di cellule di altezza diversa che fanno sembrare l'epitelio pluristratificato. Il lato dell'epitelio rivolto verso l'esterno può essere provvisto di ciglia o di microvilli oppure cheratinizzato, cioè rivestito da uno strato di cellule morte ripiene di cheratina, una proteina che rende impermeabile all'acqua e ai gas. Funzionalmente è possibile distinguere tra:

- epitelio di rivestimento, che protegge gli animali dai danni provocati da agenti esterni;
- epitelio ghiandolare, che è specializzato nel produrre e rilasciare sostanze, dette secreti. Le ghiandole possono essere costituite da una singola cellula o da più cellule riunite in gruppi formati da ghiandole di forma diversa: tubulari (come le sudoripare), alveolari (come le mammarie) e acinose (come le sebacee). Se la ghiandola rilascia il suo secreto all'esterno mediante un dotto secretore, è detta esocrina; se invece lo rilascia direttamente nel sangue, è detta endocrina e il secreto prende il nome di ormone;
- epitelio sensoriale, che è formato da cellule specializzate per la ricezione di stimoli esterni, come le cellule sensoriali presenti sulla lingua.

Lo strato di tessuto epiteliale generalmente è formato da cellule contigue tra loro e attaccate ad uno strato connettivo sottostante, la lamina basale. Inoltre, poiché occorre evitare il passaggio delle sostanze tra una cellula e l'altra, le cellule che formano i tessuti epiteliali sono strettamente unite tra di loro grazie a giunzioni occludenti. Nei tessuti sottoposti a sollecitazioni meccaniche, come la pelle, fra cellule adiacenti si trovano veri e propri punti di saldatura, detti desmosomi, costituiti da placche di materiale fibroso. Le cellule degli epiteli delle cavità interne risultano modificate per secernere muco, necessario alla lubrificazione delle superfici, mentre altre cellule epiteliali, specializzate nella secrezione di sostanze specifiche (come sudore o saliva) sono raggruppate a formare le ghiandole.

-ENPAB

L'ENPAB è l'ente nazionale di previdenza e assistenza per i biologi, istituto il 1° gennaio 1996, nato per la necessità di una cassa previdenziale per i biologi liberi professionisti. In Italia tutti i redditi da lavoro sono assoggettati a contribuzione previdenziale e per chi lavora come dipendente, sia pubblico che privato, la cassa di previdenza viene assicurata dall'INPS, ma per i liberi professionisti ciò non è possibile ed è per questo che l'ENPAB è nato. Questa cassa di previdenza viene gestita direttamente dai biologi e prevede il versamento di una quota annuale dei propri guadagni al fine di garantire, in futuro, l'erogazione della pensione.

L'obbligo di iscrizione all'ENPAB insorge anche nei casi di esercizio della professione sotto forma di partecipazione in società di persone. I contributi che vengono versati all'ENPAB sono di tipo soggettivo, oggettivo, di maternità (questi sono obbligatori) ed integrativo (questi sono volontari). L'ENPAB, a sua volta, non garantisce soltanto la previdenza (pensione, assegno invalidità, pensione superstiti), ma fornisce una grandissima quantità di servizi in merito ad assistenza (contributi alla professione per corsi di specializzazione e borse di studio, contributi per nascita e alla famiglia, assistenza sanitaria e servizi quali PEC ad esempio) e welfare (formazione, assistenza fiscale).

L'ENPAB è formato da:

- Consiglio di Indirizzo Generale: 14 biologi iscritti, il cui compito è definire direttive, criteri e obiettivi della categoria, deliberare modificazioni dei regolamenti e definire criteri generali di investimento);

- Consiglio di Amministrazione: 5 biologi iscritti, il cui compito è predisporre schemi di bilancio, eleggere Presidente e vice, deliberare disponibilità patrimoniali e liquidare le pensioni;

- Presidente e Collegio dei Sindaci.

-Colorazione di Gram

Candidato: Genetica e biologia molecolare – Displasia fibrosa su modelli in vivo e in vitro

Ottenimento modelli murini (collegata ala tesi) -

Viru (in generale, quanti e quali sono) -

Un virus, o virione, è una piccola particella costituita da un genoma a DNA o a RNA circondato da un rivestimento proteico, detto capside, che può essere ricoperto esternamente da una membrana, il pericapside, formata da un doppio strato fosfolipidico e da glicoproteine. In alcuni casi, all'interno del capside sono presenti anche proteine che servono nell'organizzazione del materiale genetico e nella sua replicazione all'interno della cellula ospite.

I virus sono classificati in base a:

- Tipo di genoma e sua organizzazione: come abbiamo detto, ci sono virus a DNA, a RNA a singolo o doppio filamento, con genoma circolare, lineare oppure frammentato.
  - Nei virus a DNA, il materiale genetico viene trasportato all'interno del nucleo della cellula ospite, dove viene replicato e trascritto a RNA, ed in seguito vengono sintetizzate le proteine virali (ssDNA: parvovirus; dsDNA: adenovirus, herpesvirus, poxvirus).
  - Nei virus a RNA il materiale genetico può essere direttamente replicato e le proteine sintetizzate all'interno del citoplasma della cellula, senza passare dal nucleo (dsRNA: reovirus; ssRNA: retrovirus, coronavirus, rabdovirus, orthomyxovirus).

    I coronavirus, ad esempio, sono virus a RNA a singolo filamento, che infettano cellule animali (compreso l'uomo), presentano un pericapside con delle caratteristiche proiezioni esterne costituite da una glicoproteina (la spike), che ne determinano la caratteristica struttura a corona. Tali proiezioni servono al virus per riconoscere specifici recettori sulle cellule dell'ospite che ne permettono l'entrata e quindi l'infezione.

    La presenza del pericapside di natura fosfolipidica è il motivo per cui l'uso del sapone permette una efficace eliminazione del virus: il sapone, infatti, avendo caratteristiche "anfipatiche" (con una porzione affine all'acqua e una affine ai grassi, i lipidi), è in grado di intercalarsi nelle strutture lipidiche del pericapside e di allontanarle le une dalle altre, distruggendone così la struttura. • Struttura e la simmetria del capside (elicoidale, sferica);
- Presenza di un pericapside.
  - Virus nudi: possiedono unicamente il capside, il rivestimento proteico del genoma che lo protegge dall'ambiente esterno (reovirus – dsRNA, geminivirus – ssDNA);
  - Virus rivestiti: sono dotati di capside e pericapside. Di solito, i virus con envelope sono meno stabili nell'ambiente di quelli a capside nudo (radbovirus – ssRNA).
- Dimensione;
- Sito di replicazione all'interno della cellula ospite (citoplasma, nucleo);
- Tipo di cellula infettata.

Diversamente dalle cellule viventi, i virus non sono in grado di svolgere autonomamente le loro attività metaboliche. Essi contengono gli acidi nucleici necessari per produrre copie di se stessi, ma non gli "strumenti" per poterlo fare: infatti per riprodursi devono invadere cellule viventi e prendere il controllo del loro meccanismo metabolico.

I virus si riproducono solo all'interno delle cellule ospiti e il loro ciclo riproduttivo può essere litico o lisogenico.

- In un ciclo litico, il virus distrugge la cellula ospite e le fasi che lo compongono sono cinque: adesione alla cellula ospite, penetrazione dell'acido nucleico virale nella cellula ospite, replicazione dell'acido nucleico virale, assemblaggio dei componenti neosintetizzati in nuovi virus e rilascio dalla cellula ospite.
- In un ciclo lisogenico, il genoma virale viene replicato insieme al DNA dell'ospite. L'acido nucleico di alcuni fagi si integra nel DNA batterico e viene quindi chiamato profago. I fagi (batteriofagi) sono virus che infettano i batteri. Le cellule batteriche contenenti profagi sono dette cellule lisogeniche. Nella conversione lisogenica, le cellule batteriche contenenti alcuni virus temperati possono presentare nuove proprietà. I virus penetrano nelle cellule animali per fusione con la membrana o per endocitosi. All'interno della cellula ospite, viene replicato l'acido nucleico virale, vengono sintetizzate le proteine e vengono assemblati nuovi virioni che sono poi rilasciati dalla cellula.

Tra le malattie causate dai virus a DNA, vi sono il vaiolo, l'herpes, le infezioni respiratorie e i disturbi gastrointestinali. I virus a RNA sono responsabili di influenza, infezioni delle alte vie respiratorie, AIDS e alcuni tipi di cancro.

Le infezioni virali più comuni si localizzano a livello di:

- Apparato respiratorio: infezioni del naso, della gola, delle vie aeree superiori e dei polmoni
- Tra le altre infezioni respiratorie di origine virale troviamo l' influenza, la polmonite e le malattie da coronavirus. Inoltre, nei bambini piccoli i virus causano comunemente il crup (un'infiammazione delle vie aeree superiori e inferiori, chiamata anche laringotracheobronchite) oppure un'infiammazione delle vie aeree inferiori (bronchiolite).
- Apparato gastrointestinale: come la gastroenterite, sono comunemente causate da virus come norovirus e rotavirus.
- Fegato: queste infezioni causano l'epatite.
- Sistema nervoso: alcuni virus, come il virus della rabbia e il virus del Nilo occidentale, colpiscono il cervello causando encefalite. Altri infettano gli strati di tessuto che rivestono il cervello e il midollo spinale (meningi), causando meningite o poliomielite.
- Pelle: le infezioni virali che colpiscono soltanto la pelle causano a volte verruche o altri tipi di lesioni. Anche molti virus che colpiscono altre parti del corpo, come quello della varicella, provocano eruzioni cutanee.
- Placenta e feto: alcuni virus, come il virus Zika, il virus della rosolia e il citomegalovirus, nelle donne in gravidanza possono infettare la placenta e il feto.

Certi virus interessano tipicamente più apparati. Tra questi troviamo gli enterovirus (come i virus coxsackie e gli echovirus) e i citomegalovirus.

-Scheda di sicurezza

La scheda di sicurezza o scheda di dati di sicurezza (SDS) accompagna i prodotti di laboratorio ed è uno strumento con finalità di informare il lavoratore in merito alle corrette modalità di stoccaggio, utilizzo e smaltimento di una sostanza o di una miscela classificate come pericolose (rischio chimico). Essa deve essere fornita quando una sostanza/miscela rientra nei criteri di classificazione di pericolosità dei regolamenti REACH (termine da Reg. CE 830/2015 concernente la registrazione, la valutazione, l'autorizzazione e restrizione di sostanze chimiche). Non deve essere confusa con la scheda tecnica del prodotto che frequentemente è fornita insieme alla SDS. La scheda tecnica è infatti un documento che la ditta produce con finalità diverse (indicazioni modalità utilizzo, descrizione caratteristiche di qualità del prodotto) e non conformemente alla normativa REACH. La scheda di sicurezza presenta 16 sezioni, tra cui proprietà fisico-chimiche, stabilità e reattività, identificazione dei pericoli, identificazione della sostanza, informazioni ecologiche, informazioni sulla regolamentazione, manipolazione ed immagazzinamento.

-ELISA

Candidato: Scienze dell'alimentazione e della nutrizione umana – Disturbi comportamento alimentare (dispercezione corporea)

-Omeostasi e sistema a feedback negativo

L'omeostasi è la capacità di un organismo di autoregolarsi mantenendo costante l'ambiente interno pur nel variare delle condizioni che riguardano l'ambiente esterno. I meccanismi omeostatici nella fisiologia umana sono necessari per il mantenimento della vita perché permettono di mantenere alcuni parametri dell'organismo entro limiti accettabili anche al variare delle condizioni esterne, attraverso precisi meccanismi autoregolatori: esempio di omeostasi è il mantenimento della temperatura corporea sui 37°C.

Nel corpo umano la gestione di questa necessaria stabilità interna è affidata al sistema immunitario. Il sistema omeostatico si basa su quattro principali componenti, che assieme prendono il nome di meccanismo a feedback (retroazione o anche reazione).

I quattro componenti sono tutti necessari, in quanto il loro lavoro è sinergico e dipende dalla collaborazione e dal corretto funzionamento di tutti loro, che sono:

1-Stimolo: è il cambiamento nell'equilibrio dell'organismo. Ad esempio il picco glicemico che si verifica dopo un pasto, o l'abbassamento della temperatura corporea quando l'organismo è esposto al freddo, o la diminuzione della tensione di ossigeno nel sangue;

2-Recettore: ha il compito di percepire le condizioni esterne e interne, ad esempio la temperatura, la pressione arteriosa, la concentrazione di una data molecola nel sangue;

3-Centro di controllo/regolazione: riceve l'informazione dal recettore, confronta tale valore con quello ottimale e decide come comportarsi, mettendo in funzione sistemi per aumentare lo specifico valore se è troppo basso o per abbassarlo se troppo alto. Il sistema nervoso, nella sua interezza, è il livello più elevato di controllo sull'omeostasi;

4-Effettore: esegue quello che gli viene ordinato dal centro di controllo. Una ghiandola endocrina è un esempio di effettore, che rilascia ormoni specifici in risposta all'ordine ricevuto dal centro di controllo.

In generale tutti gli ormoni del corpo, con i rispettivi assi ormonali, sono esempi di meccanismi a feedback che si autoregolano tramite l'asse ipotalamo-ipofisi-organi bersaglio.

Il sistema a feedback può essere negativo o positivo:

- Il feedback negativo è il sistema di retroazione principale di tutta l'omeostasi e consente di produrre un cambiamento opposto allo stimolo iniziale, facendo sì che il prodotto finale di un processo inibisca il processo stesso. Ciò significa che all'aumentare dello stimolo iniziale, il prodotto finale tende a diminuire (i due fattori sono inversamente proporzionali). La retroazione negativa è il feedback più diffuso nel nostro corpo perché permette, ad un valore, che si sta alzando o abbassando troppo, di tornare a livelli normali da cui ha deviato: gli effettori riducono o invertono il processo che ha generato il segnale di ritorno, così da stabilizzare il valore.

  Questa regola vale non solo nel corpo umano, ma anche nei circuiti elettrici.

  Un esempio di feedback negativo è la secrezione di insulina (che viene rilasciata fintanto che la glicemia è elevata, ad esempio dopo un pasto, per poi non essere più secreta quando la concentrazione di glucosio nel sangue torna normale), o ancora la secrezione di glucagone (ormone che viene rilasciato fintanto che la glicemia è inferiore al normale per poi non essere più secreto quando la concentrazione di glucosio torna normale).

- Il feedback positivo consente di accelerare o intensificare un processo in seguito agli stimoli ricevuti. Ciò significa che all'aumentare dello stimolo iniziale, il prodotto finale tende ad aumentare (come in un "circolo vizioso": i due fattori sono direttamente proporzionali). È meno diffuso del feedback negativo e, come intuibile, qualsiasi circuito a feedback positivo

è potenzialmente mortale se non interrotto da un qualche segnale, dal momento che è un circolo vizioso che porta virtualmente qualsiasi situazione fisiologica a livelli estremi e patologici; fortunatamente i feedback dell'organismo hanno la capacità di autoregolarsi (risposte che vuotano le cavità del corpo, come la minzione, la defecazione, il vomito). Ad esempio quando il corpo si surriscalda, tipicamente durante l'attività fisica intensa, inizia la sudorazione. Più aumenta la temperatura corporea e più aumenta la sudorazione (feedback positivo), ma al contempo più aumenta la sudorazione e maggiormente la temperatura corporea si abbassa. Quando la temperatura del corpo torna a livelli normali, la sudorazione cessa tramite feedback negativo: se ciò non avvenisse, il corpo rischierebbe la disidratazione.

-Mitosi

La mitosi è un processo di divisione cellulare delle cellule somatiche con formazione di cellule figlie geneticamente identiche alla cellula madre. Caratteristica cardine è quindi l'assenza di variabilità genetica. La mitosi si inserisce all'interno del ciclo cellulare, che è una sequenza di eventi tra una divisione cellulare e quella successiva, che consta di una interfase (G1, S, G2) e di una fase M. Affinché il ciclo avvenga in modo consono sono presenti dei sistemi di controllo in grado di bloccare il ciclo in determinati punti (checkpoint).

La mitosi si confà di 4 fasi (+ citodieresi):

- Profase: fase più lunga in cui si forma il fuso mitotico che guida i movimenti dei cromosomi. I cromosomi già costituiti presentano una coppia di cromatidi fratelli, cioè due copie del cromosoma originario, uniti fra loro in prossimità del centromero a formare una struttura ad X. In prossimità del centromero ci sono i cinetocori, strutture proteiche che servono per ancorare successivamente i cromosomi alle fibre del fuso mitotico.
  Si hanno due stadi:
  - Profase iniziale: frammentazione involucro nucleare con scomparsa del nucleolo. La cromatina si addensa in forma di cromosomi grazie agli istoni;
  - Profase tardiva: dissoluzione membrana nucleare e formazione del fuso mitotico, con le fibre polari sul piano equatoriale. I centrioli si posizionano ai poli opposti della cellula ed i cromosomi continuano ad accorciarsi ed ispessirsi.

  Il citoscheletro si disassembla e i microtubuli vanno a formare le fibre del fuso mitotico. I centrioli che migrano ai poli determinano la formazione delle fibre polari, le quali collegano i poli alla zona equatoriale della cellula.

- Metafase: i cromosomi raggiungono il massimo grado di condensazione e si allineano lungo il piano equatoriale. Le fibre del fuso si attaccano ai cinetocori dei cromosomi.
- Anafase: separazione dei cromatidi fratelli a livello di centromeri. I singoli cromatidi sono tirati verso i poli dai centrioli.
- Telofase: il fuso si dissolve, si riforma la membrana nucleare e appaiono i due nuclei figli contenenti DNA in forma di cromatina. Divisione a livello del solco mitotico.

Terminazione del processo con citodieresi, in cui si ha la divisione citoplasmatica della cellula madre in due cellule figlie praticamente uguali.

Nelle cellule animali la citodieresi ha inizio durante la telofase, quando si ha la comparsa di un solco di divisione sulla superficie cellulare lungo la circonferenza equatoriale. Responsabile di questo solco è un cordone dato da filamenti di actina che, restringendosi progressivamente sempre di più, determina la divisione della cellula in due.

Differente è la cellula vegetale: la rigidità della parete cellulare impedisce la formazione di strozzature e quindi il processo avviene in modo diverso. Sulla superficie equatoriale si raccolgono un insieme di vescicole prodotte dal Golgi e contenenti polisaccaridi che, fondendosi tra loro, formano la piastra cellulare. Questa si origina dal centro della cellula e si estende lateralmente fino a raggiungere la membrana della cellula madre da entrambi i lati. La fusione della piastra con la membrana cellulare provoca la definitiva divisione della cellula madre in due. Successivamente, la piastra cellulare si impregna di pectina, trasformandosi quindi nella lamella mediana, sulla quale ciascuna delle due cellule figlie depositerà la cellulosa per la formazione della propria parete cellulare.

-Differenza e correlazione tra autocontrollo e HACCP

Autocontrollo e sistema HACCP non sono sinonimi. Il concetto di autocontrollo ha una valenza più ampia che discende dalla responsabilizzazione dell'Operatore del settore alimentare (OSA) in materia di igiene e sicurezza degli alimenti e corrisponde all'obbligo di tenuta sotto controllo delle proprie produzioni.

L'autocontrollo è obbligatorio per tutti gli operatori che a qualunque livello siano coinvolti nella filiera della produzione alimentare. Autocontrollo = Su tutta la filiera.

L'HACCP è invece un sistema che consente di applicare l'autocontrollo in maniera razionale e organizzata. È obbligatorio solo per gli operatori dei settori post-primari.

Il sistema HACCP è quindi uno strumento teso ad aiutare gli OSA a conseguire un livello più elevato di sicurezza alimentare.

-Elettroforesi (proteica in particolare)

Candidato: Biologia ambientale – Efficienza del fosforo nelle piante (biostimolanti)

-Tessuto osseo

Il tessuto osseo è un tessuto connettivo specializzato che ha estrema forza e durezza, ma è al contempo leggero ed elastico, ideale per il sostegno del corpo. Esso è mineralizzato, formato da matrice extracellulare organica ricca di collagene e impregnata di materiale inorganico a base soprattutto di idrossiapatite e carbonato di calcio. Le cellule responsabili della crescita e del continuo rimodellamento osseo sono gli osteoblasti, gli osteociti e gli osteoclasti.

→ Gli osteoblasti sono cellule preposte alla formazione delle ossa, secernono collagene formando una matrice che poi si calcifica. Sono cellule dell'osso immaturo che una volta circondati dalla matrice cellulare si trasformano in osteociti.

→ Gli osteociti sono cellule ossee circoscritte da una matrice che poi si calcifica. Gli osteociti rappresentano il tessuto osseo maturo e la comunicazione tra essi è molto importante per il controllo cellulare in merito alle attività di deposito o rimodellamento dell'osso.

→ Gli osteoclasti sono cellule macrofagiche polinucleate preposte alla digestione della matrice ossea mediante la secrezione di enzimi lisosomiali. Erodono e riassorbono osso già formato recuperando Ca^{2+} e PO_4^{3-} che passerà poi al sangue.
Il calcio è presente al 99% a livello osseo e solo un 1% in circolo. Il metabolismo del calcio è regolato dagli ormoni calcitonina (ipocalcemizzante) e paratormone (ipercalcemizzante) e dalla vitamina D3, in una sorta di equilibrio in cui al variare della calcemia verranno chiamati in causa i due ormoni. La vitamina D3 partecipa a questo equilibrio in modo secondario facilitando l'assorbimento del calcio per mantenere l'omeostasi.

Il tessuto osseo presente nell'uomo può essere:

- compatto, ovvero formato da un insieme di unità strutturali chiamate osteoni, che a loro volta sono costituite da un insieme di lamelle disposte in modo concentrico intorno ad un canale centrale di Havers in cui decorrono le fibre nervose, i vasi sanguigni e quelli linfatici;

- spugnoso, meno compatto e costituito da un insieme di lamelle chiamate trabecole, disposte in modo disordinato a formare una rete molto fitta, ricca di piccole cavità che conferiscono l'aspetto di una spugna.

-Codice deontologico ed ECM

La tematica del continuo aggiornamento professionale è stata inserita all'interno del Codice deontologico a livello di articolo 9 (Titolo 1), il quale tratta proprio l'obbligo ad un continuo aggiornamento professionale mediante attività formative che rilascino crediti ECM, al fine di garantire la qualità e l'efficienza professionale. Questa idea risulta ben legata al concetto di "formazione continua", secondo il quale la professionalità di un operatore sanitario può essere definita da conoscenze teoriche aggiornate, abilità tecniche, capacità comunicative e relazionali, ma anche da una propensione all'innovazione.

L'assegnazione dei crediti ECM viene effettuata direttamente dall'organizzatore dell'evento formativo (provider), il quale viene accreditato sulla base di una serie di requisiti a livello nazionale o regionale.

Per quanto riguarda gli eventi formativi, il Programma Nazionale di ECM prevede due modalità:

1) Attività formativa residenziale (FR): risulta la più tradizionale, prevedendo che l'interessato debba recarsi nella sede di svolgimento. Comprende congressi, seminari, stage di formazione pratica, corsi teorico-pratici, ecc.;
2) Attività formativa a distanza (FAD): risulta caratterizzata dall'utilizzo di supporti informatici e sta prendendo sempre più piede in quanto risulta meno dispendiosa dal punto di vista economico, permette l'interazione con docenti e tutor ed è compatibile con qualsiasi attività lavorativa, in quanto tali corsi restano fruibili per un lungo periodo di tempo.

-PCR e differenza con la Real-Time

Candidato: Scienze dell'alimentazione e nutrizione umana

Ormoni gastrointestinali e loro azione (correlato alla tesi – CCK nel duodeno importante) - Tessuto cartilagineo -

Il tessuto cartilagineo è un tessuto connettivo di sostegno specializzato, formato da cellule chiamate condriciti, che sono la base delle cartilagini, cui danno resistenza alla pressione e alla trazione, oltre che discreta elasticità. La matrice extracellulare è consistente ma gommosa grazie alla presenza di molte fibre collagene mescolate con polisaccaridi e proteine. Le fibre di collagene rinforzano la matrice e si distribuiscono lungo tutte le direzioni come corde. La cartilagine è rivestita da un sottile involucro di tessuto connettivo compatto chiamato pericondrio che può crescere per moltiplicazione dei condrociti (accrescimento interstiziale) o per differenziamento dei fibroblasti del pericondrio in condrociti (accrescimento per apposizione). Poiché la cartilagine è priva di nervi e vasi sanguigni, i condrociti ricevono nutrimento e ossigeno per diffusione.

In funzione della quantità di matrice e delle sue caratteristiche si possono osservare:

- Cartilagine ialina: più abbondante nell'organismo, matrice omogenea; es. naso;
- Cartilagine elastica: matrice ricca di fibre elastiche in fasci; es. padiglione auricolare;
- Cartilagine fibrosa: matrice ricca di fibre collagene; es. tendini.

Questo tessuto si trova in diverse parti del corpo come articolazioni, laringe, naso e padiglioni auricolari; è anche componente principale dello scheletro embrionale ma durante lo sviluppo la maggior parte di questo tessuto viene sostituita in favore del tessuto osseo.

Gdpr 679/16 – Privacy-(ex 196/2003)

Il Gdpr 679/16 è un regolamento di livello europeo che si inserisce nell'ambito della privacy, in particolar modo nel trattamento e nella protezione dei dati personali, entrato in vigore nel maggio 2018.
Con dato personale si intende una qualsiasi informazione riguardante una persona fisica identificata o identificabile («interessato») attraverso un nome, un numero di identificazione, dati relativi all'ubicazione, un identificativo online o a uno o più elementi caratteristici della sua identità fisica, fisiologica, genetica, psichica, economica, culturale o sociale.

Con tale regolamento europeo si passa da una visione proprietaria del dato (non lo si può trattare senza consenso) ad una visione di controllo del dato, che favorisce la libera circolazione dello stesso rafforzando nel contempo i diritti dell'interessato, il quale deve poter sapere se i suoi dati sono usati e come vengono usati per tutelare lui e l'intera collettività dai rischi insiti nel trattamento dei dati.

Il Gdpr in sintesi:

- Introduce regole più chiare su informativa e consenso e definisce i limiti al trattamento automatizzato dei dati personali;
- Stabilisce criteri rigorosi per il trasferimento dei dati fuori dalla Ue e norme rigorose per i casi di violazione dei dati (data breach);
- Getta le basi per l'esercizio di nuovi diritti.

[Novità 1] Sicuramente uno dei cambiamenti introdotti dal regolamento per la protezione dei dati personali Gdpr che ha avuto uno dei maggiori impatti è proprio l'obbligo per le aziende di nominare un Data Protection Officer (o DPO). In sostanza si tratta di nominare un supervisore indipendente che dovrà assicurarsi una corretta gestione dei dati personali nelle imprese e negli enti di cui ne hanno bisogno. Tale figura dovrà essere formata e nominata per via della conoscenza specialistica della normativa relativamente alla protezione dei dati personali.

[Novità 2] L'altra grande novità di questo regolamento per la protezione dei dati personali è l'introduzione del principio di accountability che obbliga il titolare del trattamento dei dati a rispettare una serie di principi e, al tempo stesso, essere in grado di dimostrarlo. Entrando brevemente nello specifici, i dati personali devono essere trattati rispettando:

- il principio di liceità, correttezza e trasparenza del trattamento;
- la limitazione della finalità del trattamento e minimizzazione dei dati;
- il principio che rispetta l'esattezza e aggiornamento dei dati, compresa la opportuna cancellazione dei dati che risultino inesatti; - limitazione della conservazione;
- integrità e riservatezza.

Compito del titolare del trattamento dei dati è quello di individuare i rischi e le misure tecnicoorganizzative atte a garantire un livello di sicurezza adeguato al trattamento dei dati. Questo implica che sia proprio il titolare del trattamento a comunicare eventuali violazioni dei dati personali al Garante della Privacy. Titolare e responsabile del trattamento dovranno inoltre compilare e rendere disponibile per eventuali controlli dell'autorità un registro dei trattamenti in essere.

Il Gdpr quindi prevede l'obbligo della formazione per le pubbliche amministrazioni ed imprese in materia di protezione dei dati personali per tutte le figure presenti nell'organizzazione (sia dipendenti che collaboratori). Il rischio di commettere delle infrazioni è alto, così come le sanzioni da pagare, pertanto, all'interno di un ente pubblico o di un azienda privata, è sempre meglio formare adeguatamente le persone che ricoprono i ruoli di Titolare o Responsabile del trattamento dei dati o di responsabile del trattamento.

-PCR

Candidato: Scienze biologiche e biologia applicata alla medicina – PhD in medicina traslazionale

-Trasporto vescicolare all'interno di una cellula (endocitosi, endosomi e lisosomi)

Il trasporto vescicolare all'interno di una cellula avviene mediante endocitosi, processo grazie al quale la materia fluida, i soluti, le diverse macromolecole, i componenti della membrana plasmatica e varie altre particelle vengono internalizzati nella cellula. La membrana plasmatica si introflette formando vescicole, chiamate endosomi.

Gli endosomi sono quindi corpi vescicolari della cellula principalmente coinvolti nella regolazione del traffico di proteine e lipidi, con possibilità di legarsi a loro volta ai lisosomi.

I lisosomi sono vescicole citoplasmatiche ricche di enzimi idrolitici attivi a pH acido (5) coinvolte nella digestione intracellulare di organelli danneggiati o corpi estranei.

Gli endosomi possono essere classificati come endosomi precoci, endosomi tardivi e endosomi riciclati. I precoci sono i primi a essere formati ed in seguito al rilascio di sostanze acide si ha la maturazione in endosomi tardivi, i quali si fondono quindi con i lisosomi per formare endolisosomi, contenenti sia gli enzimi idrolitici che il materiale da degradare. Invece, gli endosomi di riciclaggio contengono una rete tubolare sottile e sono coinvolti nel re-shuttling delle molecole verso la membrana plasmatica. Questo è vitale nel riciclo delle proteine.

Si conoscono tre tipi di endocitosi:

- Fagocitosi: parte della membrana plasmatica ingloba grosse particelle solide o anche cellule intere. La vescicola formatasi, detta fagosoma, si fonde con un lisosomadove avviene la digestione;
- Pinocitosi: si formano piccole vescicole sulla membrana plasmatica che inglobano soprattutto sostanze liquide;
- Endocitosi mediata da recettori: alcune proteine intrinseche di membrana (recettori) fungono da specifici siti di legame per sostanze (ligandi) che devono entrare nella cellula. In queste zone la membrana si invagina chiudendosi verso l'interno quando avviene il riconoscimento recettore-ligando, formando le cosiddette "fossette rivestiste", che migrano all'interno della cellula sotto forma di vescicole coperte esternamente da clatrine (proteina esamerica). Una volta all'interno della cellula le clatrine vengono riciclate e i recettori vengono riportati sulla membrana tramite vescicole, mentre l'endosoma col materiale da degradare si fonde col lisosoma.

Codice deontologico -*vedi sopra*

Western blot -

Candidato: Scienze biologiche e Biologia cellulare e molecolare

-Descrizione cheratina

La cheratina è una proteina filamentosa strutturale prodotta dai cheratinociti, tipo cellulare più abbondante nell'epidermide (presente in tutti i suoi strati: basale, spinoso, granuloso, lucido e corneo, il più esterno). Molto stabile e resistente, la sua principale funzione è protettiva.

Essa è classificata come proteina filamentosa ricca di un amminoacido solforato chiamato cisteina e fa parte di una delle 6 classi dei filamenti intermedi, che fungono appunto da supporto per l'intero complesso citoscheletrico essendo le strutture più stabili e meno solubili.

La cheratina rappresenta il principale costituente di peli, capelli ed unghie e può essere compromessa da fattori esterni o da fattori endogeni. È possibile inoltre trovarla nelle setole dei maiali, negli zoccoli delle vacche, nelle corna del rinoceronte, nella lana e nelle piume degli uccelli. Questa proteina rende vigorosi e sani capelli, unghie e peli: la mancanza nel corpo può provocare un indebolimento dei capelli, una secchezza dell'epidermide e una crescita rallentata delle unghie.

Rischio biologico - *vedi sopra*

-Tecniche microbiologiche (3 fasi: allestimento, isolamento e identificazione)

Candidato: Scienze della nutrizione umana – bambini diabetici (diabete mellito tipo 1)

-Microtubuli

I microtubuli sono delle strutture proteiche facenti parte del citoscheletro la cui funzione è quella di garantire l'organizzazione cellulare (sia citoplasmatica che dei suoi organuli) e, in base alla necessità della cellula, sono in grado di assemblarsi e disassemblarsi rapidamente. Essi sono lunghi cilindri cavi formati da polimeri di α e β tubulina. I microtubuli giocano un ruolo fondamentale anche nella regolazione del trasporto cellulare, nel determinare la forma della cellula e nel processo mitotico, regolando la costituzione del fuso mitotico. Inoltre, i microtubuli sono parte integrante della struttura di ciglia e flagelli, risultano stabili e ne permettono il movimento (si parla di microtubuli assonemali).

Sono più rigidi rispetto ai filamenti di actina, sono lunghi e diritti e di norma si dipartono da un unico centro organizzatore (centrosoma) che si colloca in prossimità del nucleo: a partire da esso si allungano progressivamente fino a raggiungere le parti più esterne della cellula. Il centrosoma è un organello che si colloca nei pressi del nucleo occupando una posizione centrale, e che duplicatosi va a formare i poli del fuso mitotico. Quando la cellula entra in mitosi rapidamente i microtubuli si disassemblano per riorganizzarsi poi nel fuso mitotico e provvedere a distribuire in parti uguali i cromosomi alle due cellule figlie. -Etichettatura prodotti alimentari

Nell'ambito della sicurezza alimentare è fondamentale una corretta comunicazione (dei prodotti) ai consumatori, avvenuta per la prima volta col regolamento CE 1169/2011 in cui si parla di etichettatura. L'obiettivo dell'etichettatura è quello di assicurare un'informazione chiara e corretta per non indurre in errore il consumatore su caratteristiche, proprietà ed effetti del prodotto in esame.

L'etichetta deve essere chiara, leggibile ed indelebile ed inoltre deve contenere (tra le altre):

(1) Denominazione di vendita (trattamento prodotto o stato fisico), che può essere a sua volta legale (es. pasta di grano duro), consuetudinaria (es. gelato) o di fantasia, a cui segue descrizione (es. "Gran Cereale");
(2) Elenco degli ingredienti (importante comunicare allergeni attraverso utilizzo di caratteri diversi);
(3) Data di scadenza, utilizzata per i prodotti rapidamente deperibili (durabilità sotto i 30 giorni come carne, pesce, latte fresco) per i quali il consumo oltre alla data indicata potrebbe costituire un pericolo per la salute umana. Prevede l'indicazione "da consumare entro ...", seguita dalla data stessa (giorno, mese ed eventualmente anno) o dalla menzione del punto della confezione in cui figura;
(4) Termine minimo di conservazione (TMC), data fino alla quale il prodotto alimentare conserva le sue proprietà specifiche in adeguate condizioni di conservazione. Prevede l'indicazione "da consumarsi preferibilmente entro il ..." quando la data comporta l'indicazione del giorno, o "da consumarsi preferibilmente entro fine ..." negli altri casi, seguita dalla data oppure dall'indicazione del punto della confezione in cui essa figura;
(5) Quantità di prodotto;
(6) Modalità di utilizzazione; (7) Modalità di conservazione.

È ora diffusa anche la pratica di riportare in etichetta i cosiddetti "Claims", indicazioni nutrizionalisalutistiche che affermano, suggeriscono o sottintendono che uno specifico prodotto alimentare porta effetti positivi dal punto di vista nutrizionale/di salute (es. povero di grassi, ricco di fibre). Le aziende interessate a richiedere l'autorizzazione per nuovi Claims utilizzano un'apposita scheda di richiesta di autorizzazione, valutata dall'ufficio competente e poi inviata all'EFSA.

-Antibiogramma

Candidato: Scienze biologiche e biologia applicata alla biomedicina (lavoro sui ratti in lab con PTH)

-Trasporto di membrana/molecole trasportatrici

Il trasporto di membrana può essere suddiviso in passivo o attivo in base alla richiesta di energia. Il trasporto passivo avviene secondo gradiente di concentrazione o elettrochimico, da una zona a maggiore concentrazione a zona a minore concentrazione, senza quindi richiesta di energia. Fanno parte di tale meccanismo la diffusione semplice, la diffusione facilitata e trasporto tramite canali ionici.

- Diffusione semplice: permette il passaggio di piccole molecole non polari e molecole polari non cariche (es. O_2 ed urea).
- Diffusione facilitata: passaggio di sostanze nutritive all'interno della cellula, mediato da proteine transmembrana chiamate permeasi. Le tre caratteristiche degli scambi transmembrana mediati da proteine trasportatrici sono la specificità (ogni trasportatore opera solo su specifiche sostanze), la saturazione (aumento flusso fino a valore soglia) e la competizione (due sostanze affini competono per la proteina e l'una tende a deprimere il trasporto dell'altra).

- Trasporto tramite canali ionici: sono principalmente canali voltaggio-dipendenti (variazioni potenziale di membrana) e canali chemio-dipendenti (switch dato da legame molecola– recettore). Presentano due caratteristiche fondamentali quali selettività (permabili solo a specifici ioni) e controllabilità (apertura o chiusura in base a specifici comandi).

Il trasporto attivo avviene contro gradiente di concentrazione, per cui necessita di energia fornita da ATP. Necessario utilizzo di proteine transmembrana e possibilità anche di trasportatori accoppiati. Le modalità di trasporto attivo attraverso membrana sono tre: uniporto (trasferimento di una sola sostanza in un'unica direzione, es. ione Ca^{2+} nel RE), simporto (spostamento contemporaneo di due sostanze nella stessa direzione, es. canale intestinale lega amminoacidi e ione Na^+) e antiporto (spostamento contemporaneo di due sostanze in due direzioni opposte, es. pompa sodio-potassio → Na^+ all'esterno e K^+ all'interno).

Il trasporto attivo può essere:

- Primario: l'energia viene ricavata direttamente dalla degradazione dell'ATP, con coinvolgimento di pompe ioniche (es. pompe Na^+/K^+).
- Secondario: ci si avvale del trasporto attivo primario, in quanto le pompe possono scambiare anche sostanze terze oltre quelle indicate da nome (es. pompe Na^+/K^+ possono trasportare anche amminoacidi o neurotrasmettitori).

-Codice deontologico *vedi sopra* -Morris Water Maze

Candidato: Biotecnologie farmaceutiche – Ingegnerizzazione e rigenerazione tissutale cardiaca

-Fuso mitotico

Il fuso mitotico è un insieme di microtubuli e proteine ad essi associate che si estende da un polo all'altro della cellula eucariote durante le fasi di mitosi e meiosi, assicurando il corretto movimento dei cromosomi (e quindi una corretta distribuzione del patrimonio genetico). Il fuso comincia a formarsi nel citoplasma durante la profase, quando inizia il processo di condensazione della cromatina, a partire dalle due coppie di centrioli/diplosomi che contemporaneamente si muovono verso i poli opposti.

La coppia di centrioli e del materiale proteico presente attorno va a formare il centrosoma. Le cellule vegetali e alcune cellule in meiosi mancano di centrosomi e l'organizzazione del fuso è determinata e regolata dai cromosomi.

Nel ciclo cellulare, durante l'interfase i microtubuli si disassemblano e diventano invisibili al microscopio ottico.

-DPI (correlata perché lei ha lavorato in lab)

I DPI sono regolamentati attraverso il testo unico sulla sicurezza sul lavoro (D. Lgs. 81/08) e sono indicati come "qualsiasi attrezzatura destinata ad essere indossata e tenuta dal lavoratore allo scopo di proteggerlo contro uno o più rischi suscettibili di minacciarne la sicurezza o la salute durante il lavoro, nonché ogni complemento o accessorio destinato a tale scopo".

A seconda del grado di rischio dell'attività lavorativa è previsto l'utilizzo di dispositivi specifici, che in alcune circostanze possono essere anche obbligatori per legge.

L'obbligo di uso dei DPI, infatti, riguarda tutti i casi in cui determinati fattori di rischio non possano essere evitati o ridotti da misure di prevenzione o mezzi di protezione collettiva.

I dispositivi devono essere sicuri, ergonomici, adeguati al rischio da prevenire, compatibili se composti da più parti intercambiabili e facili sia da indossare che da rimuovere.

Sono esclusi dai DPI attrezzature dei servizi di soccorso e salvataggio, attrezzature di protezione individuale delle forze armate e di polizia, materiali sportivi, attrezzature stradali, materiali di autodifesa e dissuasori.

I DPI possono essere suddivisi in tre categorie:

- DPI di prima categoria: protezione per rischio minimo, con eventuali danni di lieve entità (es. urti lievi, vibrazioni, raggi solari). Sono auto-certificati dal produttore;
- DPI di seconda categoria: quelli che non rientrano nelle altre due categorie e che sono legati ad attività con rischio significativo (il D. Lgs. 475/92 non fornisce una vera e propria definizione di tale categoria). È richiesto un attestato di certificazione di un organismo di controllo autorizzato;
- DPI di terza categoria: protezione da danni gravi o permanenti e dal rischio di morte. È previsto un addestramento specifico obbligatorio per poterli utilizzare.

Nel trattamento dei DPI, sia il datore di lavoro che i lavoratori hanno degli obblighi.

Il datore di lavoro deve occuparsi della scelta dei DPI da utilizzare sulla base delle valutazioni dei rischi, deve individuare le condizioni in cui si necessita l'utilizzazione di un DPI, deve fornire i dispositivi conformi ai lavoratori, deve assicurare DPI ad uso personale (con istruzioni annesse) curandone efficienza e igiene, deve informare i lavoratori in via preliminare dei rischi a cui sono esposti e come grazie ai DPI siano protetti dai rischi ed assicurare un'adeguata formazione sul corretto utilizzo dei DPI stessi.

Il lavoratore, dal canto suo, deve sottoporsi al programma di informazione e addestramento (se necessario), avere cura dei DPI, senza apportarne alcuna modifica, segnalare eventuali difetti o non conformità e riconsegnarli al termine dell'utilizzo.

-Protocollo analisi liquido seminale

Candidato: Biologia e Scienze della nutrizione umana – Disturbi comportamento alimentare

-Giunzioni cellulari

Le giunzioni cellulari permettono l'unione di cellule dello stesso tipo grazie alla comunicazione tra le proteine della membrana plasmatica, che si occupano del riconoscimento e dell'adesione tra le cellule stesse.

I tre tipi di giunzioni cellulari sono:

- Giunzioni occludenti (tight junction): strutture specializzate nel collegamento tra cellule epiteliali adiacenti, risultato di un legame fra proteine specifiche delle membrane plasmatiche che formano una serie di giunti attorno alla cellula. Costringendo i materiali a penetrare in determinate cellule e consentendo che zone differenti di una stessa cellula esprimano proteine di membrana con funzioni diverse, le tight junction servono a garantire un flusso unidirezionale delle sostanze tra i due lati delle membrane.

- Desmosomi: strutture proteiche con funzione meccanica che connettono due membrane plasmatiche di cellule adiacenti, saldando i rispettivi citoscheletri come fossero punti di saldatura. Sulla faccia interna della membrana plasmatica ciascun desmosoma presenta una struttura densa (placca) alla quale sono attaccate speciali molecole che, partendo dalla placca, attraversano la membrana, lo spazio intercellulare e la membrana dell'altra cellula, dove si legano alle proteine della sua placca. La placca è connessa anche a fibre citoplasmatiche di cheratina (quindi di filamenti intermedi del citoscheletro). Partendo da una placca citoplasmatica, essi si spingono attraverso la cellula per andare a congiungersi con un'altra placca dalla parte opposta. Ancorate in questo modo a entrambi i lati della cellula, queste fibre estremamente resistenti offrono una grande stabilità meccanica ai tessuti epiteliali della superficie corporea, che spesso sono sottoposti a forte logorio. Gli emidesmosomi consentono l'attacco della cellula alla lamina basale.
- Giunzioni serrate (gap junction): composte da speciali canali proteici, chiamati connessioni, che attraversano le membrane plasmatiche di due cellule adiacenti e lo spazio frapposto. Le gap junction facilitano la comunicazione fra cellule. Tramite queste giunzioni, ioni e micromolecole in soluzione possono spostarsi da una cellula all'altra.

-Come lo stress dell'ambiente può interagire con la corretta alimentazione + inquinamento ambientale + economia sostenibile

Per inquinamento s'intende la perturbazione degli equilibri di un ecosistema, mentre si definisce inquinante una qualunque sostanza, di origine naturale o antropica, che non rientri nella composizione della matrice di interesse (o sia presente in essa in concentrazione nettamente superiore ai valori naturali) e che abbia un effetto ritenuto dannoso sull'ambiente. Sin dagli anni '70 del secolo scorso, la questione dell'inquinamento ambientale è divenuta di grande interesse pubblico: nel corso degli ultimi decenni, infatti, il fenomeno è in continuo aumento, poiché alle forme classiche di inquinamento chimico e biologico si sono aggiunti anche l'inquinamento acustico, quello termico e quello elettromagnetico. La protezione dell'ambiente, quindi, è una delle maggiori sfide del mondo contemporaneo, poiché coinvolge direttamente il suo futuro. I rifiuti industriali e quelli civili contribuiscono significativamente all'inquinamento ambientale che, con crescente drammaticità, minaccia la salute dell'uomo e dell'ecosistema globale. Da ciò scaturisce l'esigenza di una maggiore attenzione per le tematiche del riciclo, del riuso, della materia prima seconda (cioè degli scarti di una produzione che fungono da materia prima di un altro processo produttivo); per una cultura del risparmio, del bando agli sprechi per un potenziamento di quelle branche della scienza sulle quali si basano le tecnologie pulite, come la chimica verde (green chemistry).

L'economia sostenibile è un tipo di economia che prevede che lo sviluppo economico di una società debba essere sostenibile a livello sociale (senza disparità tra individui e generazioni), a livello economico (aumentando il PIL) e a livello ambientale, in modo da permettere alle risorse di rigenerarsi. In particolare un'economia sostenibile a livello ambientale prevede che le generazioni future possano avere a disposizione le stesse risorse delle generazioni precedenti. Perciò vi è un forte legame tra economia e ambiente e tra ambiente e sostenibilità.

Perché un'economia ecologicamente sostenibile possa essere applicata è necessaria una riorganizzazione culturale, politica e scientifica volta a garantire che ecologia ed economia si pongano sullo stesso piano. Difatti, i sistemi finanziari devono altresì essere subordinati alle capacità rigenerative dell'ecosistema. La Terra è infatti in grado di ripristinare in determinati archi di tempo le energie utilizzate. Perciò l'economia sostenibile deve garantire la sostenibilità ambientale economica e sociale.

https://ilgiornaledellambiente.it/economia-sostenibile-cosa-e/#:~:text=L'economia%20sostenibile%20%C3%A8%20un,permettere%20alle%20risorse%20di%20rigenerarsi.

-Elettroforesi (su gel di agarosio)

Candidato: Marcatori biomolecolari per gliomi

-Movimenti cellulari

Il movimento di una cellula avviene per merito di particolari strutture microtubulari, le ciglia e i flagelli, che hanno medesima struttura ma differiscono per lunghezza e tipo di battito. Questi organuli a forma di frusta possono sospingere o trascinare la cellula attraverso il suo ambiente acquoso, oppure possono far scorrere il liquido circostante lungo la superficie della cellula. Le ciglia sono più corte dei flagelli e sono in gran numero, mentre i flagelli sono più lunghi ma si trovano da soli o in coppia.

In sezione trasversale, ciglia e flagelli presentano una struttura "9+2" chiamata assonema, ovvero 9 coppie di microtubuli fusi a due a due le quali formano un cilindro esterno, con al centro una coppia di microtubuli liberi. Le doppiette rimangono collegate tra loro ed anche alla coppia centrale grazie alla proteina dineina, capace di convertire l'ATP in ADP, rilasciando l'energia necessaria per il movimento dato dallo scorrimento delle doppiette di microtubuli l'una sull'altra che, nel caso delle ciglia, porta allo spostamento di materiali extracellulari, mentre nei flagelli porta cellule libere a muoversi attraverso liquidi (es. spermatozoi).

Ciglia e flagelli prendono origine dai corpi basali/cinetosomi (struttura specializzata del centriolo), a loro volta formati da triplette di microtubuli, quindi con diversa disposizione rispetto all'assonema.

-Consenso (Legge 219/17)

Il 31 gennaio 2018 è entrata in vigore la Legge 219/17 contenente "norme in materia di consenso informato e di disposizioni anticipate di trattamento". Come richiamato all'articolo 1, la Legge 219 "tutela il diritto alla vita, alla salute, alla dignità e all'autodeterminazione della persona e stabilisce che nessun trattamento sanitario può essere iniziato o proseguito se privo del consenso libero e informato della persona interessata, tranne che nei casi espressamente previsti dalla legge", nel rispetto dei principi della Costituzione (art. 2, 13 e 32) e della Carta dei diritti fondamentali dell'Unione Europea.

Lo stesso articolo afferma il diritto di ogni persona "di conoscere le proprie condizioni di salute e di essere informata in modo completo, aggiornato e a lei comprensibile riguardo alla diagnosi, alla prognosi, ai benefici e ai rischi degli accertamenti diagnostici e dei trattamenti sanitari indicati, nonché riguardo alle possibili alternative e alle conseguenze dell'eventuale rifiuto del trattamento sanitario e dell'accertamento diagnostico o della rinuncia ai medesimi".

Tale legge si concentra proprio sul consenso informato "acquisito nei modi e con gli strumenti più consoni alle condizioni del paziente, è documentato in forma scritta o attraverso videoregistrazioni o, per la persona con disabilità, attraverso dispositivi che le consentano di comunicare. Il consenso informato, in qualunque forma espresso, è inserito nella cartella clinica e nel fascicolo sanitario elettronico".

Questa legge si dipana in 8 articoli che trattano tutti gli aspetti connessi al consenso informato e alla dignità di fine vita:

- Art. 1 – Consenso informato: il paziente ha il diritto di rifiutare in tutto o in parte i trattamenti e di revocare il consenso prestato, sulla base del quale è promossa e valorizzata la relazione di cura e di fiducia tra paziente e medico. Nutrizione e idratazione artificiale sono da considerarsi trattamenti sanitari. Il medico deve rispettare la volontà del paziente ed è "esente da responsabilità civile e penale";
- Art. 2 – Terapia del dolore: viene garantito lo svolgimento da parte dei medici di un'appropriata terapia del dolore. Nel caso di prognosi infausta a breve o imminenza della morte, il medico deve astenersi da ogni ostinazione irragionevole di cura e dal ricorso a trattamenti inutili o sproporzionati;
- Art. 3 – Minori e incapaci: il consenso informato è espresso dai genitori o dal tutore o dall'amministratore di sostegno, tenuto conto della volontà del minore o della persona incapace o sottoposta ad amministrazione di sostegno;
- Art. 4 – DAT: ogni persona maggiorenne e capace di intendere e volere può, nelle Disposizione Anticipate di Trattamento (DAT), esprimere la propria volontà in materia di trattamenti sanitari, indicando un fiduciario che lo rappresenti. Si tratta di una scelta che può essere effettuata attraverso un documento, comunemente definito "testamento biologico o biotestamento", in cui ciascun individuo può dare disposizioni in merito a quali cure ricevere nel fine vita, ad esempio per evitare

accanimento terapeutico, oppure definire le modalità della sua sepoltura e dare il consenso all'espianto degli organi;

- Art. 5 – Pianificazione delle cure: viene introdotta la pianificazione delle cure condivisa tra medico e paziente relativa alle conseguenze di una patologia cronica e invalidante e contraddistinta da un'inarrestabile evoluzione con prognosi infausta;
- Art. 6 – Dichiarazioni già esistenti: quanto previsto dalla legge si applica anche alle dichiarazioni in merito ai trattamenti sanitari già presentate e depositate prima della sua entrata in vigore;
- Art. 7 – I costi della legge: l'attuazione della legge non ha costi per la finanza pubblica;
- Art. 8 – Relazione alle Camere: entro il 30 aprile di ogni anno il Ministro della Salute deve trasmettere alle Camere una relazione sull'applicazione della legge.

-Western Blot

Candidato: Biologia e Genetica (lavoro bioinformatica)

-Struttura e funzione dei filamenti intermedi

I filamenti intermedi sono costituiti da polimeri di proteine fibrose che si irradiano a partire direttamente dal nucleo, propagandosi fino alla membrana cellulare al livello di desmosomi (mantengono in posizione nucleo e organuli). Sono le strutture citoscheletriche più stabili e meno solubili, fungendo da supporto per l'intera cellula, opponendo inoltre resistenza alla tensione. La struttura delle proteine presenta un dominio centrale con struttura ad α-elica, fondamentale per l'assemblaggio dei filamenti, una testa globulare N-terminale e una coda globulare C-terminale, che ne determina la specificità. Mentre i domini centrali sono tutti simili tra loro, teste e code mostrano dimensioni e sequenze amminoacidiche diverse, portando quindi a funzioni diverse e specifiche in base all'ambiente in cui si trovano.

È possibile suddividere le proteine fibrose in 6 classi: cheratina (cellule epiteliali), vimentina (connettivo), desmina (connettivo), neurofilamenti (neuroni), lamine nucleari (staminali SNC) e nestina (staminali SNC).

-Monitoraggio relativamente all'inquinamento atmosferico (correlato al suo lavoro)

L'inquinamento atmosferico consiste nel rilascio nell'atmosfera terrestre di agenti fisici (come il carbonioso), chimici (come gli idrocarburi) e inquinanti biologici (come per esempio l'antrace) che modificano le caratteristiche naturali atmosferiche causando un effetto dannoso su esseri viventi e ambiente. Quelli appena elencati sono in parte agenti che non sono presenti nella normale composizione dell'aria, oppure lo sono, ma ad un livello di concentrazione inferiore di quello attuale.

In questi decenni abbiamo assistito ad un aumento preoccupante dell'inquinamento atmosferico. Nonostante la consapevolezza attuale circa la necessità di diminuire le emissioni, in particolare di CO_2, nell'atmosfera il lavoro da fare è ancora tanto.

Gli agenti inquinanti emessi in atmosfera, oltre a causare gravi danni all'ambiente e a provocare inquinamento termico e riscaldamento globale, svolgono un'azione sinergica con altre sostanze nocive. Per esempio un particolato (agente fisico) può avere effetti nocivi anche per la sua composizione chimica e per l'adesione superficiale ad esso di allergeni biologici.

I principali inquinanti dell'atmosfera sono gli ossidi di azoto, dello zolfo, del carbonio, l'ozono, il freon, i radicali liberi, il piombo (e gli altri metalli pesanti) ed il particolato.

Le principali fonti di inquinamento dell'aria sono le attività industriali, gli impianti per la produzione di energia, gli impianti di riscaldamento e il traffico. Quelle appena elencate sono tutte attività portate avanti dall'uomo e quindi possiamo concludere che l'inquinamento dell'aria ha soprattutto cause antropiche.

Una delle principali cause dell'inquinamento è l'industrializzazione, che provoca anche inquinamento acustico.

-WGS (Whole genome sequencing)

Candidato: Scienze dell'alimentazione e della nutrizione umana – Analisi del pacco alimentare e abitudini delle famiglie

Tessuto nervoso *vedi sopra* -

Traguardo 2030 per porre fine alla fame nel mondo-(già detto ma ripeto)

L'Agenda 2030 per lo Sviluppo Sostenibile è un programma d'azione per le persone, il pianeta e la prosperità sottoscritto nel settembre 2015 dai governi dei 193 Paesi membri dell'ONU. Essa ingloba 17 Obiettivi per lo Sviluppo Sostenibile in un grande programma d'azione per un totale di 169 'target' o traguardi. L'avvio ufficiale degli Obiettivi per lo Sviluppo Sostenibile ha coinciso con l'inizio del 2016, guidando il mondo sulla strada da percorrere nell'arco dei prossimi 15 anni: i Paesi, infatti, si sono impegnati a raggiungerli entro il 2030.

Gli Obiettivi per lo Sviluppo danno seguito ai risultati degli Obiettivi di Sviluppo del Millennio che li hanno preceduti, e rappresentano obiettivi comuni su un insieme di questioni importanti per lo sviluppo: la lotta alla povertà, l'eliminazione della fame e il contrasto al cambiamento climatico, per citarne solo alcuni. 'Obiettivi comuni' significa che essi riguardano tutti i Paesi e tutti gli individui: nessuno ne è escluso, né deve essere lasciato indietro lungo il cammino necessario per portare il mondo sulla strada della sostenibilità.

Per quanto riguarda la lotta alla fame nel mondo, l'ONU ha posto come riferimento l'anno 2030, garantendo alle persone più vulnerabili (neonati) ed ai poveri, un accesso sicuro a cibo nutriente e sufficiente per tutto l'anno, ponendo inoltre fine al problema della malnutrizione (particolarmente rilevante in bambini sotto i 5 anni, in ragazze adolescenti, donne in gravidanza e allattamento e persone anziane).

Per fare ciò è necessario raddoppiare la produttività agricola e il reddito dei produttori di cibo su piccola scala, in particolare per donne, popoli indigeni, famiglie di agricoltori, pastori e pescatori, anche attraverso un accesso sicuro ed equo a terreni, altre risorse e input produttivi, conoscenze,

servizi finanziari, mercati e opportunità per valore aggiunto e occupazioni non agricole In più, entro il 2030 si vuole garantire un sistema di produzione alimentare sostenibile, implementando pratiche agricole resilienti che aumentino la produttività e la produzione, proteggendo al contempo gli ecosistemi, senza però disperdere la diversità delle sementi.

Importante è anche l'aumento degli investimenti in tale settore, oltre che l'adozione di un corretto funzionamento dei mercati all'accesso alle materie prime. https://unric.org/it/agenda-2030/

-Western Blot

Candidato: Biologia e biologia della salute

-Tessuto muscolare e contrazione

Il tessuto muscolare deriva dal mesoderma ed è responsabile del movimento. Sue importanti caratteristiche sono l'eccitabilità e la contrattilità in risposta all'eccitamento, cioè la capacità che le sue cellule hanno di accorciarsi attivamente e tornare passivamente alla lunghezza originaria. Ciò è reso possibile dalla presenza nel citoplasma di miofilamenti proteici contrattili, formati principalmente da actina e miosina. Allo scopo di sostenere l'elevato consumo di energia metabolica associato con il movimento, le cellule muscolari sono molto ricche di mitocondri.

In tutti i vertebrati è possibile distinguere tra:

- Muscolo scheletrico striato: tessuto tipico della muscolatura scheletrica volontaria sotto il controllo del sistema nervoso che ne controlla la contrazione. Consente il mantenimento della postura e il movimento dell'organismo, spostando le ossa a cui è ancorata mediante i tendini, che sono robuste strisce di tessuto connettivo. Unità morfologica: fibre muscolari, cellule cilindriche allungate e polinucleate con striature trasversali, molto vascolarizzate ed innervate dal SNA. La membrana plasmatica che circonda le fibre si chiama sarcolemma, il quale presenta alle estremità dei tubuli T (canali ristretti con fluido extracellulare) che consentono la coordinazione della contrazione muscolare.

Le fibre possono essere rosse (ricche di mioglobina e mitocondri, resistenti alla fatica), bianche (povere di mioglobina, soggette ad affaticamento, contrazione rapida e breve) ed intermedie (ricche di mioglobina, resistenti alla fatica, contrazione breve ma intensa). All'interno della fibra muscolare, a livello citoplasmatico sono presenti le miofibrille ed, in particolar modo, è possibile avere filamenti spessi (miosina, con coda e testa globulare verso l'esterno, orientate lontano dal centro del sarcomero) e filamenti sottili (actina, con sito attivo per interagire con la miosina ed a riposo questi siti sono coperti da tropomiosina e la posizione viene tenuta grazie al legame troponina-actina).

Le miofibrille sono suddivise in unità contrattili dette sarcomeri, che presenta due linee, una periferica ed una centrale, e tre bande presentanti actina e miosina. Nello specifico, ciascun sarcomero è così compost:

— Linea Z alle estremità, conferisce elasticità e stabilizza i filamenti spessi di miosina;
— Linea M centrale, presenta proteine che connettono le porzioni centrali del filamento spesso di miosina e divide a metà la banda A;
— Banda I, regione più chiara con soli filamenti sottili di actina (divisa a metà dalla linea Z);
— Banda A, regione più scura, ricca di filamenti spessi di miosina, alla cui estremità presenta una zona sovrapposizione tra filamenti spessi e sottili;
— Banda H, zona centrale della banda A, centro del sarcomero, costituita da soli filamenti spessi di miosina.

La contrazione volontaria innescata dall'impulso nervoso avviene come segue:

1. Liberazione neurotrasmettitore Ach nella fessura sinaptica;
2. Interazione Ach – sarcolemma;
3. Potenziale d'azione si propaga nei tubuli T;
4. Apertura dei canali citoplasmatici Ca^{2+} voltaggio-dipendenti;
5. Legame Ca^{2+} – troponina C provoca cambio conformazionale → il legame porta la cambiamento di un altro legame fra troponina T – tropomiosina → siti attivi scoperti
6. Legame miosina – actina con contrazione muscolare data dallo scorrimento dei filamenti sottili di actina verso il centro del sarcomero (utilizzo ATP miosina)
7. Allontanamento impulso nervoso → Ach scisso in colina + acetato;
8. Assenza Ach diminuisce il Ca^{2+} citoplasmatico → distacco legame Ca^{2+} – troponina C → siti attivi di nuovo coperti tropomiosina

- Muscolo liscio: tipico della muscolatura involontaria, sotto il controllo del SNA, è costituito da cellule fusiformi allungate con un solo nucleo, a striature longitudinali, nelle quali i miofilamenti non sono organizzati nè in miofibrille né in sarcomeri (quindi no striature) ma sono ricche di organuli (mitocondri, Golgi, RE). Circonda le pareti degli organi cavi e dei vasi sanguigni: le cellule sono organizzate in guaine che avvolgono l'organo e le singole cellule presenti in una guaina sono unite mediante giunzioni serrate che permettono loro di contrarsi in maniera coordinata (miosina sparsa nel sarcoplasma e actina ancorata a sarcopalsma e sarcolemma).
  La contrazione involontaria avviene come segue:
  1. Depolarizzazione plasmalemma induce aumento di Ca^{2+} intracellulare nel sarcoplasma;
  2. Formazione di complesso Ca^{2+} – calmodulina (proteina modulatoria del calcio)
  3. Complesso attiva enzima chinasi della catena leggera della miosina → fosforilazione miosina → attivazione miosina

4. Aumento attività ATPasica della miosina → aumento tensione generale del muscolo La contrazione delle cellule muscolari lisce è più lenta rispetto a quella scheletrica, come detto è involontaria (la maggior parte di esse non è innervata da motoneuroni; in caso, sono innervate da neuroni che sfuggono al controllo volontario) e, quindi, si contraggono automaticamente o in risposta a stimoli ambientali e ormonali.

La contrazione può essere tonica (cellule mantengono stato di contrazione parziale) o ritmica (è spontanea, caratterizzata da impulsi periodici, come avviene nella peristalsi);

- Muscolo cardiaco: costituisce la sola muscolatura del cuore e presenta caratteristiche intermedie tra il muscolo striato e quello liscio. Striato perché organizzato in sarcomeri e liscio perché presenta cellule miocardiache mononucleate, con regolazione involontaria controllata da fattori intrinseci, SNA e ormoni. Nel muscolo cardiaco le cellule adiacenti sono unite mediante dischi intercalari, giunzioni che consentono la trasmissione degli impulsi elettrici da una cellula miocardiaca all'altra. La sua contrazione, ritmica ed autonoma, avviene in modo del tutto involontario, senza stimoli provenienti dal sistema nervoso.
-

-Qualità del prodotto (ISO 9000)

Le ISO 9000 sono una famiglia di norme che regolano i sistemi di gestione aziendale per la qualità, costituendo uno stimolante modello di riferimento valido a livello internazionale per tutte le tipologie di organizzazioni (siano essere produttrici di beni e/o servizi). Due gruppi di norme comprendono questa famiglia: le norme usate per certificazioni e scopi contrattuali e le norme guida usate per fini interni ad un'organizzazione che vuole dotarsi di un sistema di gestione della qualità. La praticità delle norme ISO come questa è che un ente terzo esterno si occupa di rilasciare eventuali certificazioni che, una volta riconosciute, non necessitano di ulteriori verifiche, perché valide a livello internazionale sul mercato, permettendo uno scambio di beni e servizi più agevole. Le norme usate per certificazioni e scopi contrattuali sono la 9001 (criteri per assicurare qualità in ambito di progettazione, sviluppo, fabbricazione e assistenza), la 9002 (qualità che non comprende la progettazione) e la 9003 (riguarda solo prove e collaudi finali). Per certificazione si intende il rilascio di un attestato, da parte di un ente terzo riconosciuto, che indica la conformità ad una norma tecnica specifica, da non confondere con l'accreditamento il quale indica una conformità ad una specifica prova richiesta (che può essere fatta sui lab o sugli enti preposti alla certificazione). Per cui, la certificazione, obbligatoria o volontaria che sia, è un livello sotto l'accreditamento e si possono avere certificazioni per prodotti/servizi, per il personale e per i sistemi di gestione della qualità.

Le norme guida sono invece la 9000-1 (guida per scelta e utilizzazione di norme in merito alla qualità), 9000-2 (guida per corretta lettura delle norme di certificazione) e la 9000-4 (sistemi di qualità per la conduzione aziendale).

Oggi, tutte queste norme sono state modificate sotto il nome di "Vision 2000", in cui sono presenti la 9000 che parla dei fondamenti e della terminologia per sistemi di gestione della qualità, la 9001 la quale specifica i necessari requisiti per ottenere una certificazione e la 9004 in cui sono presenti linee guida per il miglioramento delle prestazioni, con inserimento dell'autovalutazione.

La ridefinizione delle norme ISO 9000 ha spostato il focus sulla compatibilità ambientale, enfatizzando i processi inerenti il miglioramento delle norme, con struttura orientata ai processi e maggiore attenzione a comunicazione, strutture e ambienti di lavoro, ponendo come base di miglioramento continuativo la soddisfazione del cliente.

-Saggio MTT di biologia cellulare

Candidato: Scienze biologiche e neuroscienze – Modello murino per atassia cerebellare

Nefrone *vedi sopra (pag. 4)* -

Dispositivi sicurezza in lab di biosicurezza 3 -

Un laboratorio di biosicurezza a livello 3 (BSL 3) è un laboratorio progettato per manipolare agenti biologici che possono causare gravi malattie nell'uomo (es. virus Dengue), e prevedono l'uso di DPI ben precisi, come camici monouso di tipo chirurgico (senza apertura frontale), tute da laboratorio e protezioni a livello delle vie respiratorie. Vestizione e svestizione devono essere fatte in appositi ambienti decontaminati prima di poter lasciare il laboratorio. Si necessita inoltre di doppie porte d'ingresso e di uscita interbloccate (a chiusura automatica), con condizionamento separato e sistema di aerazione specifico con filtri HEPA, a pressione interna negativa (l'aria non esce dalla stanza ma c'è ricircolo, così da evitare fuoriuscite di contaminanti. La pressione è minore rispetto all'ambiente, dall'esterno verso l'interno). Sono inoltre presenti autoclavi, docce personali, lavandini e banchi di lavoro.

Generalmente in BSL 3 sono presenti cappe a flusso laminare verticale di classe II, la cui funzione è quella di proteggere sia l'operatore che il campione, senza contaminare l'ambiente esterno. Tale cappa è formata da un piano d'acciaio inox forato, così che l'aria che entra nella cappa segue un flusso verticale senza fuoriuscita dei microrganismi contaminati, aria che poi è filtrata in uscita.

-Allestimento preparato istologico con Nissl

Candidato: Biologia molecolare e cellulare – Sindromi neurodisplastiche (staminali ematopoietiche)

-Materia grigia e materia bianca (+SNC)

Per sostanza o materia grigia s'intende l'insieme dei corpi dei neuroni presenti nel SNC. La definizione di "grigia" deriva in realtà dal voler forzatamente differenziare questa parte del tessuto nervoso dalla controparte bianca. In anatomia la sostanza bianca è data dagli assoni dei neuroni, riuniti in fasci, (sia ascendenti che discendenti) che uniscono l'encefalo e il midollo spinale. I fasci appaiono bianchi a causa del rivestimento dato dalla mielina.

In generale, il sistema nervoso centrale è il luogo in cui le informazioni raccolte dal sistema nervoso periferico vengono rielaborate e da cui partono informazioni da distribuire attraverso lo stesso sistema nervoso periferico.

Il cervello è costituito da sostanza (o materia) grigia, più esterna a formare la "corteccia cerebrale", e sostanza bianca, più interna. Nel midollo spinale, invece, la sostanza grigia è centrale mentre la bianca è periferica. Una differenza che contraddistingue le due sostanze, risiede nella composizione cellulare: la sostanza grigia, a differenza della sostanza bianca, contiene neuroni privi di mielina. → La sostanza bianca dell'encefalo (interna) ha una posizione diversa da quella nel midollo spinale, ma la funzione è simile. Nel cervelletto e nel cervello si trova sotto la corteccia composta da sostanza grigia, anche se più esternamente rispetto ai nuclei (gruppi di neuroni che costituiscono una parte della sostanza grigia dell'encefalo). La sostanza bianca cerebrale è formata da fasci nervosi che partono dalla corteccia cerebrale (motori) e che vi ritornano dalla periferia (sensitivi) che hanno funzione di connettere nei due sensi la sostanza grigia della corteccia cerebrale con il midollo spinale e quindi con la periferia del corpo.

→ La materia grigia che forma la corteccia cerebrale del cervello è in grado di controllare i movimenti volontari. In più, è anche la sede del linguaggio, dei sensi, del pensiero e della memoria. A seconda della funzione svolta diverse aree della corteccia prendono nomi diversi; per questo si distinguono una corteccia motoria, una corteccia somato-sensoriale, una corteccia visiva e una corteccia uditiva. I neuroni che formano la corteccia cerebrale possono avere connessioni corticocorticali con neuroni di altre aree della corteccia stessa, o connessioni cortico-sottocorticali con strutture più interne dell'encefalo, come il talamo, il cervelletto o i nuclei della base. Molte delle stimolazioni sensoriali raggiungono la corteccia cerebrale indirettamente attraverso differenti gruppi del talamo. Questo è il caso del tatto, della vista e dell'udito ma non dell'olfatto, che arriva direttamente alla corteccia olfattiva.

-Controllo di qualità interno (e come viene fatto in un lab di biologi molecolare → ad esempio sulla PCR?) Il controllo di qualità interno (CQI) a titolo noto permette il controllo delle prestazioni analitiche di un metodo/sistema, fornendo allarmi nel caso in cui quest'ultimo non stia più lavorando entro limiti di errore totale predefiniti, in funzione dell'utilizzo medico dei risultati.
Il controllo di qualità è lo studio degli errori, che rientrano nella responsabilità del laboratorio e della procedura usata, per riconoscerli e minimizzarli.

In questa analisi sono inclusi tutti gli errori possibili. Si deve applicare a tutti gli esami che forniscono dati quantitativi; per i risultati qualitativi l'inserimento di un controllo negativo ed uno positivo permette di verificare la corretta esecuzione della procedura analitica ma non consente una valutazione statistica.

Il CQI serve a valutare la precisione dei dati del laboratorio (misura concordanza tra risultati di prova indipendenti – oscillazione dati dalla media) attraverso la ripetibilità dei valori dello stesso controllo sulla stessa apparecchiatura.

Ogni volta che un controllo non rientra nei criteri di accettabilità predefiniti, è necessario attivare azioni correttive secondo i problemi riscontrati (rifiuto della calibrazione, cambio reattivo, nuovo controllo, manutenzione apparecchiatura). È indispensabile registrare una nota di non conformità e fare seguire all'errore un'indagine volta ad identificare le cause ed a rimuoverle.

-Bandeggio G (=cromosomi a digestione con tripsina prima della colorazione con Giemsa)

Candidato: Scienze biologiche e tesi sull'obesità severa

-Cellula staminale e tipologie

La cellula staminale è un tipo di cellula non specializzata (con capacità di divisione per periodi indefiniti in coltura), capace di differenziarsi dando origine a cellule specializzate in diversi distretti del corpo umano. Le cellule staminali (SC) possono essere embrionali (ESC, se derivano dall'embrione) oppure somatiche (in organi e tessuti specifici), a loro volta suddivise in fetali e adulte (mantiene e ripara il tessuto).

Le ESC sono in grado di produrre tutti i derivati cellulari specializzati dei tre foglietti germinativi, e quindi di generare tutte le successive staminali specifiche per i diversi tessuti dell'organismo e tutte le tipologie di cellule funzionalmente mature (circa 220) che da esse derivano e che troviamo nell'organismo: per questa ragione le staminali embrionali sono definite pluripotenti. Esse però non possono generare cellule dei tessuti extraembrionali, quindi non saranno mai in grado di generare un organismo. Per tessuti extraembrionali si parla di quei tessuti che si trovano al di fuor dell'embrione propriamente detto ma che sono molto importanti per la sua sopravvivenza, come l'amnios, il corion, il sacco perivitellino e l'allantoide, ovvero i cosiddetti annessi embrionali. Per cui, le due proprietà che caratterizzano le cellule staminali sono la differenziazione cellulare (pluripotenza) e l'autorinnovamento.

→ Differenziazione cellulare (pluripotenza)

- Totipotenti: cellule che possono differenziasi dando luogo a qualsiasi cellula dell'organismo. Solo le ESC fino allo stadio di embrione a 8 cellule.
- Pluripotenti: cellule con elevato potere differenziativo, in quanto capaci di specilizzarsi in tutti i tipi di cellule derivati da uno dei tre foglietti embrionali (ectoderma, mesoderma, endoderma; da essi si originano tutti i tessuti dell'organismo) e quindi di generare staminali tessuto-specifiche oltre alle tipologie di cellule funzionalmente mature che da esse derivano. Le cellule pluripotenti non possono generare cellule dei tessuti extra-embrionali (trofoectoderma e placenta).
- Multipotenti: cellule staminali che danno origine solo a un numero limitato di tipi di cellule. È il caso delle staminali del sangue, che possono produrre globuli rossi (che trasportano l'ossigeno) o globuli bianchi (che fanno parte del sistema immunitario), ma non altri tipi di cellule.

- Oligopotenti: cellule con limitata capacità di differenziamento (cellule appartenenti allo stesso organo). Esempio sono le cellule della linea linfoide o mieloide.
- Unipotenti: staminali meno versatili in quanto ricreano un solo tipo di cellula. L'esempio classico è quello degli epatociti, le cellule del fegato, in grado di ricostruire parte dell'organo se questa viene asportata e non altro.

Se prelevate nelle fasi precocissime dello sviluppo, le cellule staminali embrionali sono totipotenti, altrimenti sono pluripotenti.

→ Autorinnovamento (o self-renewal)

L'autorinnovamento è la capacità di compiere un numero illimitato di cicli replicativi mantenendo il medesimo stadio differenziativo. Ciò è possibile anche dopo periodi di latenza o di inattività. Questa proprietà è legata alla capacità di effettuare divisioni cellulari simmetriche e asimmetriche. La divisione simmetrica comporta che da una cellula staminale se ne originano due identiche, cosa che avviene durante i momenti iniziali dello sviluppo embrionale.

La divisione asimmetrica comporta che una delle due cellule figlie rimane staminale mentre l'altra inizia un processo di differenziazione e attraverso diversi stadi di maturazione diventa adulta (cellula somatica).

Tra i meccanismi molecolari dell'autorinnovamento e del mantenimento della pluripotenza sembrano svolgere un ruolo chiave le modificazioni alla struttura della cromatina. Le cellule staminali possono ritrovarsi in:

- Feto: staminali multipotenti adulte, ricavate da aborti spontanei.
- Cordone ombelicale: cellule staminali del sangue. Sono in grado di generare tutte le altre cellule e gli alti elementi figurati del sangue quali eritrociti, leucociti e piastrine. Impiegati per trapianti. Contiene una piccolissima parte di cellule mesenchimali.
- Placenta: abbondante recupero di cellule. No problemi etici, in quanto prodotto di scarto. Progenitori di età naturale inferiore rispetto alle adulte o alle mesenchimali del midollo osseo. Caratteristiche immunomodulatorie.
- Midollo osseo: tre popolazioni diverse di staminali: emopoietiche, mesenchimali e progenitori endoteliali.
- Muscolo scheletrico: presenta cellule staminali muscolari.
- Tratto digestivo: base delle cripte intestinali.
- Pelle: nell'epidermide, nicchia sullo strato basale interfollicolare; nel follicolo pilifero, sul rigonfiamento dello stesso.
- Ghiandole mammarie;
- Polmone;
- Pancreas e fegato;
- Rene;
- Sistema nervoso centrale;
- Polpa dentale.

-HACCP *vedi sopra* -CLIA

Candidato: Scienze biologiche e neurobiologia – Farmaco su modello murino per CDKL5

Tessuto connettivo *vedi sopra (pag. 3)* -

Polizza assicurativa post iscrizione all'ordine -(Art. 34 del codice deontologico)

Il codice deontologico del biologo presenta al Titolo 5 l'articolo 34 in merito alla responsabilità patrimoniale e alla polizza assicurativa.

Il biologo deve porsi in condizione di poter risarcire eventuali danni derivanti dall'esercizio della propria attività professionale; a tal fine è tenuto a stipulare idonea polizza assicurativa. Il biologo deve rendere noti al cliente, al momento dell'assunzione dell'incarico, gli estremi della polizza professionale (ente assicuratore, numero di polizza, massimale e scadenza) e ogni variazione successiva. L'inosservanza costituisce illecito disciplinare.

È esonerato da tale obbligo il biologo iscritto all'ONB, ma che non eserciti la professione e sia dunque sprovvisto di partita IVA (e dunque non iscritto all'ENPAB). Esso è comunque tenuto a comunicare tale considerazione all'ONB tramite una autodichiarazione scritta.

-Spettrometria di massa MS (MALDI-TOF)

Candidato: Biologia cellulare e molecolare (lab citogenetica – tesi trisomia 12 su pazienti affetti da leucemia linfatica cronica)

-Mutazioni cromosomiche in generale

Le mutazioni cromosomiche possono riguardare anomalie della struttura del cromosoma stesso, che comporta una variazione di aspetto e funzione, oppure si possono avere delle vere e proprie mutazioni genomiche in cui si hanno anomalie per quanto riguarda il numero totale di cromosomi.

Le mutazioni cromosomiche che interessano la struttura del cromosoma sono:

- Delezione: perdita di parte del segmento cromosomico. Può causare gravi problemi se si perdono regioni con geni essenziali per il normale sviluppo o per il mantenimento cellulare;
- Duplicazione: acquisto di materiale genetico dato da ripetizione/raddoppio di parte del segmento cromosomico. Può insorgere durante la ricombinazione meiotica per crossing over ineguale;
- Inversione: cambio ordine dei geni con rotazione di un segmento del cromosoma. Le inversioni possono essere pericentriche (comprendono il centromero) o paracentriche (inversione su un braccio);
- Traslazione reciproca: scambio reciproco di parti fra cromosomi non omologhi. Cambia la localizzazione.

(Traslazione robertsoniana: fusione di due cromosomi acrocentrici, il cui centromero quindi si trova vicino all'estremità del cromosoma stesso).

Le mutazioni genomiche, che quindi interessano il cromosoma nella sua interezza perché cambia il numero totale, possono essere:

- Aneuploidie: perdita o aggiunta di uno o più cromosomi. Esempio di cromosoma in più è la trisomia 21 mentre esempio di mancanza di cromosoma è la sindrome di Turner.
- Poliploidie: acquisto di interi assetti cromosomici in blocco, come le triploidie (3n = 69 chr) o le tetraploidie (4n = 92 chr).

-Funzione e struttura cloroplasti

I cloroplasti sono degli organuli citoplasmatici, facenti parte del gruppi dei plasmidi, presenti all'interno della cellula vegetale, delimitati da due membrane e presentanti una molecola di DNA circolare e ribosomi per la sintesi proteica. Sono il corrispettivo dei mitocondri nei vegetali. La loro funzione fondamentale è quella di permettere la fotosintesi, poiché sono in grado di trasformare l'energia luminosa in energia chimica del glucosio tramite il processo di fotosintesi clorofilliana ad opera del pigmento verde clorofilla che cattura l'energia solare: a partire da anidride carbonica, acqua ed energia solare si formano una molecola di glucosio e sei d'ossigeno, che poi è liberato in atmosfera.

La membrana interna dei cloroplasti presenta dei compartimenti circolari appiattiti, i cosiddetti tilacoidi. Le membrane dei tilacoidi contengono fosfolipidi e proteine ma soprattutto clorofilla e altri pigmenti in grado di catturare la luce. I tilacoidi sono raggruppati in pile uno sopra l'altro e insieme di una pila di tilacoidi prende il nome di grano. I grani sono immersi in un liquido chiamato stroma, che contiene DNA e ribosomi utilizzati per la sintesi di alcune proteine costituenti il cloroplasto.

Geni, ambiente e linfomi: come l'ambiente può contribuire a tutto ciò? -*(correlato alla tesi)*

FISH

Candidato: Scienze biologhe e biologia e tecnologie cellulari (HIV nelle carceri)

-Differenze tra cellula eucariotica animale e vegetale + com'è fatto il vacuolo

Le differenze tra le cellule vegetali e quelle animali sono date dalla diversa presenza di organuli citoplasmatici, con l'assenza o la sostituzione di particolari strutture:

- nella cellula vegetale è presente la parete cellulare, struttura rigida esterna alla membrana plasmatica che protegge la cellula e ne mantiene la forma. La parete primaria esterna è flessibile e contiene cellulosa, pectine e proteine, mentre la parete secondaria interna è rigida e resistenze, con presenza di cellulosa e lignina.

- nella cellula vegetale sono presenti strutture esclusive quali plastidi e vacuoli.

  I plastidi sono organelli caratteristici della cellula vegetale, dove si svolgono molte delle attività metaboliche, come la fotosintesi, la biosintesi degli acidi grassi, degli amminoacidi e dell'amido. Comprendono cloroplasti (permettono la fotosintesi clorofilliana grazie al pigmento verde clorofilla presente nei grani dei tilacoidi), cromoplasti (consentono l'impollinazione da parte degli insetti, attirandoli) e leucoplasti (utilizzati come depositi per sostanze di riserva, come l'amido nei tuberi).

  I vacuoli sono organuli cellulari pieni di acqua con vari soluti disciolti, delimitati da una membrana (tonoplasto), presente in vegetali e protisti. Nelle cellule giovani ci sono vacuoli più piccoli e numerosi che, con la maturità cellulare, tendono ad unirsi per formare un unico grande vacuolo che fornisce la giusta pressione di turgore necessaria alla sostegno della cellula. In più, i vacuoli possono intervenire nella digestione e nell'accumulo di sostanze nutritive

- le cellule vegetali non presentano centrioli, lisosomi (la cui funzione è svolta dai vacuoli) e flagelli.

  Nelle piante, le giunzioni cellulari sono costituite da canali attraverso la parete cellulare, detti plasmodesmi, che collegano il citoplasma di cellule adiacenti.

Rischio biologico (81/08) + lab biosicurezza 3 *-vedi sopra*

PCR -

Candidato: Polifenoli

-Liposoma

I liposomi sono vescicole di sintesi cave, contenenti un ambiente acquoso centrale (nucleo) delimitato da un singolo o più doppi strati di fosfolipidi. Le dimensioni dei liposomi possono variare dall'ordine dei nanometri ai micrometri di diametro. Essi vengono usati per studiare la permeabilità delle membrane biologiche o per veicolare all'interno delle cellule farmaci di natura diversa (antibiotici, antitumorali, prodotti di terapia genica). Oltre ai fosfolipidi sono presenti molecole di colesterolo che contribuiscono a rendere la membrana dei liposomi perfettamente compatibile con quella delle cellule animali.

-Trasporto proteine agli organelli all'interno di una cellula

La comunicazione cellulare è il meccanismo attraverso cui le cellule comunicano tra loro per ottimizzare il funzionamento dell'intero organismo e prevede diverse fasi:

1) Invio del segnale: sintesi, rilascio e trasporto delle molecole segnale.
   - Comunicazione endocrina (neurormoni): comunicazione a lunga distanza mediante rilascio di ormoni da parte delle ghiandole endocrina. Bersaglio lontano → via ematica.
   - Comunicazione paracrina (mediatori locali): comunicazione locale per brevi distanze. Bersaglio vicino alla cellula che secerne il segnale.
   - Comunicazione autocrina: comunicazione locale in cui una cellula secerne il segnale ed è anche il bersaglio.

2) Ricezione del segnale: la cellula bersaglio riceve l'informazione.
Le cellule rispondono a determinati segnali in funzione dei recettori (affini ad un ligando) che esprimono sulla propria superficie.

I recettori possono essere classificati in 3 grandi categorie (+1), ovvero:

- Recettori accoppiati a canali ionici: convertono i segnali chimici in segnali elettrici e sono presenti principalmente a livello di neuroni e cellule muscolari;
- Recettori accoppiati a proteine G: sono proteine transmembrana costituite da 7 α-eliche connesse tra loro che, attraversando la membrana cellulare, interagiscono con le proteine G;
- Recettori accoppiati ad enzimi: sono proteine transmembrana caratterizzate da un sito di legame esterno per la molecola segnale e un sito di legame interno per l'enzima;
- Recettori intracellulari: fattori di trascrizione in citosol o nucleo che attivano o reprimono l'espressione di specifici geni.

3) Trasduzione del segnale: conversione, da parte di uno specifico recettore, del segnale extracellulare in un segnale intracellulare, che induce un cambiamento nella cellula.
4) Risposta della cellula bersaglio: può essere rapida o lenta in funzione degli eventi che seguono la ricezione del segnale.
Si possono avere situazioni in cui si ha l'amplificazione del segnale ed altre situazioni in cui si ha la terminazione del segnale. L'amplificazione serve per ottenere un effetto anche con basse quantità di molecole segnale mentre la terminazione permette l'inattivazione del recettore e di tutta la cascata di trasduzione una volta ottenuto l'effetto desiderato.

-*Economia circolare: riuso e riciclo*

L'economia circolare fa parte del PNRR sul tema della rivoluzione verde, i cui fondi sono stati stanziati in parte per un'agricoltura sostenibile ed una economia circolare appunto.

Il concetto di economia circolare appare quindi connesso a quello di economia sostenibile e di sostenibilità ambientale e sociale: ambiente ed economia sono strettamente legati. L'unico modo per garantire alle generazioni future le stesse risorse di quelle precedenti e di garantire il rispetto dell'ambiente è attraverso un'economia del riuso e del riutilizzo ("Green deal").

L'economia circolare prevede una catena non lineare, come quella attuale in cui i beni di consumo invece vengono prodotti, utilizzati e dopo un certo tempo gettati via. Brevemente, in un'economia circolare la vita dei beni di consumo è progettata per durare il più possibile. Una volta terminata i suoi componenti vengono riutilizzati. In conclusione, l'industria si sposta quindi dal settore della produzione a quello della manutenzione e del riciclo in cui la raccolta differenziata gioca un ruolo importante. Quando si parla di riciclo si può parlare di reimpiego per un bene che viene riutilizzato tale e quale alla sua funzione precedente (es. bottiglia), di recupero per la produzione di bene diverso dall'originale o di riciclo vero e proprio quando si produce lo stesso tipo di bene originario.

-Metodo del film misto per la sintesi di liposomi

Candidato: Scienze biologiche e biologia sanitaria – tesi su SARS-CoV-2 (alfa e delta a confronto)

-Fotosintesi clorofilliana

La fotosintesi clorofilliana è un processo biochimico, tipico degli organismi autotrofi fotosintetici (quindi in grado di sfruttare la luce solare come fonte energetica per la fissazione del carbonio) che permette la trasformazione dell'energia luminosa in energia chimica ed il suo utilizzo per ridurre CO_2, trasformandola nei carboidrati e nelle altre biomolecole.

Tale processo avviene all'interno dei cloroplasti, organelli facenti parte della famiglia dei plastidi, i quali presentano nelle loro strutture interne (i tilacoidi) dei pigmenti in grado di assorbire luce solare, in particolare la luce blu e rossa ma non la luce verde e gialla (che vengono quindi riflessi):

questi sono le clorofille, che danno il nome alla fotosintesi clorofilliana (in particolar modo le clorofille a e b).

Il processo della fotosintesi è suddiviso in due fasi:

- Fase luminosa: avviene solo in presenza di luce e consiste in una serie di ossido-riduzioni che portano a due eventi (presenta due fotosistemi: fotosistema I e fotosistema II):
  ◦ Ossidazione dell'ossigeno dell'H_2O (viene liberato in forma molecolare O_2) ◦ Accumulo di ATP e NADPH + H^+

- Fase oscura: fase in cui l'ATP e il coenzima ridotto portano alla riduzione della CO_2 e alla sua trasformazione in glucosio.

Non è possibile effettuare una fotosintesi in vitro perché si necessita inderogabilmente della presenza dei cloroplasti (o meglio, dei tilacoidi all'interno).

-HACCP (importanza della temperatura nella crescita batterica che avviene solitamente a 36°C; per fermare la crescita in frigo a 4°C) *vedi sopra*

-PCR

Candidato: Scienze dell'alimentazione – tesi su diabete mellito tipo 1 – Master sui disturbi del comportamento alimentare

-Che effetti esercita il SNA (simpatico-diminuisce insulina e aumenta glucagone e parasimpatico) su insulina e glucagone (collegato alla tesi)

Il pancreas endocrino si identifica nelle isole di Langerhans ed è responsabile della produzione di due ormoni: l'insulina (da cellule β localizzate centralmente) e il glucagone (da cellule α localizzate in periferia). Questi ormoni sono i principali responsabili dell'omeostasi della glicemia (contenuto di glucosio nel sangue).
Gli stimoli che regola la secrezione di insulina e di glucagone sono dati dai livelli ematici di glucosio:

- bassi livelli di glucosio stimolano la secrezione di glucagone, il quale aumenta il contenuto di glucosio nel sangue (ormone iperglicemizzante) agendo sul fegato che demolisce le riserve di glicogeno.
- alti livelli di glucosio stimolano la secrezione di insulina che riporta in omeostasi i livelli di glucosio ematico. Le cellule assorbono più glucosio e il fegato immagazzina il glucosio sotto forma di glicogeno. La liberazione di insulina dipende anche dall'indice glicemico del cibo ingerito. L'ingestione di alimenti a basso indice glicemico permettono alla glicemia di salire gradualmente, voene liberata poca insulina che gradualmente fa poi abbassare la glicemia. Al contrario, l'ingestione di alimenti ad alto indice glicemico fanno sì che la glicemia salga rapidamente, con liberazione di molta insulina che porta ad un abbassamento repentino della glicemia: il cervello ha quindi poco glucosio a disposizione per cui si avverte la sensazione di fame.

In condizioni di sazietà prevale l'insulina col suo effetto anabolico; in condizioni di digiuno prevale il glucagone col suo effetto catabolico. -Potenziale d'azione

Il potenziale d'azione rappresenta una variazione del potenziale di membrana a riposo in seguito all'apertura di canali ionici voltaggio-dipendenti ad opera di un potenziale graduato. La membrana cellulare è carica positivamente all'esterno e carica negativamente all'interno.

Il potenziale a riposo è –70mV, valore dovuto alla differenza di concentrazione di ioni Na^+ e K^+ dentro e fuori la cellula e dalla permeabilità selettiva della membrana a tali ioni.

Al valore di riposo, i canali Na^+ e K^+ voltaggio-dipendenti sono chiusi, ma se un potenziale graduato raggiunge il valore soglia di –55mV, viene innescato un potenziale d'azione: l'apertura dei canali Na^+ voltaggio-dipendenti provoca un aumento della concentrazione di sodio intracellulare, con quella che viene definita depolarizzazione di membrana.

Il sodio continua ad entrare nella cellula fino al picco di +40mV, in cui la carica del liquido intracellulare è maggiore di quella extracellulare. A questo punto si ha un'inversione (o overshoot) che porta alla chiusura del canali Na^+ e all'apertura dei canali K^+ voltaggio-dipendenti, insieme all'aiuto della pompa ATPasi Na^+/K^+, provocando la ripolarizzazione della membrana

Quindi, il ritorno del potenziale al valore di riposo è favorito da proteine che utilizzano energia sotto forma di ATP per pompare all'esterno gli ioni sodio in eccesso.

Infine, si ha un breve periodo di iperpolarizzazione (o undershoot), il quale rende impossibile l'instaurarsi di un nuovo potenziale d'azione e si parla di periodo refrattario, durante il quale il potenziale è più negativo che in condizioni di riposo avvicinandosi al potenziale di equilibrio del potassio (-94 mV).

Durante un potenziale d'azione neuronale l'informazione nervosa viene trasmessa saltando da un nodo di Ranvier all'altro (conduzione saltatoria – ossia negli spazi intermielinici, in cui la guaina mielinica che ricopre i neuroni si interrompe). Se l'assone non è mielinizzato, l'informazione si propagherà punto dopo punto, trasmettendo l'impulso in maniera più lenta.

Classificazione degli agenti biologici *-vedi sopra*

PCR -

Candidato: Biotecnologie mediche e alimentazione e nutrizione umana

-Apoptosi (correlato a ciò che diceva riguardo la tesi) + ADH (vasopressina/ ormone antidiuretico)

→ L'apoptosi è un processo di morte cellulare che avviene per condensazione ed è un evento fisiologico, in quanto la cellula programma la propria morte in caso di danneggiamento o perdita di funzione. In questo caso il danno può riguardare tutti gli scompartimenti cellulari (in particolare il DNA). Vari eventi che si susseguono sono:

- Condensazione della cellula;
- Formazione di protrusioni sulla membrana plasmatica (blebs);
- Frammentazione del DNA in frammenti di 180bp (ad opera di specifiche endonucleasi);- Strozzatura delle protrusioni, che condensano in vescicole (corpi apoptotici); - Liberazione dei corpi apoptotici nell'ambiente extracellulare.

Il materiale intracellulare rimane nei corpi apoptotici fino all'arrivo delle filippasi, enzimi che spostano i fosfolipidi da un lato all'altro della membrana cellulare lasciando però la fosfatidilserina all'interno, necessaria per fungere da segnale di induzione della fagocitosi ad opera dei macrofagi.
Gli enzimi che entrano in gioco nell'apoptosi appartengono alla classe delle caspasi e la loro attivazione è derivante da due possibili meccanismi, uno estrinseco ed uno intrinseco.
La via estrinseca propone un legame ligando–recettore sulla cellula che porta all'attivazione dei recettori di morte, i quali a loro volta reclutano proteine citosoliche adattatrici che portano all'attivazione in serie di caspasi 8 e caspasi 3, quest'ultima effettrice.
La via intrinseca parte da anomalie riscontrabili a livello di mitocondri, con perdita del valore di potenziale, che porta al rilascio del citocromo C (Cyt C). A livello del citosol, si ha la formazione dell'apoptosoma dato da "Cyt C + fattore citosolico APAF1 + pro-caspasi 9", complesso che porta poi all'attivazione di caspasi 3 effettrici. Possibile punto d'incontro tra le due vie avviene quando lo stimolo delle caspasi 8 della via estrinseca è troppo basso: a questo proteine citolosiche Bcl-2 attivano le caspasi che a loro volta un elemento pro-apoptotico quale tBid che induce una depolarizzazione della membrana mitocondriale, con rilascio del citocromo C che permette lo switch alla via intrinseca.
→ L'ADH (ormone antidiuretico), anche conosciuto come vasopressina, contribuisce a regolare l'equilibrio idrico dell'organismo controllando la quantità di acqua riassorbita dai reni. L'ADH è un ormone prodotto dall'ipotalamo (una porzione dell'encefalo) ed immagazzinato nella neuroipofisi (o ghiandola pituitaria posteriore) localizzata alla base del cervello. Il rilascio da parte dell'ipofisi avviene normalmente in risposta a dei sensori che rilevano un aumento dell'osmolalità del sangue (numero di particelle disciolte nel sangue) o una diminuzione del volume del sangue. L'ADH agisce quindi a livello del rene stimolando il riassorbimento dell'acqua, con conseguente produzione di urine più concentrate. L'acqua trattenuta diluisce il sangue, abbassa l'osmolalità e aumenta il volume e la pressione sanguigna. Se l'equilibrio idrico non risulta ancora ripristinato, segue il rilascio di ulteriori ormoni che stimolano la sensazione della sete, inducendo la persona a bere.

-Struttura e funzione centrosoma

In biologia cellulare, si definisce centrosoma una struttura non membranosa posta vicino al nucleo e circondata da una massa amorfa di materiale pericentriolare, preposta alla formazione, alla demolizione e all'organizzazione dei microtubuli della cellula (essenziale per il fuso mitotico). I confini del centrosoma sono sostanzialmente indistinguibili a causa del fatto che esso non è delimitato, appunto, da una membrana. Tuttavia, è possibile individuarne facilmente la posizione grazie alla presenza in esso di una coppia di strutture cilindriche, chiamate centrioli.

Se osservati al microscopio ottico, i centrioli appaiono come punti vicini al nucleo. Al microscopio elettronico, invece, essi appaiono come due piccoli cilindri cavi, composti da nove triplette di microtubuli ciascuno, disposte in cerchio. Quando la cellula effettua la divisione cellulare, si formano due coppie di centrioli che migrano ai lati opposti della cellula. Questo particolare processo permette la formazione di quello che viene comunemente definito come fuso mitotico, elemento fondamentale per la vita stessa della cellula e per la sua riproduzione.

Il centrosoma, accoppiato ai centrioli, ha un ruolo centrale nel processo mitotico. Dopo che i centrioli si sono divisi in due parti ed hanno formato il fuso mitotico, occorre al centrosoma, che a sua volta si è diviso in due parti, assemblare il fuso mitotico. Per cui, il centrosoma predispone un ordine corretto per la creazione del citoscheletro (microtubuli).

Nel dettaglio, nella profase mitotica i due centrosomi, che vengono a crearsi a seguito della duplicazione dei centrioli, si staccano, viaggiano verso i poli opposti della cellula e iniziano ad assemblare il fuso mitotico. Il fuso mitotico è una struttura contenente microtubuli che serve a legare i cromosomi, staccando i cromatidi fratelli e portandoli ai due poli opposti della cellula, permettendo l'equa distribuzione del corredo cromosomico alle due cellule figlie.

Oltre ad essere coinvolti nella costruzione del fuso, i centrioli sono essenziali nella formazione delle estroflessioni cellulari microtubulari, come microvilli, ciglia e flagelli.

ECM - *vedi sopra*

Western Blot -

Candidato: Scienze biologiche e Biologia molecolare-neuroscienze – PhD su modelli murini di SLA

-Guaina mielinica

La guaina mielinica (o semplicemente mielina) è una struttura biancastra multilamellare ed è conosciuta con il termine di "sostanza bianca" del cervello, proprio per la sua colorazione.

Per quanto riguarda la composizione chimica, i lipidi costituiscono il 70% circa della guaina mentre la restante parte è rappresentato principalmente da proteine. Tra i lipidi, il colesterolo è la molecola più rappresentata.

La mielina svolge un ruolo fondamentale nella qualità della conduzione del segnale nervoso ed è composta sostanzialmente dalla membrana plasmatica (o plasmalemma) di particolari cellule che rivestono il neurone: nel SNC le cellule che rivestono l'assone sono gli oligodendrociti, mentre nel SNP sono le cellule di Schwann. Entrambe le cellule si posizionano in prossimità dell'assone della cellula nervosa e iniziano ad emanare delle estensioni del proprio citoplasma che avvolgono l'assone per tutta la sua circonferenza. Inoltre le membrane di tali cellule presentano varie giunzioni: le giunzioni occludenti (tight) rendono la struttura più stabile tra le membrane (nel SNC talvolta non non sono presenti con continuità lungo tutta la struttura lamellare) mentre le giunzioni serrate/comunicanti (gap) consentono il passaggio di nutrimento tra uno strato e l'altro, in modo che questo possa distribuirsi in maniera omogenea in tutto il lume della guaina.

La presenza della guaina mielinica è esclusiva dei vertebrati e conferisce ai neuroni di questo gruppo di animali delle caratteristiche di efficienza della conduzione uniche.

La guaina avvolge gli assoni in modo discontinuo: si interrompe infatti a intervalli regolari nei cosiddetti "nodi di Ranvier", lo spazio fra due cellule consecutive, in corrispondenza dei quali l'assone è quindi parzialmente scoperto. Si permette così, per mezzo di un meccanismo a salti da un nodo di Ranvier a quello successivo (conduzione saltatoria), la propagazione del segnale elettrico molto più rapidamente (fino a 150 m/s) che non negli assoni senza guaina mielinica. Se l'impulso dovesse percorrere l'intero assone, la velocità dell'impulso si ridurrebbe infatti a soli 5 m/s. La sua funzione principale è pertanto quella di assicurare la trasmissione degli impulsi nervosi in tutto il corpo in maniera consistente ed ordinata ed è grazie a questa proprietà che è possibile svolgere tutte le funzioni dal camminare, mangiare, guardare e altre.

Oltre a questa, però, la mielina svolge anche altre funzioni: la sua capacità isolante, ad esempio, consente alle fibre vicine di non eccitarsi a vicenda, evitando così che si formi un corto circuito soprattutto nel SNC, dove le fibre sono impacchettate in maniera molto serrata. In più, come già accennato precedentemente, la mielina consente di regolare gli scambi di nutrienti e gas che avvengono tra l'assone e il sistema circolatorio. Infine, la presenza della guaina fa da guida durante la rigenerazione dell'assone che, seguendo la linea di sviluppo della guaina, riesce a stabilire contatto con le sinapsi corrette.

-Ribosoma (cos'è-ribonucleoproteine, dov'è prodotto-nucleolo e funzione)

-HACCP: qual è uno dei punti critici di controllo nella conservazione? Temperatura. Importanza della temperatura nella catena alimentare (trattamenti termici o crioscopici) *vedi sopra*

-PCR

Candidato: Scienze motorie e scienze della nutrizione umana – Tesi sui probiotici

Ruolo generazione e colonizzazione batterica madre-figlio

Matrice extracellulare + proteoglicani/glicosamminoglicani (es. acido ialuronico) *-vedi sopra*

GMP per arrivare al commercio di farmaci (

-obbligatorio in Italia, tramite AIFA che consta la conformità del processo produttivo)

Nell'ambito dell'attività di produzione dei medicinali un aspetto chiave è costituito dalla verifica del rispetto delle buone pratiche di fabbricazione (Good Manufacturing Practice, GMP). Tale compito è per legge affidato all'Agenzia Italiana del Farmaco (AIFA) che si avvale di esperti dell'Istituto Superiore di Sanità (ISS), in gran parte afferenti al Centro nazionale per il controllo dei farmaci (CNCF) ed al Servizio biologico (BIOL). A seguito di un adeguato processo di formazione tali esperti operano come ispettori e collaborano ormai in team con AIFA per ispezionare le numerose officine farmaceutiche residenti in territorio italiano ma anche all'estero, in un contesto extraeuropeo gestito dall'Agenzia europea per i medicinali (European Medicines Agency, EMA). L'attività è focalizzata sia su officine che producono materie prime farmacologicamente attive, sia su quelle che producono prodotti finiti. Il piano delle attività ispettive per la verifica del rispetto delle norme di GMP presso officine farmaceutiche è oggetto di un accordo con AIFA che gestisce tutte le richieste per le varie attività necessarie.

Le GMP rappresentano un insieme di concetti che individuano aspetti importanti nella produzione di un farmaco. L'applicazione delle Linee Guida GMP non è su base volontaria ma è obbligatoria per legge. Un'officina farmaceutica deve essere conforme alle prescrizioni delle GMP, conformità che deve essere confermata attraverso le visite ispettive dell'AIFA.

Le GMP sono, per i farmaci, disposizioni obbligatorie come definito dal D. Lgs. 219/06 e dalle successive modifiche. Il responsabile della produzione in un sito GMP è la "Persona Qualificata" (Qualified Person – QP), nominata in Italia dall'AIFA. Nell'ambito della EU (e altri paesi con i quali vige un accordo di Mutuo Riconoscimento) le ispezioni effettuate in uno Stato Membro dagli ispettori di quello stato devono essere riconosciute dagli altri Stati Membri.

Quando si parla di commercializzare un farmaco il processo è sempre più o meno lo stesso: si parte per prima cosa dallo screening totale su tutte le molecole candidate per l'applicabilità del meccanismo d'azione alla patologia cui si richiede un farmaco.

Vengono poi fatte tre prove precliniche verificando la tossicità e il meccanismo d'azione su colture cellulari, tessuti e animali da lab. Già in questa fase vengono eliminate gran parte delle molecole iniziali. Si passa poi alla fase clinica, che consta di tre sottofasi: fase 1 per osservare la sicurezza del farmaco, attuata su piccoli soggetti (solitamente volontari sani), fase 2 per testare l'efficacia terapeutica su soggetti malati e la fase 3 in cui si amplia il numero di soggetti testati per osservare il rapporto rischi/benefici tramite comparazione con soggetti trattati con terapia standard e soggetti trattati con farmaco specifico. Solo dopo tale punto si passa alla richiesta di approvazione del farmaco all'ente corrispondente (EMA per gli Stati Membri) a cui segue la commercializzazione e la farmacovigilanza.

- Antibiogramma
- Differenza tra Gram positivi e negativi

Candidato: Tecnologie alimentari e scienze della nutrizione umana – Tesi su sindrome dell'intestino irritabile

-Sali biliari: emulsionano grassi (correlato alla tesi)

-Struttura e funzione dei filamenti intermedi (nel nucleo, nel citoplasma, nella membrana formano desmosomi) *vedi sopra*

-HACCP negli alimenti: requisiti contenitori a contatto con gli alimenti e quale certificazione serve (MOCA 1935/04 e per quanto riguarda le buone pratiche 2073/05)

Nell'ambito della sicurezza alimentare bisogna ricordare i materiali ed oggetti a contatto con gli alimenti (MOCA), regolamentati dal Reg. CE 1935/04. Rientrano fra i MOCA le pellicole con cui si avvolgono gli alimenti o la carta con cui vengono avvolti affettati o formaggi, diversi materiali e attrezzature utilizzati dall'industria alimentare come confezioni e imballaggi in vari formati (bustine, cisterne, pirottini per pasticceria e macchinari per la lavorazione degli alimenti). Sono invece esclusi dai MOCA, ad esempio, quei materiali di rivestimento che rivestono le croste dei formaggi o le cere usate per proteggere la frutta. Ultimamente vengono impiegati dei "MOCA intelligenti", ossia che permettono di rilevare l'alterazione degli alimenti, ad esempio, cambiando colore, cambiando forma o rilasciando delle sostanze.

I MOCA devono garantire la mancata cessione di componenti chimici, la resistenza alle trasformazioni e la capacità di non modificare le caratteristiche organolettiche e nutrizionali degli alimenti. Inoltre, devono avere caratteristiche diverse a seconda dell'alimento con cui andranno in contatto e delle diverse tecniche di conservazione previste. Ad esempio, alcuni devono essere in grado di lasciar traspirare il vapore acqueo verso l'esterno, altri essere resistenti all'umidità o sopportare shock termici.

Il Reg. CE 2073/05 stabilisce i criteri microbiologici applicabili ai prodotti alimentari. Per la prima volta tali criteri sono formulati anche riguardo ai prodotti vegetali.

Il regolamento stabilisce quanto segue:

- limiti di concentrazione di microrganismi nei prodotti alimentari;
- limiti di concentrazione di microrganismi nelle varie fasi del processo di lavorazione dei seguenti alimenti: carni e prodotti derivati, latte e prodotti derivati, prodotti a base di uova, prodotti della pesca (prodotti sgusciati di crostacei e molluschi), ortaggi e frutta e prodotti derivati;
- modalità di esecuzione del campionamento, metodi di analisi e criteri di interpretazione dei risultati delle prove;
- azioni correttive in caso di risultati non soddisfacenti i criteri stabiliti;
- informazioni da presentare in etichetta;
- deroghe ai limiti di concentrazione di microrganismi;
- analisi da parte degli operatori dell'andamento dei risultati delle prove;
- il regolamento può essere rivisto ed aggiornato alla luce dei progressi tecnico-scientifici e dell'emergere di nuovi microrganismi patogeni.

-Elettroforesi (proteica)

Candidato: Biotecnologie industriali e occupazione su terapia genica su cellule ematopoietiche - Modificazioni epigenetiche del DNA

Il termine "epigenetica" è stato coniato nei primi anni '40 e rappresenta quella branca della genetica che studia i meccanismi che portano all'instaurarsi di un fenotipo senza che ci siano variazioni a livello di genotipo. Per cui le modificazione epigenetiche del DNA sono modificazioni ereditabili che non alterano la sequenza del DNA ma l'espressione dei geni (= epigenoma). Nelle cellule di mammifero le modificazioni epigenetiche di maggior frequenza sono, a livello della cromatina, l'acetilazione e la deacetilazione degli istoni e, a livello del DNA, la metilazione della citosina. Le modificazioni epigenetiche sono influenzate anche da fattori esterni come l'ambiente, dove per ambiente si intende quello fisico ma anche la dieta, le sostanze chimiche a cui si viene esposti, fumo, stato psico-fisico, altro.

A livello di modificazioni epigenetiche si possono avere:

- Metilazione del DNA: l'enzima DNA metiltransferasi aggiunge un gruppo metile–CH a $_3$ citosine che sono seguite da guanina (siti CpG, dove "p" indica il fosfato che lega un nucleotide all'altro). A seconda di quanto sono metilati i siti CpG presenti nei promotori, i geni vengono trascritti attivamente oppure no.

- Modificazioni istoniche (acetilazione e deacetilazione): interessano gli istoni, le proteine che si associano al DNA e ne permettono il compattamento in cromatina. Nelle cellule eucariote esistono cinque tipi di istoni, di cui quattro formano l'ottamero istonico attorno a cui si avvolge il doppio filamento di DNA. Il quinti tipo rimanente stabilizza il legame tra DNA e istoni nella cromatina. L'acetilazione comporta l'aggiunta di un gruppo acetile–COCH , $_3$ rendendo rende più efficiente il legame con i fattori di trascrizione.

- RNA non codificanti (ncRNA), in grado di silenziare l'espressione di alcuni geni. Gli ncRNA sono una classe di RNA che non codifica nessun prodotto proteico ma che svolge una fondamentale azione di regolazione dell'espressione genica a livello epigenetico, trascrizionale e post-trascrizionale, ed è coinvolta in processi biologici essenziali, come lo sviluppo e il differenziamento. Tuttavia, la loro deregolazione è stata anche legata a diverse patologie, inclusi i tumori e le malattie neurodegenerative. Gli ncRNA si suddividono in "piccoli" (small non-coding RNAs), a cui appartengono ad esempio i microRNA (miRNA) e "lunghi" (long non-coding RNAs, lncRNA), a seconda che abbiano dimensioni inferiori o superiori ai 200 nucleotidi.

Tessuto nervoso *vedi sopra* -

Codice deontologico dei biologi: rapporto con i colleghi (anche economico)-

Il rapporto con i colleghi è regolamentato a livello del Titolo 4 del codice deontologico, all'articolo 19 (rapporto con i colleghi appunto). Tale articolo afferma che il rapporto tra colleghi deve essere sempre improntato ai principi di lealtà, correttezza e diligenza, astenendosi anche da apprezzamenti denigratori nei confronti degli stessi. Il biologo chiamato ad assumere un incarico già affidato ad un altro collega deve accertarsi con il cliente che la sostituzione sia stata tempestivamente comunicata per iscritto al collega, informare per iscritto il collega stesso e accertarsi del contenuto del precedente incarico. Se sono presenti estremi per denunciare una causa nei confronti dei colleghi, il biologo deve informare l'ONB.

Il biologo non può accettare infine alcun compenso o utilità da colleghi o da altri biologi ai quali, sussistendone la necessità, abbia indirizzato i propri clienti.

Un volta stipulato un contratto non è possibile interromperlo, a tutela del cliente.

-PCR

Candidato: Scienze biologiche e scienza dell'alimentazione e nutrizione umana – Tesi sul contenuto proteico e coinvolgimento nell'infertilità sia maschile che femminile -Androgeni e testosterone (correlato alla tesi)

Il l testosterone è un ormone steroideo che fa parte del gruppo degli androgeni, ovvero le sostanze responsabili dei caratteri secondari negli uomini, quali ad esempio la barba o la voce profonda.
Questo ormone è presente pure nelle donne, anche se in concentrazioni minori rispetto all'uomo.
La produzione di testosterone nell'organismo avviene attraverso un processo a feedback negativo:

- Bassi livelli di testosterone nel sangue aumentano la secrezione ipofisaria di LH, che stimola a sua volta la produzione di testosterone;
- Alti livelli di testosterone nel sangue riducono la secrezione ipofisaria di LH, con conseguente inibizione della produzione di testosterone.

Sia nei maschi sia nelle femmine, le ghiandole surrenali secernono testosterone. Solo negli uomini questo compito è svolto anche dalle cellule di Leydig, situate nei testicoli, mentre nelle donne, dalle ovaie, anche se in quantità piccole.
Il meccanismo di rilascio di questo ormone steroideo parte dal rilascio del CRH a livello ipotalamico, il quale va a prendere contatto con l'adenoipofisi rilasciando l'ormone ACTH.
A livello della corticale delle surrenali si ha la produzione di ormoni steroidei derivanti dal colesterolo (es. testosterone).
La concentrazione ematica di testosterone cambia in base al ritmo circadiano: al mattino è molto alta, si riduce durante il giorno e tocca livelli minimi in serata. Anche l'esercizio fisico ha un impatto su questo ormone in quanto può aumentarne i livelli nel sangue. L'avanzare dell'età, al contrario, li riduce.
Nei maschi il testosterone è l'ormone coinvolto nello sviluppo dei caratteri secondari, tra cui la crescita dei peli, lo sviluppo della massa muscolare e degli organi genitali nonché l'abbassamento del timbro della voce. La produzione di testosterone raggiunge il suo picco durante la pubertà e nel corso dell'età adulta, ed è finalizzata alla regolazione del desiderio sessuale e al mantenimento della massa muscolare. Il testosterone, in età adulta, funge anche da stimolo alla produzione di spermatozoi (spermatogenesi).
Sebbene sia presenta in misura minore, il testosterone si trova anche nell'organismo femminile dove viene convertito in estrogeni, ovvero i principali ormoni sessuali femminili.
Colesterolo → Pregnenolone → Progesterone → Testosterone (androgeno) → Estradiolo (estrogeno)

-Involucro nucleare

L'involucro nucleare è costituito da un sistema di due membrane concentriche, le quali si fondono a livello dei pori nucleari, che dividono il nucleo stesso dal citoplasma, con cui è in comunicazione grazie al reticolo endoplasmatico (prolungamento del RER che porta alla formazione e alla comunicazione con la membrana nucleare esterna).

All'interno del nucleo si possono riscontrare la cromatina (DNA associato a proteine istoniche) e il nucleolo, una regione in cui avviene la sintesi di rRNA e l'assemblaggio dei ribosomi.

L'involucro nucleare è formato da due membrane a doppio strato fosfolipidico che presentano delle interruzioni, i pori nucleari (formati da proteine dette nucleoporine), che consentono lo scambio ed il passaggio selettivo di sostanze tra nucleo e citoplasma, in particolar modo RNA e proteine. Il complesso del poro nucleare sembra essere organizzato e mantenuto in sito da un'altra struttura, la lamina basale. Questa è una rete di proteine fibrose che tappezza la superficie interna della membrana nucleare interna collaborando a dare forma al nucleo e a organizzare i cromosomi con i quali è a contatto.

-Controllo interno (fornito dall'azienda a produttrice a titolo noto, su cui avviene la calibrazione, giornaliera, dello strumento) ed esterno (ad un lab di riferimento) di un kit di laboratorio
Nei moderni laboratori di analisi sono due gli strumenti indispensabili che permettono di valutare e mantenere nel tempo la qualità delle prestazioni: il Controllo Interno di Qualità (CQI) e il Controllo/Valutazione Esterno/a di Qualità (VEQ).

L'esecuzione di programmi di CQI e la partecipazione a programmi di VEQ è obbligatoria e rappresenta anche un requisito per i procedimenti di accreditamento e di certificazione. Il controllo interno, fornito dall'azienda produttrice a titolo noto, prevede l'uso di materiali di controllo (di solito sieri liofili) che vengono inseriti all'interno delle sedute analitiche come fossero campioni. I risultati dei vari dosaggi vengono poi elaborati con opportuni mezzi statistici; il fine ultimo è tenere sotto controllo la seduta analitica, rigettandola nel caso in cui i controlli siano al di fuori degli intervalli di accettabilità.

I controlli di qualità interlaboratorio, come i controlli esterni, contribuiscono a produrre dati che principalmente consentono a ciascun laboratorio di confrontarsi con gli altri. Il paziente può rivolgersi in tempi e situazioni diverse a strutture differenti, ed ha il diritto di ottenere risultati e conclusioni che siano confrontabili tra una struttura e l'altra, indipendentemente dal metodo adottato per produrre il dato analitico. Ciò significa che, per quanto possibile, i referti prodotti da diverse strutture relativamente alla stessa determinazione, devono essere confrontabili e chiaramente comprensibili. I programmi di VEQ sono basati sulla medesima filosofia dei CQI, ma sono organizzati da un'agenzia esterna (regione, organizzazione professionale, o quant'altro). Scopi fondamentali dei programmi di VEQ sono la valutazione della uniformità dei risultati ottenuti in laboratori differenti e la valutazione comparativa di metodi differenti. Lo schema operativo generale di un programma di VEQ è il seguente: l'agenzia fornisce a tutti i laboratori partecipanti, a scadenze prefissate, i campioni di controllo; tutti i laboratori partecipanti analizzano i materiali nel medesimo giorno, secondo un calendario prefissato, utilizzando ciascuno il proprio metodo, inviando quindi i risultati all'agenzia; l'agenzia provvede alla elaborazione statistica dei risultati, in forma grafica e numerica, in maniera tale che ciascun laboratorio partecipante possa valutare la posizione dei propri risultati in relazione a quelli ottenuti dall'intero gruppo ed in relazione a limiti di accettabilità preventivamente fissati. Tali elaborazioni sono restituite ai partecipanti di solito entro 10-15 giorni.

-Elettroforesi clinica su analisi del sangue

Candidato: Scienze biologiche e biologia marina – Tesi microplastiche su specie marine

Differenze genomiche tra procarioti ed eucarioti *vedi sopra*

Che cos'è una microplastica e quali accorgimenti devono essere messi in atto per ridurla/diminuirla

Le microplastiche sono dei minuscoli pezzi di materiale plastico, solitamente inferiori ai 5 millimetri ed, in base alla loro origine, possono essere suddivise in due categorie principali quali microplastiche primarie e secondarie.

Le microplastiche primarie sono rilasciate direttamente nell'ambiente sottoforma di piccole particelle, le quali rappresentano il 15-31% delle microplastiche presenti nell'oceano. Fanno parte di questo tipo le plastiche derivate dal lavaggio di capi sintetici (35% delle microplastiche primarie) e dall'abrasione degli pneumatici durante la guida (28%).

Le microplastiche secondarie sono invece prodotte dalla degradazione degli oggetti di plastica più grandi, come buste di plastica, bottiglie o reti da pesca, rappresentanti circa il 68-81% delle microplastiche presenti nell'oceano.

Purtroppo, le quantità di microplastiche presenti negli oceani sono in aumento: nel 2017 l'ONU ha dichiarato che ci sono 51mila miliardi di particelle di microplastica nei mari, 500 volte più numerose di tutte le stelle della nostra galassia.

Le microplastiche presenti in mare possono essere inghiottite dagli animali marini e, attraverso la catena alimentare, la plastica ingerita dai pesci può così arrivare direttamente nel nostro cibo. Le microplastiche sono state trovate negli alimenti e nelle bevande, compresi birra, miele e acqua del rubinetto; per cui, non c'è nulla di cui stupirsi se di recente sono state trovate particelle di plastica anche nelle feci umane.

Gli effetti sulla salute sono ancora ignoti, ma spesso la plastica contiene degli additivi, come agenti stabilizzatori o ignifughi, e altre possibili sostanze chimiche tossiche che possono essere dannosi per gli animali o gli umani che li ingeriscono.

A settembre 2018 gli eurodeputati hanno approvato una strategia contro le plastiche che mira ad aumentare i tassi di riciclaggio dei rifiuti di plastica nell'UE.

Inoltre, è stato richiesto alla Commissione di introdurre in tutta Europa il divieto di aggiungere intenzionalmente microplastiche nei prodotti cosmetici e nei detergenti entro il 2020 e di muoversi a favore di misure che minimizzino il rilascio delle microplastiche dai tessuti, dagli pneumatici, dalle pitture e dai mozziconi di sigaretta.

A ottobre 2018, il Parlamento ha approvato il divieto in tutta l'Europa per certi prodotti di plastica usa-e-getta trovati in abbondanza nei mari e per cui sono già disponibili delle alternative non di plastica. Gli eurodeputati hanno aggiunto anche le plastiche ossi-degradabili alla lista dei materiali da proibire. Le plastiche ossi-degradabili sono plastiche comuni che si rompono facilmente in piccolissimi pezzi a causa degli additivi contenuti e contribuiscono così all'inquinamento delle microplastiche negli oceani.

Nel 2015, il Parlamento ha votato a favore di una restrizione dei sacchetti di plastica in Europa.

-PCR

Candidato: Scienze biologiche e scienze dell'alimentazione
-Strato neuroendocrino della lattazione (correlato alla tesi: prolattina e ossitocina e a livello di substrato neurale si parte dall'ipotalamo)

-Differenza tra batteri Gram + e Gram –

La colorazione di Gram è una colorazione differenziale o di contrasto che dipende dalla permeabilità della membrana al colorante principale ed è utilizzata per distinguere la categoria di appartenenza di un batterio, la sua forma e la disposizione cellulare. In base alla visualizzazione del primo colorante o meno si distinguono batteri Gram + e batteri Gram –, i quali ci danno informazioni circa la membrana stessa e la sua penetrabilità in base alla sua struttura.

Il procedimento è il seguente:

1) Campione sul vetrino e fissazione al calore;
2) Deposito colorante primario cristalvioletto, colorante basico viola che va a colorare molecole negative come il DNA. Altri esempi di coloranti basici sono l'ematossilina e il blu di metilene;
3) Lavaggio con acqua;
4) Aggiunta del mordenzante, sostanza che aumenta il fissaggio del colore, rappresentato in questo caso dal reattivo di Lugol, soluzione acquosa iodio-iodurata. Il reattivo di Lugol serve per poter distinguere i Gram positivi dai negativi: il cristalvioletto infatti reagisce con lo iodio del mordenzante, formando un grosso complesso che precipita all'interno delle trabecolature della parete cellulare. Più la parete è spessa e rigida (e quindi più ricca di peptidoglicani) più essa tratterrà il colorante;
5) Lavaggio con acqua;
6) Lavaggio con etanolo per allontanare il colorante primario in eccesso. Il lavaggio con etanolo è molto importante perché in questo modo la parete contenente i peptidoglicani si disidrata e condensa, trattenendo in modo definitivo la colorazione viola del colorante primario. Meno peptidoglicani sono presenti nella parete meno capacità di trattenere il colorante ci sarà perché contemporaneamente, in batteri Gram – l'assenza dei peptidoglicani è controbilanciata dalla presenza di maggiori composti lipidici che non riescono a trattenere il colorante primario e, trattando il tutto con etanolo, alla fine risultano incolori;

7) Posa colorante di contrasto secondario, quale la safranina, un colorante acido rosso che tinge molecole positive come i mitocondri. Viene utilizzato per colorare quelle strutture povere di peptidoglicani che con il trattamento dell'etanolo non presentano più alcuna colorazione. Altri esempi di coloranti acidi sono l'eosina, la fucsina acida e il trypan blu.
8) Lavaggio con acqua;
9) Osservazione al microscopio ottico:
    - Cellule "Gram +": colorazione viola data dal primo colorante, in quanto l'etanolo non ha danneggiato la parete ricca di peptidoglicani. Il cristalvioletto permane tra la parete e la membrana cellulare grazie all'aggiunta del mordenzante che fissa il colore;
    - Cellule "Gram –": colorazione rossa data dal secondo colorante, in quanto l'etanolo ha danneggiato la parete povera di peptidoglicani ma ricca di lipidi, che si sciolgono. La safranina di contrasto, aggiunta successivamente al lavaggio con etanolo, è poi visibile. -Legge 81/08 sui luoghi di lavoro

Il decreto 81/08 è il testo unico in materia di tutela della salute e della sicurezza nei luoghi di lavoro, derivante dall'originaria direttiva europea 89/391, recepita a livello nazionale con il D. Lgs. 626/94, ora tramutato appunto nella legge 81/08 (aggiornamento che riguarda tanto la sfera pubblica quanto quella privata).

La legge ha avuto come proposito quello di stabilire regole, procedure e misure preventive da adottare per rendere più sicuri i luoghi di lavoro, qualunque essi siano. L'obiettivo è quello di evitare o comunque ridurre al minimo l'esposizione dei lavoratori a rischi legati all'attività lavorativa per evitare infortuni o incidenti o, peggio, contrarre una malattia professionale. Per cui, la prevenzione e la protezione dei lavoratori è un punto cardine (difendersi da ciò che può causare danno).

Per riassumere le parole presenti nella legge, la sicurezza sul lavoro è la condizione di far svolgere, a tutti coloro che lavorano, la propria attività lavorativa in sicurezza, senza esporli a rischio di incidenti o malattie professionali. I rischi per la salute non dipendono dal lavoratore.

Per lavoratore si intende una persona che, indipendentemente dalla tipologia di contratto, svolge un'attività lavorativa nell'ambito dell'organizzazione del datore di lavoro pubblico o privato, anche senza retribuzione, e anche al solo scopo di apprendere un mestiere, un'arte o una professione, ma fatta eccezione per gli addetti ai servizi domestici e familiari. La formazione dei lavoratori viene suddivisa in due moduli: formazione generale e formazione specifica.

Tale legge inoltre specifica come tanto i datori di lavori quanto i lavoratori abbiano degli obblighi specifici quando si parla di DPI, dove per DPI si intendono attrezzature e strumentazioni che hanno l'obiettivo di ridurre al minimo i danni derivanti dai rischi per la salute e sicurezza sul lavoro (possono essere anche obbligatori per legge). L'obbligo di uso dei DPI riguarda tutti i casi in cui determinati fattori di rischio non possano essere evitati o ridotti da misure di prevenzione o mezzi di protezione collettiva. I datori di lavoro devono occuparsi essi stessi della scelta dei dispositivi da utilizzare, per poi fornirli singolarmente ai lavoratori, informandoli anche dei rischi che vengono prevenuti usando tali DPI, formandoli inoltre circa il corretto utilizzo. Il lavoratore deve invece avere cura di tali dispositivi, segnalando eventuali problemi o irregolarità e sottoponendosi, se necessario, ad un programma di addestramento. Al termine dell'utilizzo deve poi seguire le procedure aziendali per la corretta riconsegna.

I DPI possono essere di tre tipi: di prima categoria (per rischio minimo, autocertificati dal produttore), di seconda categoria (rischio significativo, necessario attestato di certificazione) e di terza categoria (danni gravi o permanenti/morte, con richiesta supplementare di addestramento specifico).

-Elettroforesi su gel

Candidato: Scienze biologiche e biodiversità ed evoluzione – Tesi sul lupo appenninico -Com'è fatta una proteina

Le proteine sono polimeri formati da (L)α-amminoacidi, composti da un atomo di carbonio centrale legato ad un gruppo amminico basico ($-NH_2$), un gruppo carbossilico acido ($-COOH$), un atomo di idrogeno e una catena laterale (–R).

Le proteine sono il risultato della reazione di condensazione tra il gruppo amminico di un amminoacido e il gruppo carbossilico dell'amminoacido successivo. Tale reazione è un legame covalente che prende il nome di legame peptidico.

Le proteine si dividono in oligopeptidi (da 2 a 20 amminoacidi), peptidi (da 20 a 100 amminoacidi), polipeptidi o proteine (da 100 amminoacidi in su).

Sono presenti quattro livelli di organizzazione delle proteine:

- Struttura primaria: costituita dalla sequenza degli amminoacidi della catena polipeptidica, legati da legami covalenti. Viene definito N-terminale l'amminoacido all'estremità^{sx} della catena che possiede il gruppo amminico libero e C-terminale^{dx} quello con il gruppo carbossilico libero.
- Struttura secondaria: costituita dal regolare ripiegamento di filamenti della catena polipeptidica (conformazione spaziale regolare e ripetitiva della catena), con formazione di legami a idrogeno (deboli).
  Due tipi principali di strutture secondarie: α-elica (struttura a bastoncino con avvolgimento destrorso, danno elasticità) e foglietto β-pieghettato (filamenti paralleli o antiparalleli). Le tipologie di strutture secondarie sono circoscritte a piccole parti all'interno della proteina.

- Struttura terziaria: costituita dalla disposizione tridimensionale amminoacidica dovuta alla formazione di legami fra i residui R degli amminoacidi che compongono il filamento (si hanno quindi relazioni a lungo raggio). A seconda dell'avvolgimento nello spazio, le proteine sono classificate in globulari (forma di gomitolo) e fibrose (struttura maggiormente elicoidale).
- Struttura quaternaria: presente solo nelle proteine formate da più catene polipeptidiche
  (chiamate singolarmente subunità) e rappresenta la disposizione tridimensionale di una subunità rispetto all'altra. Un esempio è l'emoglobina, responsabile del trasprto dell'O_2 nel sangue, formata da 4 catene polipetidiche uguali a due a due, ognuna legata ad un gruppo eme prostetico (=gruppo non proteico).
  I legami deboli stabilizzano la struttura, ma possono essere facilmente spezzati mediante il surriscaldamento: per questo si parla di denaturazione delle proteine, in cui si ha la perdita della conformazione nativa e quindi anche della funzionalità biologica.

Nelle proteine la struttura è strettamente correlata alla funzione, infatti se non hanno un folding corretto (e non subiscono le corrette modificazioni post-traduzionali) possono non funzionare. Principali funzioni delle proteine:

- Enzimatica (DNA polimerasi);
- Strutturale (collagene, elastina, tubulina, cheratina → supporto meccanico);
- Contrattile (actina e miosina);
- Deposito (riserva di nutrienti come ovoalbumina);
- Trasporto (emoglobina, Hb);
- Segnale (ormoni come insulina e fattori di crescita);
- Regolazione (implicate nel controllo dell'espressione genica);
- Recettore (recettore acetilcolinico o rodopsina per vista);– Difesa (anticorpi, Ab).

-Qualità ambientale (ISO 14000) ed EMAS (sistema comunitario di ecogestione e audit: valutano e migliorano l'efficienza ambientale. Le società che hanno tale certificazione assicurano una corretta gestione ambientale)

La sigla ISO 14000 identifica una serie di standard internazionali in merito alla gestione ambientale di organizzazioni, la cui sfida è quella di creare una consapevolezza in merito all'importanza che una corretta gestione ambientale delle aziende può portare alla collettività.

Le linee guida della ISO 14000 forniscono una guida pratica per attuare e migliorare un sistema di gestione ambientale, fornendo gli strumenti necessari di valutazione oltre che principi ed indicazioni sugli aspetti ambientali di prodotti e servizi.

La serie ISO 14000 presenta norme riguardanti i sistemi di gestione ambientale e la principale è la ISO 140001, la quale fornisce i requisiti per una corretta attuazione di un sistema di gestione ambientale adeguato, la cui "costruzione" deve essere compatibile alle dimensioni dell'organizzazione. La 14001 è una certificazione che è possibile ottenere da un organismo terzo accreditato ma, essendo su base volontaria, attesta solo un sistema di gestione adeguato ma nulla che provi una particolare prestazione ambientale.

Altra norma riguardante i sistemi di gestione ambientale è la ISO 14004, in cui sono esplicitate le linee guida generali e i principi per applicare un corretto sistema di gestione ambientale e il loro coordinamento con altri sistemi di gestione (migliorare immagine, quota di mercato e controllo dei costi, risparmiare materie prime ed energia, facilitare l'ottenimento di permessi e autorizzazioni e altro).

Altre norme appartenenti all'ambiente sono la ISO 14031 (linee guida per la valutazione delle prestazioni ambientali) e la ISO 14050 (definizioni dei concetti fondamentali relativi alla gestione ambientale il cui scopo è definire il significato dei termini utilizzati nelle norme della serie ISO 14000).

La serie ISO 14040 si occupa di valutare il ciclo di vita di un qualsiasi prodotto, quindi attua uno studio completo sugli impatti ambientali del bene stesso lungo tutto il proprio arco di vita (identificare opportunità di miglioramento, scegliere particolari indicatori ambientali o commercializzare un prodotto con dichiarazione ambientale). Questa serie presenta norme di carattere generale applicabili a tutti i prodotti, indipendentemente dalla loro natura.

La serie ISO 14020 si occupa proprio tracciare linee guida generali di etichettatura ambientale: la 14024 specifica asserzioni ambientali con conformità rilevata da ente terzo, la 14021 parla di asserzioni ambientali autodichiarate e ISO 14025 verte di dichiarazioni ambientali ancora sul punto di discussione.

Infine tra le norme relative ai sistemi di gestione ambientale si deve ricordare la norma ISO 19011, che fornisce linee guida sui principi dell'attività di audit, sulla gestione dei programmi di audit, sulla conduzione dell'audit del sistema di gestione per la qualità e del sistema di gestione ambientale come pure sulla competenza degli auditor di tali sistemi di gestione.

Per audit si intende una valutazione indipendente volta a ottenere evidenze relativamente ad un determinato oggetto, e valutarle con obiettività, al fine di stabilire in quale misura i criteri prefissati siano stati soddisfatti o meno.

L'auditor è invece il revisore, esperto nelle attività di verifica e controllo amministrativo, normativo o contabile. Può lavorare per conto di una o più società come consulente esterno oppure può svolgere le attività di verifica per l'impresa presso la quale è assunto.

È bene ricordare anche il Reg. CE 761/01, chiamato "EMAS" (Eco-Management and Audit Scheme): esso è un regolamento comunitario di applicazione volontaria che, nella sua seconda edizione, recepisce la ISO 14001 come struttura del sistema di gestione ambientale.

L'EMAS è inteso a promuovere il miglioramento continuo delle prestazioni ambientali delle organizzazioni mediante l'istituzione e l'applicazione di sistemi di gestione ambientale, la valutazione sistematica, obiettiva e periodica delle prestazioni di tali sistemi, l'offerta di informazioni sulle prestazioni ambientali ed il coinvolgimento attivo e un'adeguata formazione del personale da parte delle organizzazioni interessate.

EMAS presenta però alcuni requisiti aggiuntivi successivi all'attuazione del sistema, in particolare l'obbligo per l'organizzazione di integrare il sistema con una Dichiarazione Ambientale che esplicita l'impegno pubblico nei confronti dei miglioramenti ambientali assunti dall'organizzazione stessa e il suo rapporto diretto con i cittadini, le istituzioni e in generale con tutti i soggetti interessati. La verifica ed il controllo della veridicità di quanto contenuto nella Dichiarazione Ambientale, sono condotti da verificatori accreditati da un sistema pubblico a livello europeo (come visto sopra).

-Sequenziamento Sanger

Candidato: Tecnologie alimentari e scienze della nutrizione umana

-Trascrizione e Fattori di trascrizione

La trascrizione si inserisce nel processo di sintesi di nuove proteine, che parte dalla duplicazione del DNA, prosegue appunto con la trascrizione da DNA a mRNA per poi finire nella traduzione, in cui il messaggio dell'mRNA viene codificato in amminoacidi e proteine.

La trascrizione è quel processo che avviene nel nucleo che comporta il passaggio da DNA a mRNA mediante l'utilizzo di RNA polimerasi che sintetizzano mRNA a partire dal DNA neosintetizzato, tramite riconoscimento di specifici siti promotori (TATA box, sequenza di consenso nucleotidica) e siti di terminazione.

In dettaglio, nel processo di trascrizione, l'RNA polimerasi apre i due filamenti di DNA e solo uno di essi funziona da stampo per la sintesi di una molecola di mRNA complementare. L'inizio della trascrizione richiede un primer (o promotore), sequenza specifica di DNA alla quale si lega saldamente la polimerasi; un esempio è TATA box, sequenza ricca di coppie AT che si trova vicino al sito d'inizio e dove il DNA comincia a denaturarsi.

Tuttavia l'RNA polimerasi degli eucarioti non è in grado di legarsi semplicemente al promotore ed iniziare a trascrivere. Essa infatti si lega al DNA soltanto dopo che sul cromosoma si sono associati i fattori di trascrizione: il primo di questi si lega al TATA box, favorendo il legame di altri fattori di trascrizione (tra cui l'RNA polimerasi) che vengono a formare il complesso di trascrizione.

Dopo che l'RNA polimerasi si è legata al primer incomincia il processo di allungamento.
Il filamento di mRNA che si viene a formare si accresce in direzione 5'-3' poiché l'RNA polimerasi si muove sul filamento di DNA in direzione 3'-5'. Diversamente dalla DNA polimerasi, l'RNA polimerasi non revisiona né corregge il proprio lavoro, anche perché il tasso di errore è basso ma soprattutto perché le copie di RNA sono in gran numero e spesso hanno vita breve. La terminazione avviene tramite specifiche sequenze di basi che fungono da termine della trascrizione.

Nei procarioti la trascrizione avviene nel citoplasma e l'mRNA neoprodotto può essere immediatamente utilizzato per la sintesi proteica; negli eucarioti, la trascrizione avviene nel nucleo e l'mRNA deve poi essere modificato per passare nel citoplasma. Occorre sottolineare che quasi tutti i geni degli eucarioti pluricellulari sono discontinui, cioè sono formati da un'alternanza di sequenze codificanti dette esoni, e sequenze non codificanti, chiamate introni. Il DNA di un gene discontinuo viene trascritto completamente, copiando sia gli esoni che gli introni, formando mRNA immaturo che, prima di lasciare il nucleo, deve andare incontro a modificazioni post-trascrizionali quali splincing (eliminazione sequenze introniche), capping (aggiunta cappuccio al 5' di una guanosina metilata, con funzione di protezione dalla degradazione da parte delle esonucleasi) e poliA (taglio al 3' e aggiunta di una coda di circa 200 residui di adenosina, protegge dalle ribonucleasi che degradano l'RNA, favorisce l'uscita dal nucleo verso il citoplasma attraverso i pori nucleari e stimola l'inizio della sintesi proteica aiutando a chiamare i fattori di inizio verso la parte opposta della catena di RNA).

Ciò fa si che molte volte la lunghezza del gene è maggiore di quella del corrispondente mRNA maturo che viene poi tradotto nel citosol.

-Legge 81/08 e dispositivi di sicurezza in lab di biosicurezza 1

La legge 81/08 tratta la tutela della salute e della sicurezza nei luoghi di lavoro, derivante dall'originaria direttiva europea 89/391, recepita a livello nazionale con il D. Lgs. 626/94, ora tramutato appunto nella legge 81/08 (aggiornamento che riguarda tanto la sfera pubblica quanto quella privata).

La legge ha avuto come proposito quello di stabilire regole, procedure e misure preventive da adottare per rendere più sicuri i luoghi di lavoro, qualunque essi siano. L'obiettivo è quello di evitare o comunque ridurre al minimo l'esposizione dei lavoratori a rischi legati all'attività lavorativa per evitare infortuni o incidenti o, peggio, contrarre una malattia professionale. Per cui, la prevenzione e la protezione dei lavoratori è un punto cardine (difendersi da ciò che può causare danno). Quando si parla di sicurezza lo si fa relativamente ad un microrganismo che può entrare a contatto con l'uomo, dove per microrganismo si intende qualsiasi entità microbiologica, cellulare o meno, in grado di riprodursi o trasferire materiale genetico, con suddivisione per gruppi di rischio. Parlando di rischio biologico, i laboratori possono essere ripartiti, in base agli agenti biologici lavorati, in vari livelli di biosicurezza (BSL), utilizzati appunto per identificare e standardizzare tutte le misure di protezione necessarie.

I lab con BSL 1 presentano DPI standard quali camice/divisa, guanti e occhiali (se servono), in quanto vengono trattati microrganismi con minimo rischio biologico. L'accesso deve essere sempre controllato (solo personale autorizzato) e la pavimentazione deve essere anti-scivolo, con superfici di lavoro impermeabili all'acqua e resistenti a disinfettanti di base; inoltre, devono essere presenti lavandini con acqua corrente e zone di primo soccorso.

-ELISA

Candidato: Biologia e tecnologie cellulari – Tesi su effettori patogeni nelle piante

Incidenza del patogeno (correlato tesi)-

Differenze tra REL e RER -

Il RER presenta una tipica organizzazione di tipo sacculare e la porzione citosolica (cioè quella a contatto e rivolta verso il citosol) è ricoperta da ribosomi. Il REL si organizza in una rete di tubuli uniti assieme sprovvisti di ribosomi.

Il reticolo è formato da una membrana che racchiude un contenuto; la composizione chimica della membrana si caratterizza per la presenza di una componente lipidica (tra il 30-50%) povera di colesterolo e ricca di acidi grassi insaturi, e una componente proteica formata da vari enzimi (fondamentali per: sintesi proteica, metabolismo lipidico e detossificazione cellulare); il REL presenta una quota maggiore di fosfolipidi e colesterolo, mentre alcune proteine sono presenti solo nel RER (come per esempio le proteine deputate all'ancoraggio dei ribosomi). Oltre alla differente composizione lipo-proteica delle membrane i reticoli presentano una diversa distribuzione di enzimi: la glucosio-6-fosfatasi (enzima coinvolto nella glicolisi) è più abbondante nel REL. Il RER e il REL svolgono funzioni fondamentali per la vita cellulare: il RER interviene nei processi di sintesi proteica e nel trasferimento del prodotto che è stato sintetizzato a livello dei ribosomi. Invece, la funzione del REL è quella di intervenire in vari processi catabolici (detossificazione e liberazione del glucosio a partire dal glicogeno) e anabolici (sintesi dei lipidi).

-Iscrizione all'ordine: cosa sono le FAD? (crediti ECM)

Le FAD si inseriscono all'interno del codice deontologico e si riferiscono alla formazione e aggiornamento professionale (Titolo 1, articolo 9), in merito alle attività formative che rilasciano ECM, necessari per poter svolgere la professione (150 crediti ECM in tre anni). L'erogazione di tali crediti può avvenire per via residenziale (FR) e tramite attività formativa a distanza, FAD appunto, quindi via web, partecipando a seminari e convention la cui iscirizone comporta il rilascio dei crediti, che dovranno poi essere registrati sul portale Cogeaps. Il Co.Ge.A.P.S. (Consorzio Gestione Anagrafica Professioni Sanitarie) è un organismo che riunisce le Federazioni Nazionali degli Ordini e dei Collegi e le Associazioni dei professionisti coinvolti nel progetto di Educazione Continua in Medicina.

-PCR

Candidato: Scienze biologiche e Biologia molecolare applicata – Tesi su genetica dei microrganismi

Ciclo dell'azoto (correlato alla tesi) e impatti dell'attività umana -

Differenze tra trasporto attivo e passivo e come avviene attraverso la membrana -

Legge 81/08 relativamente alla suddivisione dei Laboratori (anche i differenti DPI)
CLONAGGIO

Candidato: Scienze biologiche e Biologia cellulare e molecolare

-Cosa sono e a cosa servono le integrine (comunicazione cellula-matrice extracellulare con funzioni di adesione e migrazione cellulare, crescita e divisione cellulare, sopravvivenza, apoptosi e differenziazione cellulare, sostegno al sistema immunitario ecc.)

Le integrine sono una famiglia di recettori di membrana che consentono la connessione della cellula alla matrice extracellulare.

Le integrine, infatti, permettono la connessione indiretta del citoscheletro ad elementi esterni alla cellula, favorendo i processi di adesione tra le cellule e la matrice o tra cellule e altre cellule diverse. Le integrine possono essere viste come dei complessi glicoproteici transmembrana, con molecole eterodimeriche, cioè composte da due monomeri polipeptidici diversi transmembrana, detti

"subunità α" e "subunità β", uniti tra loro mediante un legame di tipo covalente

Questi complessi glicoproteici sono coinvolti in numerose funzioni legate alla comunicazione intercellulare, permettendo ad una cellula di aderire ad altre oppure di reagire a segnali biochimici con l'avvio di risposte fisiologiche.

Rispetto ad altre classi di recettori di membrana, si differenziano per la concentrazione molto più elevata sulla superficie cellulare (da 10 a 100 volte) e per la bassa affinità con i propri ligandi specifici.

I campi della fisiologia dell'organismo in cui sono maggiormente coinvolte le integrine sono: l'adesione cellula–cellula, l'embriogenesi, i processi infiammatori, la coagulazione del sangue e la risposta immunitaria. In generale l'attivazione delle integrine determina la capacità della cellula di aderire alla matrice extracellulare, di aderire ad altre cellule, di migrare, proliferare, differenziarsi, entrare in morte cellulare programmata (apoptosi) o regolare l'espressione di determinati geni.

Sebbene oggi si sia scoperto come le integrine svolgano molteplici e più complessi ruoli nel funzionamento delle cellule, il loro ruolo nel mantenimento dell'integrità dei tessuti negli organismi pluricellulari rimane primario e fondamentale: se non vi fosse un sistema di ancoraggio, infatti, le cellule sarebbero immerse come alla deriva all'interno della matrice e i tessuti potrebbero facilmente disgregarsi alla prima sollecitazione.

I legami che si instaurano tra le integrine e le componenti extracellulari sono tuttavia legami deboli, di natura non covalente, consentendo allo stesso tempo un certo grado di plasticità al sistema, che può adattarsi a differenti sollecitazioni.

Durante la migrazione delle cellule in fase di sviluppo embrionale, inoltre, le modificazioni citoscheletriche che consentono alla cellula di muoversi dipendono dalla sollecitazione delle integrine, che hanno la capacità di modificare la struttura tridimensionale della cellula agendo sui microtubuli citoscheletrici.

HACCP - *vedi sopra*

Metabarcoding -

Candidato: Tecniche di radiologia e scienze della nutrizione umana – Tesi studio grasso bruno

Antiossidanti e principali composti antiossidanti (correlato alla tesi) -

Funzione e struttura dell'assonema *vedi sopra* -

Biosicurezza: cappe di classe 2 -

I livelli di biosicurezza (BSL) vengono utilizzati per identificare e standardizzare tutte le misure di protezione necessarie in un laboratorio, al fine di proteggere gli operatori ma indirettamente anche l'ambiente e gli individui esterni. L'assegnazione di uno specifico livello tiene conto prima di tutto degli agenti biologici lavorati. In base al rischio biologico si avranno diversi livelli di BSL. All'interno dei BSL si collocano anche le cappe, dispositivi primari di protezione collettiva che servono a proteggere l'operatore e l'ambiente di lavoro dal rischio di esposizione agli aerosol di agenti patogeni. Il fulcro dell'attività protettiva della cappa è il filtro HEPA (High Efficiency Particulate Air filter), composto da foglietti filtranti di microfibre assemblati in più strati, separati da setti in alluminio. In base al grado di protezione della cappa possono essere presenti uno o più filtri HEPA,a garantire la filtrazione dell'aria in entrate e/o in uscita.

Le cappe di classe II sono cappe che proteggono sia l'operatore che il campione (oltre l'ambiente esterno). Esse presentano un piano di acciaio inox forato che permette l'entrata dell'aria preventivamente filtrata attraverso un sistema di filtri HEPA, uno in entrata e uno in uscita. Da tale cappa esce verso l'esterno il 30% dell'aria, mentre il restante 70% rimane in cappa, garantendo condizioni di assoluta sterilità. L'aria entra all'interno della cappa con un flusso verticale, in modo che i microrganismi non fuoriescano dall'ambiente di lavoro e non contaminino l'operatore.

-Cromatografia

Candidato: Biotecnologie mediche

-Dischi Z

Relativamente al tessuto muscolare ed in particolare nel sarcomero, unità strutturale e funzionale della miofibrilla, vale a dire la più piccola unità del muscolo in grado di contrarsi. Sono strutture proteiche a zig zag, che fungono da sito di attacco per i filamenti sottili. Un sarcomero è compreso tra due dischi Z e dai filamenti tra essi compresi.

Biosicurezza: cappe di classe 2 -*(richiesto perché la precedente non ha detto nulla)*

Cromatografia -

Candidato: Biotecnologie mediche, molecolari e cellulari – Tesi sui processi molecolari della rigenerazione del tessuto muscolare adulto (chinasi ciclino-dipendenti)

Neurotrasmettitore della trasmissione neuromuscolare (acetilcolina) -
Fasi della sintesi proteica -

La sintesi proteica può essere riassunta in 3 fasi: attivazione–fase di inizio, fase di allungamento, fase di terminazione.

1. La prima fase della sintesi proteica comprende il legame dell'amminoacido al suo corretto tRNA, con l'aiuto dell'enzima amminoacil-tRNA-sintetasi. Il processo avviene nel citosol e i tRNA vengono definiti carichi. All'attivazione segue il vero e proprio inizio. La formazione quindi del complesso di inizio avviene quando la subunità minore del ribosoma si lega a specifici fattori di inizio (IF nei procarioti ed eIF negli eucarioti), e l'mRNA da tradurre si lega alla subunità minore del ribosoma in corrispondenza di una specifica sequenza che si trova nell'mRNA. L'amminoacil-tRNA di inizio si lega quindi all'mRNA. Avviene quindi il legame con la subunità maggiore del ribosoma, e tramite l'utilizzo di energia derivata dal GTP i fattori di inizio vengono rilasciati dal ribosoma.
2. Segue la fase di allungamento. Dall'assemblaggio dei due complessi risultano tre siti sul ribosoma: A, P ed E. Il primo amminoacil-tRNA legato all'mRNA si trova nel sito P. Una volta che il secondo amminoacil-tRNA si è legato ai fattori di allungamento (EF) si inserisce nel sito A. Quindi avviene un legame peptidico tra i due amminoacidi presenti sugli amminoacil-tRNA, in particolare dal sito P al sito A (azione catalizzata dalla peptidil transferasi). Avviene quindi la traslocazione, per cui il ribosoma si sposta verso il 3′ dell'mRNA; ciò fa si che dal sito A l'amminoacil-tRNA con il dipeptide passi al sito P ed il t-RNA scarico passi al sito E, da dove viene rilasciato. Il processo richiede sempre energia ottenuta tramite il GTP. A questo punto, ogni amminoacil-tRNA entrante si legherà al sito A e avverrà il medesimo processo descritto, fino all'incontro di una sequenza di stop.
3. Nella finale fase di terminazione, intervengono tre fattori di rilascio (RF) che fanno si che l'ultimo amminoacil-tRNA venga rilasciato e la dissociazione dei complessi maggiore e minore. Quindi, quando nella sequenza dell'mRNA si trova il fattore di terminazione, i fattori di rilascio vi si legano ed effettuano la dissociazione delle subunità ribosomiali e del rilascio dell'mRNA.
   È poi possibile avere una fase finale di modificazione, che prevede l'acquisizione da parte della proteina della sua struttura nativa e delle modifiche post-traduzionali.

-Codice deontologico *vedi sopra*
Vitrificazione degli ovociti

Candidato: Scienze della nutrizione umana
-Principali composti antiossidanti (vitamine A, C ed E; minerali come rame, zinco e selenio e in altri nutrienti come carotenoidi e polifenoli – correlato alla tesi)
-Ciclo cellulare
-Legge sulla riduzione degli sprechi alimentari + Rifiuti alimentari e loro smaltimento → compostaggio (ci si è collegata perché ne stava parlando)

La legge Gadda 166/16 è normativa vigente per la lotta allo spreco alimentare ed ha come priorità il recupero di cibo per le persone più povere, regolamentando le donazioni degli alimenti invenduti. Lo spreco alimentare è visto come l'insieme dei prodotti alimentari scartati dalla catena agroalimentare per ragioni commerciali o estetiche ovvero per prossimità della data di scadenza, ancora commestibili e potenzialmente destinabili al consumo umano o animale e che, in assenza di un possibile uso alternativo, sono destinati a essere smaltiti.

In sintesi, la legge stabilisce che:

- gli operatori del settore alimentare possono donare gratuitamente le loro eccedenze a persone in difficoltà;

- i soggetti donatori naturalmente devono seguire determinate procedure di controllo e rispettare requisiti igienico-sanitari, e ne sono responsabili fino all'avvenuta donazione;
- gli alimenti che non vanno più bene per le persone possono essere in alternativa donati per nutrire gli animali o per creare materiali di compostaggio;
- il pane invenduto e altri prodotti di forni e derivanti da lavorazione di farine, possono essere donati entro le 24 ore successive alla loro produzione;
- la normativa viene applicata anche su prodotti e beni alimentari confiscati, naturalmente se sono idonei al consumo umano e animale.

La ratio della legge non è quella di sanzionare e punire, ma bensì di incoraggiare e promuovere comportamenti virtuosi, tramite una serie di incentivi:

- vengono promossi comportamenti virtuosi e modelli positivi in materia di sprechi alimentari al fine di sensibilizzare opinione pubblica, imprese, ristoranti e scuole in merito all'adozione di pratiche antispreco per tutelare persone, cibo e ambiente;
- progetti innovativi relativi allo sviluppo e all'implementazione di nuove modalità antispreco con finalità sociali verranno sostenuti e finanziati;
- sono disposti incentivi per i ristoranti che fanno uso di doggy bag, ovvero di contenitori a disposizione dei clienti per consentire loro di portare a casa gli avanzi del pasto;
- coloro che donano i prodotti in eccedenza potranno contare su sgravi fiscali per quanto riguarda la tassa sui rifiuti;
- possono essere ceduti anche prodotti farmaceutici, indumenti e accessori.

Nell'ambito della legge di Bilancio 2018, i contenuti della legge si sono ampliati, rendendo possibile donare anche prodotti di igiene e cura per la casa e per la persona, articoli di cartoleria e cancelleria, biocidi (=sostanze usate per distruggere, eliminare ed impedire l'azione di batteri, virus e altri organismi nocivi), integratori alimentari e presidi medico-chirurgici.
Per quanto riguarda i rifiuti alimentari, questi sono visti come sostanze o oggetti di cui il detentore si disfa o abbia l'obbligo di disfarsene. I rifiuti solidi sono regolamentati attraverso D. Lgs. 152/06. I rifiuti solidi vengono prima raccolti dai singoli cittadini in appositi contenitori e poi allontanati, grazie al ritiro del personale specializzato, a cui segue poi lo smaltimento vero e proprio, in cui i rifiuti possono andare incontro alla discarica controllata, essere recuperati per produrre compost oppure essere bruciati e/o recuperati tramite inceneritore e termovalorizzatore.

La discarica controllata è la tipologia classica di smaltimento: viene scelto un terreno o una cava fuori dal centro abitato e impermeabilizzato, in modo da ridurre al minimo il rischio di contaminazione delle falde acquifere, e si alternano uno strato di rifiuti con uno strato di argilla, fino ad arrivare in prossimità della superficie, che poi viene coprerta definitivamente e riconvertita in area verde pubblica. Tra i vantaggi di tale sistema si annoverano la rapidità di realizzazione e la mancanza di prodotti di scarto mentre il più grande svantaggio è la necessità di una corretta progettazione, costruzione, gestione e controllo del sistema, avente altrimenti un impatto negativo. Il compostaggio invece è una tecnica attraverso la quale viene controllato, accelerato e migliorato il processo naturale a cui va incontro qualsiasi sostanza organica in natura, per effetto della degradazione microbica. Si tratta infatti di un processo aerobico di decomposizione biologica della sostanza organica che permette di ottenere un prodotto biologicamente stabile in cui la componente organica presenta un elevato grado di evoluzione.

In base alle modifiche biochimiche che subisce la sostanza organica durante il compostaggio, il processo si può suddividere schematicamente in una fase di biossidazione (igienizzazione della massa a elevate temperature: è questa la fase attiva caratterizzata da intensi processi di degradazione delle componenti organiche più facilmente degradabili, con una prima fase mesofila fino ai 45°C e una successiva fase termofila fino a 75°C) e in una fase di maturazione, durante la quale il prodotto si stabilizza arricchendosi di molecole umiche, caratterizzata da processi di trasformazione della sostanza organica la cui massima espressione è la formazione di sostanze umiche (=componenti dell'humus). Gli inceneritori consentono lo smaltimento di rifiuti attraverso un processo di combustione ad alta temperatura che dà origine ad un effluente gassoso con ceneri e polveri. Con i termovalorizzatori invece si ha un recupero energetico in quanto la combustione genera energia sottoforma di calore, che viene convogliato in una caldaia contenente acqua che viene così surriscaldata. Il vapore prodotto nella caldaia viene utilizzato per azionare una turbina, con produzione di energia elettrica. Questi due impianti lavorano rifiuti della frazione secca, ovvero tutti quei rifiuti che non rientrano nella raccolta differenziata. I vantaggi di tali sistemi sono quelli di ridurre il volume finale dei rifiuti, permettendo in più un recupero d'energia partendo da scarti urbani mentre lo svantaggio più grande è dato dal rischio di inquinamento idrico e atmosferico, senza contare gli alti costi di installazione e mantenimento.

La gestione dei rifiuti viene esplicitata nella parte IV del D. Lgs. 152/06, in tre articoli ben precisi:

- l'articolo 179 tratta dei criteri di priorità nella gestione dei rifiuti (opera che spetta autorità): le pubbliche amministrazioni perseguono iniziative dirette a favorire prioritariamente la prevenzione e la riduzione della produzione e della nocività dei rifiuti;
- l'articolo 180 tratta la corretta informazione alla cittadinanza, oltre che la prevenzione e la riduzione della produzione e della nocività dei rifiuti;
- l'articolo 181 tratta del recupero dei rifiuti, con definizioni dal Reg. CE 98/08, attraverso il riutilizzo/reimpiego (nuovo uso di un bene identico a quello precedente, es. bottiglia), il recupero (produzione di un nuovo bene diverso dall'originale, es. solventi e metalli) e il riciclaggio (stesso tipo di bene originario o nuovo bene con stessa funzione originaria, es.
sostanze organiche non utilizzate come solventi).

-Antibiogramma

Candidato: Disturbo comportamento alimentare

Terapie di tipo farmacologico (correlato alla tesi, antidepressivi) -

Cos'è la meiosi e dove avviene (-processo mediante il quale una cellula con corredo cromosomico diploide dà origine a quattro cellule figlie con corredo aploide destinate ad entrare nella riproduzione sessuata ed avviene nelle gonadi)

Consenso informato (dati: nome e cognome) -*vedi sopra*

PCR -

Candidato: Tecniche di laboratorio biomedico e Biologia molecolare e cellulare

Che cos'è la Drosophila (correlata alla tesi) -

Com'è fatta la matrice extracellulare *vedi s(* -

Previdenza e assistenza biologi: ENPAB - *vedi sopra*

Colorazione Rosso Congo e preparato istologico -

Candidato: Scienze motorie e Scienze della nutrizione umana

-Cos'è la mioglobina (domanda di Carere)

Motori proteici cellulari *(dineine, chinesine e actina-miosina, si muovono unidirezionalmente sui microtubuli)* Le nostre cellule utilizzano tre tipi di motori molecolari, tutti azionati da ATP, per trasportare i più svariati oggetti. La miosina è un motore molecolare che si muove lungo filamenti di actina, produce la contrazione muscolare, e trasporta anche molecole all'interno della cellula. La chinesina e la dineina, invece, si muovono lungo i microtubuli e trasportano il loro carico in direzioni opposte. Questi motori molecolari assicurano che ogni cosa sia sempre nel posto giusto al momento giusto. Una singola molecola di dineina può compiere solo pochi passi lungo il microtubulo. L'unità funzionale della dineina, in grado di compiere migliaia di passi, è un dimero costituito da due molecole di dineina unite tra loro attraverso la coda dove è legato anche il loro carico. Le due dineine sono legate con i loro steli a due microtubuli paralleli. I microtubuli hanno un terminale capace di allungarsi che viene chiamato positivo (+) mentre l'altro è detto negativo (-). Chinesina e dineina si muovono lungo i microtubuli in direzioni opposte. Mentre la chinesina si muove verso il terminale positivo (solitamente dal centro alla periferia cellulare), la dineina si muove verso il terminale negativo (solitamente dalla periferia verso il centro della cellula).

Le due dineine del dimero devono procedere in modo coordinato: una dineina può scattare in avanti solo quando l'altra ha terminato il proprio passo. Questo movimento passo passo si può ripetere migliaia di volte nel giro di qualche secondo e produce avanzamenti di alcuni micron.

ECM *vedi sopra*-
Antibiogramma-

Candidato: Scienze biologiche e Scienze della nutrizione umana
-Cosa sono i nocicettori (responsabili del dolore) (correlato alla tesi)
-Descrizione cromatina *vedi sopra*
-Controllo degli antibiotici (Antimicrobial Stewardship) e antibiotico resistenza: riduzione dell'uso degli antibiotici (es. il medico che prescrive mille antibiotici porta ad una resistenza finale da parte dei batteri)
Lo sviluppo e l'impiego degli antibiotici, a partire dalla seconda metà del XX secolo, ha rivoluzionato l'approccio al trattamento e alla prevenzione delle malattie infettive e delle infezioni permettendo l'evoluzione della medicina moderna. Tuttavia, la comparsa di resistenza agli antibiotici rischia di rendere vane queste conquiste.
Negli ultimi anni, il fenomeno dell'antibiotico-resistenza (AMR – Antimicrobial resistance) è aumentato notevolmente e ha reso necessaria una valutazione dell'impatto in sanità pubblica, specifica per patogeno, per antibiotico e per area geografica. Infatti, i microrganismi multi-resistenti possono causare malattie anche molto differenti, per sito di infezione, per severità, per incidenza, possono essere sensibili a un numero più o meno elevato di chemioterapici e possono essere contrastati con diverse tipologie di strategie di prevenzione, inclusa la vaccinazione. Il problema della resistenza agli antibiotici è complesso poiché riconosce diverse cause:

- l'aumentato uso di questi farmaci (incluso l'utilizzo non appropriato) sia in medicina umana che veterinaria;
- l'uso degli antibiotici in zootecnia e in agricoltura;
- la diffusione delle infezioni correlate all'assistenza causate da microrganismi antibioticoresistenti (e il limitato controllo di queste infezioni);
- una maggiore diffusione dei ceppi resistenti dovuto a un aumento dei viaggi e degli spostamenti internazionali.

L'uso continuo degli antibiotici aumenta la pressione selettiva favorendo l'emergere, la moltiplicazione e la diffusione dei ceppi resistenti. Inoltre, la comparsa di patogeni resistenti contemporaneamente a più antibiotici (multidrug-resistance) riduce ulteriormente la possibilità di un trattamento efficace. È da sottolineare che questo fenomeno riguarda spesso infezioni correlate all'assistenza sanitaria, che insorgono e si diffondono all'interno di ospedali e di altre strutture sanitarie.

L'AMR oggi è uno dei principali problemi di sanità pubblica a livello mondiale con importanti implicazioni sia dal punto di vista clinico (aumento della morbilità, della mortalità, dei giorni di ricovero, possibilità di sviluppo di complicanze, possibilità di epidemie), sia in termini di ricaduta economica per il costo aggiuntivo richiesto per l'impiego di farmaci e di procedure più onerose, per l'allungamento delle degenze in ospedale e per eventuali invalidità.

Negli ultimi decenni, organismi internazionali, quali l'OMS e il Centro europeo per la prevenzione e il controllo delle malattie (ECDC) hanno prodotto raccomandazioni e proposto strategie e azioni coordinate atte a contenere il fenomeno, riconoscendo l'AMR come una priorità in un ambito sanitario.

In occasione dell'Assemblea mondiale della sanità (2015), l'OMS ha adottato il Piano d'azione globale (GAP) per contrastare la resistenza antimicrobica fissando cinque obiettivi strategici finalizzati a:

1. migliorare i livelli di consapevolezza attraverso informazione ed educazione efficaci rivolti al personale sanitario e alla popolazione generale;
2. rafforzare le attività di sorveglianza;
3. migliorare la prevenzione e il controllo delle infezioni;
4. ottimizzare l'uso degli antimicrobici nel campo della salute umana e animale;
5. sostenere ricerca e innovazione.

L'Unione europea è impegnata da molti anni a combattere il fenomeno dell'antibiotico-resistenza. Nel 2017 ha messo a punto il nuovo Piano d'azione per contrastare l'antibiotico-resistenza, basato su un approccio "One Health" che considera in modo integrato la salute dell'uomo, degli animali e dell'ambiente. Seguendo queste raccomandazioni, in Italia, nel 2017 è stato approvato, con un'intesa tra il governo e le Regioni, il "Piano nazionale di contrasto dell'antimicrobico-resistenza (PNCAR) 2017-2020" che indica le strategie per un contrasto del fenomeno a livello, locale, regionale e nazionale, coerenti con gli obiettivi dei piani di azione dell'OMS e dell'Unione europea e con la visione One Health. Il PNCAR è stato prorogato fino al 2021 e sarà aggiornato con un nuovo Piano che sarà valido per gli anni 2022-2025. In entrambi questi Piani, la sorveglianza dell'antibiotico-resistenza rappresenta una delle aree strategiche prioritarie in quanto è indispensabile per verificare l'impatto delle strategie adottate e il raggiungimento di alcuni degli indicatori del Piano stesso.

Il programma regionale per l'uso prudente degli antibiotici (antimicrobial stewardship) si pone l'obiettivo di migliorare l'uso appropriato di questi farmaci per limitare la diffusione delle resistenze batteriche. Si caratterizza per il coinvolgimento coordinato degli ospedali e del territorio e la partecipazione del personale sanitario ad ogni livello: programmatorio, organizzativo e operativo.

Le azioni di antimicrobial stewardship hanno l'obiettivo di fornire strumenti ai medici per la prescrizione appropriata del farmaco antimicrobico e, più in generale, agli operatori sanitari per la gestione complessiva (prevenzione, diagnosi e cura) del paziente che presenta un'infezione di origine batterica oppure colonizzazione da microrganismo resistente agli antibiotici.

I dati relativi al contesto epidemiologico delle resistenze batteriche e al consumo degli antibiotici sono garantiti dal Registro regionale delle resistenze batteriche (inserito anche nel Sistema nazionale di sorveglianza sentinella dell'antibiotico-resistenza AR-ISS) e dal Servizio farmaceutico regionale. Tali dati sono indispensabili per la valutazione continua dell'impatto del programma a livello aziendale, regionale e nazionale, mediante l'uso di specifici indicatori.
Inoltre, per una buona riuscita del programma, è fondamentale coinvolgere i cittadini e renderli partecipi e consapevoli della corretta gestione di questi farmaci; per questo motivo sono stati realizzati alcuni foglietti informativi per i cittadini specificatamente dedicati a questo argomento.
-Immunoistochimica

Candidato: Biotecnologie e Biotecnologie per la medicina personalizzata -Membrana cellulare (modello a mosaico fluido: asimmetrica e unitaria)
-(81/08 → rischio biologico con varie classi di
rischio. Misure sui lavoratori, misure igieniche, segnaletica, smaltimento adeguato dei rifiuti di lab o misure relative alla probabilità e alla magnitudo) *vedi sopra*
-qPCR

DOMANDE D'ESAME E RISPOSTE

- Laurea in biochimica

- **Tesi tg**
- **Cos'è il codice deontologico?**

  Emanazione di norme di etica professionale che tutti gli iscritti all'Albo, persone fisiche e società, debbono conoscere, riconoscere ed osservare, e l'ignoranza delle medesime esime dalla responsabilità disciplinare. Approvato dal Consiglio dell'Ordine . didelibera del 24 gennaio 2019.

--

- Laurea in biotecnologie

- **Tesi**
- **Domanda di botanica: le cellule vegetali hanno i mitocondri?**
  Sì. Sono presenti in tutte le cellule animali e vegetali a metabolismo aerobico, partecipano anche al processo di fotosintesi.

- **Laurea in biotecnologie molecolari**
- **tesi + definizione biomarker**
  Un biomarcatore è una caratteristica che può essere utilizzata come indicatore di un processo biologico.
  + esempio di cancerogeno ambientale
  U.V., amianto (?), carbone, Nichel, Alcool etilico, Benzene etc...
  + tecnica di biologia molecolare usata in questo periodo per diagnosi covid
  RT-PCR, usata per il tampone, permette di amplificare l'acido nucleico, anche se è presente in piccole quantità, quindi si indaga sulla presenza del genoma virale. Nel test sierologico, con prelievo di sangue, si ricercano invece le IgG e IgM dirette contro SARS-COV-2.

- **Laurea in nutrizione**
- **Tesi**
- **Differenza tra dieta intermittente e dieta ipocalorica**:
- Il digiuno intermittente prevede una restrizione calorica solo in determinate giornate o fasce orarie, quindi in periodi programmati, a cui si alternano periodi di normale assunzione di cibo, su base ricorrente; nella dieta ipocalorica avviene sempre una restrizione calorica però non periodizzata, utilizzata unicamente per la perdita di peso, è un regime alimentare che prevede un apporto calorico quotidiano inferiore a quello richiesto dall'organismo nell'arco della giornata.

-laurea in nutrizione

-tesi in prodotti di origine animale
-elementi corpuscolati del sangue
45% del volume del sangue intero.
Eritrociti (globuli
rossi)
Leucociti (globuli bianchi)

Piastrine (trombociti)

-respirazione e fotosintesi clorofilliana

La fotosintesi è il processo che utilizzano i vegetali per trarre energia mediante l'energia solare trasformandola in energia chimica (zucchero) utilizzabile dagli stessi vegetali; la respirazione, invece, prevede un processo di combustione nel quale i nutrienti vengono ridotti in composti semplici (es. le proteine vengono ridotte in amminoacidi) per poi essere ulteriormente demoliti in molecole ancora più semplici ottenendo energia disponibile alla cellula, sotto forma di ATP. (La respirazione può essere aerobica, in presenza di ossigeno,utilizzato come accettore di elettroni o anaerobica, come il processo della glicolisi).

-catena trofica

Viene così definita la catena alimentare o piramide alimentare, cioè l'insieme dei rapporti tra gli organismi di un ecosistema

----

COMMISSIONE GENETICA

- **decreto craxi 1984 quali sono le tipologie dei laboratori d'analisi:**

generali di base e specialistici:

Ai fini del presente provvedimento i laboratori di analisi privati aperti al pubblico si distinguono in:

1) laboratori generali di base;
2) laboratori specializzati;
3) laboratori generali di base con settori specializzati.

I laboratori generali di base sono presidi pluridisciplinari che svolgono indagini diagnostiche di biochimica clinica, di ematologia e di microbiologia su campioni provenienti da escreti, secreti e prelievi umani secondo l'elenco che è allegato al presente provvedimento.

Nei laboratori generali di base non devono essere impiegate metodiche che utilizzino radioisotopi.

I laboratori specializzati sono strutture destinate a esplicare indagini diagnostiche ad alto livello tecnologico e professionale nei settori di: chimica clinica e tossicologica; ematologia;
microbiologia e sieroimmunologia; citoistopatologia virologia; genetica medica.

Le analisi radioisotopiche in vitro sono effettuabili nei laboratori specializzati di chimica clinica e tossicologica oltre che nei presidi di medicina nucleare.

I laboratori generali di base, con settori specializzati sono strutture che, oltre ad erogare le prestazioni proprie dei laboratori generali di base, esplicano indagini diagnostiche ad alto livello tecnologico e professionale in uno o più settori specializzati di cui al comma precedente.

L'elenco degli esami diagnostici di alto livello tecnico professionale fa parte dell'allegato di cui al secondo comma del presente articolo.

Con decreto del Ministro della sanità si provvede a verifica periodica, almeno ogni due anni, degli elenchi di cui al precedente comma.

Con la stessa procedura sono effettuate aggiunte e/o variazioni ai settori specializzati di cui al quarto comma in relazione al progresso scientifico e tecnologico.

Laurea in Biotecnologie

-cos'è un plasmide

Sono brevi segmenti circolari di DNA contenenti geni non essenziali per la cellula, ma che possono conferire caratteristiche aggiuntive (es. resistenza agli antibiotici - *Plasmide R, oppure* in E. coli responsabile della produzione del pilo e presente in copia singola - *Plasmide F*). Sono dispersi nel citoplasma e possono essere trasferiti da una cellula all'altra → trasformazione batterica.

-linfociti T e B (dove vengono prodotti)

I linfociti B sono cellule del sistema immunitario che giocano un ruolo primario nell'immunità umorale dell'immunità acquisita, al contrario dei linfociti T che sono fondamentali nell' immunità adattativa cellulo-mediata. I linfociti B e T vengono generati nel midollo osseo.

Laurea in Biotecnologie no Mediche

-tesi
-cosa sono i distruttori endocrini? cosa sono?
sono sostanze artificiali ma anche naturali in grado di interferire con i vari sistemi endocrini; possono comportarsi come agonisti o antagonisti degli ormoni steroidei e tiroidei oppure agire a livello di altri meccanismi molecolari quali sintesi, secrezione, trasporto, legame, azione ed eliminazione degli ormoni stessi. Es. Bisfenolo A presente nelle plastiche alimentari, anche nei biberon)
-domanda di curiosità sulla tesi

Laurea in Nutrizione
-tesi sulle proteine allergeniche della soia e arachidi
-cos'è il codice deontologico
Emanazione di norme di etica professionale che tutti gli iscritti all'Albo, persone fisiche e società, debbono conoscere, riconoscere ed osservare, e l'ignoranza delle medesime non esime dalla responsabilità disciplinare. Approvato dal Consiglio dell'Ordine con delibera del 24 gennaio 2019.

-quali sono le allergie statisticamente più diffuse oltre alle arachidi
I "big eight", gli otto gruppi di alimenti più frequentemente in causa sono: arachidi, frutta a guscio, soia, crostacei e molluschi, pesce, latte, uova, e cereali

-chi sono i crostacei (perché ha nominato l'allergia ai crostacei)
Artropodi, molluschi gasteropodi

Laurea in Nutrizione
-tesi su microbiota intestinali e polifenoli del vino
-polifenoli nella birra?
Rendono la birra più torbida e più amara. Hanno effetti benefici sulla salute umana.
-quali sostanze può prescrivere il biologo nutrizionista
Può consigliare integratori alimentari qualora la dieta non sia in grado di soddisfare i bisogni energetici nutritivi.

Tesi su vitamina a

- **Cos'è il saccharomyces e come è stato scoperto, a che regno appartiene?**

E' un lievito e appartiene al regno dei funghi. La presenza dei lieviti nella birra fu supposta per la prima volta nel 1680, ma non furono chiamati *Saccharomyces* sino al 1837. Solo nel 1876 Louis Pasteur ha dimostrato il ruolo di questi microrganismi viventi nella fermentazione alcolica ritenendolo responsabile dei sapori e dell'aroma del pane. Nel 1888, Hansen ha isolato i lieviti di fermentazione della birra, ribadendo la sua fondamentale importanza.

- **Cos'è il golden rice**

è una varietà di riso prodotta attraverso una modificazione genetica che introduce la via di biosintesi del precursore beta-carotene della provitamina A nelle parti commestibili del riso.
----
post doc in leucemie infantili
-Posidonia oceanica?
Pianta acquatica endemica del Mar Mediterraneo. Forma delle praterie sottomarine che hanno una notevole importanza ecologica, costituendo la comunità climax del mar Mediterraneo. l posidonieto è considerato un buon bioindicatore della qualità delle acque marine costiere ed è stato indicato come "*habitat prioritario*" nell'allegato I della *Direttiva Habitat* (Dir. n. 92/43/CEE), una legge che raggruppa tutti i Siti di Importanza Comunitaria (SIC) che necessitano di essere protetti.

- **Catena trofica?**

La catena trofica, in ecologia, si riferisce al passaggio di energia e materia che avviene da un organismo all'altro. Inoltre bisogna tenere conto dell'energia che si disperde con la respirazione per ogni gruppo di organismi. Troviamo organismi produttori, consumatori primari, secondari e terziari (super-predatori).
-La posidonia è produttore distruttore o conservatore?

La *Posidonia oceanica* è una pianta acquatica appartenente alle Fanerogame marine (Angiosperme monocotiledoni), ha funzione sia di produttore in quanto riesce a svolgere il processo di fotosintesi e quindi liberare ossigeno.

Ha un aspetto conservazionistico, in quanto funge da barriera, riparo con i suoi lunghi fasci, di oltre 1 metro, molto fitti, per animali, che amano stare al suo interno, (una sorta di incubatore), dove trovano riparo, particelle di cibo, spesso ospita pesci che quando sono autosufficienti abbandono essa lasciando posto ad altri animali. (Conservazionistica ma anche di protezione)

-differenza tra siero e plasma?

Il plasma è la parte liquida del sangue: dal caratteristico colore giallo paglierino è composto per il 90% da acqua, in cui sono disciolti sali e proteine plasmatiche: albumina, fibrinogeno e fattori della coagulazione prodotti dal fegato, le immunoglobuline (o anticorpi per la difesa) prodotte dai linfociti.
Il siero sanguigno – o più semplicemente "siero" – è semplicemente plasma privo di fibrinogeno, fattore VIII, fattore V e protrombina.
-come ottengo il plasma?
Il plasma può essere separato dal sangue intero rimuovendo i globuli rossi, i globuli bianchi e le piastrine. Questo si ottiene centrifugando ad alta velocità il sangue. Le parti corpuscolari si posano sul fondo del contenitore ed è quindi possibile drenare il plasma dalla superficie.
come si scrive kg (chilogrammo)?
si scrive con la "k" minuscola perché sta ad indicare "mille".
Mentre le unità di temperatura K o C sono maiuscole dal nome proprio degli scopritori

----

Laurea in Scienze Biomolecolari
-tesi su effetti chemiopreventivi di fenoli di olio olive e foglie di olivo
-Cos'è un bioindicatore ed esempio (licheni).
un bioindicatore è un organismo, o sistema biologico, usato per valutare la qualità ambientale. Lo studio della qualità ambientale, mediante bioindicatori, è definito biomonitoraggio. I licheni, insieme ai muschi, sono bioindicatori di qualità dell'aria, per il suolo un esempio sono gli artropodi.

- Cos'è la Xylella
è un batterio gram - che vive e si riproduce all'interno dell'apparato conduttore della linfa grezza (vasi xilematici). La X.fastidiosa ha causato una gravissima fisiopatologia negli appezzamenti olivicoli del Salento
esiste un vettore tra xylella fastidiosa e olivo?
Philaenus spumarius

----

laurea in tumori
-specificità e sensibilità? (questa è quella diagnostica)
Si definisce **specificità** di un esame diagnostico la capacità di identificare correttamente i soggetti sani, ovvero non affetti dalla malattia o dalla condizione che ci si propone di individuare. Se un test ha un'ottima specificità, allora è basso il rischio di falsi positivi, cioè di soggetti che pur presentando valori anomali non sono affetti dalla patologia che si sta ricercando.
Si definisce **sensibilità** di un esame diagnostico la capacità di identificare correttamente i soggetti ammalati, ovvero affetti dalla malattia o dalla condizione che ci si propone di individuare. Se un test ha un'ottima

sensibilità, allora è basso il rischio di falsi negativi, cioè di soggetti che pur presentando valori normali sono comunque affetti dalla patologia o dalla condizione che si sta ricercando.

-che cos'è un test di screening?

Gli screening sono esami condotti a tappeto su una fascia più o meno ampia della popolazione allo scopo di individuare una malattia o i suoi precursori (cioè quelle anomalie da cui la malattia si sviluppa) prima che si manifesti attraverso sintomi o segni.

-che caratteristiche deve avere un test di screening?

Deve essere sicuro - Deve essere accettabile - Deve poter cambiare il decorso della malattia- Deve avere un costo sostenibile per la collettività - Deve essere il più possibile attendibile

-cos'è la nomenclatura binomiale di linneo?

è una nomenclatura costituita da due termini scritti in latino e in corsivo:

- Genere a cui appartiene la specie (sempre iniziale Maiuscola)
- Epiteto specifico (sostantivo o aggettivo) che distingue la specie dalle altre (sempre iniziale minuscola).

Es. *Canis lupus*

- i cambiamenti climatici da cosa dipendono?

Dalla produzione di CO2 che porta ad un aumento della temperatura

-qual è la concentrazione della CO2 nell'atmosfera?

La concentrazione in atmosfera di CO_2 è oggi pari a circa 390 ppm con un ritmo di crescita (in aumento) di 2,5 ppm annue, dove ppm significa parti per milione, ovvero per ogni milione di particelle di varia natura, presenti in atmosfera, 390 sono di anidride carbonica.

-chi produce la CO2? Come mai aumenta la T sulla terra?

Gli esseri viventi, ma anche i processi industriali di combustione

- test di ecotossicità? Che organismi si utilizzano?

I test ecotossicologici si basano su metodiche standardizzate (ISO) ed utilizzano organismi viventi come indicatori biologici di tossicità. Si utilizzano:

Batteri (Vibrio fischeri), Alghe (Pseudokirchneriella subcapitata), Semi di piante superiori (Lepidium sativum), invertebrati (Daphnia magna - chiamata anche pulce d'acqua) e piccoli vertebrati (Danio rerio - chiamato pesce zebra)

Tesi sui disturbi del comportamento alimentare

Domande sulla tesi

-Differenza tra organismo autotrofo ed eterotrofo ed esempio

Autotrofi: micro-organismi capaci di sintetizzare le molecole organiche di cui necessitano a partire da sostanze inorganiche semplici (CO2 e H2O) (es. alghe, piante e batteri)

Eterotrofi: ricavano le materie prime di cui necessitano da molecole assunte dall'ambiente esterno; non sono in grado di sintetizzare le biomolecole a partire da componenti inorganici ma devono assumere attraverso la nutrizione (uomo, animali, funghi).

TESI SU LATTICINI

la catena del freddo riduce la contaminazione di un alimento?

La catena del freddo indica il mantenimento dei prodotti surgelati ad una temperatura costante (non inferiore ai -18°C lungo tutto il percorso, dalla produzione alla vendita). Ogni rottura della catena del freddo favorisce lo sviluppo di microrganismi, a seconda della temperatura e della durata

fasi del percorso diagnostico?
Pre-analitica
-Analitica
Post-Analitica
cosa succede nella fase preanalitica?
Va dalla preparazione del paziente fino all'esecuzione della misura-
Percentuale di errore nella fase preanalitica ?
68,2%

-cosa sono le talassemie
O anemia mediterranea è un gruppo di malattie ereditarie caratterizzate alla produzione di globuli rossi anormali. Queste alterazioni del sangue sono più o meno gravi, portando a danni clinici molto diversi. I globuli rossi dei talassemici sono anormali, ovvero più piccoli, incapaci di trasportare in maniera ottimale l'ossigeno e sopravvivono meno del consueto. L'organismo cerca quindi di produrne di più cercando di compensare, espandendo il midollo osseo e aumentando l'assorbimento del ferro. Negli individui che hanno ereditato la malattia da uno solo dei genitori, questo sistema funziona e si parla di beta talassemia minor. Caso più grave è la beta talassemia maior, in cui gli individui hanno ricevuto la malattia da entrambi i genitori. Malattia ancora più grave è l'alfa talassemia maior, che porta inevitabilmente alla morte già nel corso della vita intrauterina.
-mi parli delle catene globiniche

La globina è una proteina che concorre alla formazione delle emoproteine emoglobina e mioglobina, all'interno delle quali rappresenta la struttura proteica (apoproteina). Esistono vari tipi di catene di globina, denominati utilizzando le lettere mi greche (alfa, beta, gamma, delta, etc.).

È costituita da quattro catene polipeptidiche, a due a due identiche (alfa e beta-simili).

La catena alfa è un polipeptide di 141 aminoacidi; la catena beta è costituita da 146 aminoacidi. La catena alfa è codificata da un gene situato sul cromosoma 16, mentre le catene beta, gamma e delta da geni situati sul cromosoma 11. La struttura secondaria delle catene alfa e beta è caratterizzata da una struttura ad alfa elica.
Ph del pomodoro, i frutti maturi hanno pH acido o basico
3.7 -4.6 ph pomodoro. Nei frutti maturi il pH è solitamente inferiore a 4.2

Lavoro che prevede il controllo qualità su acque, terreni e matrici alimentari:

- **Di quanti ordini di grandezza deve essere ridotta la carica batterica attraverso pastorizzazione**
  Es. pratico 1 Listeria ogni g di prodotto
- **Bioindicatori dell'aria**
  Licheni, muschi, piante superiori, insetti
- **Cosa sono i licheni**
  organismi simbionti che derivano da un organismo autotrofo ed un eterotrofo.
- **Controllo qualità in lab di patologia clinica CQI**
  Si utilizza il CQI(controllo interno qualità) per evidenziare e controllare gli errori casuali nella fase analitica.

-tesi su matrice 3d per studio tumori
-( ) varie fasi diagnostiche
errori sono principalmente nell fase pre-analitica e sono grossolani (es. sbaglio ad identificare il paziente) -->li posso controllare con controlli interni e VEQ? No, perchè sono grossolani, manuali, li posso controllare solo attraverso linee guida più precise. Altro es. **come controllo un reagente deteriorato??**
-( ) cos'è un OGM (candidato porta es. di golden rice)-->da qualche parte nel mondo il golden rice è in commercio? è una tecnologia matura e un risultato biotech notevole (inseriti più geni che funzionano tutti in sinergia), ma nella pratica non è in commercio, la tecnologia è open source, non è un brevetto, ma nessuno lo

mangia, perchè? soprattutto nei paesi poveri, perché nessuno lo vuole? (i ricchi continuerebbero a comprare il riso normale)

-come si dimostra che un det. prodotto è derivato da un OGM? quali analisi per dimostrare che è transgenico? sequenza del gene transgenico dovrebbe essere conosciuta una volta che OGM è in commercio; analisi ELISA ok, solo se il prodotto transgenico è proteina. è noto che metà della soia coltivata nel mondo è transgenico; **è possibile verificare che l'olio di soia deriva da OGM? posso fare PCR (che funziona sempre) su olio?** il punto è che ho bisogno del DNA, ma il DNA non è solubile nell'olio. NEI PRODOTTI DERIVATI, PER DEFINIZIONE, NON POSSO DIMOSTRARE CHE DERIVANO DA PRODOTTI TRANSGENICI.

-Tesi in nutrizione, dieta chetogenica in pazienti diabetici e obesi.

-( ) parlano di gravidanza, test diagnostici pre-natali, quali sono i non invasivi? Ecografia, Translucenza Nucale, betaHCG, TN+PAPP-A (vedere file)

-( ) di cosa si occupa la citogenetica oncoematologica?

Studio delle aberrazioni cromosomiche nelle malattie oncoematologiche rappresenta il modello attraverso il quale può essere raggiunta l'identificazione di un "marcatore" di malattia di altissimo valore clinico-prognostico, spesso in grado di spiegare alcune caratteristiche biologiche delle cellule tumorali e quindi stimolare valide ipotesi per un trattamento mirato.

-cosa sono i test ELISA?

è un test immunoenzimatico utilizzato per la rilevazione di agenti patogeni all'interno di un campione biologico. Per l'esecuzione del dosaggio, vengono utilizzati anticorpi legati ad un enzima. Quando un organismo viene a contatto con un agente patogeno, il suo sistema immunitario reagisce attraverso la produzione di molecole anticorpali e proprio il contatto con l'antigene determina la produzione di anticorpi. Con il test ELISA si possono cercare sia gli anticorpi diretti ho contro l'antigene formatosi a seguito del contatto con esso, sia direttamente l'antigene. Il test diretto permette la rilevazione dell'antigene, mentre il test indiretto mette in evidenza l'eventuale presenza di anticorpi contro l'antigene.

-quanta energia forniscono 1gr di grassi/proteine/carboidrati:

1g di Proteine forniscono 4kcal; 1g di Carboidrati 4kcal; 1g di Lipidi 9 kcal

come si scrive kcal

(tutto minuscolo);

le maiuscole nelle unità di misura si usano?

(es per gradi C, K) iniziali di cognomi!

-differenze SDS- PAGE e native-PAGE

SDS-PAGE le proteine migrano in base al peso molecolare, SDS denatura le proteine e conferisce alle molecole la stessa densità di carica. Nel NATIVE-PAGE non avviene la denaturazione, quindi viene preservata l'integrità e le funzionalità delle proteine che migrano in base al rapporto carica/massa

---

-tesi in lab microbiologia, infezione da Klebsiella pneumonia, infezioni nosocomiali

Le infezioni ospedaliere, o "nosocomiali", sono quegli episodi in cui un paziente - ricoverato per altri motivi - contrae una o più specifiche infezioni collegate proprio al ricovero.

Klebsiella pneumonia è un batterio Gram-negativo a forma di bastoncino. È fisiologicamente presente nella mucosa respiratoria e nell'intestino, ma spesso la si riscontra come patogeno in altri distretti dell'organismo. Le due manifestazioni cliniche più frequenti e gravi dell'infezione da klebsiella pneumoniae sono la polmonite e le infezioni urinarie.

-( )cellule del sangue, chi sono i mononucleati, funzioni globuli rossi e bianchi.

Facciamo riferimento alla parte corpuscolata del sangue (45%): globuli rossi, globuli bianchi e piastrine. I globuli rossi sono privi di nucleo e contengono l'emoglobina, proteina deputata al trasporto dell'ossigeno

trasporto dell'ossigeno. Le piastrine sono senza nucleo, prodotte dal midollo osseo e fermano la perdita di sangue nelle ferite (promuovono la coagulazione del sangue, aggregandosi tra loro). I leucociti (globuli bianchi) sono cellule nucleate e si occupano della difesa dell'organismo
(basofili, linfociti, eosinofili, monociti e neutrofili).

- come si analizzano i cromosomi in lab?

citogenetica, su cellule del sangue, tumorali, fetali, abortive, cellule del midollo osseo..

come si procede da es. sangue periferico?

i linfociti sono cellule mature, non si dividono spontaneamente, devo usare un mitogeno, il più usato è PHA (fitoemoagglutinina). per avere metafasi, anche se metto i linfociti stimolati su un vetrino non vedo nulla, i cromosomi sono nel nucleo, devo rompere le cellule, con quali accorgimenti tecnici? si fanno dei trattamenti ipotonici che significa che la cellula ha una concentrazione di sali superiore e per cercare di raggiungere l'equilibrio omeostatico incamera acqua e si gonfia; basta aggiungere un fissativo che è il metanolo acido acetico per cristallizzare le cellule in modo che quando allestiamo il preparato il cristallo si rompa

-cos'è uno spettrofotometro? cosa misura generalmente?

è uno strumento in grado di misurare le assorbanze delle sostanze relativamente al loro spettro di assorbimento della luce.(assorbanza, perciò densità)

- strumento basato su concetto opposto di spettrofotometro (assorbanza) quindi emissione? (candidato dice microscopia a fluorescenza, ma dice di no)

Potrebbe essere lo spettroscopio, che è uno strumento usato per l'osservazione e l'analisi spettrale della radiazione elettromagnetica visibile emessa da una sorgente.

-descrivere il principio della cromatografia?

è una tecnica di separazione basata sulla diversa velocità di migrazione con cui più sostanze,
depositate su un supporto adatto, vengono trasportate da un fluido detto ELUENTE e si stratificano in posizioni differenti sul supporto. I diversi componenti di una miscela tendono ad
avere affinità diverse tra le due fasi (la FASE FISSA è quella del supporto, la FASE MOBILE è quella del solvente)

- funzioni delle membrane in virus e batteri (San Sebastiano, cerca di valutare conoscenze di base per compensare carenze in conoscenze tecniche)

La membrana, sia nelle cellule eucariote che procariote, ha il compito di delineare i confini cellulari, contenere citoplasma e gli organelli utili per le funzioni vitali della cellula; inoltre consente gli scambi di molecole con l'ambiente esterno

-----

-tesi su una varietà di kaki, valutaz profilo polifenolico con spettrometria e HPLC

- cos'è cromatografia

è una tecnica di separazione basata sulla diversa velocità di migrazione con cui più sostanze, depositate su un supporto adatto, vengono trasportate da un fluido detto ELUENTE e si stratificano in posizioni differenti sul supporto. I diversi componenti di una miscela tendono ad avere affinità diverse tra le due fasi (la FASE FISSA è quella del supporto, la FASE MOBILE è quella del solvente)

- cos'è un protooncogene

è un gene normale che può diventare un oncogene a causa di mutazioni o di un aumento dell'espressione. Sono definiti proto-oncogeni i geni che codificano per proteine che regolano il ciclo cellulare ed il differenziamento (esempio..quando le cellule iniziano a crescere senza controllo)

-logica funzionamento ELISA

è un test immunoenzimatico utilizzato per la rilevazione di agenti patogeni all'interno di un campione biologico. Per l'esecuzione del dosaggio, vengono utilizzati anticorpi legati ad un enzima. Quando un organismo viene a contatto con un agente patogeno, il suo sistema immunitario reagisce attraverso la produzione di molecole anticorpali e proprio il contatto con l'antigene determina la produzione di anticorpi. Con il test ELISA si possono cercare sia gli anticorpi diretti contro l'antigene formatosi a seguito del contatto con esso, sia direttamente l'antigene. Il test diretto permette la rilevazione dell'antigene, mentre il test indiretto mette in evidenza l'eventuale presenza di anticorpi contro l'antigene.

Laurea in nutrizione, tesi su terapia medica nutrizionale pazienti diabetici

Indice glicemico

L'indice glicemico (IG) è un sistema di classificazione, misura la velocità di digestione ed assorbimento dei cibi contenenti carboidrati e il loro effetto sulla glicemia (livelli di glucosio nel sangue). Un cibo con alto IG produce un grande picco di glucosio dopo il suo consumo; un alimento con basso IG provoca invece un lento rilascio di glucosio nel sangue dopo il suo consumo.

quale è il valore di glucosio nelle urine (glicosuria)

Sintomo caratteristico del diabete. In condizioni normali, il glucosio non è presente nelle urine, è presente solo quando la quantità di glucosio nel sangue è eccessiva (>180 mg/dl) e nelle urine sono presenti, nelle 24 ore, 30-90 mg di glucosio

la fase critica di un lab analisi

La fase pre-analitica (68,2% di errore)

autotrofi e eterotrofi

Autotrofi: micro-organismi capaci di sintetizzare le molecole organiche di cui necessitano a partire da sostanze inorganiche semplici (CO_2 e H_2O) (es. alghe, piante e batteri)

Eterotrofi: ricavano le materie prime i8di cui necessitano da molecole assunte dall'ambiente esterno; non sono in grado di sintetizzare le biomolecole a partire da componenti inorganici ma devono assumerle attraverso la nutrizione (uomo, animali, funghi).

Tesi compilativa in nutrizione (dieta DASH)

Cos'è la dieta chetogenica?

Prevede la riduzione dei carboidrati (addirittura assenti) con un alto intake di lipidi. Induce l'organismo a produrre autonomamente il glucosio, necessario alla sopravvivenza, e ad aumentare il consumo energetico dei grassi contenuti nel tessuto adiposo.Attraverso questa dieta si producono corpi chetonici (residui metabolici della produzione energetica che qui superano il livello, rispetto alla condizione normale)

Respirazione cellulare.

la respirazione prevede un processo di combustione nel quale i nutrienti vengono ridotti in composti semplici (es. le proteine vengono ridotte in amminoacidi) per poi essere ulteriormente demoliti in molecole ancora più semplici ottenendo energia disponibile alla cellula, sotto forma di ATP. (La respirazione può essere aerobica, in presenza di ossigeno,utilizzato come accettore di elettroni o anaerobica, come il processo della glicolisi).

In quali tipi cellulari sono presenti i mitocondri?

Organelli cellulari presenti negli organismi eucarioti. Sono considerati la centrale energetica della cellula.

Lavora su prelievi di ovini e magistrale biotech industriali

-cos'è il plasmide

è una molecola di DNA circolare a doppio filamento presente nel citoplasma dei batteri, si replica indipendentemente dal cromosoma. Contengono le informazioni genetiche per alcune caratteristiche specifiche (come la resistenza dei batteri agli antibiotici)

-cos'è il glutine e a cosa serve

è un complesso alimentare costituito da proteine (glutenine e gliadine), contenuto nei cereali (nell'endosperma). Il glutine serve nella panif che è unicazione perché conferisce proprietà elastiche necessarie alla lievitazione (grazie al Saccharomyces cerevisiaeo starter biologico)

-protooncogene e geni oncosoppressori (es p53)

il protooncogene è un gene normale che può diventare un oncogene a causa di mutazioni o di un aumento dell'espressione. Sono definiti proto-oncogeni i geni che codificano per proteine che regolano il ciclo cellulare ed il differenziamento (esempio..quando le cellule iniziano a crescere senza controllo).
Gli oncosoppressori inibiscono la crescita cellulare e proteggono dall'accumulo di mutazioni (come il p53)
-transizione tra protoncogene e oncogene

La perdita di omozigosi di p53 è presente nel 70% dei carcinomi del colon, nel 30-50% dei casi di cancro alla mammella e nel 50% del carcinoma del polmone. Una p53 mutata è coinvolta anche nella patofisiologia delle leucemie, dei linfomi, dei sarcomi e dei tumori neurogenici. Anormalità nel gene della p53 possono anche essere ereditarie, con sviluppo della sindrome di Li-Fraumeni (LFS), che incrementa il rischio di sviluppare vari tipi di cancro.

Anche PTEN è un oncosoppressore, perché il suo prodotto proteico si oppone all'azione della PI3K, essenziale per l'attivazione di Akt, fattore pro-tumorale. Altri esempi di oncosoppressori sono il gene APC, coinvolto nel tumore del colon-retto, BRCA1, che controlla il ciclo cellulare e le cui mutazioni sono correlate con il cancro alla mammella, e CD95.

-come si scrive kg e gradi centigradi
(°C perché Celsius ha dato la denominazione)

Tesi di dottorato in ambito oncologico (non small cell lung cancer)
Partendo dalla cellula staminale totipotente ematopoietica come si differenziano successivamente le popolazioni? In quali tipologie?
Che differenza c'è fra globuli rossi e bianchi?
I globuli rossi sono le cellule più numerose del sangue, hanno forma biconcava e non presentano nucleo, contengono l'emoglobina che permette di portare l'ossigeno a tutti i tessuti e l'anidride carbonica ai polmoni (che provvederanno, in seguito, ad eliminarla). I globuli bianchi sono più grandi, hanno un nucleo e svolgono una serie di funzioni correlate alla difesa dell'organismo
In cosa consiste un banco per il lavoro in sterilità? Esistono tipi diversi di cappe?
Cappe a flusso laminare verticale o orizzontale e cappe chimiche (d'aspirazione)

Scienze biomolecolari e tesi su zanzara
-Come si determina il sesso nell'uomo (3 fattori: cromosomico, differenziamento gonadi, fattori psicologici)
-DNA mitocondriale e quanti geni contiene
Il DNA mitocondriale svolge una funzione fondamentale per la sopravvivenza delle cellule: produce gli enzimi necessari alla realizzazione della fosforilazione ossidativa. Contiene 37 geni che codificano per 13 proteine.
-Omega 3 cosa sono
Sono Acidi Grassi polinsaturi, definiti essenziali (assunti necessariamente con la dieta). Gli omega 3 vengono per esempio proposti per combattere i trigliceridi alti, l'artrite reumatoide, la depressione, l'Alzheimer e altre forme di demenza, la sindrome da deficit di attenzione-iperattività e
l'asma.
-Veleni della pianta a cosa servono e esempi
-Batteriofago cos'è
Un batteriòfago o fago è un virus che infetta esclusivamente i batteri e sfrutta il loro apparato biosintetico per effettuare la replicazione virale. L'infezione virale del batterio ne causa la morte per lisi, ossia mediante rottura della membrana plasmatica dovuta all'accumulo della progenie nel citoplasma
-Elettroforesi. Quali gel si usano?
L'elettroforesi è una tecnica di laboratorio che si basa sul movimento,in campo elettrico, di particelle cariche verso l'elettrodo di carica opposta. Proteine ed acidi nucleici vengono separati in funzione della loro carica, forma, dimensione. Il mezzo di supporto utilizzato è il gel che può \

essere: Agarosio (per acidi nucleici e grandi proteine) o poliacrilammide (per separazione di proteine a basso peso molecolare).

Tesi in ambito oncologico (marcatori colon rectal cancer)

Definizione di alimento.

Si chiamano alimenti tutte le sostanze che l'organismo utilizza per: a) produrre calore, lavoro ed altre forme di energia; b) per riparare le perdite di materia cui continuamente va incontro, c) per accrescere la sua massa corporea; d) per regolare i normali processi fisiologici. Svolgono tutte queste funzioni grazie alla presenza dei principi nutritivi o nutrienti.

Massa magra. L'anziano ne ha più o meno?

(ne ha di meno e presenta una maggiore percentuale di massa grassa)

Quali sono gli organuli cellulari deputati alla sintesi proteica?

I ribosomi

sono presenti sia nei procarioti che negli eucarioti?

Questi complessi sono presenti in tutte le cellule

Ha presente la struttura dell'amido? Potrebbe definirmi la somiglianza con la cellulosa?

Sono due polimeri simili, sintetizzati da glucosio ma differiscono in base al legame: l'amido è costituito da legami alfa 1,4 tra le molecole di glucosio, la cellulosa invece ha legami beta 1,4 tra le molecole di glucosio

----

Tesi Biotecnologie mediche

-Cos'è un biomarcatore tumorale?

sono molecole rilevabili nel circolo sanguigno che possono indicare la presenza di un tumore. non si usano per screening ma per monitoraggio di un paziente e per valutare l'andamento delle cure.

- differenza allergia e intolleranza

L'allergia è una reazione che si manifesta in risposta ad un antigene (se parliamo di alimenti, meglio definirlo allergene). Nell'intolleranza, invece, il sistema immunitario non viene coinvolto. Si può definire come una reazione tossica dell'organismo (superata una certa soglia, si scatena)

-cos'è un test di screening e su chi si fa

Un test di screening è un esame che permette di identificare, in una popolazione considerata a rischio per una determinata malattia, quei soggetti che hanno maggiori probabilità di soffrirne

-perchè la temperatura aumenta e cos'è l'effetto serra?

I gas serra agiscono come un tetto di vetro: consentono alla luce solare di filtrare liberamente fino alla Terra, ma impediscono la rifrazione del calore. Questo effetto serra naturale fa sì che sulla Terra vi siano temperature vivibili. Tuttavia i gas serra prodotti dalle attività umane causano un accumulo eccessivo di calore che surriscalda il nostro pianeta. La causa principale del riscaldamento è il continuo aumento di gas a effetto serra che impediscono l'irradiazione del calore dalla Terra nello Spazio; quindi, gran parte dell'irradiazione viene nuovamente riflessa verso la terra, riscaldando l'aria in prossimità del suolo. Inoltre, le attività dell'uomo provocano un innalzamento eccessivo della concentrazione di gas serra nell'atmosfera (utilizzo di auto, fabbriche, ecc.)

-che vuol dire che i gas aumentano

-un gene per cosa codifica

Codifica per un polipeptide e non necessariamente per una proteine intera.

-come riduce la temperatura una pianta

(vaporizzazione dell'acqua)

Tesi neurobio (ha interrotto chiedendo se nel Western Blot hanno utilizzato il beta mercaptoetanolo e a cosa dovrebbe servire. E se invece esiste il western blot senza agenti denaturanti e a cosa serve - native PAGE)

Neuroni specchio
I neuroni specchio sono una classe di neuroni motori che si attiva involontariamente sia quando un individuo esegue un'azione finalizzata, sia quando lo stesso individuo osserva la medesima azione finalizzata compiuta da un altro soggetto qualunque. localizzati nell'area di broca e corteccia parietale inferiore.
Autotrofi ed Eterotrofi. Differenze ed esempi.

Fotosintesi. C'è la clorofilliana ma ne esistono altri tipi? Ci sono ad esempio dei batteri che utilizzano altri substrati?
Ad esempio la chemiosintesi. Alcuni organismi autotrofi vengono definiti chemiosintetici perchè ossidano, per avere energia, molecole inorganiche come azoto, zolfo, ferro ecc.

Tesi efficacia dieta low formato in pazienti con colon irritabile.
Corso di laurea in nutrizione
Dieta mediterranea

codice deontologico

Emanazione di norme di etica professionale che tutti gli iscritti all'Albo, persone fisiche e società, debbono conoscere, riconoscere ed osservare, e l'ignoranza delle medesime non esime dalla responsabilità disciplinare. Approvato dal Consiglio dell'Ordine con delibera del 24 gennaio 2019
mansioni biologo

Cos'è un enzima?
Gli enzimi sono catalizzatori biologici di natura proteica, in grado di legare una o più sostanze reagenti (substrati).
È vero che ogni gene codifica per una proteina?
ogni gene codifica per un polipeptide e non necessariamente per una proteina intera
Quanti geni codificano per la Rubisco? Rubisco fissazione della CO2, 21 forse

Cellule totipotenti delle cellule vegetali
La totipotenza è la proprietà delle cellule vegetali o di una singola cellula staminale animale di svilupparsi in un intero organismo e persino in tessuti extra-embrionali. Un esempio di cellula totipotente è il blastomero.

Tesi nutrizione (dieta chetogenica)
Nel suo percorso di tesi, quali alimenti venivano somministrati ai pz?
Requisiti normativi del biologo nutrizionista per l'esercizio della professione.
Emanati dal DPR 396/67 afferma testualmente che formano oggetto della professione di biologo le attività di "valutazione dei bisogni nutritivi ed energetici dell'uomo". Per l'esercizio della professione bisogna aver sostenuto l'esame di stato ed essere iscritti all'ONB, bisogna iscriversi all'ENPAB, richiedere il timbro all'ONB, non è necessario aver seguito un percorso di laurea in nutrizione.
Quanti genomi può contenere una cellula Euk. Il genoma nucleare è l'unico?
Due: genoma nucleare e genoma mitocondriale

Teoria endosimbiontica
teoria che spiega la presenza dei mitocondri all'interno delle cellule eucariote.
I mitocondri ed i cloroplasti sono entrambi organelli che una volta erano cellule libere. I mitocondri una volta erano procarioti che finirono all'interno di altre cellule (cellule ospite). Sia i mitocondri sia i cloroplasti potrebbero essere entrati in una cellula venendo mangiati (fagocitosi), oppure, forse, erano parassiti di quella cellula ospite. Piuttosto che essere digerita o uccisa dalla cellula ospite, la cellula procariotica è sopravvissuta.

Biologia della salute e tesi con test di citotox con MTT
-chi richiede test a un lab analisi
Il medico
-appropriatezza prescrittiva
chiedere l'esame appropriato al quesito diagnostico
-specificità e sensibilità
specificità: capacità di un test diagnostico di individuare correttamente i soggetti sani. sensibilità: capacità di un test diagnostico di individuare correttamente i soggetti malati.
-perchè si bandeggiano cromosomi
per mettere in risalto le bande ed evidenziare eventuali aberrazioni
-cos'è la PCR
è una tecnica di biologia molecolare che consente la moltiplicazione (*amplificazione*) di frammenti di acidi nucleici dei quali si conoscono le sequenze nucleotidiche iniziali e terminali. L'amplificazione mediante PCR consente di ottenere *in vitro* molto rapidamente la quantità di materiale genetico necessaria per le successive applicazioni.
-perchè l'arabidopsis è una pianta famosa
è un importante sistema modello per identificare i geni e determinare la loro funzione
-cos'è la drosophila (entrambi modello genetico)
Moscerino della frutta. Utilizzato come organismo modello in genetica. Morgan e colleghi estesero il lavoro di Mendel descrivendo i meccanismi ereditari legati al cromosoma X e dimostrando che i geni collocati su uno stesso cromosoma non mostravano ricombinazioni genetiche. Gli studi sulle caratteristiche collegate al cromosoma X hanno aiutato a confermare che i geni si trovano nei
cromosomi, mentre altri studi sulle caratteristiche morfologiche di Drosophila hanno portato alle prime mappe che mostravano le locazioni dei geni sui cromosomi.
-perchè i nutrizionisti nelle diete suggeriscono la mozzarella (contenuto d'acqua)

Tesi sperimentale per sistema di rilevazione di anticorpi
-Regione pseudoautosomica
Alle estremità dei cromosomi X e Y vi sono le regioni pseudoautosomiche (PAR) che contengono geni coinvolti nel corretto sviluppo di molti organi (es. Sistema nervoso). Si comportano come autosomi e vanno incontro a crossing-over durante la meiosi.

-Gene SRY
Sry sta per Sex determining Region Y ed è un gene che codifica per il fattore TDF; quest'ultimo è un fattore di trascrizione con un'importanza fondamentale nel determinare il sesso. In fase di gestazione, sotto controllo genico, le cellule della gonade primordiale esprimono (4 - 5 settimana gestazione) la proteina SRY e da indifferenziate "virano" verso lo sviluppo maschile. Ovviamente, il gene SRY si trova sul cromosoma Y!
-criteri accettabilità campione in un lab di patologia clinica
identificazione paziente, info necessarie per esecuzione test, contenitore idoneo ed integro, prelievo effettuato correttamente, no coaguli, non esposizione a luce , paziente a digiuno.
-descrivere l'emoglobina e con cosa lega l'O2
l'emoglobina è una proteina nei globuli rossi che trasporta l'ossigeno nel sangue. è costituita da due catene alfa e due catene beta. Nell'emoglobina ciascuna subunità lega un gruppo eme, quindi l'emoglobina può legare 4 molecole di ossigeno
-ci sono zuccheri nelle mozzarelle
è presente il lattosio
-cos'è il glutine
Col termine glutine viene indicato un complesso proteico tipico di alcuni cereali caratterizzato, a livello chimico, dall'essere insolubile in ambiente acquoso.

-anticorpi policlonali e monoclonalik89

Gli anticorpi policlonali riconoscono epitopi diversi di uno stesso antigene, sono poco specifici e potrebbero legare anche altre molecole in maniera aspecifica. Gli anticorpi monoclonali sono specifici per un epitopo e garantiscono il legame ad una proteina specifica. Nella pratica di laboratorio, se ibridizziamo una membrana non anticorpi policlonali otterremo più bande mentre con gli anticorpi 7 da un solo tipo di cellula immunitaria (cioè da un clone cellulare).

Tesi trattamenti con ultrasuoni su lievito probiotici

-cos'è l'emocromo che tipo di diagnosi si può fare

L'emocromo valuta le cellule circolanti nel sangue. Determina lo stato generale di salute del paziente, infezioni, anemie , leucemie, disordini della coagulazione

-se un globulo rosso è più piccolo cosa vuol dire

possibile microcitemia e talassemia

-primo step emostasi e perché la coagulazione avviene in vivo

adesione piastrinica. Avviene in vivo perchè le piastrine sono in circolo ed aderiscono una volta arrivate in prossimità della breccia

-cos'è il genome editing e esempi

L'Editing genomico è un tipo di ingegneria genetica in cui il DNA è inserito, cancellato, modificato, o rimpiazzato dal genoma dell'organismo vivente. (insulina).

Esistono OGM batterici?

Sì, quelli che ad esempio sono stati ingegnerizzati per produrre farmaci.

-quanto genoma è comune tra madre e figlio

50% del genoma nucleare + genoma mitocondriale

Tesi per valutare la cinetica dell'assorbimento di un farmaco attraverso valutazione del calore di reazione

-come si trasmettono i caratteri dei geni legati all'X

-chi è portatore e chi presenta la malattia e con che percentuali si trasmette

-quali lab di analisi conosce

-decreto legge Craxi per suddivisione lab

-mosaicismo cromosomico

-il pH influenza la conservazione delle conserve alimentari?

pH al di sotto del quale le spore non germinano(4,2)

-gli OGM sono nella nostra alimentazione?

-quando un OGM può diventare pericoloso?

-differenze tra cisgenici e transgenici

Tecnicamente sono definiti organismi transgenici quegli organismi in cui i geni inseriti provengono da specie diverse (ad esempio geni di origine animale inseriti in piante) mentre si indicano come organismi cisgenici quelli in cui si modificano/integrano geni appartenenti alla pianta stessa o a specie correlate.

Tesi **su etichettatura e vende prodotti biologici**

-campana che avvolge candela accesa e pianta: la candela rimane accesa?

(candela si spegne per la mancanza di luce alla pianta)

-i colori dei frutti ad es il licopene quale funzione positiva ha sull'uomo

Il licopene ha azione anti-ossidante, contrastando i radicali liberi.

-qual è l'effetto dei raggi uv sul DNA

Effetto mutageno. Gli UV portano alla formazione dei dimeri di timina i quali causano mutazioni sia interferendo con la replicazione, sia causando errori durante la riparazione del DNA.

-malattie multifattoriali ed esempio
Dovute all'effetto congiunto di geni ed ambiente. Si parla di familiarità perché pur esistendo un aumento di rischio per i parenti degli individui affetti, si tratta di un rischio piuttosto modesto e non riconducibile a un singolo gene. (ipertensione, diabete, asma, obesità)

Scienze alimentazione a San Raffaele tesi su chetogenica in ambito sportivo
-cos'è un test genetico
Per test genetico si intende l'analisi a scopo clinico di DNA, RNA, cromosomi, proteine, metaboliti o altri prodotti genici, effettuata per evidenziare genotipi, mutazioni, fenotipi o cariotipi correlati o meno con patologie ereditabili umane.
-mutazioni del DNA
La mutazione è un cambiamento di coppia di basi o un cambiamento in cromosoma, che altera la lettura della sequenza delle basi del DNA. Se una mutazione avviene a livello di basi si parla di mutazioni geniche e quando coinvolge una sola base si parla di mutazioni puntiformi
-la biodiversità ha un valore economico?
La biodiversità è la grande varietà di animali, piante, funghi e microrganismi che costituiscono il nostro Pianeta. Una molteplicità di specie e organismi che, in relazione tra loro, creano un equilibrio fondamentale per la vita sulla Terra. La biodiversità infatti garantisce cibo, acqua pulita, ripari sicuri e risorse, fondamentali per la nostra sopravvivenza quindi ha un enorme valore economico
-effetto serra
-ELISA

Tesi su nutrizicromosomi haone artificiale di pazienti non autosufficienti
-Anomalie cromosomiche di numero. Aneuploidie
Come avvengono? è causata da un evento meiotico non-disgiunzionale che si verifica in un gamete (uno spermatozoo o una cellula uovo) nel corso della meiosi, quando non si ha la separazione dei cromosomi omologhi in anafase I, o se non si verifica nel corso della meiosi II la separazione dei cromatidi fratelli. Es. sindrome di Down (può anche essere dovuta a traslocazione robertsoniane o a mosaicismo).

Quanti il pz? Il paziente con sindrome di down presenta 47 cromosomi.
-imprinting genomico
L'imprinting genomico o imprinting genetico indica una modulazione della espressione di una parte del materiale genetico: tale modifica può riguardare l'uno o l'altro dei due corredi parentali.
-cos'è la fibrosi cistica (mutazione gene cftr)
La fibrosi cistica è una malattia autosomica recessiva, la più comune nella popolazione caucasoide.E' determinata da mutazione su gene CF, che è espresso da proteina CFTR. Data l'incidenza elevata, si effettua screening su uno o entrambi i genitori; se evidenziata la presenza di mutazione su uno o entrambi i genitori, si può effettuare esame sul feto. Di solito, durante la gravidanza si effettuano esami su campioni amniocentici, villi coriali.
-come si scrive la sindrome di Down. Perchè si chiama così?
-come si allestisce una coltura batterica pura.
-nel parmigiano ci sono batteri?
No, fanno fermentazione lattica e poi muoiono
-fibre dietetiche solubili/insolubili

dieta chetogenica, integratori, cosa può prescrivere un nutrizionista Vs medico Vs dietista, compliance delle diete, dieta yoyo, quanti genomi può contenere una cell eucariote, quali sono i comparti biologici in Acqua, biomagnificazione, indicatori biologici, zebrafish, virus verso batteri, regni e domini, monera, sicurezza alimentare, tossicità (acuta cronica ecc), sistema qualità, cellula vegetale, fotosintesi e respirazione cellulare, cancerogeni, le cappe in laboratorio, cromatografia, riguardatevi qualche notizia sul covid, autotrofi ed eterotrofi, traduzione e ribosomi, mitocondri e DNA mitocondriale, plastidi, plasmide

Laurea in Biotec medico-farmaceutiche
Tesi: Rna non codificante 45 a correlato alla progressione del neuroblastoma
-Cosa si intende per alimento?
Composto chimico di più elementi che fornisce energia a un organismo dopo la sua digestione
-Real time PCR
Tipologia di PCR quali-quantitativa. Nella master mix sono presenti anche delle sonde dette taqman o degli intercalanti fluorescenti. Durante la fase di annealing sia i primer che le sonde taqman o gli intercalanti legano le loro sequenze complementari. Nella fase di allungamento la sintesi del nuovo filamento da parte della polimerasi consente di rilasciare la fluorescenza delle taqman e dell'intercalante che viene emessa in maniera proporzionale alla concentrazione di sequenze complementari alla taqman e all'interferente rendendo possibile la quantificazione della loro concentrazione.
-Perché si chiama Real Time?
È possibile monitorare in tempo reale l'andamento della reazione di sintesi di DNA in base alla fluorescenza emessa dal campione
-Specie aliene invasive
Specie di un habitat diverso di quello preso in considerazione che una volta approdate in questo habitat, entrano in competizione con le specie autoctone
-Enzimi di restrizione
enzimi in grado di tagliare una sequenza nucleotidica
-Che tipo di sequenze riconoscono?
Sequenze specifiche in base all'enzima. Quelli di tipo I fanno tagli casuali 78 lungo il DNA; Quelli di tipo III riconoscono 5/6 paia di basi ma eseguono il taglio 25 paia di basi dopo; Quelli di classe II sono quelli adoperati in ingegneria genetica (plasmide) e operano il taglio su sequenze palindromiche dando luogo a sticky ends lungo il frammento
-**Cos' è l'apoptosi?**
Morte cellulare programmata
-Visto che è programmata, fisiologicamente a cosa serve?
Per l'omeostasi cellulare

Laurea in Biologia cell e molecolare
Tesi: sviluppo approccio diagnostico per paralisi ... con cellule staminali

-**Neoplasie sono malattie genetiche? è ereditaria?**
Multifattoriali. La maggior parte non è ereditaria.
-Accreditamento istituzionale laboratorio analisi
-Chi è che accredita?

-Autotrofia ed eterotrofia? Esempi…
Organismi autotrofi sono organismi che utilizzano l'energia solare come fonte primaria; gli eterotrofi hanno come fonte di energia primaria altri organismi
-Xylella

-Chi è l'assessore all'agricoltura
-Cos'è un insetto? com'è fatto? come si distinguono gli insetti?

-Immunoglobuline

Lavora in un lab di genetica medica

Tesi: Fattori genetici implicati in disturbi autistici

domande di curiosità sulla tesi

-Traslocazione Robertsoniana

-Fibrosi cistica (percentuale di diffusione, quanto vive un malato di fibrosi cistica- 40 anni circa)i8

-Effetto serra

-Western blot

Tesi: Aspetti patologici e genetici del carcinoma al colon

-Colorazione Gram + Gram - Cosa si colora?

Il batterio si colora se non ha peptidoglicano nella composizione della parete, non si colora se invece è presente nella parete. La colorazione è un elemento base per la sistematica.

-Gascromatografia - Su quale sostanze viene usata?

-Test di tossicità?

-Se voglio testare una nuova sostanza chimica cosa devo fare?

-Laboratorio patologia clinica cosa fa? diagnostica (70% patologie grazie al laboratorio analisi), monitoraggio

-Cos'è il Controllo di qualità interno? CQI

-Che tipo di errori posso controllare tramite il CQI? errori casuali

-Parametri che si utilizzano nel controllo

-Cos'è la media? deviazione standard? coefficiente di variazione ?(coeff di variazione è il valore % della deviazione standard)

Tesi: questionario sul glutine

-Cos'è l'estrazione del DNA?

-Quanti tipi di RNA conosce? e cosa sono?

-Albero genealogico

-Cos'è l'epigenetica?

E' la scienza che studia i cambiamenti del fenotipo, non accompagnata da cambiamenti del genotipo. I meccanismi epigenetici conosciuti sono Metilazione, acetilazione, suboilazione, ubiquitazione e fosforilazione delle code istoniche, produzione di MicroRNA non codificanti e metilazione del Dna. Tra i meccanismi epigenetici discussi ci sono: l'imprinting genomico che avviene tramite il processo di metilazione che porta all'esclusione dall'attivazione di uno dei due alleli facenti parte di un cromosoma e il silenziamento del cromosoma X.

-Cos'è un enzima? Cosa fa?

Abbassa l'energia di attivazione necessaria a far svolgere una reazione, rendendola così più veloce.

-HACCP cos'è?

Biotec mediche triennale e biologia generale e molecolare magistrale

Tesi: quercetina

-Cos'è il retinoblastoma? (lo ha nominato lei) su quale cromosoma è localizzato?

-Cosa fa il gene è RB?

-Cos'è un ciclo cellulare? -cicline

-Come avviene il differenziamento sessuale nell'uomo?

Primo parametro è il corredo cromosomico, poi differenziamento caratteri sessuali secondari

-domanda sulla tesi
-Differenze principali tra cellula vegetale e cellula animale
-Pastorizzazione cos'è? a basse temperature e ad alte temperature differenze (vuole esempi)

Diagnostica molecolare
Tesi: colture di cellulari primarie per valutare interazioni tra i due tipi cellulari (di cui una tumorale) valutando effetti sia sia su soggetti diabetici che soggetti sani.

-Triploidia e tetraploidia
-Come origina una cellula triploide? è compatibile con la vita? ci sono eccezioni?
-Come origina una cellula tetraploidia?
Si ha la divisione del DNA, ma non la divisione cellulare
-Cosa si intende per espressione genica?
-Un gene codifica solo per un unico mRna (polipeptide) oppure anche per due? splicing alternativo
-Differenza tra fotosintesi e respirazione cellulare?
-Le piante quando respirano? di giorno, di notte o sia di giorno che di notte?
-Tutti i tessuti delle piante respirano?

Tesi: in scienze dell'alimentazione. Ruolo di una dieta con alto contenuto di acidi grassi e carboidrati sul metabolismo

-Fibre dietetiche
-esempio di fibra solubile (inulina)

-Malattie multifattoriali
-Modello di trasmissione delle malattie multifattoriale? Effetto soglia ad esempio è un modello di trasmissione.
-f
-Cos'è la tubulina? (visto che lei non sapeva dire come fa la colchicina a bloccare le cellule, ha provato ad aiutarla facendo questa domanda per farla arrivare alla risposta)
-Cos'è un analita?
-Il cut off cos'è? è un punto, al di sotto il risultato è negativo, al di sopra il risultato è positivo

-Com'è composta l'atmosfera?

Biotec molecolari
-Errori di patologia clinica?
-Controllo qualità interno

-Cos'è il mimetismo?
-Procarioti ed eucarioti
-Produzione Anticorpi artificiali Dove si fanno in genere anticorpi monoclonali (topi) **e quelli policlonali** (conigli)

Biotec mediche
Lavora su tessuti tumorali tramite sequenziamento di nuova generazione per trovare carico mutazionale

domande sulla tesi

-Metodi di sequenziamento
-Progetto Genoma Umano
-Effetto UV per degradazione DNA cos'è xeroderma pigmentoso? cosa succede a livello molecolare?
-Differenza tra mitosi e meiosi a livello di risultati

Tesi su DNA antico

-Differenza tra specificità e sensibilità analitica
La sensibilità e la specificità sono due criteri che vengono impiegati per valutare la capacità di un test di individuare, fra le unità di una popolazione, quelle provviste del «carattere» ricercatoh67 e quelle che invece ne sono prive. Sensibilità = capacità di evitare falsi negativi; Specificità = capacità di evitare falsi positivi.
-Differenza tra intolleranze e allergie
Per intolleranza si intende la reazione anomala dell'organismo ad una sostanza estranea, non mediata dal sistema immunitario. Per allergia si intende la reazione anomala del sistema immunitario che si esprime con la produzione di IgE; può presentarsi con sintomi gravi e sfociare nello shock anafilattico.
-Beta talassemia?

Laurea in Biologia della salute
Tesi: alimentazione degli sportivi

-Codice deontologico
-Prelievo ematico - in un neonato come si fa? (tallone del piede)
-Cromosomi umani
In base alla posizione del centromero si distinguono quindi cromosomi: Telocentrici: centromero in posizione terminale. Acrocentrici: centromero in posizione subterminale (in prossimità di una delle estremità). Submetacentrici: centromero in posizione submediana. Metacentrici: centromero in posizione mediana

-Cosa può essere un composto antinutrizionale?
I composti antinutrizionali (o antinutrienti) sono sostanze naturali o di sintesi che interferiscono con l'assorbimento dei nutrienti. Es. Cellulosa
Nei legumi ci sono composti antinutrizionali?
Inibitori delle proteasi: i legumi contengono inibitori della tripsina, fondamentale enzima digestivo che permette l'assorbimento delle proteine.

Laurea in biotecnologie
Tesi: SLA
-Totipotenza cellule vegetali (tecnica di propagazione)
-Appertizzazione (simile alla pastorizzazione però nei cibi in scatola).
-Pastorizzazione
Trattamento termico a temperatura inferiore a quella di ebollizione, cui vengono sottoposti determinati alimenti liquidi (latte, vino, ecc.) facilmente deteriorabili, per distruggere i germi patogeni in essi contenuti; per il latte, il processo attualmente più usato (denominato HTST) comprende la filtrazione, il preriscaldamento, la pastorizzazione a 78-80 °C per 4-5 secondi e, infine, il raffreddamento a 4 °C.
-Tempo d di pastorizzazione in base a cosa si decide?
in base alla concentrazione iniziale e il peso del barattolo.
-Quali tipi di professionisti lavorano in un lab. di patologia clinica?
In possesso di specializzazione in patologia clinica (?)
-Come si formano questi professionisti?

-Quanti tipi di laboratori esistono? decreto Craxi '84

1) laboratori generali di base;
2) laboratori specializzati;
3) laboratori generali di base con settori specializzati.

Laurea in Biotec, Dottorato in Patologia Oncologica
Tesi Dottorato

-Cromosoma philadelphia
-Biomarcatori tumorali
-Perché si bandeggiano i cromosomi? Nome di qualche tipo di bandeggio?

-Pastorizzazione valore Z (per riduzione decimale comunità microbica)
-Principale fattore limitante per crescita delle piante (acqua)

Laurea in Genomica
Tesi con sistema CRISPR-Cas

-Applicazioni recenti di CRISPR che aiutano la genetica inversa?
-Interferenza dell'RNA che problematiche può dare? (riduce espressione, ma non la spegne del tutto, mentre CRISPR come il knock out determina lo spegnimento del gene)

-Emostasi (cosa succede se ho una ferita)
-Emofilia
L'emofilia è una malattia di origine genetica, che causa un difetto nella coagulazione del sangue.
-Dove mappano i geni dell'emofilia? (malattia legata all'X)

-Cos'è il glutine?

-Cos'è un plasmidio? Dove vivono in natura i plasmidi? (batteri)
-Come li utilizziamo noi i plasmidi? (ingegneria genetica)
-Cos'è la sicurezza alimentare?
-Organismi modelli per test tossicità - Cosa si usa dei vegetali per i test? una pianta intera? (semi)
-Livelli di tossicità
-Danni creati da un inquinante

Laurea biotecnologie mediche
Esperienza lavorativa -> sequenziamento NGS
Altri tipi di sequenz. -> Sanger -> progetto Genoma umano
Effetti UV sul DNA -> xeroderma pigmentoso
Differenza tra mitosi e meiosi

-Laurea in Nutrizione. Tesi su ovaio policistico e tiroidite di Hashimoto e trattamento con inositolo
-**obesità infantile**. In Europa, l'italia è il paese messo peggio a causa dell'alimentazione e dello stile di vita. Tendiamo a dare ai nostri figli cibo ultra lavorato fin da quando sono piccoli e ad abituarli a gusti "artificiali" come il dolce e il salato.

-**Differenza tra numero di cellule rispetto al volume nell'infanzia**? Da bambini, quando assumiamo troppe calorie rispetto al necessario, nel tessuto adiposo vengono prodotte nuove cellule adipose e il grasso si accumula lì. Da adulti invece il grasso si accumula nelle cellule adipose già presenti e l'organismo non ne può produrre di nuove. Un bambino obeso sarà facilmente anche un adulto obeso, perché avrà un numero maggiore di cellule adipose che possono accogliere il grasso. Per questo è importante prevenire l'obesità infantile.
- **cosa sono i biomarkers**? Sono molecole la cui presenza nei fluidi biologici è indicativa di un processo fisiologico o patologico in corso. Vengono utilizzati per esempio per diagnosticare precocemente malattie come i tumori e attuare le giuste misure di prevenzione secondaria.

-Tesi su nuova molecola come agente di contrasto/bioimaging; tecniche di citotossicità; modelli animali
-che modelli avete usato? Mus musculus (topo)
- **temperatura nei microorganismi**? il calore è un **battericida** o un batteriostatico? cuciniamo per dare "appetitosità" ai cibi ma anche per distruggere i microorganismi.
- cosa sono gli Cnidari? ritira la domanda xD credendo che la candidata avesse usato un modello marino...comunque sarebbero ad esempio la meduse

----

-Laurea in neurobiologia+ PhD, organoidi
- che sviluppi ci potranno essere? (modello di malattia, drug screening)
- **che cos'è un virus?** per quanto riguarda il coronavirus, che virus è in termini di codice genetico? è virus a RNA a senso +; avendo tropismo per cellule di apparato respiratorio inferiore causa una patologia con sintomi più gravi di altri
- **cos'è una zoonosi**? malattia infettiva che viene trasmessa dall'animale all'uomo

----

-Lavora nella quality assurance dei farmaci; laurea in biologia molecolare + specializzazione in biochimica clinica, tesi su analisi di un vaccino con antigene che potesse coprire più ceppi di E. coli possibili
-**in base a cosa si distinguono i batteri Gram + dai -**? colorazione di Gram, che colora in maniera differente i batteri che presentano il peptidoglicano (nella parete?)

- -parlando dell'esame delle urine, **cosa si può trovare un esame chimico-fisico delle urine**? oltre ai batteri di cui si è già parlato, glucosio (indice di glucosuria), proteine, bilirubina...

- cosa si intende con **sostanza/agente xenobiotico?** una sostanza di qualsiasi tipo, di origine naturale o sintetica, estranea all'organismo, che può esplicare funzioni dannose, ma anche di farmaco. (Farmaci e integratori sono xenobiotici)

-laurea in nutrizione - tesi su certificazioni nella filiera agroalimentari, prodotti DOP, SGP.........
-nel contesto della sicurezza alimentare, quale tecnica viene usata per garantire la qualità degli alimenti? **HACCP** + rintracciabilità. Approfondimento su HACCP. Secondo lei, qual è un punto critico di controllo nell'azienda di cui ha parlato (prosciuttificio)? al momento della macellazione, possibile contaminazione fisica, chimica e microbiologica. evidenzia che un punto critico è lo stoccaggio.
- brevemente, qual è la **differenza tra una cellula vegetale e una animale**? presenza di cloroplasti, grande vacuolo, parete cellulare vegetale. (ha detto letteralmente così e a è piaciuto)

-laurea biologia cellulare e molecolare, tesi su tossine batteriche, CNF1 di E. coli e tumorigenesi. Ora QA in azienda farma
-i **microrganismi sono più sensibili** più ad un **calore umido** o secco? il calore, ad una certa temperatura (es. 80°C), determina la denaturazione proteica. Più sensibile a calore umido; es. Clostridium botulinum con 20minuti a 150° si disattiva più facilmente rispetto a calore secco a 150°C , ma servono 2 ore per ucciderlo.
- (sembra che legga da qualche parte la domanda) **biomonitoraggio**. Utilizzo di modello (organismo o comunità di organismi /popolazione) per monitorare la qualità di un ambiente. per es. nell'ambiente acquatico viene usato Posidonia oceanica-->è una pianta acquatica! Ottimo bioindicatore delle acqua costiere.

-ha lavorato/studiato igiene, sicurezza alimentare...
- differenza tra microscopio (per vedere le cellule di un organismo) e stereoscopio (per vedere una foglia o zampa insetto).
- **perchè in un'azienda alimentare vengono usati indumenti di colore chiaro**? per evidenziare lo sporco
-contaminazione primaria, secondaria, terziaria di un alimento. come agisce il legame freddo sui microrganismi? refrigerazione, congelamento, surgelazione. **il freddo limita la proliferazione batterica** o uccide i microrganismi? è un **batteriostatico,** abbatte la carica microbica
- mai sentito parlare **dell'anisakis**?parassita, contaminazione alimentare del pesce crudo. Il pesce crudo va abbattuto per 24 ore a -20°C (abbattitore rapido) o 96 ore a -18 °C (congelatore di casa) se è abbattuto e poi scongelato, i batteri cresceranno

----

-Laurea in genomica funzionale + PhD , ricerca sul metabolismo, ormone intestinale "della fame" grelina, ha usato modelli animali, test biochimici, western blot, uso di particelle magnetiche per rilevazione di analiti...
-SanSeb: come avviene l'interazione con le particelle magnetiche e come potresti chiamarla in generale? basata sul principio di ELISA: anticorpo legato alle biglie che riconosce un particolare antigene. In ELISA assomigli a immunorivelazione, ma SanSeb dice che qui le biglie servono per separare, quindi immunoprecipitazione
- **ormone leptina** (comunque inerente a quello che aveva fatto)
- quali possono essere gli inquinanti ambientali?
idrocarburi prodotte da fabbriche e industrie, metalli pesanti, attività 5di combustione incompleta.
e secondo lei i farmaci?
si, quando non c'è un corretto smaltimento.

(Laurea in farmacologia)
-differenza plasma e siero (Il plasma è la parte liquida del sangue: dal caratteristico colore giallo paglierino è composto per il 90% da acqua, in cui sono disciolti sali e proteine plasmatiche: albumina, fibrinogeno e fattori della coagulazione prodotti dal fegato, le immunoglobuline (o anticorpi per la difesa) prodotte dai linfociti.
Il siero sanguigno – o più semplicemente "siero" – è semplicemente plasma privo di fibrinogeno, fattore VIII, fattore V e protrombina.)
-Qual è il fattore coagulante più importante (fibrinogeno che, nella forma attiva di fibrina, forma un reticolo attorno alle piastrine)
-Cosa è una simbiosi e fare un esempio
La simbiosi è qualsiasi tipo di interazione biologica stretta e a lungo termine tra due diversi organismi biologici, sia essa mutualistica, commensalistica o parassitaria. Gli organismi, ciascuno definito simbionte, possono essere della stessa specie o di specie diverse. Es. Uomo-flora batterica, Pesce pagliaccio-Anemone di mare
-Cosa sono i licheni
I licheni sono organismi simbionti derivanti dall'associazione di un organismo autotrofo, e un fungo. Sono caratterizzati da un tallo e vengono classificati basandosi sulla tassonomia della specie fungina.

-Cosa è il codice deontologico (Emanazione di norme di etica professionale che tutti gli iscritti all'Albo, persone fisiche e società, debbono conoscere, riconoscere ed osservare, e l'ignoranza delle medesime non esime dalla responsabilità disciplinare. Approvato dal Consiglio dell'Ordine con delibera del 24 gennaio 2019.)

-Quale legge istituisce la professione del biologo (legge 396/67)
-Bioaccumulo e biomagnificazione

-Dal punto di vista alimentare quali sono i carboidrati disponibili?
-I carboidrati disponibili dove vengono assorbiti?
-A quale gruppo di animali appartengono i ratti? (domanda correlata alla sua tesi)
-I ratti sono animali sociali o solitari? Apprendono? (sono animali sociali e sono in grado di apprendere per tutta la vita)
-Esempio di animale sociale (cioè animali che vivono in società. Esempio cane)
-Esempio di animale solitario, che vive da solo (serpente)

-Tropismo del SARS COVID 19, cioè dove si localizza (vie respiratorie inferiori)
-Come è fatto il virus del covid19

-Il virus del covid 19 come si lega alla cellula umana? (si lega, tramite la proteina spike, ai recettori ACE2 espressi a livello dei capillari dei polmoni)
-Differenza PCR e RealTime PCR
PCR amplifica segmenti di DNA, Real Time PCR permette di amplificare segmenti e quantificarli in tempo reale.

-Lyonizzazione (inattivazione di un cromosoma X femminile)
-Esempio organismo autotrofo
le piante
-Esiste solo la fotosintesi oppure ne esistono altri tipi che utilizzano altri substrati? (Ad esempio la chemiosintesi. Alcuni organismi autotrofi vengono definiti chemiosintetici perchè ossidano, per avere energia, molecole inorganiche come azoto, zolfo, ferro ecc)

-Livelli di tossicità e danni creati dagli inquinanti
-Esempio biondicatore per la qualità del suolo (artropodi)
-Dove avviene maturazione dei linfociti (la maturazione dei linfociti T avviene nel timo, quella dei linfociti B nel midollo osseo)

-Microbiota
Microbiota si riferisce a una popolazione di microrganismi che colonizza un determinato luogo.
-Esempio di ectoparassita (parassita che attacca la superficie del corpo, come le zanzare)

Tesi su patologia nervo ottico e utilizzo di cromatografia

-Cos'è un integratore alimentare
prodotto specifico, assunto parallelamente alla regolare alimentazione, volto a favorire l'assunzione di determinati principi nutritivi.
-Che c'entra il Biologo con gli integratori
Il biologo nutrizionista può consigliare degli integratori ad un cliente
-Cos'è la calorimetria
è l'insieme delle tecniche di misurazione delle quantità di calore cedute o assorbite durante reazioni chimiche, passaggi di stato e altri processi chimici e fisici, ai fini di determinare i calori specifici, le capacità termiche, i calori latenti relativi alle sostanze, ai corpi e ai processi in esame.
https://www.obesita.org/calcolo-del-metabolismo-basale-la-calorimetria/
-Cos'è l'appertizzazione
Utile per abbassare la carica microbica ma non per la sterilizzazione. Simile alla pastorizzazione, si utilizza per la conservazione dei cibi in scatola.

-Trasmissione malattie legate al DNA mitocondriale
Possono essere trasmesse ai figli solo dalla madre. I mitocondri provengono esclusivamente dalla cellula uovo e sono, quindi, di origine materna. Comprendono i difetti della fosforilazione ossidativa (es. sindrome di Leigh)
-Differenze DNA mit e cromosomiale
mtDNA diverso dal nucleare perché: circolarità del doppio filamento di nucleotidi, il contenuto di geni (che è solo di 37 elementi) e la quasi totale assenza di sequenze di nucleotidi non codificanti.
-Sono presenti istoni sul DNA78 mitocondriale?
No
-Quanti geni sono stimati sul DNA mit?
37 circa
-Cos'è l'apoptosi?
processo di morte cellulare controllato geneticamente
-Cos'è un termociclatore
Strumento di laboratorio in grado di condurre automaticamente le determinate variazioni cicliche di temperatura necessarie all'amplificazione enzimatica di sequenze di DNA in vitro attraverso la reazione a catena della polimerasi (PCR).

Tesi disponibilità dell'acqua

-Cos'è un virus e come replica
Entità biologica con caratteristiche di parassita obbligato, in quanto si replica esclusivamente all'interno delle cellule degli organismi. Quando non si trovano all'interno di una cellula infetta o nella fase di infettarne una, i virus esistono in forma di particelle indipendenti e inattive. Queste particelle virali, note anche come virioni, sono costituite da due o tre parti: (I) il materiale genetico costituito da DNA o RNA, lunghe molecole che trasportano le informazioni genetiche; (II) un rivestimento proteico, chiamato capside, che circonda e protegge il materiale genetico; e in alcuni casi (III) una sacca di lipidi che circonda il rivestimento proteico quando sono fuori dalla cellula. I virioni possono avere forme semplici, elicoidali e icosaedriche, ma anche architetture più complesse.
I virus non sono in grado di riprodursi attraverso la divisione cellulare poiché non sono cellule. Pertanto sfruttano il metabolismo e le risorse di una cellula ospite per produrre copie multiple di sé che si *assemblano* nella cellula. La replica consiste nella sintesi dell'RNA messaggero (mRNA) virale dai geni "*early*" (con eccezioni per i virus RNA a senso positivo), la sintesi proteica virale, il possibile montaggio delle proteine virali, quindi la replicazione del genoma virale. Questo può essere seguito, per i virus più complessi con genomi più grandi, da parte di uno o più cicli di sintesi di mRNA.
-Cos'è l'aggiornamento per un Biologo
Art. 9 del codice deontologico. Il Biologo deve costantemente "formarsi". La certificazione dell'aggiornamento continuo avviene tramite crediti E.C.M (150 crediti in 3 anni).

-Cos'è il codice deontologico
Emanazione di norme di etica professionale che tutti gli iscritti all'Albo, persone fisiche e società, debbono conoscere, riconoscere ed osservare, e l'ignoranza delle medesime non esime dalla responsabilità disciplinare. Approvato dal Consiglio dell'Ordine con delibera del 24 gennaio 2019.

-Esempi di alcuni titoli del codice

-Cos'è il codice genetico
E' un codice utilizzato per la traduzione dell'informazione codificata nei nucleotidi dei geni codificanti proteine. Vi sono quindi codoni formati da 3 basi che con la loro distribuzione danno un tipo di amminoacido diverso. Poiché le basi sono 4, se le raggruppiamo in gruppi di 3, si ottengono 64 combinazioni diverse. Esistono anche i codoni di inizio e di stop. Viene per questo definito "degenerato" in quanto più triplette codificano per lo stesso amminoacido.

-Differenze siero e plasma

Il plasma è la parte liquida del sangue: dal caratteristico colore giallo paglierino è composto per il 90% da acqua, in cui sono disciolti sali e proteine plasmatiche: albumina, fibrinogeno e fattori della coagulazione prodotti dal fegato, le immunoglobuline (o anticorpi per la difesa) prodotte dai linfociti.

Il siero sanguigno – o più semplicemente "siero" – è semplicemente plasma privo di fibrinogeno, fattore VIII, fattore V e protrombina.

Tesi interferenti endocrini:

-Real time PCR

-Cos'è il mimetismo

-Cos'è il bioaccumulo

il bioaccumulo o accumulo biologico è il processo attraverso cui sostanze tossiche inquinanti organici persistenti (per esempio il DDT, le diossine, i furani o i Fluoruri) si accumulano all'interno di un organismo, in concentrazioni superiori a quelle riscontrate nell'ambiente circostante.

-Fasi percorso analisi in lab di analisi clinica

-Quali professionisti lavorano in lab

-I tumori sono malattie genetiche?

Sono malattie multifattoriali dovute sia ad una predisposizione genetica sia a fattori ambientali che concorrono all'insorgenza della neoplasia.

Scienze della nutrizione

-Codice genetico

È un codice utilizzato per la traduzione dell'informazione codificata nei nucleotidi dei geni codificanti proteine. Vi sono quindi codoni formati da 3 basi che con la loro distribuzione danno un tipo di amminoacido diverso. Poiché le basi sono 4, se le raggruppiamo in gruppi di 3, si ottengono 64 combinazioni diverse. Esistono anche i codoni di inizio e di stop.

-Chi era Mendel

il precursore della moderna genetica per le sue osservazioni sui caratteri ereditari.

-Cos'è la beta talassemia

-Perchè si chiama anemia mediterranea

Carenza di eritrociti caratteristica delle popolazioni del mediterraneo

-Com'è fatta la cellula di un lievito (Saccharomyces Cerevisiae)

Saccharomyces cerevisiae ha forma da ovale a ellittica e diametro di 5-10 micrometri. È un organismo modello per lo studio del ciclo cellulare negli eucarioti. Ha la capacità di duplicarsi per gemmazione dando vita ad una mitosi ineguale. È un organismo fermentativo facoltativo e può essere soggetto all'effetto crabtree in cui si assiste ad uno shift del metabolismo da aerobio ad anaerobio in seguito all'eccesso di glucosio nel suo mezzo di coltura (inibizione da substrato).

-Cosa cambia rispetto a una cellula vegetale

Tesi su bendaggio gastrico legato alla sazietà

-Perchè ci si veste di bianco in lab

-Cosa sono i livelli trofici

Per livello trofico si intende la posizione che un individuo facente parte di un gruppo occupa rispetto al livello trofico di base che è rappresentato dagli autotrofi.

-Cosa sono le immunoglobuline
sono una classe di glicoproteine del siero presenti nei vertebrati, il cui ruolo nella risposta immunitaria specifica è di enorme importanza.
-Differenze microscopia ottica e fluorescente
Si ha emissione in quello a fluorescenza e traslucenza nel caso dell'ottico
-Perchè si bandeggiano cromosomi
-Classificazione errori di laboratorio
casuali e sistematici

Test farmaci su virus a DNA

-Cos'è la tracciabilità:
-Cosa registrano le aziende per tracciare un prodotto (in entrata e in uscita)
Si registrano quantità e date dei lotti. Registrazione di dati che avviene in ogni azienda della filiera produttiva di quel prodotto
-Cos'è un insetto
-In quanti setti sono divisi
3: capo, torace, addome
-Quante zampe
3 paia di zampe (2 per setto)
-Hanno i polmoni?
no in quanto la respirazione, così come l'idratazione, avvengono per diffusione semplice attraverso la superficie del loro corpo.
-Di quanto è maggiore l'ossigeno all'equatore rispetto ad altre zone?
La differenza di ossigeno tra i poli e l'equatore è praticamente nulla (sempre intorno al 21% dell'aria) ma le maggiori dimensioni degli insetti ai tropici è dovuta alla maggior umidità dell'aria

-Cellule del sangue
-Qual è la cellula progenitrice delle piastrine
Megacariociti
-Emoglobina
-Cos'è la trisomia 21 e a che fenotipo dà origine
3 cromosomi 21, sindrome di Down.Il fenotipo caratteristico della sindrome di Down presenta una serie di anomalie fisiche e una costante presenza di ritardo cognitivo, il sintomo funzionale più grave e drammatico. Sono anche frequenti malformazioni scheletriche e cardiovascolari, diminuita resistenza ad agenti infettivi ed aumentata suscettibilità alle leucemie
-Quali sono le aneuploidie
è una variazione nel numero dei cromosomi, rispetto a quello che normalmente caratterizza le cellule di un individuo della stessa specie
-Triploidie e tetraploidie
Dovute a non disgiunzione meiotica in uno o entrambi i genitori. Compatibili con la vita ma non è compatibile con la riproduzione sessuale

---

Tesi sulla valutazione di metabolismo glucidico/lipidico in base a assunzione di latte umano e d'asina
-Cosa sono i protooncogeni e meccanismo d'attivazione
I protooncogeni sono particolari geni correlati con il controllo del ciclo cellulare (inizio, duplicazione, mitosi) che in seguito all'accumulo di mutazioni sulla loro sequenza, o sui loro promotori, possono mutare in oncogeni dando vita a proliferazioni incontrollate della cellula.
-Come si trasmettono gli oncogeni e oncosoppressori
-CQI

Viene effettuato dosando un analita a concentrazione nota ad ogni avvio dei macchinari di laboratorio. Si può accettare un valore che sia compreso tra 2 deviazioni standard rispetto al risultato atteso.
-Le piante quando respirano? Quando fanno la fotosintesi e cosa vuol dire?
Respirano Sia di giorno che di notte.Fanno la fotosintesi solo di giorno.
-Fattore limitante la crescita delle piante La disponibilità d'acqua

---

Tesi dieta della mamma sana in allattamento

-Cos'è il glutine
Il glutine è un composto proteico insolubile contenuto all'interno di alcuni cereali. E' composto da gliadine e glutinine che vanno a formare la maglia glutinica la quale dona elasticità agli impasti permettendo di trattenere le bolle di anidride carbonica che si formano durante la lievitazione del pane o di trattenere la farina(e di conseguenza l'amido) compatti all'interno della pasta durante la cottura.
-Con quale farina si fa il pane d'altamura (lei è di Altamura)
Con la farina di Semola che si ottiene dal grano duro che è piu' ricco di proteine e carotenoidi che le conferiscono il colore giallastro. La farina bianca o 00 invece si ottiene dal grano tenero ed è meno nutriente.

-Esami genetici da effettuare durante la gravidanza
-Che tecnologia viene utilizzata per analizzare il DNA materno (sequenziamento)
-Cos'è un gene

-VEQ in lab di patologia clinica

Tesi sul consumo degli integratori nel settore sportivo non agonistico

-Sensibilità e specificità
-Allergia e intolleranza
-Cos'è la FISH e funzionamento

-Nomenclatura binomiale di Linneo (maiuscole e minuscole)
Il primo termine (nome generico) porta sempre l'iniziale maiuscola, mentre il secondo termine (epiteto specifico) viene scritto in minuscolo

---

Dottorato comunicazione intercellulare su cellule muscolari di topo

-Ciclo cellulare
-Ambiti professionali dei biologi
-Cos'è un test di screening (tipo emocromo per la beta talassemia)
Un test di screening deve essere a basso costo e deve ricercare una patologia molto diffusa nella popolazione con lo scopo di prevenirne l'insorgenza.

-Cos'è l'effetto serra?
-Cos'è la DL50 e come si calcola. In tossicologia il termine DL_{50} sta per "Dose Letale 50" e si riferisce alla dose di una sostanza, somministrata in una volta sola, in grado di uccidere il 50% di una popolazione campione di cavie (generalmente ratti, ma anche altri mammiferi come cani, quando il test riguarda la tossicità nell'uomo). Varia in relazione a parametri come il peso corporeo. Viene generalmente espressa in mg/Kg.

Informatore scientifico per nutrizione artificiale e tesi effetto terapeutico del mioinositolo su diabetici

-Descrizione di virus e batteri
-Teoria sviluppo mitocondri nelle cellule (teoria simbiotica)

-Cosa sono gli enzimi di restrizione
-Quanti tipi di RNA esistono
mRNA (RNA messaggero) che contiene l'informazione per la sintesi delle proteine;
rRNA (RNA ribosomiale), che entra nella struttura dei ribosomi;
tRNA (RNA di trasporto) necessario per la traduzione nei ribosomi.
siRNA (small interference RNA)
miRNA (micro RNA)
Ribozimi: Sequenze autocatalitiche di RNA in grado di autoscindersi (splicing alternativo)
-Cosa è un enzima di restrizione

-Cosa sono i fitosteroli e il loro ruolo
I fitosteroli sono un gruppo di composti chimici di origine vegetale (che comprende stigmasterolo, campesterolo, sitosterolo) presenti nei semi prodotti da certe piante, come la soia. Poiché si trovano in quantità importanti in diversi alimenti, tra cui frutta a guscio, oli vegetali e cereali, vengono facilmente assunti mediante l'alimentazione.

Tesi CRISPR/CAS9

-Epigenetica
recente branca della genetica che si occupa dei cambiamenti fenotipici ereditabili da una cellula o un organismo, in cui non si osserva una variazione del genotipo. Ma una differente espressione di determinate caratteristiche date dall'interazione dell'organismo con l'ambiente. Alcuni pattern di attivazione o silenziamento genico possono essere ereditabili grazie all'imprinting. Le modificazioni epigenetiche più comuni sono la metilazione degli istoni che rendono più difficilmente raggiungibili certe regioni dell'eucromatina
-Malattie multifattoriali
dovute a fattori genetici e ambientali (es. Tumori)

-Descrizione lievito Saccharomyces cerevisiae
-Funzionamento cappa sterile:
Le cappe biologiche possono essere di 2 tipi fondamentalmente: quelle a flusso orizzontale dove un getto di aria laminare (senza turbolenze) viene spinto in orizzontale dall'interno verso l'esterno creando una pressione positiva che impedisce la contaminazione del campione sotto cappa ma che espone al rischio l'operatore che viene investito dal getto d'aria. O a flusso verticale in cui l'aria viene spinta dall'alto verso il basso, attraversa il banco forato e viene risucchiata da una ventola che la spinge all'esterno o la rimette in circolo in base al livello di sicurezza biologica della cappa in questione.

Tesi filiera lattiero casearia e economia circolare

-Perchè nei lab i camici sono bianchi
-Perchè le donne portano maggior inquinamento (si intende nei campioni)
Accessori estetici come braccialetti, collane, anelli o capelli più lunghi
-Composizione atmosferica
azoto 78%, ossigeno 21%, anidride carbonica 0,03%
-Cosa sono le malattie genetiche (geniche e cromosomiche)
-Differenza tra cromosoma Y e X in grandezza

Inattivazione del cromosoma X nelle femmine
-Composti antinutrizionali

___

Tesi valutazione dei prodotti di filiera e economia circolare

-Nell'olio di vinaccioli (presente nella sua tesi) ci sono fitosteroli?

-Cos'è un analita?
-Cos'è il cut-off
-Cos'è un falso negativo
-È determinato da sensibilità?
-E da cosa è determinato un falso positivo?
-Regioni pseudoautosomiche
sono sequenze omologhe di nucleotidi sui cromosomi X e Y

___

Tesi su mutazioni su dimeri di pirimidina
-Cos'è un alimento
-Cosa sono gli integratori
-Specie alloctone e autoctone
-Le alloctone possono essere negative?
-Obiettivo di un lab di patologia clinica
-In quali errori si può incorrere in un lab di pat clinica
-Come si genera una cellula aploide
Si generano tramite meiosi di una cellula diploide per produrre i gameti

___

Tesi con utilizzo di ossalacetato

-Cos'è l'accreditamento istituzionale di un lab
-Cosa vuol dire ISO
International Organization for Standardization
-Una cellula tetraploide quanti cromosomi ha
4n variabile dal corredo cromico della specie, nell'uomo esempio 92
-Come può formarsi nell'uomo?
Questa condizione è generalmente frutto di un errore nella fase di meiosi (non disgiunzione) dell'organismo parentale

-Nelle piante esistono triploidi o tetraploidi
(cereali)
-Struttura generica delle proteine
sequenza aminoacidica
-Percentuale d'acqua contenuta nei semi secchi (10%)

___

Tesi diagramma di flusso azienda lattiero casearia

-Cos'è la drosophila

-Cosa avviene nella fase pre-analitica

-coppia affetta da anemia mediterranea, qual è la probabilità di avere figli affetti?(malattia visibile in omozigosi)
-mutazioni geniche

-Cromatografia

___

-Trasmissione autosomica dominante
-Aneuploidie
Variazione del numero di cromosomi
-Emostasi
L'emostasi è l'insieme di processi che permette di arrestare il sanguinamento
-Emofilia, mutazioni a carico di chi?
Mutazione a carico del cromosoma X, generalmente l'uomo con la mutazione risulta affetto mentre la donna risulta portatrice. Porta a deficit di alcuni fattori di coagulazione (emofilia A: fattore VIII; emofilia B: fattore IX)
-ELISA

-Cos'è la tracciabilità e cosa viene registrato

___

Biofilm edibili
-Gene oncosoppressore
gene che codifica per prodotti che agiscono negativamente sulla progressione del ciclo cellulare proteggendo in tal modo la cellula dall'accumulo di mutazioni potenzialmente tumorali. esempio proteina p53
-come si trasmettono (trasmissione recessiva)
-Fibrosi cistica
La fibrosi cistica è una malattia genetica autosomica recessiva che colpisce le ghiandole esocrine, come quelle che producono muco e sudore. La patologia è causata da mutazioni a carico del gene CF (cromosoma 7)
-Spettrofotometro
-Cos'è la luce PAR
Photosyntetically Active Radiation (PAR), è una misura dell'energia della radiazione solare intercettata dalla clorofilla a e b nelle piante. È, in pratica, una misura dell'energia effettivamente disponibile per la fotosintesi
-Cosa sono i licheni
-bioindicatore dell'aria diverso dai licheni

___

Tesi sperimentale comparazione dieta mima-digiuno e mediterranea in pz tumorali
- **Differenza zuccheri semplici e complessi e loro uso**
- **Classi di inquinanti**

Biotech industriali: tesi sull'utilizzo del phage display per riconoscimento di diossido di titanio e lavoro sull'utilizzo di nanomateriali come diatomee sedimentate per drug delivery.
- **Tossicità dei nanomateriali**

- **Iscrizione all'Ordine.** Passaggi richiesti

___

Laurea in medical biotech con tesi su cghArray e NGS su pazienti con sindromi del neurosviluppo, solo domande che non c'entravano una mazza:

- Cos'è la teratologia (studio dei teratomi)? Alla fine voleva arrivare agli idrocarburi, diossine, etc. che sono teratogeni ( )
Disciplina biologica che studia le malformazioni e le anomalie animali e vegetali.
- **, metabolismo basale**. Poi entrambi hanno chiesto come cambia con l'età. Strumenti per misurare il metabolismo e i tessuti (impedenziometro, plicometro). **Il plicometro può essere utile in un paziente obeso?**
No

Tesi: Superfood

-Cos'è un superfood? altre domande sulla tesi

-Come posso ridurre quantità dell'acqua senza liofilizzazione?
Essiccamento - Aggiunta di sale e zucchero
-Es. marmellata perché si contamina difficilmente?
presenza di gelificanti, additivi come pectine etc. alta concentrazione di zucchero che effetto inibente sulla crescita di batteri per via dell'inibizione del substrato. la tipica contaminazione della marmellata è rappresentata dalle muffe.
-Effetti benefici della formazione di un gel nell'intestino?
Può aiutare evacuazione - riduce l'assorbimento però degli alimenti

-Cos'è un virus?
parassita obbligato, in quanto si replica esclusivamente all'interno delle cellule degli organismi. I virus possono infettare tutte le forme di vita, dagli animali, alle piante, ai microrganismi (compresi altri agenti infettanti come i batteri) e anche altri virus.
-Cos'è la Posidonia oceanica?
Pianta acquatica, conservatrice/produttrice

-Principio di funzionamento dello Spettrofotometro?
in seguito all'emissione di un fascio di luce, misura l'assorbanza del campione ad una determinata lunghezza d'onda
\---

Tesi: ipercolesterolemia e cancro mammella
-Cos'è la Posidonia oceanica?
-Cos'è la VES?
La velocità di eritrosedimentazione (**VES**) è un indice ematico che fornisce informazioni sulla presenza, o meno, di infiammazioni.
-Cos'è un gene?
è una sequenza nucleotidica di DNA che codifica la sequenza primaria di un prodotto genico finale, che può essere o un RNA strutturale o catalitico, oppure un polipeptide.
-Da dove derivano gli RNA?
L'RNA è l'acido nucleico ancestrale. Esso è composto dal ribosio che a causa della presenza di un gruppo OH in più rispetto al Desossiribosio, lo rendono maggiormente instabile e prono a reagire. Esso infatti è in grado di catalizzare reazioni di selfannealing e autocatalisi che lo portano a fungere sia da acido nucleico (propagazione delle informazioni genetiche) sia da enzima (ribozima).

-Cappa biologica?
Cappa a flusso laminare che permette di lavorare in condizioni di sterilità.
\---

Tesi: dieta chetogenica nel soggetto diabetico

-Esame colturale delle urine
-Perchè ci si preoccupa se ci sono dei batteri nel sangue (e nelle urine magari non mi preoccupo)?
Sangue nasce sterile anche l'urina, però poi incontra batteri lungo il tragitto prima dell'espulsione. La presenza di batteri nel sangue è sintomo di setticemia.

-Spettrometria di massa?
La spettrometria di massa è una tecnica analitica applicata sia all'identificazione di sostanze sconosciute, sia all'analisi in tracce di sostanze. Separa una miscela di ioni in funzione del loro rapporto massa/carica generalmente tramite campi magnetici statici o oscillanti.
-Umidità relativa dell'aria?
-Cos'è un enzima?
Riducono l'energia di attivazione necessaria durante una reazione, velocizzandola. Non entrano a far parte dei prodotti e sono riutilizzabili. Sono caratterizzati da una diversa affinità per il substrato di reazione e possono venire regolati tramite sistemi di inibizione varia come la competitiva, allosterica etc.

Tesi dottorato: virus nei pazienti sottoposti a trapianto renale

-Sensibilità e specificità analitica
Sensibilità: capacità di rilevare la più piccola quantità di sostanza Specificità: specifico di quell'analita, discriminando dagli altri tipi.
-Test di screening
-Su chi faccio screening per la beta talassemia?
-Biomarcatori tumorali
Analiti (proteine ad esempio)
-Dove ricerco i biomarcatori tumorali?

-Elettroforesi proteine
--
Dottorato: attività microbica in ambienti estremi (es. solfatare) fa metagenomica, lavora con enzimi che modificano i carboidrati

-Matrici biologiche per fare diagnosi in laboratorio in patologia clinica
sangue - urine - feci - liquido seminale - villi coriali - sudore etc...
-Test capello?
analisi tossicologiche
-Tampone buccale quando viene fatto?
test genetico del DNA
-Mi parli di una delle matrici menzionate a piacere
Il candidato sceglie l'analisi del sangue
-Cos'è un Emocromo
-Utilizzo il coagulante per questo tipo di esame?

-Cos'è l'umidità relativa?
Quantità di acqua presente nell'aria rispetto alla quantità massima che l'aria può contenere.
-La sua unità di misura?
è in percentuale
-98% di umidità che problemi da all'uomo e alle piante in estate?
Acqua non evapora e restiamo sudati. Per le piante c'è un blocco

Tesi: effetto dell'alimentazione sull'asma

-Unità di misura, kg come si scrive?
-Watt come si scrive?

-Microarray cosa sono?
-Cos'è una Veq? (verifica esterna di qualità)
-Cos'è il codice genetico?
-Quanti codoni ci sono?
64

-Composizione atmosfera
78% circa azoto, 21% circa ossigeno, 0.04 CO_2
-Questa composizione chi favorisce, l'uomo o le piante?
Favorisce l'uomo
-Reazione Fotosintesi
$CO_2 + H_2O \rightarrow$ Glucosio + O_2
-Spettrometria di massa

Tesi: Contaminazione da metalli pesanti negli alimenti di origine vegetale

-Cos'è un metallo pesante?
-Trattamento per le conserve alimentari?
Non possiamo utilizzare sterilizzazione per molti tipi di prodotti per le conserve, quindi come si fa?
-Temperatura autoclave?
120 °C
-Esame del liquor?
per diagnosi di patologie a carico del sistema nervoso centrale es. per la diagnostica della meningite
-Microarray
-CQI
Utilizzo un siero a valore noto con il quale faccio un test per capire se il valore che rilevo è identico (per validare i test successivi vi è comunque una deviazione standard che ci dice di quanto il valore può discostarsi da quello ideale)

Tesi: dieta chetogenica

-Cromosomi
-Telomero
-Se si perdono che succede?
i cromosomi si degradano
-Cosa sono le delezioni cromosomiche?
-Esiste una delezione terminale?
teoricamente non esiste, altrimenti il cromosoma si disintegra
-Il sangue
Porzione liquida 55% che contiene amminoacidi etc.. , porzione corpuscolata 45% (globuli bianchi e globuli rossi)
-Funzioni della porzione corpuscolata

-Western blot
-Come si può analizzare l'espressione di un gene?
RT-PCR

Tesi: distrofia muscolare (tramite NGS sequencing)

-Domanda sulla tesi
-Immunoglobuline

-Legge 396 del '67
Legge che istituisce chi è il Biologo
-Cosa serve per iscriversi all'albo
-Codice Deontologico
-Western blot
Tecnica che ci permette di identificare le proteine e la loro abbondanza relativa.
Si parte da un estratto cellulare, si frammenta il DNA, si effettua un elettroforesi sul gel e poi si ha il trasferimento su una membrana di nitrocellulosa e si identificano le proteine con marcatura indiretta ad es con anticorpi che legano la sequenza di nostro interesse e poi viene identificato tramite un secondo anticorpo etc…

Tesi in scienze degli alimenti

-Classificazione mutazioni genetiche
(Geniche e Cromosomiche)
-Protooncogeni?
L'amplificazione genica trasforma il protoongeni in oncogeni?
-Relazione tra taglia e l'abbondanza in termini di sopravvivenza?
-Sopravvivono meglio animali di grossa taglia o piccola taglia?S
Vedere Strategia r e Strategia K

Tesi: effetti diete particolari su topi

-Cosa sono gli oncosoppressori?
-Esame urine, quanto è importante?
-Elementi patologici che posso trovare nelle urine? es. glucosio se lo trovo che significa?

-Cos'è un'area protetta?
-Cos'è la DL50? Unità di misura?
in mg x kg

Tesi: Microbiota ed Obesità
-Differenza tra Microbiota e Microbioma

-Fotosintesi quando avviene? di giorno, di notte o sia di giorno che di notte?
Solo di giorno
-ELISA
-Nomenclatura binomiale di Linneo
-Monoico - dioico - ermafrodita? a cosa si riferisce?

-Criteri di accettabilità dei campioni
Un campione biologico, una volta accettato dal laboratorio rende legalmente responsabile il labo per l'esito delle analisi. Quindi prima di accettare un campione vanno valutati diversi fattori:
-campione ben etichettato ed identificabile

-Assenza di emolisi su campioni di sangue intero
-Contenitore idoneo al tipo di campione e di test
-quantità sufficiente ad eseguire i test richiesti
-adeguata aggiunta di conservante/anticoagulante
-ISO 15189:
Il laboratorio medico, nel rispetto delle esigenze cliniche e assistenziali, svolge esami su campioni di origine umana, di norma liquidi o tessuti, per la promozione della salute, la prevenzione, la diagnosi, il giudizio prognostico, il monitoraggio e la sorveglianza del trattamento terapeutico.

Può inoltre svolgere attività specifiche di gestione e controllo di esami effettuati presso reparti di cura, ambulatori, servizi territoriali (i cosiddetti Point Of Care Testing, POCT), assicurando correttezza e affidabilità dei risultati.

-Differenza allergia e intolleranza
-Malattia multifattoriali (con esempio)

Tesi: RNA editing

-Catena del freddo riduce la contaminazione di un alimento?

- enzimi di restrizione (cosa sono e chiedono di nominarne qualcuno)
- come funzionano le cappe (differenze tra i vari filtri)
- southern blot cosa è

Dottorato in fisiologia umana (sensibilità al glutine tra il grano antico e moderno)

- **a cosa serve il glutine nel pane** (intrappola le bolle di anidride carbonica) **e nella pasta** (lega l'amido)
- **un biologo può dirigere un lab di patologia clinica? quanti anni di esperienza deve avere per dirigerlo?** (5aa più specializzazione)
- **norme ISO cosa sono? ne conosce qualcuna?** (ISO 9000, 15-189)
- **cosa ottengo da spermatogenesi e oogenesi?**
- **(continua a bombardare): cosa è l'epigenetica?** cambiamenti fenotipici ereditabili

  Finalmente si fermano.

Tesi obesità sarcopenica (laurea in nutrizione)
-curiosità tesi
-descrizione metodica utilizzata (BIA)
-Cos'è uno xenobiotico
-può provocare tossicità?
-che tipi di tossicità ci sono e come si misurano

Tesi su un recettore dei monociti
come sono i monociti al microscopio ottico e come hanno il nucleo? Non me lo ricordavo
-Quali sono le cellule del sangue senza nulceo? I globuli rossi, loro funzione e sistema dei gruppi sanguigni
Livelli di tossicità Acuta, sub acuta, cronica e sub-cronica.

livelli di socialità nel mondo animale (D. legata alla tesi)
Cosa è il mimetismo (quanti tipi esistono (es. criptico, deterrente,etc)

Che differenza c'è tra gameti e meiospore (queste possono germogliare e sono diploidi e quindi non necessitano di riproduzione sessuale)
Influenza della temperatura sui microrganismi (denaturazione oltre i 60°C, una stufa a calore umido è più utile per sterilizzare rispetto al calore secco)

Tesi scienze della alimentazione
cosa significa biodinamica?
Cosa di intende di biodiversità? (genetica, tassonomica, ecosistemica)
qual è il problema del fico nell'agricoltura pugliese? (il frutto è molto deperibile, costo della manodopera, maturazione scalare dei frutti nel corso di settimane che fa lievitare i costi)
che tipo di grasso è l'olio extravergine di oliva? acidi grassi mono e poli- insaturi.

Tesi biotecnologie mediche su integratori alimentari e test tossicologici su Zebrafish

il sangue è un tessuto? di cosa è formato? Parte corpuscolare e quale non hanno il nucleo (globuli rossi e piastrine)

-Cosa utilizzo per separare proteine nell'elettroforesi?
Gel d'agarosio per separazione proteine per esempio del sangue
-Cos'è la VES?
La velocità di eritrosedimentazione (VES) è un indice infiammatorio.
Come ricorda il suo stesso nome, questo esame misura la velocità con cui gli eritrociti (globuli rossi) - presenti in un campione di sangue reso incoagulabile - sedimentano sul fondo della provetta che li contiene. Il paramento viene espresso in millimetri di sedimento prodotto in un'ora.
Molti processi patologici possono determinare un aumento della velocità di eritrosedimentazione: infezioni di vario genere, anemia, infiammazioni e alcuni processi tumorali.
-Quando si deve eseguire un esame colturale delle urine?
-L'urina all'esterno è sterile?

-Cos'è il Genome Editing?
Tecnica per modificare o sostituire con grande precisione piccole parti della sequenza del DNA degli organismi viventi utilizzando diverse tecniche e senza spostarla dalla sua posizione naturale nel genoma. In pratica, gli scienziati utilizzano vere e proprie "forbici molecolari" per introdurre tagli nella sequenza del DNA e poi inserire, eliminare o sostituire porzioni di questa sequenza con altre. Es. CRISPR/Cas9
-Piante modificate con queste tecniche di Genoma editing sono OGM oppure no?
Sì

-Importanza dell'esame delle urine
Attività di filtrazione dei reni - Presenza di glucosio nelle urine (se il soggetto è diabetico) - componente microbica per capire se ci sono infezioni - presenza di sangue nelle urine (problemi epatici)
-Emoglobina passa?
Essendo nei globuli rossi non si dovrebbe trovare e quindi non si dovrebbe trovare nelle urine.

-Parametri D e Z nella pastorizzazione?
D = Tempo in minuti necessario per ottenere una riduzione decimale della popolazione microbica ad una data Temperatura, cioè ridurre il numero di germi al 10 % del valore iniziale. La temperatura viene indicata a fianco di D. (Decimal Reduction Time). Vicino alla temperatura di 65°C muoiono la maggior parte dei batteri vegetativi. Pertanto i valori di D_{65} variano da 0,2 a 2.

Z = Incremento di Temperatura necessario per ottenere una riduzione decimale del valore di " D ". Ovviamente più la temperatura di trattamento è alta e più è veloce l'uccisione dei germi. Tale valore viene espresso in °C. Per le spore è 10 °C, per cui il tempo di trattamento si riduce di 10 volte. Per le forme vegetative è 5°C.

Tesi: fosfatasi
Cosa è il cariotipo, come si studia e come si fa il bandeggio?
Cos'è la Posidonia?

TESI: valutare di una molecola antinfiammatoria
Quali possono essere le diverse matrici biologiche di analisi? Mi parli del sangue?
Cos'è la HACCP
Cos'è il pH ed è importante nelle conserve alimentari?

Tesi: studio infertilità maschile
cosa è l'anemia mediterranea e come viene diagnosticata? (MCV,
dove le prende e come devono essere le piante per ripopolare per esempio un'area protetta? (propagazione per taleaggio, ottenendo dei cloni, ma attenzione alla biodiversità, quindi occorrono per forza piante da seme)
TESI: biotecn mediche aspergillus e metabolismo del triptofano.
le matrici biologiche non convenzionali quando possono essere utilizzate? (analisi del capello, esami tossicologici; Liquor, rachicentesi?)
Cosa sono media, deviazione standard, coefficiente di variazione?
Media: è un singolo valore numerico che descrive sinteticamente un insieme di dati.
Deviazione standard: è il valore che indica la dispersione dei dati intorno ad un indice di dispersione (es. media)
Coefficiente di variazione: è adimensionale ed è un indice della precisione di una misura
Quali sono le vie di contaminazione alimentare? (materia prima, conservazione in magazzino, lavaggio, lavorazione, confezionamento)
Le cappe sterili in laboratorio ?
Tesi: proteina legata alla riparazione del DNA
Tecniche FISH e Microarray (Fish usa sonde legate a fluorocromi che legano sequenze di DNA, il Microarray va ad individuare in una volta tante sequenze di DNA)
Quali sono i carboidrati alimentari? (mono e polisaccaridi)
I microrganismi sono capaci di fermentare l'amido?
Cosa sono le immunoglobuline? quali sono le diverse classi? (sono anticorpi che differenziano dal loro meccanismo di aggregazione)

TESI: dieta su ratti
Tipi di errori in laboratorio?
Cos'è la cromatografia delle proteine? come si fa?
Un gene a cosa dà origine?

Tesi: Biotecnologie farmaceutiche con tesi su anticorpi monoclonali
Conosce gli anticorpi di camelide? (sono piccoli e sono formati da un unico peptide, comodi ed efficaci)
Qual è la possibile causa di un melanoma? (raggi UV solari che causano mutazioni, ma il nostro organismo ha sistema di riparazione dei danni)
Cos'è il codice genetico? Quanti sono i codoni?
Qual è la differenza tra siero e plasma?
Cos'è l'effetto serra?

TESI: effetto del progesterone sulla gravidanza
qual è la concentrazione del CO2? è costante durante l'anno ?
Cos'è la nomenclatura binomiale di Linneo?
il cromosoma PHY? in quale paziente? con che tipo di patologia? (mieloide)
Quali sono i criteri di discriminazione di un campione di laboratorio?

TESI
Cosa è un westernblot?
Qual è il fungo più utilizzato nelle biotecn? (S. cerevisiae)
Cos'è la diagnostica prenatale?
Cos'è la qualità nel mondo alimentare?

Fibrosi cistica?
Ipercolesterolemia familiare? difetto genetico su recettore colesterolo della cellula. Quindi molto colesterolo nei vasi e aumento rischio

La mozzarella contiene zuccheri? Si, lattosio
Cos'è lattosio? disaccaride
Parmigiano lo contiene? No, perché viene consumato dalla fermentazione durante la stagionatura
Mozzarella è un prodotto fresco, parmigiano è fermentato
Perchè sembra salato il parmigiano? Cosa succede alle proteine? il batterio le digerisce per il suo metabolismo liberano gli amminoacidi. Il salato è il sapore degli amminoacidi
1 litro di latte quante proteine contiene? 34g
Editing genetico? Progetto che permette di modificare il modo permanente porzioni genetiche di un organismo

Tesi su bioetanolo e biocarburanti

Protecoccus brownie? Alga che produce lipidi nel biofilm all'esterno (è quella che ha prodotto il petrolio)
Spirulina? è un procariote (cianobatterio)
Olio che funziona meglio x fare biodisel? olio alimentare (purtroppo)

Regioni pseudoautosomiche? Si trovano sulla porzione terminale dei geni sessuali e possono fare crossingover. E' importante per la variabilità genetica
Cosa mappa il braccio corto del cromosoma Y? il gene SRY
Se SRY va sul cromosoma X cosa succede? Inversione sessuale (XX potrebbe essere maschio)
CQI? Ogni mattina testo un campione a valore noto in modo da verificare la correttezza, di solito si usano più campioni (bassa, media e alta concentrazione)
Se ho un campione da 100 e lo strumento legge 90? E' fuori tolleranza, non posso validare i campioni. E' troppo discostato dai valori medi

Cos'è la biodiversità? è un aspetto della natura e indica la variazione di specie presenti in un habitat o diversi genotipi presenti nella stessa specie
La biodiversità la vede prima genetica o fenotipica? Fenotipica
Ora si valorizza la biodiversità, perché? Perchè la variazione genetica favorisce l'adattamento all'ambiente e perchè se si ammala una pianta e son tutte uguali poi muoiono tutte. Si è standardizzato per il commercio ma si è perso di vista la perdita di biodiversità.

Tesi su autismo

Biomarcatori tumorali? Sostanze associate all'insorgenza del tumore o in corso.
Il PSA è specifico? Ni, può anche essere trovato un caso di infiammazione della prostata
Marcatori genetici dei tumori? BRCA1 BRCA2 per tumore alla mammella

Trascritto policistronico? Trascritto che porta alla formazione di più proteine
Nell'uomo ci sono? Di solito li troviamo nei batteri
Se lo trova nella cellula umana? Deriva da un virus o dal genoma mitcondriale

Meccanismi riproduttivi delle piante? Sessuata (impollinazione) e Asessuata (piante che si generano per clonazione)
Sessuata può avvenire nella stessa pianta? Si, l'autofecondazione
Cos'è la gramigna? infestante, ha la capacità di riprodursi autonomamente per clonazione (tramite stoloni)
Real time PCR? PCR che permette di quantificare l'analisi

Tesi su diabete di tipo 2 (Nutrizione)

Cosa sono gli aracnidi? Fanno parte degli artropodi, sono costituiti d 4 paia di zampe. Hanno struttura boccale con la quale bloccano la prede e predigeriscono esternamente la preda tramite enzimi. Iniettano veleni che possono causare allergie
Cromatografia delle proteine? Fase stazionaria in cui le proteine devono essere intrappolate. Le proteine con maggiore affinità sono intrappolate nella fase stazionaria.
In caso di affinità qual è la funzione del peso molecolare? Dei gruppi si legano in base agli amminoacidi che si legano alla fase stazionaria (es. coda di istidina aggiunte geneticamente)
Due proteine con coda uguale, se una è più grande rimane immobilizzata di più rispetto a quella più piccola? No, perchè ciò che importa è la coda (o il sito di legame)
Spettrofotometro? Valuta l'assorbanza di una molecola
Xylella? Batterio infestante degli ulivi.
Chi è il vettore? La sputacchina, un insetto

Malattie multifattoriali? Diabete, obesità, cardiopatie. Hanno predisposizione genetica ma l'ambiente e lo stile di vita influenzano l'insorgenza della malattia
Difetti del tubo neurale? Si sviluppano nel feto
Quella più diffusa? Spina bifida
Screening di laboratorio per tubo neurale? ricerca di una proteina ??alfafetoproteina
Prevenzione? Assunzione di Vitamina B9 e B12 al fine di favorire il rilascio di gruppi metilici metilando alcuni geni
Protooncogeni e oncosopressori?

Tesi UHPLC e vaccini

Test genetico? Test che valutano mutazioni cromosomiche o geniche (missenso, nonsenso, puntiformi)
Esame su materiale abortivo? Perchè lo facciamo? per valutare alterazione cromosomica
Perchè cromosomica e non genica? per valutare i rischio per le future gravidanze
Epigenetica? Branca della genetica che si occupa delle modificazioni dell'espressione genica in merito alla modificazioni derivate da acetilazioni o metilazioni degli istoni

Omega 3? Acido grasso polinsaturo

Perche si chiama cosi? Perchè il doppio legame si trova sul terzo carbonio a partire dalla fine della catena, di solito sono pari
Glutine? Complesso proteico formata da gliadina e glutenina utile all'elasticità dei prodotti da forno
La masticabilità da cosa dipende? Dal contenuto dal numero e dimensione di spazi vuoti di CO2 intrappolata dal glutine
Dove si trova il glutine? Grano duro (pasta), grano tenero (pane), orzo

Tesi su valutazione smartphone x dieta (Nutrizione)

Ciclo cellulare? Ciclo di una cellula tra una riproduzione e l'altra
Ci sono dei controlli positivi e negativi? Si, per evitare proliferazione tumorale. Positivi (favoriscono): cicline Negativi (inibiscono il ciclo):rb, p53
Basta una sola mutazione x generare una cellula neoplastica? No, servono almeno 67 mutazioni e devono avvenire nello stesso ciclo cellulare
Enzimi di restrizione? Endonucleasi che tagliano sequenza nucleotidiche in specifici punti
La sequenza che tagliano è particolare? Si, sequenza di pochi nucleotidi e palindrome
Mutazioni geniche?
Sostituzione di singola base? Missenso, non senso (tronca), Frameshift (aggiunta di basi)

Quali difetti hanno enzimi di restrizione che tagliano seq. di 4 nucleotidi? Sono poco specifici, taglierebbero dappertutto. di solito si usano enzimi che tagliano sequenze di 6
Elettroforesi? Processo che separe le proteine in base a peso molecolare e carica elettrica
Si usa per cosa? Principalmente per proteine e acidi nucleici

Tesi su diete iperproteiche vs mediterranee (Nutrizione)

Mitocondri? Organelli cellulari negli eucarioti. Hanno dna proprio. Inglobati nella cellula. Funzione energetica tramite respirazione cellulare generano ATP. Si genera gradiente elettrochimico sulla cresta
Altra molecola oltre a ATP? Molecola per reazioni di ossido riduzione? NAD e FAD

Anomalia cromosomica nell'uomo con più prospettive di vita? Trisomia 21 vive intorno ai 60-65 anni
Trisomia 21 provoca aborto spontaneo? La maggior parte, 80%
cos'è una sonda? è un pezzo di DNA marcato usato x sequenziare altre parti. E' una porzione composta da pochi nucleotidi (circa 20)
Differenza mitosi e meiosi? Gameti e somatiche, aploidi e diploidi
Mitosi cellule uguali, meiosi variabilità genetica per crossing over

OGM? Di solito si inserisce un gene per avere determinate caratteristiche
OGM come lo verifico? Con che tecnica? ELISA perchè riconosce gli antigeni
Soia OGM perchè? Per resistere agli erbicidi

Tesi su BPA su ratti

I ratti e i topi sono la stessa cosa? I ratti sono più grandi dei topi
Sono animali solitari o hanno socialità? Socialità
Sono in grado di apprendere? Si, si usano apposta in quanto hanno un cervello strutturato
Apprendono solo in una fase della vita? Per tutta la vita
Differenza tra Biomagnificazione e bioaccumulo?
biomagnificazione: ad ogni passaggio tra gli individui la concentrazione tende ad aumentare

Cos'è l'immunità e quali tipi?
Capacità di attivare il SI vs agente esterno. Innata: fin dalla nascita Acquisita: in seguito ad un contatto da patogeno esterno
Immunità che la madre passa al figlio dopo la nascita è attiva o passiva? Passiva perché lo passa attraverso il latte materno e passa gli anticorpi
Tipo di immunità attiva? Vaccini
Cos'è vaccino? Viene iniettato un virus inattivato o silente e stimola il sistema immunitario
E' a breve o lungo termine? Lungo temine

Lavora con integratori

Legge che determina il ritiro dal commercio? Reg 178 del 2002
Cos'è il glicogeno? polisaccaride formato da molecole di glucosio si trova in muscolo e fegato
Cosa fa nel fegato e cosa fa nel muscolo? Nel fegato lo riversa nel sangue per alzare la glicemia. Nel muscolo viene utilizzato solo per energia

Differenza tra organismo vegetale e animale? Vegetale sono autotrofi, animali eterotrofi
Differenza tra le cellule vegetale e animale? Vegetale ha cloroplasti, vacuolo e parete, animale
Cloroplasti a cosa servono? Fotosintesi
Vegetali hanno mitocondri? Si, servono per la respirazione

Tesi accumulo metalli pesanti nelle piante

Ecosistema? Insieme di matrici ambientali e biologiche
Stabilità dell'ecosistema? quando è stabile? gli ecosistemi si evolvono per successione ecologica,
Cos'è il climax? stadio di evoluzione delle piante
Il climax può esistere veramente? Quale fattore bisogna considerare? Il tempo. Lo stato di climax potrebbe non esistere perchè è in continua evoluzione. DIpende dalla percezione spazio-temporale dell'uomo
Resistenza e resilienza? Resilienza è la capacità di un sistema di tornare alle condizioni iniziali

Domanda su tesi
Quali sono i fattori che determinano la perdita di biodiversità? Attività dell'uomo, coltivazione intensiva, urbanizzazione, specie invasivi, consumo del suolo, perdita di habitat residuali

Tesi su genetica

Le mutazioni sono sempre negative? No
Può innescare evoluzione? Si, ad esempio i batteri con antibiotico-resistenza o organismi piccoli si evolvono e si adattano più velocemente
Sostanze che possono accelerare le mutazioni? Raggi uv, Raggi X, o agenti inquinanti

Poliallelia nell'uomo? Gruppo sanguigno AB0

Tesi su metodica analitica su antibiotici miele

Differenza vespe e api? sono diverse e in competizione. L'ape è meno aggressiva. L'ape ha organi suttori, le vespe sono mandibolari. L'ape ha molta più socialità. Le vespe fan nidi stagionali e non perenni.
Perchè fanno nidi a celle esagonali? Si cerca di ottimizzare gli spazi e per la resistenza
superorganismi? quando si lavora in gruppo per un unico scopo, nei mammiferi è rara

Composizione biochimica del miele? Acqua e zuccheri semplici
Zuccheri semplici sull'uomo? Risposta glicemica e insulinica maggiore rispetto all'amido (risposta più lenta e minore)

Il genoma del SARS COV 2
virus SARS COV 2
patologia COVID 19 Coronavirus Disease 19

Come evidenziato al microscopio elettronico, le particelle virali hanno una forma sferoidale con un diametro di circa 100-160 nanometri. Presentano un envelope lipidico in cui sono ancorate le glicoproteine di superficie del virus che conferiscono alla particella virale una caratteristica forma a corona, da cui il nome coronavirus.
Il genoma è costituito da RNA a singola catena a polarità positiva di circa 30 kb.
Il virus contiene 4 proteine strutturali e 16 proteine non strutturali.
L'attacco del virus alla cellula è mediato dall'interazione della proteina Spike con il recettore cellulare costituito dall'enzima angiotensina convertasi (ACE 2) a cui segue la sua internalizzazione e fusione con la membrana dell'endosoma tramite attività proteasiche e successivo rilascio nel citoplasma dell'RNA genomico.
Questo viene immediatamente tradotto nelle poliproteine pp1a e pp1ab poi processate per dare la replicasi e altre proteine non strutturali responsabili della replicazione del genoma ed espressione delle proteine strutturali e accessorie preceduta da una trascrizione discontinua di RNA subgenomici a polarità negativa su cui vengono sintetizzati i relativi RNA messaggeri (mRNAs).
Successivamente le proteine virali si assemblano con l'RNA genomico a cui segue il rilascio di nuove particelle virali

Metodologia di rilevazione del virus
Tampone naso-oro faringeo delle alte vie respiratorie o basse vie respiratorie
Analisi tramite PCR Real Time

Ricerca sierologica degli anticorpi
IGM fase iniziale dell'infezione (finestra temporale di 10 giorni)
IGG fase avanzata dell'infezione

Tesi su Duchenne su topi

Lipoproteine? Chilomicroni, VLDL, LDL, HDL
Cos'è un valore normale?
Da cosa dipendono? sesso, etnia
Il 95% dei valori in quante deviazioni rientra? 2 deviazioni standard

Pastorizzazione?
Durata?
Perchè successivamente si fa calare drasticamente la temperatura? NEl latte è importante per mantenere sani gli enzimi,
Se faccio mezz'ora a 65° posso farla a temperatura più alta o più bassa? si, per meno o più tempo ()
Parametri D e Z?

Tesi su Nutrizione

Come ci si iscrive all'albo dei biologi? Laurea, esame di stato, tassa annuale, pec, enpab, cittadinanza italiana, non devo avere condanne
Cosa fa un lab. di patologia clinica? Analisi su campioni biologici come sangue, urine, feci, liquor, tamponi,

Se guarda campione urina al microscopio? Le proteine al microscopio non le vedo, posso trovare batteri e miceti, globuli rossi, leucociti, cristalli e cilindri
Perché è importante determinare il gruppo sanguigno? Sulla membrana ci sono glicoproteine A o B (codominanza). Ho gruppo 0 se non ho antigeni A o B.

Pastorizzazione? Chi l'ha inventata? Pasteur. Trattamento termico in grado di eliminare microrganismi fino al 99,9%
Cosa sono D e Z?

Tesi Nutrizione

Come si dosa un enzima in laboratorio? Enzima è una proteina. Posso misurare la quantità di substrato trasformato
In quali contesti diagnostici si utilizzano? Mutazioni o dosaggi nel sangue
Componenti di reazione PCR? singoli nucleotidi trifosfati, taq polimerasi, magnesio e diversi primer
Di quanti primer ho bisogno? uno di inizio e uno di fine, almeno 2

Pastorizzazione?
Nel caso della passata di pomodoro? La devo refrigerare dopo la pastorizzazione? No
È possibile sterilizzare un prodotto alimentare? Si, ma distruggo il prodotto
Appertizzazione? è pastorizzazione di un prodotto inscatolato

Tesi genetica medica (?)

Sistema immunitario
Bandeggio cromosomico, perché si fa? tipologie di bandeggio? (bandeggio Q, Gtg)

Differenze fotosintesi e respirazione
Le piante quando respirano, di giorno o di notte? Respirano sempre, i mitocondri sono sempre attivi
Pastorizzazione
Appertizzazione

Tesi malattie infiammazioni croniche intestinali

cariotipo costituzionale e cariotipo acquisito cosa sono?
cromosoma Philadelphia
specificità e sensibilità analitica

Posidonia oceanica
DL50 (unità di misura è quantità (es. milligrammi) su peso)
Peso fresco e peso secco (nel peso secco metto in stufa e faccio più misurazioni finché non sono sicuro che l'acqua sia del tutto eliminata ovvero quando non registro più variazioni di peso)

background ecotossicologia e master in nutrizione

Allergia e intolleranza
cosa è un ormone; differenze di interazione cellulare tra ormoni steroidei (lipidici) e proteici (quello steroideo viene internalizzato mentre quello proteico…cita l' AMPciclico)
cosa è uno screening (meglio avere falsi negativi o falsi positivi? falsi positivi perché comportano ulteriori accertamenti che possono rilevare l'errore)

cosa è la qualità di un prodotto alimentare? (può essere soggettiva, in base a pubblicità, valori, proprietà organolettiche dell'alimento)
Pastorizzazione

Nutrizione (vit D in ambito sportivo)

Da cosa dipende l'attendibilità analitica? (sensibilità, specificità, accuratezza -quanto la media dei miei dosaggi si discosta dal valore atteso- e precisione -quanto sono sovrapponibili i vari risultati-)
Trombofilia genetica e omocisteina genetica (coinvolti i geni fattori secondo e primo)
Elettroforesi delle sieroproteine (o purificazione)
Albumina

qual è il prodotto di un gene? (uno o due polipeptidi)
strutture delle proteine

Biotecnologie mediche (Tesi carcinoma alla cervice)

anticorpi di camelidi producono anticorpi più piccoli formati solo da catene pesanti, possono quindi arrivare dove gli anticorpi umani non arrivano (cavità e fessure). Facili da manipolare in ingegneria genetica
cosa sono le immunoglobuline e perchè sono classificate in modo diverso (collocazione e produzione a parte) (cambia la diversa tendenza ad agglomerarsi in dimeri, pentameri ecc)

Cos'è il glutine; celiachia e intolleranza al glutine sono la stessa cosa? (no, la celiachia è una allergia quindi si ha coinvolgimento del sistema immunitario) quale apparato viene colpito?
Cos'è il codice genetico? quanti sono i codoni di stop? (3) Codone d'inizio? AUG (metionina)
Errori di laboratorio quali sono

Nutrizione

Cosa è un'area protetta? ha regole particolari?
Gas cromatografia (composti che diventano gas e vengono separati tra loro lungo la colonna, in base alla loro diversa affinità con il materiale della colonna
Disanseb:
Bioaccumulo o biomagnificazione

Cos'è l'epigenetica? (metilazione degli istoni)
mutazioni a carico del DNA mitocondriale cosa comporta? per avere la malattia devo avere un numero sufficiente di mitocondri che hanno contratto la stessa mutazione e poi si trasmette ai figli per via materna

Biologia agroalimentare

gruppi sanguigni; donatori e accettori universali
Che cellule possono essere utilizzate per studiare i cromosomi? (in fase prenatale e postnatale)
Trisomia 21? come faccio a distinguerla dal punto di vista cromosomico?

Pastorizzazione? D e Z? D si riferisce ai minuti necessari ad eliminare il 90% dei microrganismi, Z alla temperatura
Abbattere in termini percentuali di quanto? 90%
Cos'è una riduzione decimale? Che da 100 microbi si va a 10

Indagine polimorfismi intolleranza lattosio

Il tumore è una malattia genetica? è multifattoriale, dipende sia dai geni che dall'ambiente o stile di vita
Cosa sono i proto-oncogeni? geni che se mutati possono sviluppare cancro
Cosa fa normalmente? Sono fattori di crescita, recettori
Gli oncosoppressori? Geni che tendono a bloccare la crescita tumorale o che mandano la cellula in apoptosi
Cos'è l'emostasi? Capacità del sangue di mantenersi
Se ha un taglio cosa succede? Vasocostrizione in modo da accumulare fattori di coagulazione, formazione del tappo piastrinico
Via intrinseca e estrinseca della coagulazione?
Obiettivo della coagulazione? Trasformare il fibrinogeno in fibrina
Che enzima trasforma fibrinogeno in fibrina? Trombina

Carboidrati alimentari? Monosaccaridi, disaccaridi, polisaccaridi (amido, cellulosa)
Com'è fatto l'amido? quanti tipologie ci sono? Amilosio (alfa1-4) e amilopectina (alfa1-6)
L'amido come viene digerito? Dalle amilasi salivari e pancreatiche
Per il diabetico è meglio pasta o pane? Pasta per indice glicemico e (fibre?) perchè gelatinizza meno l'amido rispetto al pane.

Lavora come consulente alimentare

Matrici biologiche usate nel laboratorio? sangue, urina, feci, escreti
Sangue? Tessuto liquidi presente nel corpo. Parte corpuscolata 45% (eritrociti, linfociti, piastrine), parte liquida (55%, plasma)
Differenza siero e plasma? Plasma contiene fibrinogeno e fattori di coagulazione, nel siero sono state tolte
Effetto raggi UV su DNA? Mutageni, inducono un legame TT (timina-timina) al posto di TA
a causa di una mutazione
TT di quale patologia neoplastica? Melanoma
VEQ? Verifica esterna di qualità. Il laboratorio manda un campione ad analizzare all'esterno
Che errore controllo con la VEQ? Sistematico (formula, protocollo, procedura)

Umidità relativa? Percentuale di saturazione dell'aria
Cos'è Z? Parametro usato nella pastorizzazione: innalzamento della temperatura
Unità di misura di Z? °C
Se alzo Z cosa devo fare? Abbasso D al fine di far avvenire una riduzione decimale (elimino il 90% del microbo

Nutrizione (chirurgia bariatrica)

Posidonia Oceanica? è una pianta superiore (fiorisce)
Quali sono i test tossicità su organismi viventi? zebra fish
Il crescione (pianta) è adatto? si usano i semi
Indicatore qualità aria? Licheni
Perché un'industria fa più fumo? vapore acqueo per abbassare la temperatura dei fumi

CQI? consiste nel verificare lo strumento d'analisi attraverso un campione a titolo noto ogni mattina. Si verifica che il valore rilevato si in tolleranza
Raccomandazioni per prelievo venoso? digiuno 12 ore, non assumere farmaci
Cos'è il coumadin? Farmaco anticoagulante che inibisce i fattori di coagulazione
FISH e Macroarray?
Emoglobina? Proteina di trasporto, formata da porzione globinica e porfirinica. 2 catene alfa e 2 beta. Permette il trasporto di O2 e CO2. Nei maschi 13-16.7 mg/dl

Quale emoglobina presenta 2 alfa e 2 beta? Quella dell'adulto

Tesi celiachia e sclerosi multipla

Come deve essere fatto il trasporto del campione di laboratorio? Contenitore primario (provetta in rastrelliera), secondario (chiusura ermetica), terziario (contenitore)
Altro parametro critico? Tempo (entro 2-4 ore), per le urine nelle 2 ore
Per accettare il campione arrivato? Non deve essere coagulato, verificare temperatura con datalogger, non dev'essere lattescente, etichettato correttamente,
Inattivazione del cromosoma X? Necessario affinché non ci sia troppa espressione proteica. Viene silenziato uno dei 2 cromosomi X in maniera epigenetica
quanto tempo avviene dopo il concepimento? già dopo 15 giorni

Esiste manuale monitoraggio per specie vegetali? Si, manuale ISPRA in modo che le rilevazioni siano standardizzate
Pastorizzazione?
Cosa notò Pasteur nella pastorizzazione? I microrganismi patogeni erano più sensibili degli altri
Fotosintesi quando avviene? di giorno
Tesi in Nutrizione

Cos'è la tracciabilità? Da chi è fatta?
Cos'è la DL50?

Chi lavora in un laboratorio biomedico?
Differenza tra intolleranze e allergie
Cos'è la FISH?y6

Laurea in Biologia Molecolare

Parallelo tra FISH e micro-array. FISH finalizzata all'analisi di un segmento, micro-array vede microduplicazioni e microdelezioni
Enzimi di restrizione. Quanto sono lunghe le sequenze che riconoscono? Circa 6 bp

Nella mozzarella ci sono zuccheri? Sì, il lattosio
E nel parmigiano? No, il lattosio viene utilizzato dai batteri durante la stagionatura
Che altra trasformazione fanno i batteri nella stagionatura del parmigiano? Ci sono amminoacidi in seguito alla degradazione delle proteine che fanno percepire il salato

Tesi in Nutrizione

Glucosinolati (citati nella tesi), cosa sono? Che azione hanno? Che funzione hanno in natura?
Cos'è la tracciabilità?

Cosa sono gli errori grossolani?
Biomarcatori tumorali cosa sono?

Alimentazione e nutrizione umana

Emostasi. Carenza di fattore VIII e IX come si chiama? Emofilia

Cos'è la biodiversità? L'agricoltura è biodiversa? No, è una riduzione della biodiversità
Per cosa può essere utile in futuro la biodiversità?

Laurea in Biologia, lavora in azienda farmaceutica e si occupa anche di Covid

Cos'è l'Arabidopsis?
HPLC
Cosa sono l'autotrofia e l'eterotrofia?

Anomalie cromosomiche di struttura. Traslocazioni, duplicazioni, delezioni
Come si originano? Da rotture. Se si ha mancata riparazione si ha delezione.
Terminale o interstiziale, cosa significa? Se la riparazione è anomala invece? Inserzione
Cos'è un isocromosoma? Ha due bracci uguali.
Cromosoma ad anello? Come si forma?
Componenti di reazione di PCR

Da Nutrizione

Curiosità sulla tesi
Rischi nelle mense (contaminazioni)

cosa sono gli psicrofili
(batteri che vivono a temperature sotto i 20°C sopra gli 0°)
nei confronti dell'ossigeno come possiamo classificarli?
Un esempio di batterio anaerobio? (clostridum botulinum)

Le alghe azzurre, cosa sono?
Candida albicans: batteriosi o micosi? E' un fungo

Tesi su generazione di un modello di malattia genetica con CRISPR/cas9 con zebrafish come organismo modello

Nome scientifico zebrafish e famiglia di appartenenza Danio Rerio, fam. Cyprinidae, pesce osseo.
Altro esempio di bioindicatore qualità delle acque? Posidonia oceanica. Pianta o alga? Pianta
Comportamento dei microrganismi nei confronti del calore. Psicrofili, mesofili, termofili. Poi mi sono collegata a sterilizzazione e pastorizzazione e mi ha chiesto degli esempi (autoclave, uv, ecc…)

Laurea in molecolare/sanitaria, tesi sui topi
Plasma e siero, con esempi di fattori della coagulazione
La centrifuga
Chi sono gli omeotermi ed esempi (mammiferi e uccelli)

tesi ecologia
Composizione atmosfera

Le piante respirano
Effetto serra
Pastorizzazione
Elettroforesi sieroproteine
Laccio emostatico nel prelievo venoso
Perché prelievo al mattino

tesi alimentazione
Tracciabilità
Fish
intolleranze allergie
sensibilità glutine
professionisti che lavorano nel laboratorio

Come misuro l'attività enzimatica? Cosa osservo? Faccio reagire con substrato
Determinazione del sesso nell'uomo? Dipende dall'espressione di particolari geni come SRY
SRY che proteina codifica? TDF
Fenotipo maschio con fenotipo XX? Cos'è successo? Crossing over di SRY al cromosoma X

Contaminazione alimentare? Le vie principali? Contaminazione primaria: animale o pianta è già contaminata (da acqua o altri mezzi come foglie o semi) Secondaria: Mancata igiene, macchinari,
Drosophila? Moscerino frutta usato per indagine di laboratorio
Arabidopsis? Pianta usata x indagine in laboratorio, piccola e con ciclo di vita breve

Crohn e microRNA

Differenza tra microbiota e microbioma? biota popolazione batterica, bioma si riferisce al genoma
la rubisco? Proteina più abbondante sulla terra
Quale reazione catalizza? Cosa significa?

Cos'è un ormone? messaggero chimico
Quanti tipi? proteici e steroidei
Come funzionano? proteici si legano al recettore cellulare, attivano cascata biologica, steroidei entrano nella cellula, si legano a recettore citoplasmatico o nucleare e entrano nel nucleo fungendo da fattori di trascrizione
Autoimmunità? quando l'organismo attiva risposta immunitaria verso una molecola self
Come può succedere? Alterazione degli antigeni self e vengono riconosciuti come non self oppure con reazioni crociate
Cosa fa un gene? Codifica per un polipeptide

Membrane per rigenerazione uretra (Biotech)

Microscopio elettronico a scansione? non sfrutta la luce come sorgente di radiazioni ma elettroni generati da un filamento di tungsteno. Questi elettroni sono catturati da un rilevatore e convertiti in impulsi elettrici. Il risultato è un'immagine in bianco e nero ad elevata risoluzione simile ad una fotografia.
Rubisco? Ribulosio bisfosfato carbossilasi ossigenasi, svolge una reazione nel ciclo di Calvin

Cosa studiamo con l'emocromo? Valutiamo la parte corpuscolata del sangue
Quanti globuli rossi e bianchi abbiamo nel sangue? GR milioni, GB migliaia, Piastrine centinaia di migliaia

Cos'è il sistema immunitario? scopo di difenderci da agenti esterni,
Quanti tipi ne conosce? Innata e specifica; Innato è costituito da barriere fisiche e chimiche (muco o ph); Specifico: arriva antigene che passa il sistema innato, intervengono i linfociti B e T
Cosa sono le APC? Cellule presentanti l'antigene

tesi fisiologia
rubisco cos'è, che significa l'acronimo e quali reazioni catalizza (carbossilazione ossigenasi, lega la CO2, ma anche l'O2, alla ribulosio 1-5 bisfosfato)?
Come funziona un laboratorio di patologia clinica?
(Si arriva alla legge Craxi)
Specificità e sensibilità analitica

dottorato in oncologia (ruolo dei macrofagi)
Cosa è uno spettrofotometro? che lunghezza d'onda analizza? (circa 220-700 nm)
cos'è la **luce PAR**? (lunghezza d'onda assorbita dalle piante: 400-700 nm) La luce verde viene utilizzata per la fotosintesi? no, viene riflessa soltanto (buco del verde)
Specificità e sensibilità diagnostica
Malattie multifattoriali (esempi), trasmissione o modello "a soglia", come è la curva che descrive il modello? Diabete, obesità. Dipendono dai geni ma anche dall'ambiente. E' l'ambiente (stile di vita) che determina la manifestazione meno della malattia
genetica o virologia molecolare
Cellule triploidi e tetraploidi (quanti cromosomi hanno e come si originano) Tetraploidi mancata divisione di una cellula diploide nella mitosi immediatamente successiva alla fecondazione
Cosa è l'**imprinting,** geni imprinted? L'imprinting è un fenomeno epigenetico, il quale non modifica la sequenza nucleotidica, ma ne altera l'espressione genica. Uno dei due alleli di un gene è quindi escluso dall'attivazione in base al sesso del genitore dal quale si è ricevuto il cromosoma in questione. L'imprinting è di origine materna quando è silenziato l'allele materno, ed espresso l'allele paterno; viceversa è di origine paterna se viene silenziato l'allele paterno ed espresso quello materno.
Regioni pseudoautosomiche, alterazioni cosa comportano? (inversione del sesso) Estremità dei cromosomi X e Y che contengono geni coinvolti nello sviluppo di organi come sistema nervoso e immunitario. Vanno incontro a crossing over nella meiosi
Catena del freddo riduce la contaminazione? Come?
"Shelf-life" cosa è e come si determina? (Il termine shelf-life significa letteralmente "vita di scaffale" e nell'ambito della sicurezza alimentare viene utilizzato per indicare la vita commerciale del prodotto, ovvero il periodo di tempo che intercorre fra la produzione e il consumo dell'alimento senza che ci siano rischi per la salute del consumatore. Si va a tutelare la conservazione delle proprietà organolettiche e per preservare da contaminazione microbica ecc)
tesi sul dolore (proprietà analgesiche di un farmaco)
Fibrosi cistica (gene mutato? E' CFTR)
Sedimento urinario al microscopio ottico, cosa si vede? (elementi cellulari come leucociti indici di infezione, globuli rossi, batteri, miceti, cristalli derivanti dalla dieta o attività sportiva intensa)
Perchè nel sangue i batteri sono un problema invece? perché il sangue dovrebbe essere sterile
Aa essenziali quali sono e quanti?
*Quale è la bistecca migliore per l'essere umano? (quella di maiale,dice, perché la più simile alla nostra specie) *È una domanda posta male, dal punto di vista degli amminoacidi forse (non c'è grandissima differenza tre le carni), dal punto di vista salutare meglio carni bianche (pollo, tacchino) per il basso contenuto di grassi saturi*
*Quali sono le proteine migliori? sono quelle del siero del latte, uova, carne. *I legumi hanno valore biologico inferiore ma se associati ai cereali apportano tutti gli amminoacidi essenziali*
Come si valuta la qualità di un alimento?

Sc. alimentazione e analisi sensoriale degli alimenti
Genoma mitocondriale (è una doppia elica circolare, non possedendo introni è tutto codificante, non possiede un sistema di riparo)
Che tipo di campioni biologici possono arrivare in un laboratorio
Ci sono piante velenose? ovviamente si, producono tossine per la difesa da predatori, sono compartimentalizzate per non dare problemi alla cell veg e vengono rilasciate al momento della lisi
Cosa è la rubisco, se fa la reazione ossigenasica (quindi unisce la molecola di ribulosio all'ossigeno anziché alla CO2) che succede? -vedi **fotorespirazione**- la reazione ossidasica permette la protezione della cellula vegetale dall'accumulo di ROS in caso di esagerate quantità di fotoni assorbiti dalle clorofille. Questa reazione diminuisce in maniera sostanziale la capacità di fissazione del carbonio. Alcune piante aggirano il problema sfruttando delle pompe adibite al trasporto di anidride carbonica.

Nutrizione
Cosa codifica il genoma dei cloroplasti? subunità della rubisco (che sono 2)
persa una domanda, era circa sulla clorofilla
Western blot
Quante sono le proteine in una cellula non particolarmente specializzata? quanti i geni?
Cosa faccio per visualizzare i cromosomi? (bandeggio, GIMS?)
Cosa è la media, deviazione standard DS (dispersione dei campioni attorno alla media), coefficiente di variazione (spessore % della DS)?
Cosa è il rischio biologico?

Nutrizione
Cos'è il glutine? a che serve? (fa la struttura per fare il pane, la pasta)
Il bioaccumulo cos'è?
Fase preanalitica, chi sono gli attori? (medico, paziente, operatori che effettuano il prelievo, e che lo conservano)
Quali sono le anomalie cromosomiche di numero (trisomia, aneuploidia, monosomie (Monosomia X, anche detta sindrome di Turner)

Agroalimentare e ambientale
Anticoagulanti, come agiscono e quali sono? (2 macroclassi: ci sono quelli che chelano il Ca, es. EDTA e quelli che inibiscono i fattori di coagulazione, es. eparina)
Come si fa un'urinocoltura?
Dieta mediterranea
Come si evidenzia un prodotto OGM, es soia o mais? (non etichettato) Con un saggio che mi evidenzia le proteine OGM, es. ELISA. Bisogna conoscere la proteina introdotta con l'ogm e si acquistano gli anticorpi specifici. Oppure sui nucleotidi si acquistano i primer specifici.
Se è un olio è più difficile estrarre il DNA e le proteine sono quasi assenti.

Tumore alla mammella
Diagnosi prenatale (cromosomica, morfologica, biochimica); circa quella citogenetica come si svolge? (amniocentesi) (si indagano gli amniociti, che sono cellule di sfaldamento di vario tipo; o anche i villi coriali)
Malattie più diagnosticate in prenatale? beta talassemia es.
Principale fattore limitante per la crescita delle piante? acqua
Composizione atmosfera e % CO2, avvantaggia più animali o piante? umani
pH nelle conserve alimentari? deve essere acido per conservare (sotto il 4)

Molecolare, tesi sulla placenta
Melanoma da cosa origina?
Distrofia muscolare di **Duchenne e Becker**? Becker produce distrofina disfunzionale, Duchenne non viene prodotta proprio
Che cellule scegliamo per studiare il cariotipo? es. Midollo osseo (si dividono spontaneamente quindi se aspetto troppo posso avere mutazioni in vitro quindi falso positivo)
Perchè i camici bianchi?
Meccanismi riproduttivi nelle piante superiori (Fecondazione sessuale: Ermafrodite, monoiche, dioiche; Propagazione vegetativa, es. stoloni, bulbi)
Alimentazione, corpi chetonici
Geni associati e geni indipendenti
Mutazioni geniche
Traslocazioni: (di solito sono reciproche; acrocentriche le robertsoniane) Una traslocazione reciproca consiste in uno scambio di materiale genetico tra cromosomi non omologhi. Una traslocazione robertsoniana coinvolge due cromosomi acrocentrici (cromosomi in cui il centromero è situato molto vicino alla fine del cromosoma) e consiste nella fusione di due cromosomi a livello del centromero, con conseguente perdita del braccio corto. Il cariotipo risultante possiede perciò un cromosoma in meno, in quanto due cromosomi si sono fusi insieme
Frutti maturi hanno un pH alto? no, basso di solito
Esistono alimenti sterili? non esistono alimenti sterili
Pastorizzazione

Biodiversità microbica? significa diversità di specie

genetica e biologia molecolare - tesi in biologia molecolare, ruolo di un lungo RNA non codificante nella regolazione di un fattore trascrizionale proneurale nel differenziamento neuronale.

Un campione di urina è sterile? No, perchè passa dall'apparato urinario che non è sterile. Misuro la carica microbica totale su terreno CLED. Situazione di normalità è avere meno di 100'000 UFC/mL
Esempio di simbiosi? Associazione tra 2 organismi di 2 o + specie differenti, esempio licheni (cianobatterio + micete)
L'uomo ha dei simbionti? Mitocondri
Più attuale? Microbiota intestinale

Quanti genomi più avere cellula eucariotica? Animale: Nucleare e mitocondriale Vegetale: nucleare, mitocondriale e cromoplasto, cloroplasto

Nematodi

Nematodi possono essere bioindicatori? Si, Del suolo
Staphilococco aureus può causare intossicazione alimentare? Si, tramite starnuto ad esempio

Immunità sistemica nell'uomo?
Innata e adattativa
Differenza tra Igg e Igm?
Fotosintesi?
Substrati veri e propri? $CO_2 + H_2O$

Silenziamento enzimi su carcinoma

Cos'è l'**immunoprecipitazione**? Legame tra anticorpo e sostanza target, si sfrutta la rilevazione di immunocomplesso (anticorpo primario lega, anticorpo secondario)
Differenza tra cellula animale e vegetale? Parete, vacuolo, plastidi

Livelli di tossicità? Valutano dose di tossicità DL50
Che tipi di tossicità? Acuta, sub-acuta, sub-cronica, cronica

---

biologia sanitaria, tesi su clamidia, lavora in un lab analisi acque
DL50 (mg/kg)
Che vuol dire che il **codice genetico è "degenerato"**? Ciascuna tripletta di nucleotidi (codone) specifica un amminoacido. Poiché l'RNA è un polimero lineare di quattro nucleotidi diversi, esistono 4 elevato alla terza = 64 triplette possibili. Tuttavia, nelle proteine si trovano comunemente soltanto 20 amminoacidi diversi, cosicché la maggior parte degli amminoacidi sono specificati da più di un codone, cioè il codice genetico è degenerato
UAA UGA UGG(?) Codoni di stop
Parametri che influenzano il risultato analitico (competenza degli operatori, la variabilità biologica)
Come si indicano i bracci dei cromosomi per convenzione? lettera P il braccio piccolo e Q il braccio lungo
Cosa sono i carboidrati?

Biotecnologie
Cosa è un **terreno di trasporto**? un terreno che non permette la crescita di nuovi batteri ma neanche la morte di quelli raccolti
Tecnica per dosare un enzima? perchè si fa?(es. epatite virale si cercano transaminasi del sangue); **errori congeniti del metabolismo**? Sono malattie genetiche dovute a difetti genici che codificano enzimi. Nella maggior parte delle malattie metaboliche, le conseguenze di un difetto genetico a carico di un enzima, portano ad un accumulo di substrato dannoso per la cellula del tessuto in esame
Cosa è un'area protetta e perchè viene definita?
Come si evitano contaminazioni da aree vicine?

Nutrizione
Locus e allele differenze? Locus è la posizione, l'allele è la forma diversa che un gene può presentare
Come si misura la distanza tra 2 geni? (centiMorgan è una distanza genetica, non fisica, è la probabilità di associazione quindi frequenza di ricombinazione)
Lipoproteine (es.chilomicroni dalla cell intestinale alla linfa)
Pastorizzazione
Fotosintesi e respirazione differenze

molecolare e nutrizione
Da quanti anni sappiamo di avere 46 cromosomi? dal 55, è importante perchè non sapevamo a cosa fosse associata la sindrome di Down ecc
Cosa sono gli ormoni? come li classifica? è un messaggero chimico che trasmette segnali da una cellula (o un gruppo di cellule) a un'altra cellula (o altro gruppo di cellule). Tale sostanza è prodotta da un organismo con il compito di modularne il metabolismo e/o l'attività di tessuti e organi dell'organismo stesso.
Cosa è la media, deviazione standard e coeff di variazione: media (valore che si ottiene sommando i valori di tutti gli oggetti presi in esame/ il numero degli oggetti totali), Mediana (La mediana è il valore che occupa la posizione centrale in un insieme ordinato di dati), deviazione standard (vale a dire una stima della variabilità di una popolazione di dati o di una variabile casuale. È uno dei modi per esprimere la dispersione dei dati intorno ad un indice di posizione, quale può essere, ad esempio, la media aritmetica o una sua stima)

Cosa è un OGM e perché potrebbe essere pericoloso: Studi dell'**Organizzazione Mondiale della Sanità** hanno etichettato il Roundup, pesticida che viene spruzzato su colture OGM, come cancerogeno. Oltre al Roundup, gli scienziati hanno progettato OGM in grado di produrre pesticidi durante la loro crescita. Un recente studio ha accertato l'aumento di una proteina nel mais OGM che produce putracina e cadaverina, sostanze chimiche potenzialmente tossiche per l'uomo.

nutrigenomica

Il sistema immunitario: Il nostro organismo è dotato di un efficiente sistema di difesa dagli agenti estranei all'organismo: si tratta del sistema immunitario, composto da cellule diverse, ognuna con funzioni specifiche, e molecole circolanti che lavorano insieme per riconoscere ed eliminare gli agenti estranei all'organismo come batteri, parassiti, funghi e virus ma anche cellule infettate da agenti patogeni e cellule tumorali.
Esoni e introni Gli introni e gli esoni sono sequenze di nucleotide all'interno di un gene. Gli introni sono eliminati da RNA che impiomba mentre il RNA matura, significante che non sono espressi nel prodotto definitivo del RNA messaggero (mRNA), mentre gli esoni accendono in covalenza essere saldati ad uno un altro per creare il mRNA maturo.
Gli introni possono essere considerati come le sequenze di ***intervento*** e esoni come sequenze ***espresse***.

Frammenti di okazaki (3'->5'): Un frammento di Okazaki è un breve frammento di DNA sintetizzato attraverso la catalizzazione dalle DNA polimerasi (DNA polimerasi III) durante la replicazione del DNA da parte del filamento lento, e da un Primer di RNA. Questo frammento è composto da circa 100÷200 nucleotidi nelle cellule eucariote e 1000÷2000 nucleotidi nelle cellule procariote.
Istoni (le proteine istoniche sono 5: H1, H2a, H2b, H3, H4) che funzioni hanno? Gli **istoni** sono proteine basiche che costituiscono la componente strutturale della cromatina.
Quanti sono i geni nell'uomo? Ha un corredo approssimativamente di 3,2 miliardi di paia di basi di DNA contenenti all'incirca 20 000 geni codificanti per proteine[1].

Il Progetto Genoma Umano ha identificato una sequenza di riferimento eucromatica, che è utilizzata a livello globale nelle scienze biomediche. Lo studio ha inoltre scoperto che il DNA non codificante assomma al 98,5%, più di quanto fosse stato previsto, e quindi solo circa l'1,5% della lunghezza totale del DNA si basa su sequenze codificanti.

Applicazioni Biomediche

Rischio biologico (rischio per l'operatore che si trova a contatto con microrganismi o tossine; si usano dispositivi per la protezione individuale)
Geni indipendenti (geni su cromosomi diversi) e geni concatenati
Valori normali
Test di screening
Quanti sono i geni nell'uomo?
Come è fatto un insetto
SDS page

Molecolare- bioinformatica

Ciclo cellulare e controlli positivi e negativi
Neoplasie sono genetiche? si perché derivano da un danno del genoma. E' ereditaria? si possono avere talvolta delle predisposizioni ereditarie (retinoblastoma es)
Real time PCR
Vie di contaminazione degli alimenti (può esserlo la materia prima, poi l'operatore può contaminare)

Microbiota intestinale,triptofano e sist immunitario

Xenobiotici, tossicità acuta (DL50) e cronica (NOEL e LOEL)
Bioindicatori del suolo

Immunità e vaccino

Biotecnologie mediche

Sostanze contenente amido determina innalzamento glicemico?

Zoonosi e come avviene il salto di specie: Il salto di specie, noto anche come spillover, si verifica quando una popolazione serbatoio ad alta prevalenza di patogeni entra in contatto con una nuova popolazione ospite di una specie differente

Differenza virus e batterio I batteri sono microrganismi costituiti da una singola cellula, che si divide generando due cellule figlie identiche. Le cellule batteriche possono presentare svariate forme: a sfera (cocchi), a bastoncello, a virgola e a spirale. I batteri sono classificati come procarioti, a differenza degli organismi superiori (animali, piante e funghi), che sono invece classificati come eucarioti. Ciò che identifica un organismo come procariote è l'assenza di un nucleo ben definito che racchiude e protegge il materiale genetico, separandolo dalle altre componenti attraverso una membrana. Come le cellule eucariotiche anche i batteri presentano i ribosomi, cioè le strutture deputate alla sintesi delle proteine, mentre mancano dei mitocondri, attraverso cui le cellule eucariotiche producono energia.

Virus: Non essendo dei veri e propri organismi viventi, i virus meritano una classificazione a parte. Le particelle virali sono costituite da materiale genetico (filamenti di DNA o RNA) rivestito da elementi proteici e possono assumere forme diverse, più spesso sferiche e "a bastoncino". I virus sono dei parassiti obbligati: per l sopravvivere hanno il bisogno assoluto di invadere una cellula ospite (procariotica o eucariotica) e di sfruttarne le componenti per replicarsi. I virus che colpiscono esclusivamente i batteri sono detti batteriofagi, altri invece colpiscono organismi complessi di specie differenti, come i virus aviari che si possono tramettere dagli uccelli all'uomo. Nel caso specifico, i virus che hanno come ospiti i batteri sono detti batteriofagi.

Quali organuli sono comuni a eucarioti e procarioti: ribosomi, Parete cellulare, citoplasma, membrana plasmatica

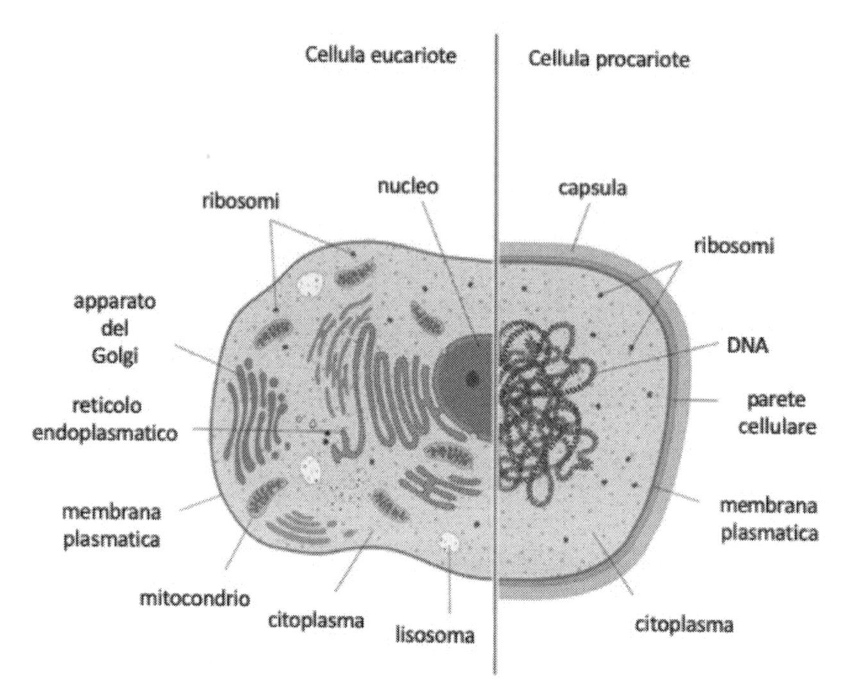

Ecologia vegetale

Disturbo intermedio

Resilienza e resistenza: **resilienza** (capacità di auto-riparare un danno a un organismo o un tessuto), **resistere**, adattarsi, riprendersi con tenacia dopo ogni difficoltà (nonostante gli ostacoli e gli eventi imprevisti).

Fibre: La fibra alimentare, infatti, ha una serie di effetti benefici, tali per cui risulta parte integrante di qualunque regime dietetico equilibrato e all'insegna della eeesalute. tutto quell'insieme di sostanze organiche appartenenti alla categoria dei carboidrati (salvo rare eccezioni), che l'apparato digerente umano, con i suoi enzimi digestivi, non è in grado di digerire e assorbire.

Nutrizione

Perché i grassi contengono più kcal? (legami C-H sono più forti del C-O quindi rotti, liberano più energia)
Cos'è il metabolismo: Complesso di reazioni biochimiche di sintesi (*anabolismo*) e di degradazione (*catabolismo*), che si svolgono in ogni organismo vivente e che ne determinano l'accrescimento, il rinnovamento, il mantenimento.
Reazioni esoergoniche ed endoergoniche: Una **reazione esoergonica** libera energia, come per esempio la combustione del metano (CH_4) a biossido di carbonio (CO_2). Al contrario le **reazioni endoergoniche** sono quelle che "intrappolano" energia all'interno di nuovi legami formati, come per esempio nelle reazioni di sintesi (A+B ---> C)
Perché servono gli enzimi? Gli enzimi sono proteine prodotte nelle cellule vegetali e animali, che agiscono come catalizzatori accelerando le reazioni biologiche senza venire modificati.

Microbiologia (pseudomonas)

Virus e coronavirus
Biodiversità è la varietà di organismi viventi, nelle loro diverse forme, e nei rispettivi ecosistemi

Si considerano tre distinti livelli di biodiversità:[1]

- *diversità genetica*, la somma complessiva degli esseri viventi che abitano il pianeta;
- *diversità di specie*, che indica l'abbondanza e la diversità tassonomica di specie presenti per la terra;
- *diversità di ecosistemi*, con cui si indica l'insieme di tutti gli ambienti naturali presenti sul nostro pianeta

Biologia della riproduzione

lyonizzazione: L'inattivazione del cromosoma X, detto anche effetto Lyon o **lyonizzazione**, è un normale processo biologico che interessa tutte le femmine di mammifero e che consiste nella disattivazione (perdita di funzione) di uno dei due cromosomi sessuali X presenti nelle loro cellule.
teratologia (Disciplina biologica che studia le malformazioni e le anomalie animali e vegetali)

Nutrizione

acido ascorbico (relativo alla tesi)

quali vitamine sintetizziamo? Tranne la vitamina D, le vitamine non vengono sintetizzate dal nostro organismo ma di solito assunte regolarmente tramite l'alimentazione quotidiana. Infatti le vitamine sono contenute in diversi alimenti, quali carne, pesce, verdure, frutta e cereali, quindi è molto importante seguire una dieta equilibrata e variegata. In particolare, gli alimenti di origine vegetale sono quelli in grado di fornire il maggior apporto vitaminico.

plicometria è uno strumento utilizzato per misurare lo spessore delle pliche cutanee. È costituito sostanzialmente da una pinza con una molla calibrata per applicare una pressione costante sulla plica di 10 g/mm^2. La misurazione è data in millimetri da un indice mobile su una scale circolare o lineare.

quanti genomi ha una cellula eucariotica In termini di contenuto aploide di DNA, il genoma degli eucarioti è più grande di quello dei procarioti.

Questo non deve sorprendere; quasi tutti gli organismi eucariotici, infatti, sono pluricellulari, contengono cellule specializzate per forma e funzioni e svolgono molteplici attività che richiedono un gran numero di proteine, tutte codificate dal DNA. Inoltre gli organismi pluricellulari devono possedere anche i geni per le proteine che servono a tenere unite le cellule in tessuti, i geni per il **differenziamento cellulare** e i geni per la comunicazione intercellulare.
Per questo, mentre il DNA di un virus in media contiene circa 10000 coppie di basi (bp) e il DNA di *E. coli* 4,6 milioni di bp, gli esseri umani possiedono un numero di geni e di sequenze regolatrici ben maggiore: in ogni **cellula somatica** (cioè diploide) del corpo umano sono stipati circa 6 miliardi di bp (pari a circa 2 m di DNA).

Nutrizione

Fotosintesi

Sicurezza alimentare

prodotti di quarta gamma (relativo la tesi)

- Prima gamma: ortofrutta fresca tradizionale.
  - Seconda gamma: ortofrutta e verdure in conserva proposte in barattolo.
  - Terza gamma: frutta e verdure surgelate.
  - Quarta gamma: ortofrutta fresca, lavata, confezionata e pronta al consumo.
  - Quinta gamma: frutta e verdure cotte e ricettate, confezionate e pronte al consumo.

Aerobi obbligati, anaerobi obbligati e facoltativi:

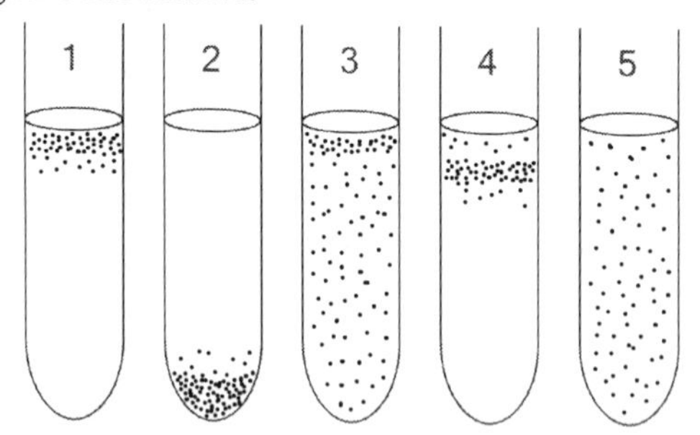

I batteri aerobi e anaerobi possono essere identificati attraverso una coltura in sospensione:
1: I batteri aerobi obbligati si raccolgono in testa alla provetta, in modo da assorbire la maggior quantità possibile di O_2.
2: I batteri anaerobi obbligati si raccolgono sul fondo, per evitare l'O_2.
3: I batteri aerobi facoltativi possono crescere sia in presenza che in assenza di O_2, per cui si distribuiscono lungo tutta la provetta concentrandosi in maniera maggiore in prossimità della superficie in quanto crescono meglio in presenza di O_2.
4: I microaerofili si raccolgono nella parte superiore della provetta, ma non in testa; essi richiedono infatti O_2 a bassa concentrazione.
5: Il metabolismo dei batteri aerotolleranti non è influenzato dalla presenza di O_2 e, per tale motivo, sono diffusi lungo tutta la provetta.

Biologia sanitaria

Alghe azzurre

la fase più critica? la preanalitica. Perchè?

Inquinanti ambientali; microplastiche e nanoplastiche?

L'EFSA definisce come **microplastiche** le particelle di dimensioni comprese tra 0,1 **e** 5.000 micrometri (μm), che corrispondono a 5 millimetri, **e** come **nanoplastiche** le particelle di dimensioni da 0,001 a 0,1 μm (ossia da 1 a 100 nanometri). Possono presentarsi in forma di pellet, fiocchi, fibre, sferoidi **e** granelli.

Biomolecolare (malaria)
Noi abbiamo i lactobacilli? probiotici e prebiotici?

Il termine 'probiotico' deriva dal greco "pro-bios" che significa 'a favore della vita'. E già nel nome vi è una prima indicazione poiché i probiotici sono microrganismi (soprattutto batteri) viventi e attivi, contenuti in determinati alimenti o integratori ed in numero sufficiente per esercitare un effetto positivo sulla salute dell'organismo, rafforzando in particolare l'ecosistema intestinale.
I prebiotici invece sono sostanze non digeribili contenute in natura in alcuni alimenti – principalmente fibre idrosolubili, non gelificanti tra cui i polisaccaridi non amidacei o beta-glucani, i fructani, gli oligofruttosaccaridi, le inuline, il lattitolo, il lattosaccarosio, il lattulosio, le pirodestrine, gli oligosaccaridi della soia - le quali promuovono la crescita, nel colon, di una o più specie batteriche utili allo sviluppo della microflora probiotica

Vettore della malaria?
Perché diventano ematofaghe? perchè quando hanno le uova necessitano di un apporto proteico maggiore; che ciclo biologico hanno? olometaboli; quante ali ha? 2 paia
Quali cellule compongono il sangue? Qual è la differenza tra siero e plasma? Perché i globuli rossi hanno quella forma e chi gliela conferisce? Nei **globuli rossi** dei mammiferi la mancanza del nucleo lascia più spazio all'emoglobina e la **forma biconcava** aumenta il rapporto tra la superficie e il volume citoplasmatico della cellula. Queste caratteristiche rendono più efficiente la diffusione dell'ossigeno da parte di queste cellule.

Cosa sono le alghe azzurre? perché vengono chiamate alghe?

Biochimica
Fotosintesi?

Cos'è un alimento? Sostanza che, introdotta nell'organismo, sopperisce al dispendio di energie e fornisce materiali indispensabili alla reintegrazione, all'eventuale accrescimento e allo svolgimento di funzioni fondamentali per la vita dell'individuo e della specie; *generic.*, cibo, nutrimento, sostentamento.
Piramide alimentare?

Piramide di impatto ambientale degli alimenti? è praticamente al contrario della piramide alimentare. La carne ha un grande impatto ambientale (soprattutto allevamenti intensivi)

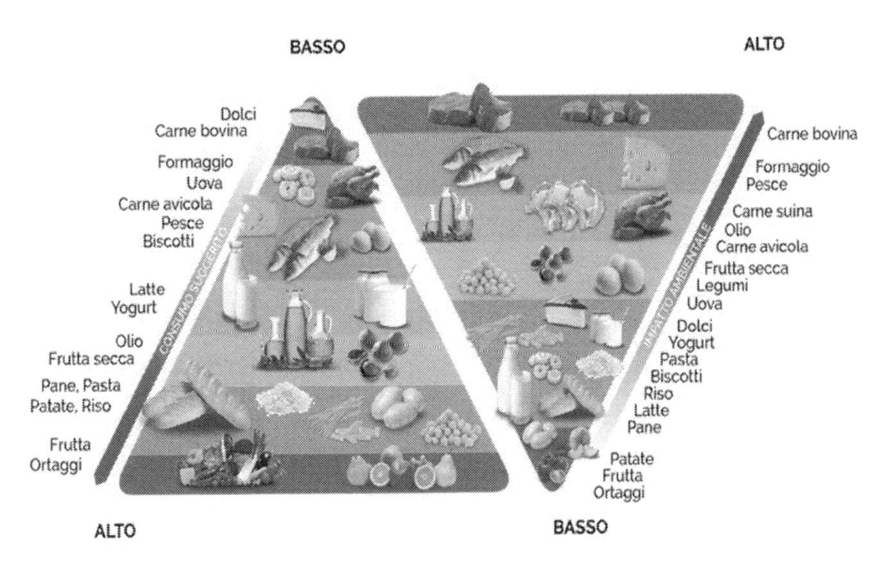

Marker biologici in campo ambientale? xenobiotico induce cambiamenti sull'organismo e ne modifica la fisiologia. Noi misuriamo questa modificazione

Nutrizione, tostatura caffè

Connettività ecologica? Cos'è la frammentazione di un habitat? Fenomeno che avviene quando l'uomo porta squilibrio nell'habitat (costruisco autostrada in un bosco). Produce abbassamento della biodiversità
Se voglio aumentare la biodiversità come faccio? Creare corridoi ecologici che facilitano il transito delle specie riattivando la connettività ecologica (è di 2 tipi .Strutturale e Funzionale (legata alle specie))
Climax cos'è? Successione ecologica di specie che colonizzano l'ambiente vergine o abbandonato dall'uomo. Inizia con specie semplici (pioniere). Il climax stabile è solo teorico perché in natura tutto è in continua evoluzione.

Com'è fatto un virus? Capside, strutture di ancoraggio, DNA o RNA

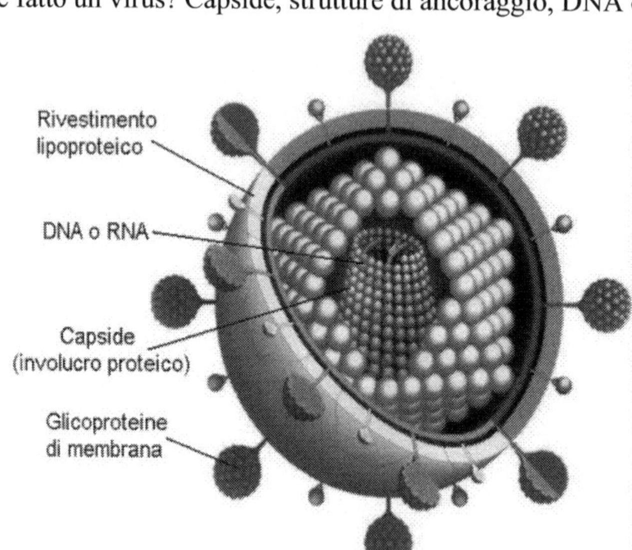

Tutta l'energia introdotta con l'alimento è usata? No, c'è la termogenesi indotta dagli alimenti, energia utilizzata per la digestione
In percentuale quanto conta? 15%, il resto metabolismo basale e attività fisica

Parkinson

Cappe biologiche? strumenti di protezione sia per l'operatore che per evitare contaminazione del campione
Cappe a flusso laminare sono a flusso orizzontale o verticale? verticale
Tipi di cappe a flusso verticale? Hanno filtri HEPA, quelle orizzontali l'aria arriva all'operatore, per questo sono meno utilizzate

Elettroforesi su gel? Agarosio (maglie più larghe) o poliacrilammide (maglie più piccole). Si applica corrente
Relazione tra temperatura e microrganismi?
Sterilizzazione? A che temperatura? 120° a 2 atmosfere in autoclave, utile per distruggere microrganismi e spore. Negli alimenti di usa invece la pastorizzazione

Fitochimici

Fattori che determinano il sesso nell'uomo? Sono 3? Si, cromosomi sessuali (cariotipo), gonadi (interni) e organi sessuali esterni
Solo dai cromosomi determino il sesso? No, fenotipo

Legge istitutiva del biologi? 1967
Codice deontologico?
Cosa deve fare per iscriversi all'albo?
Se è straniero può iscriversi? No, serve cittadinanza italiana
Specie aliene invasive? Specie non autoctone che possono modificare gli ecosistemi locali.
Concetto di invasione? Fa riferimento agli spazi delle specie locali o nicchia ecologica sottraendo nutrienti portando a morte le specie autoctone
Native page? Separazione di proteine su gel nativo, si intende su proteine non denaturate
PAge cosa significa? poliacrilammide gel electrophoresis

Tumore al seno e abitudini alimentari

Meiosi? Da cellule 2n ottengo 4 cellule aploidi. Le cellule generate non sono necessariamente gameti
Licheni? Simbionti indicatori della qualità dell'aria
Che organismi li compongono? Cianobatterio, e micete

Classificazione in base alla posizione del centromero? Acrocentrici (un braccio di un cromatide è molto corto, il centromero è più vicino al telomero), telocentrici (nell'uomo non esistono), metacentrici (hanno centromero a metà, bracci lunghezza simile), submetacentrici (posizione sub-terminale)
CQI?
Proto oncogene? Fisiologicamente cos'è? Fattore di crescita

Come si producono anticorpi monoclonali o policlonali? Topi o conigli (policlonali). Si inocula l'antigene nell'animale e l'animale produce anticorpi su più epitopi. Isolo linfocita B e le faccio fondere con cellule del mieloma.
Si può fare col coniglio? Solo x policlonali

Microplastiche

Fish e Macroarray? Fish abbiamo sonda marcata con fluocromo, la usiamo per rilevare anomalie cromosomiche (es. trisomia 21) . Macroarray, abbiamo un chip con dei pozzetti su cui abbiamo oligonucleotidi. Mettiamo il campione di DNA (abbiamo anche DNA di controllo con cui confrontiamo il risultato) che verrà marcato da cianine
Sonde painting? occupano tutto il cromosoma
Screening beta-talassemia? Si fa con emocromo, semplice prelievo e si guarda MCV. MCV è l'acronimo di "Mean Cell Volume" o "Mean Corpuscular Volume". Tradotta in italiano, questa sigla indica il **volume corpuscolare medio**, vale a dire il **volume medio dei globuli rossi**.
In sostanza, l'MCV permette di sapere se i globuli rossi sono troppo piccoli, troppo grandi o - semplicemente - normali.
cos'è? malattia autosomica recessiva, interessa le catene beta dell'emoglobina. Porta a ridotta sintesi di beta globina e altera il trasporto di ossigeno.
Vantaggio dell'eterozigote? verso la malaria. In ambiente malarico l'eterozigote sopravvive bene, mentre il sano muore di malaria

Quanti sono i geni nell'uomo?
Quanti sono i geni attivi in una cellula? Es. in una cellula del cuore? Sono attivi solo quelli utili al cuore. Posso valutarla con elettroforesi, valuto il numero di proteine e poi le stimo.

Biologia molecolare

Quanti sono i geni nell'uomo? 21000 circa dagli ultime teorie (non è d'accordo e dice 30000 almeno, inoltre ci sarebbero da valutare le condizioni di stress estreme sull'uomo, e non è possibile farlo).
Quanti sono attivi in una cellula ? 5 o 6 mila, forse anche meno (detto da), perché molti sono per gli altri tessuti
Quante bande trovo in una sds-page? qualche centinaio/migliaio
Fotosintesi e respirazione?
Tra combustione e respirazione che nesso c'è? Produzione di CO2 e calore
La combustione cosa produce? di cosa ha bisogno? Ossigeno
Campana di vetro, con topolino candela e pianta, il topo vive se? Se aggiungo luce
Sono ossidazioni? SI,

Gruppi sanguigni? AB0 e Rh? Se il GR ha antigene A siamo gruppo A e ha anticorpi antiB.
Che molecole sono questi antigeni? polisaccaridi
Gli anticorpi antiB nel gruppo A esistono già, da dove derivano? l'ipotesi è che diano cross-reazioni con i batteri intestinali
Sistema Rh? La natura di questi antigeni? proteine

PM10

Cos'è la VES? Perchè lo faccio? Se è aumentata cosa vuol dire? La velocità di eritrosedimentazione (**VES**) è un indice ematico che fornisce informazioni sulla presenza, o meno, di infiammazioni. La **VES**, in particolare, misura la velocità con cui gli eritrociti (globuli rossi) di un campione di sangue - reso incoagulabile - sedimentano sul fondo della provetta che lo contiene.Una velocità di eritrosedimentazione elevata si può riscontrare, ad esempio, in malattie di natura infiammatoria (in particolare: infezioni di vario genere, malattie reumatiche e autoimmuni), nell'infarto miocardico, nelle anemie e in alcuni processi tumorali.
Sensibilità e **specificità diagnostica**? specificità individua i malati, la sensibilità individua i sani

Test di paternità? Analisi genetica
Come si fa? Tramite PCR e si guarda se il profilo del figlio è compatibile con quello del padre (se il 50% è del padre allora è suo figlio). Si valutano i marcatori genetici (sono 21), si valutano le lunghezze delle sequenze
Devono essere tutti e 21 uguali?

Cos'è il plancton? sono organismi acquatici, è il nutrimento dei pesci, è bioindicatore della qualità delle acque marine
E' animale o vegetale? zooplancton è animale, mentre il fitoplancton è vegetale. E' alla base delle catene alimentari

Tessuto adiposo bianco

DNA mitocondriale e eredità di mutazioni? Non ha sistemi di riparazione, è circolare. HA 37 gene ma codifica solo per 13 proteine. Viene trasmesso dalla madre perchè lo spermatozzo non trasporta i geni dei mitocondri.
Tutti i mitocondri sono mutati? No, solo alcuni (eteroplasmia). Potrei non avere comparsa della malattia
Test prenatali? Non invasivi: translucenza,
Il dosaggio dell'**alfafetoproteina** a che serve su sangue materno? Serve per valutare i difetti del **tubo neurale**, si fa prevenzione con acido folico
Invasivi: Amniocentesi, villocentesi, cordocentesi (% abortiva troppo elevata, lo si evita)
Test di tossicità? Test che valutano la capacità di creare danni da parte di una sostanza tossica, si usano organismi come semi di cetriolo e zebra fish per analisi della qualità dell'acqua.
Si usa su topi? Si, si valuta il DL50, unità di misura mg/kg

Cellule neurali

Professionisti che operano in laboratorio: Direttore (deve avere la specializzazione), dirigenti (biologi, chimici o medici), tecnici sanitari di laboratorio biomedico (si occupa del lavoro alle macchine e delle analisi vere e propria), infermiere (prelievo)
Se voglio fare studio cromosomico partendo da sangue periferico? Uso linfociti T, stimolo con fitoemoagglutinina, blocco in metafase, uso soluzione ipotonica (cloruro potassio) per indurre lisi della membrana, centrifugo con fissativo (metanolo+acido acetico) e poi deposito su vetrino
Come si mette su vetrino? Si mettono delle gocce, quando la fissativa evapora la cellula scoppia e allora posso vedere

Gascromatografia? Cromatografia che usa gas come fase mobile, serve per separare sostanze diverse all'interno della soluzione
Che tipo di gas? Un gas inerte, in genere azoto
PErcentuale di acqua nei semi? 10%
Fagiolo secco, fresco e fagiolo cotto? 10%, 80% . I cotti intorno a 80%
Umidità relativa? Percentuale di acqua nell'aria rispetto alla saturazione massima, varia in base alla temperatura
Chi soffre? Le piante e l'uomo perché non può più abbassare la temperatura tramite la sudorazione

Fisiologia generale (polifenoli)
lipoproteine plasmatiche come sono fatte strutturalmente?(parte proteica idrofila e parte lipidica idrofila, disposizione in vescicole, es. chilomicroni) come le classifica? (VLDL, LDL e HDL) vanno dall'intestino al fegato
Come si misura la distanza tra i geni? in centiMorgan, non è un'unità fisica
Come ci si iscrive all'albo? (incensurato, diritti civili, cittadinanza, ecc)
Cosa è un test di paternità (si verifica DNA del figlio e del padre mediante PCR classica e poi elettroforesi, e si verifica se metà del genoma (delle bande) è simile (dice che si usano 21 marker) marcatori RFLP. C'è una soglia statistica per il confronto
Come si producono gli anticorpi?

Tumore al seno
Controllo di qualità interno (errori casuali) (verifico la correttezza con media, DS e coeff. di variazione in seguito all'esecuzione di più misurazioni)
Fotosintesi, cosa è quando avviene?
Cloroplasti hanno un loro genoma? che tipo di genoma è, eucariotico o procariotico? (procariotico circolare) cosa codifica? (una subunità? della rubisco)

Nutrizione (tesi sull'abuso di alcolici)
Cosa sono gli istoni? che funzioni hanno? (strutturale nella condensazione del DNA; meccanismi epigenetici di metilazione)
Esami emocromocitometrico (riguarda la parte corpuscolata del sangue)
omega3 (grasso polinsaturo)
Batteriofago (virus specializzato nella lisi batterica); si usano in lab? (si in ingegneria batterica)
Spettrofotometro (il rilevatore dello spettrofotometro misura la radiazione I0 non assorbita (trasmittanza) dalla sostanza colpita dalla luce emessa); unità di misura dell'assorbanza? a che serve? cosa è lo spettro di assorbimento es. della clorofilla?

Nutrizione (dieta e deficit di attenzione)
Risultato analitico da cosa è influenzato (ovviamente dallo strumento, dalla sua taratura, dalla competenza dell'operatore,dalla qualità del campione -dal prelievo al trasporto-, dalla variabilità biologica intra e inter individuale)
Proto Oncogene; mi descrive mutazioni che portano all'attivazione di proto oncogeni? (quando i proto oncogeni sono in sovrannumero, traslocazioni come nel caso del PHY, inserzione di virus che modifica la trascrizione?)
Shelf life di un prodotto alimentare? chi decide la data di scadenza? (nel caso del latte fresco ad esempio, la decisione è normata dalla legge, cioè la pastorizzazione può durare solo per un tempo stabilito; mentre per i sottoli è meno rigida e meno normata)

Medicina traslazionale
Geni oncosoppressori (es. proteina p53 che blocca il ciclo cellulare e porta la cellula in apoptosi)
Altri geni oncosoppressori? BCR1 e 2 nel tumore alla mammella
Come si trasmettono? ho bisogno che siano mutati tutte e due le copie per avere la malattia? si, sono recessivi
VEQ? che errori controlla? (quelli sistematici)
Mutazioni del DNA? (geniche -inserzioni, delezioni, sostituzioni- possono essere silenti; cromosomiche - variazioni numeriche o strutturali- o genomiche)
Sicurezza alimentare cos'è? (mancanza di contaminanti biologici, chimici e fisici)
Appertizzazione? trattamento termico usato per i prodotti in scatola per ridurre la carica microbica. Che problemi ha? la diffusione del calore all'interno della scatola (oltre la barriera del barattolo), ci vuole più tempo, dobbiamo far raggiungere la temperatura di appertizzazione nel cuore del barattolo e vi rimanga per il tempo stabilito. E perchè è tanto popolare?

Biomarcatori per malattie neurodegenerative
Allergie e intolleranze
Fish
Microarray (su supporto, ibridazione inversa); che differenze ci sono con la Fish? (nella fish ricerchi solo quello che interessa, nel microarray …)
Cellula triploide (3n); esistono individui con cellule triploidi? (si ritrova nei materiali abortivi, la morte è precoce)
Xylella fastidiosa (batterio che colonizza i vasi xilematici delle piante occludendoli e provocando un disseccamento. È veicolato dalla sputacchina (philaenus-spumarius))
Nomenclatura binomiale di Linneo.

Zootecnia e acquacoltura
Colorazione di Gram
Classificazione dei cromosomi sulla base della posizione del centromero rispetto i bracci (acrocentrici, metacentrici e submetacentrici)
Vengono inoltre classificati anche in base alla loro grandezza: con le lettere dell'alfabeto (da A a G)
Accettazione dei campioni biologici, criteri. (il primo criterio è l'etichettatura, poi emolisi, contenitore sbagliato, ecc)
Un biologo può prescrivere analisi?
Quanto pesa un microlitro di acqua? e 1 ml? (1 ml pesa 1g e 1 microlitro pesa 0,001g)
Piramide alimentare
Immuno oncologia
Immunoglobuline
determinazione del sesso nell'uomo
malattie oriali
come si scrive una sequenza di dna (con le lettere delle basi azotate e si considera il filamento guida (5->3) letto da Sx a DX che parte con AUG)

come si capisce quale è la seq codificante in seguito a clonazione? quante prove deve fare? quante possibilità di lettura ci sono?

*6 possibilità di lettura. Un codone viene definito dal nucleotide di partenza da cui inizia traduzione. Ad esempio, la stringa GGGAAACCC, se letta dalla prima posizione, contiene i codoni GGG, AAA, e CCC; se viene letto dalla seconda posizione, contiene i codoni GGA e AAC; se letto a partire dalla terza posizione, GAA e ACC. Ogni sequenza può, pertanto, essere letta in tre diverse fasi, ciascuna delle quali produrrà una sequenza amminoacidica diversa (nell'esempio dato, Gly-Lys-Pro, Gly-Asn, Glu-Thr, rispettivamente). Nella doppia elica del DNA, vi sono sei possibili "quadri di lettura", tre che indicano un orientamento in avanti su un capo del filamento e tre nella direzione inversa sull'altro filamento.

Biologia dello sviluppo e diatomee
Cascata coagulativa? costituita da proteasi che scindono il successivo attivandolo
Emostasi: L'emostasi è l'insieme di processi che permette di arrestare il sanguinamento, ovvero di trattenere il sangue in un vaso danneggiato, e al contempo di mantenere il sangue fluido in condizioni fisiologiche
Cellula tetraploide (4n), come origina?
Quante letture si testano su un DNA? (domanda di prima*) sono 6 possibilità (3 per filamento) -frame di lettura-
Effetto serra

Nutrizione
Normativa sulla sicurezza alimentare
Fotosintesi
Possibilità di lettura per un filamento di DNA? sempre 6
Cosa è un albero genealogico? ricostruzione simbolica (cerchi e quadrati)
Accreditamento istituzionale di un lab analisi: 3A (Autorizzazione dei requisiti minimi strutturali, Accreditamento -opzionale per ambire a lavorare per l'ASL, e ... Accordo contrattuale sul rimborso delle prestazioni)

Nutrizione
melanoma
termociclatore e PCR (strumento di laboratorio in grado di condurre automaticamente le determinate variazioni cicliche di temperatura necessarie all'amplificazione enzimatica di sequenze di DNA in vitro attraverso la reazione a catena della polimerasi (**PCR**))

Biologia sanitaria
Studio dei cromosomi al microscopio ottico (si osservano nei leucociti in metafase, servono la ...fitoemoagglutinina e la colchicina che blocca il fuso mitotico. Poi si effettua un bandeggio per evidenziare i cromosomi. A questo punto, per creare un cariotipo, bisogna appaiare gli omologhi attraverso il microscopio trioculare che effettua un video dei singoli cromosomi e li appaia.)
Malattie cromosomiche (di numero -aneuploidie, poliploidie- o di struttura)
Western blotting

Nutrizione
Come si scrive un filamento di DNA e quante letture posso avere?
I principi degli estrattori di DNA
Beta talassemia (B-globina, emoglobinopatia ereditaria recessiva)
Cosa c'è dentro un vaccino (antigeni inattivati -o parti di esso, epitopo-)
Differenza antigene ed epitopo

Nutrizione
Malattie legate all'X come si trasmettono
Inattivazione dell'X
Emofilia

Bioindicatori della qualità dell'aria; licheni, perchè preferiti agli insetti? perchè sono non mobili quindi registrano il punto preciso

---

Fotosintesi
Batteriofago e in che campo trovano applicazione
Omeotermia ed esempio di organismo omeoterma

(Laurea in Scienze della nutrizione)
Curiosità su tesi
Cos'è la cellulosa
Dieta chetogenica
Cosa sono i ruminanti
(Laurea in biologia agroalimentare)
Pastorizzazione
Fibre alimentari
Metodologia implementata per controllo a livello di aziende alimentari (HACCP)
Rischio maggiore che si può presentare in acque destinate al consumo umano (legionella)
Un esempio di rischio chimico nelle acque (metalli pesanti, nitriti e nitrati)
Biomagnificazione

(laurea in Scienze dell'alimentazione umana)
Aspetti in comune di mitocondri e plastidi. L'organizzazione circolare del loro DNA cosa ricorda? (DNA procariotico)
Organizzazione DNA eucariotico
Energia metabolizzata nel nostro organismo come viene utilizzata. Come viene utilizzata energia ricavata dagli alimenti (per metabolismo basale, dispendio energetico ecc)

Cosa si consiglia a soggetto obeso per evitare accumulo (fare più pasti durante la giornata)
Da cosa può essere influenzato il metabolismo basale (da massa muscolare, dal sesso M/F, età, componente ormonale)
....
(Biotecnologie industriali)
Ceppi microrganismi ricercati in acque reflue
Limite di E.coli in acque potabili (zero)
Metodi chimici per disinfettare acque destinate al consumo umano (cloro)
Fenomeno dell'eutrofizzazione: l termine eutrofizzazione, derivante dal greco eutrophia, indica una condizione di ricchezza di sostanze nutritive in un dato ambiente, in particolare una sovrabbondanza di nitrati e fosfati in un ambiente acquatico.
....
(Alimentazione e nutrizione umana)
Curiosità su tesi
Leptina (ormone prodotto da tessuto adiposo, induce il senso di sazietà)
Livelli di tossicità di una sostanza xenobiotica (acuta, subacuta, subcronica, cronica)
......
(Biologia sanitaria)
Meccanismo di azione virus
Tropismo coronavirus (basse vie respiratorie)
Tropismo altri virus influenzali (alte vie respiratorie, danno sintomi meno gravi)
Cosa si intende per salto di specie. Può avvenire solo da animale a uomo? (no, può avvenire tra diverse specie e può avvenire anche il contrario, da uomo ad animale)
....
(Scienze della nutrizione umana)
Microbiota intestinale
Microrganismi di microbiota che possono creare problemi intestinali (es. microrganismi che producono acido butirrico, che promuove processo infiammatorio)
Simbiosi. Nel nostro organismo ci sono organismi simbionti?
Cos'è organismo epifita (es licheni che crescono sugli alberi)
......
(scienze nutrizione umana)
Curiosità su tesi
Amido. Qual è la parte solubile e quella insolubile. (amilosio è solubile)
Differenza organismo autotrofo ed eterotrofo
....
(Biologia cellulare e molecolare e scienze biomediche)
Adipociti aumentano con l'età? (di numero aumentano nell'infanzia, da adulto aumentano di volume)
Come è distribuito grasso secondo modello compartimentale
Esempio di vettore di infezione (zanzara della malaria)
Plasmodio della malaria è un batterio? (è un protozoo)
Qual è il vettore di infezione della Xylella (insetto, la sputacchina)
......
(biotecnologie mediche)
Zone del cromosoma umano coinvolte in senescenza (correlato a tesi) (i Telomeri)
Elettroforesi
....
(scienze naturali/biotecnologie agrarie)
Ciclo biologico tartarughe marine
Cos'è una keystone species (specie chiave all'interno di ecosistema, come le tartarughe)
Fattori che possono determinare perdita di biodiversità

Ipotesi disturbo intermedio

…….

(scienze della nutrizione)

Modelli compartimentali. Come cambia compartimentazione in riferimento all'età.

Relazione tra microrganismi e temperatura

…….

(scienze dell'alimentazione e nutrizione umana)

Curiosità su tesi

Bioimpedenziometria

Cosa esprime la EC50 nei test di tossicità. La DL50 e la LC50.

Livelli di tossicità di una sostanza

Esempio di biondicatore di effetti tossici

Posidonia oceanica

……..

(genetica)

Requisito indispensabile per valutare la qualità di un laboratorio (controllo interno)

Convergenza evolutiva ed esempio (organismi filogeneticamente differenti che hanno sviluppato adattamenti simili, esempio uccelli e pipistrelli che hanno sviluppato adattamenti per il volo)

……..

(biotecnologie farmaceutiche)

Cappe biologiche

Nanomateriali possono entrare nelle catene alimentari?

Diatomee possono essere usate come bioindicatori? (sì, bioindicatori qualità delle acque). **Su quali acque?** (acque superficiali)

Tesi su rapporti farmaci su linee cellulari leucemiche

Immunoglobuline: tipi e differenze

determinazione del sesso nell'uomo, malattie mitocondriali

come si scrive un filamento di DNA e quante letture posso avere (5' -->3' per convenzione - posso avere 6 letture 3 senso e 3 antisenso, uno per ogni lettera di ogni tripletta)

Una domanda sulla tesi

Lipoproteine plasmatiche

Test di screening e caratteristiche

Acclimatazione: forma di adattamento che un organismo attua in risposta a variazioni dell'ambiente (la pianta chiude gli stomi se ha terreno secco, temperatura elevata o umidità elevata)

Candidosi è batteriosi o micosi? Micosi è un lievito

Cos'è un lievito? funghi

DNA mitocondriale

Pastorizzazione

Selettività alimentare infantile

Rubisco? La O cosa indica? Può carbossilare o ossigenare il ribulosio 1-5 bisfosfato. Ha maggior affinità alla CO_2. Nell'atmosfera c'è il 21% di O_2, N 78%, CO_2 0.04%. In atmosfera c'è molta più concentrazione di O_2. Quando fa caldo
O_2 quanti parti per milione ci sono? Circa 500 volte la CO_2
Western blot
Esiste signor Western? No, esiste Southern
Cos'è OGM? Ne conosce in commercio?
In medicina? SI, batteri per produrre farmaci. Es. insulina, interferoni

Cos'è il Plancton?
Immunoglobuline?

Marcatori cellule staminali

Componenti nella PCR? Taq polimerasi, primer (sono una coppia per sequenza), magnesio, desossiribonucleotidi trifosfati
Terreno di trasporto? Terreno in cui viene conservato e trasportato in laboratorio, mantiene in vita
Trasporto di terreni microbiologici gli organismi aumentano di numero? No, vengono mantenuti
CQI? possono essere anche a concentrazioni diversi (bassa, media, alta)
Codone AUG? Codifica per amminoacido Metionina ed è il codone di inizio della traduzione

Fitosteroli? Sostanze di origine vegetali usati come integratori
Perchè fanno bene? Abbassano il colesterolo
Qualità alimentare? Quando un prodotto è di qualità?
Sicurezza nei cosmetici

Domanda su tesi
DL50? unità di misura?
Gascromatografia? separazione di sostanze
Qual è il gas usato? Gas inerte

Media, Deviazione standard, coefficiente di variazione?
Locus e allele, differenza? Allele è variante di un gene,
Nucleosoma e solenoidi? Nucleosoma: dna avvolto su 8 istoni (H2A, H2B, H3,H4). Solenoide: raggruppamento di 6 nucleosomi (a carico di istoni H1)
DNA mitocondriale?

Epigenetica

Quanto è importante l'esame urine? Valuta presenza di infezioni o patologie a carico del rene o metaboliche
Parametri? Glucosio, proteine
Glucosio? quando è presente siamo davanti ad un diabetico. Soglia 180 mg/dl
Esame visivo? colore, torbidità
Emostasi? processo attivato da ferite o lesioni vasali endoteliali. Inizia con vasocostrizione, poi adesione della fibrina,
Da cosa dipende attendibilità di un dato analitico? Accuratezza, precisione, sensibilità, specificità

Tracciabilità? processo di registrazione delle informazioni
Rintracciabilità? processo inverso, recupera informazioni della tracciabilità
Chi va a rintracciare? L'utente? No,
Quanto pesa 1 ml? 1 grammo

Diff. cellula vegetale e animale? parete, vacuoli (contengono sali minerali), cloroplasti

Correzione genica

rischio biologico? rischio di contrarre patologia da microrganismi
Neoplasie sono genetiche? Si, devono esserci mutazioni
Ereditarie? No, ma a volte si
Geni indipendenti e concatenati? indipendenti sono su cromosomi differenti e seguono la 3a legge di Mendel, concatenati sono sullo stesso cromosoma e nel crossing over vanno assieme (Mendel ha avuto culo lavorando su geni indipendenti)

Chi era Morgan? Unità di misura? CentiMorgan (misura la distanza dei geni (?) su un cromosoma)
Rubisco? acronimo?
E' un errore l'utilizzo della rubisco con O2? è normale.
Rubisco quanta ce n'è nel mondo? è l'enzima più abbondante al mondo
Proteina multimerica o monomerica? multimerica piuttosto complessa

Idrobiologia

Ormoni?
Cromosomi umani?
Oltre al DNA cosa trovo nei cromosomi? Proteine, rna
Classificazione centromeri? metacentrica, sub-metacentrica, acrocentrica
Differenza siero e plasma?
Specificità e sensibilità diagnostica? Spec rileva pazienti sani, sensibilità pazienti malati

Dormienza dei semi? le piante producono una quota di semi dormienti
Che ruolo hanno? creano semi che germineranno una volta trovate le condizioni ottimali
Down regulation? Quando i geni vengono silenziati
Come avviene? Che tecnica impiega?

Nutrizione

Cos'è un ecosistema? Ambiente costituito da vari organismi legati tra loro e in equilibrio
Fluorescenza? Cos'è? è la proprietà di alcune sostanze di riemettere le radiazioni elettromagnetiche ricevute, in particolare di assorbire radiazioni nell'ultravioletto ed emetterla nel visibile. Si può utilizzare nelle sonde (fluoroforo o fluorocromo legato a una sequenza complementare) per visualizzare la posizione e la presenza della sequenza cercata complementare alla sonda.
Cosa è l'infrarosso? è una lunghezza d'onda con range di circa 740nm -1 millimetro, quindi sopra il visibile (400-740 nm). Che ruolo ha con il riscaldamento globale? effetto serra

Screening per la beta talassemia, che esame facciamo? emocromo per vedere la dimensione dell'MCV (volume corpuscolare medio, vale a dire il volume medio dei globuli rossi), se basso (come nella beta talassemia) vado a fare elettroforesi dell'emoglobina per vedere (3 emoglobine A, A2, F) se la A2 è aumentata (L'aumento dell'emoglobina A2 è uno dei marker più tipici del portatore di geni B-talassemici. In questo contesto, la misura dell'emoglobina A2 (HbA2) nel sangue riveste un ruolo chiave nei programmi di screening della B-talassemia, per quantificare il rischio che la prole della coppia sia affetta da Beta talassemia, rischio elevato nel caso entrambi i genitori siano portatori del difetto genetico, evidenziato da percentuali di HbA2 superiori alla norma. Purtroppo, in alcuni casi i livelli di HbA2 risultano invariati nonostante il soggetto sia portatore di geni B-talassemici (ad esempio in caso di contemporanea presenza di una severa carenza di ferro); inoltre, la differenza dei valori di HbA2 tra soggetti sani e portatori di tratto talassemico è piccola. Per questo motivo le misure analitiche devono essere particolarmente accurate ed i risultati interpretati insieme a quelli di altre indagini ematologiche.)

Nutrizione

Sistema immunitario
Inattivazione dell'X
Cromosoma Philadelphia: da una traslocazione che origina una leucemia
Effetti degli UV sul DNA: possono dare danni diretti del DNA, in particolare dimeri di timina

Fattore limitante per crescita delle piante (acqua)
Cosa è un'area protetta e perchè viene istituita?
Omega 3 (grassi polinsaturi essenziali)

Molecolare

protooncogeni (in seguito a inserzione virale, mutazioni puntiformi, amplificazione genica) e oncosoppressori (es p53)
Verifica esterna di qualità

Cosa è la Km (costante di Michaelis Menten, indice di affinità tra l'enzima e il substrato, più basso sarà il valore di Km e più bassa sarà la concentrazione di substrato che permette di raggiungere una velocità di reazione pari alla metà della velocità massima (il che indica un'alta affinità enzima-substrato))
Anossia (totale assenza di ossigeno) e ipossia (minor quantità di ossigeno in un tessuto)

Nutrizione

mutazioni del DNA (Geniche:missenso, nonsenso e frameshift; Cromosomiche: struttura e numero -da mancata disgiunzione o ritardo nella migrazione del cromosoma al polo cell-)

Carboidrati alimentari
Fitosteroli (nell'uomo se ingeriti diminuiscono il colesterolo; si possono trovare nelle membrane)

microbiota nel mitile

Cosa vedo in un sedimento urinario al microscopio (batteri in piccole quantità, cilindri,..)
Elettroforesi nelle glicoproteine (vedo delle frazioni visualizzabili in bande, albumina e poi alfa,beta e gamma globuline)
cellula tetraploide e triploide
Triploidia come si origina? (mancata disgiunzione…)
Disans
Ci sono organismi aploidi? alghe, microrganismi ciclo aplo-diplonte

Propagazione nelle piante superiori (sessuata o asessuata)

bonifica ambientale

Test genetici per il tumore della mammella (BRCA1, BRCA2)
VES
FISH

quanti genomi nella cellula eucariotica?

Nutrizione

Fotosintesi
Amido può essere considerato una fibra? (non è digeribile, ma può rientrare nella porzione di fibre alimentari, perchè?) *Circa il 10% dell'amido normalmente è amido resistente, quindi non digeribile (come la fibra). Di solito è amilosio non digeribile*

Test di paternità genetico (di esclusione o attribuzione; si vanno a valutare sequenze di DNA, variabili da individuo ad individuo e conosciute come regioni Microsatelliti o STR (Short tandem repeat) ad alto poliformismo; si effettua un prelievo di sangue o tampone buccale su figlio e padre, si estrae il DNA e si studiano queste piccole sequenze, si amplificano con PCR e poi si sequenziano, a questo punto si comparano i due genotipi (le sequenze polimorfiche). Bastano 2 o 3 marcatori per escludere al 100% la paternità; per l'attribuzione (massimo 99,72%))
ELISA
Enzima
Km? è un indice di affinità tra l'enzima e il substrato, più basso sarà il valore di Km e più bassa sarà la concentrazione di substrato che permette di raggiungere una velocità di reazione pari alla metà della velocità massima (il che indica un'alta affinità enzima-substrato).

Tesi: biologia molecolare e cellulare
Nel nostro organismo esiste un organo che produce lectine?
Cappe biologiche? 2 tipi, a flusso orizzontale laminare o a flusso verticale. Utilizzo filtri HEPA sia per l'aria entrante che uscente.
Cosa serve per svolgere l'attività di Biologo? laurea, superare esame di stato, iscrizione all'albo, iscrizione ENPAB. Decreto 396 / 1967
Cos'è il plancton?

Nutrizione
i granuli di amido possono fungere da nanovettori? Cos'è l'amido? legame a1-4, amilosio e amilopectina,
Una malattia mitocondriale, come si eredita? per via materna, il DNA mitocondriale
Cosa sono i micronutrienti e le vitamine? Sono vitamine e sali minerali, non hanno valore energetico. Le vitamine possono essere idrosolubili o liposolubili.
cosa è un ectoparassita? Parassita che vive sulla superficie del corpo dell'ospite (ne sono esempi le pulci, i pidocchi e le zecche)

cosa è la cromatina? La cromatina è la forma in cui gli acidi nucleici si trovano nella cellula. Si trova negli eucarioti ed è costituita da DNA, RNA e proteine acide e basiche.
Cosa è la Drosophila? ciclo vitale?

tesi: malattie genetiche rare
curiosità sulla tesi e assegni di ricerca.
neotenia? Spirulina? cianobatterio? candida?

tesi: biotecnologie mediche
che metodo utilizzerebbe per analizzare la proteine? SDS-page, western blot, gel bidimensionali,
cosa sono le immunoglobuline? anticorpi
Qual è il processo per distruggere spore e batteri? sterilizzazione, caldo+pressione in autoclave.

Oppure raggi gamma o UV, e ipoclorito di sodio e alcool.

tesi: biotecnologie mediche
Fibre dietetiche?
cosa significa tropismo? Movimento di un organismo o di una sua parte, determinato dall'azione di uno stimolo esterno (la pianta cresce verso il lato in cui ha luce)
risposta immunitaria?
Simbiosi?

tesi: nutrizione
l'acqua grazie a quale capacità si muove dalle radici alle foglie? capillarità, evaporazione foglie,
Cos'è la spirulina?
Divisione della necessità di energia di un organismo? (metabolismo basale 60-70%, FID,etc.)
un soggetto sovrappeso, quale potrebbe essere un consiglio? pasti frequenti, dieta ipocalorica,

Biodiversità? di specie, genetica, dall'habitat

Latte

Pastorizzazione? Temperature

Sicurezza alimentare?
Si considera salubre solo eliminando batteri? NO, ci sono anche contaminazioni fisiche o chimiche
Contaminazione chimica nel latte? sostanze da inquinamento industriale
Latte è alimento completo? si

Biomagnificazione
Catene alimentari? esempi in ambiente terrestre? Catena del pascolo, catena del detrito

PM10

Quanti genomi ha cellula eucariota? Animale: nucleare e mitocondriale; vegetale: anche plastidiale

In un laboratorio qual è la fase meno critica? Analitica 13%, post analitica 20%
Più critica? pre-analitica oltre 70%
Errori? Grossolani, casuali (CQI), sistematici (VEQ)

Inquinamento atmosferico può essere veicolo di infezione? Si, il particolato può fare da legante ai virus
Come agisce sars cov 2? Che forma ha? Corona, ha gli spike che trovano recettori nelle basse vie respiratorie sul recettore ACE2 (angiotensina). Si lega e compete con angiotensina, questa resta fuori dalle cellule e causa infiammazione
Proviene da zoonosi? SI,

Nutrizione
Microbiota intestinale?
Autotrofo ed eterotrofo?

Follicolo ovarico

Piramide alimentare
Alla base cosa c'è?
Olio d'oliva è insaturo o saturo? Insaturo
Al vertice cosa c'è?

Piramide ecologica?
Produrre carne ha impatto zero? No, l'allevamento intensivo ha un grandissimo impatto inquinante
Bioindicatore? organismo che indica la qualità dell'ambiente, es. licheni. Possono essere anche una comunità

Cellule staminali

Da cosa è formato il sangue? è un sistema bifasico? parte corpuscolata e plasma
Sedi di differenziazione dei globuli bianchi? prodotti nel midollo osseo, Linfociti B maturano nel midollo osseo, linfociti T maturano nel timo

Livelli di tossicità? Acuta etc
Unità di misura degli enzimi? Unità internazionale
L'**unità enzimatica** (U, nota anche come **Unità** internazionale **di** attività **enzimatica**) è un'**unità di misura della** quantità **di** un particolare **enzima**.
AUG?
Elettroforesi

Ciclo cellulare?
Regolatori ciclo? Le chinasi dipendenti da ciclina (Cdk, *Cyclin-dependent kinase*) e le cicline sono le due classi di proteine fondamentali che costituiscono il sistema di controllo del ciclo cellulare.
Sonda? Lunghezza? 20 nucleotidi circa
Come faccio a visualizzarla? fluorescenza
Epigenetica?

Cromoforo? sostanza in grado di assorbire la luce
ATP sintasi? proteina nella cresta mitocondriale che permette la fosforilazione ossidativa
è anche nei cloroplasti? Si

Isoenzima? enzimi che catalizzano la stessa reazione, ma hanno una struttura chimica differente e diverse proprietà chimico-fisiche
Omozogote e eterozigote? **Carattere Dominante?**
Chitina? si tratta di un polisaccaride, costituito da più unità di N-acetilglucosammina, è uno dei principali componenti dell'esoscheletro degli insetti e di altri artropodi, della parete cellulare dei funghi.
ROS?

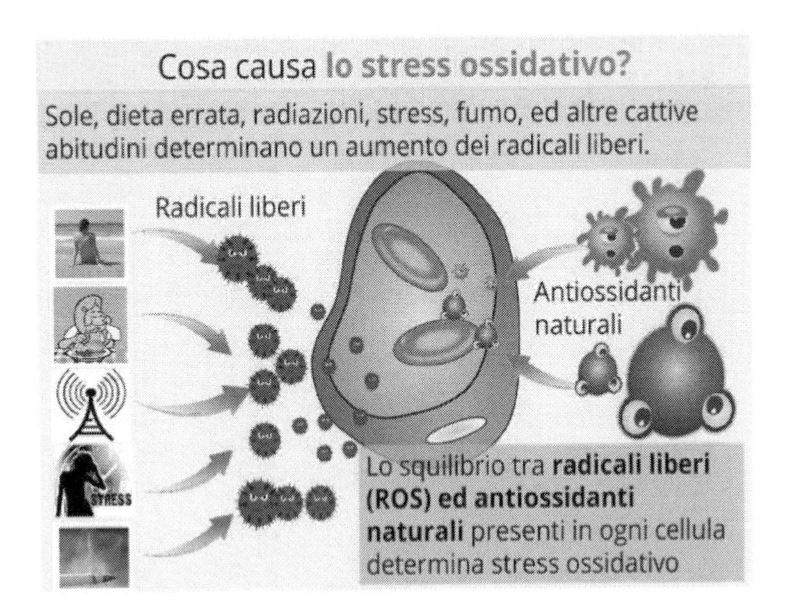

Luce PAR? La **radiazione fotosinteticamente attiva** o **photosynthetically active radiation (PAR)**, in inglese, è una misura dell'energia della radiazione solare intercettata dalla clorofilla *a* e *b* nelle piante. È, in pratica, una misura dell'energia effettivamente disponibile per la fotosintesi, che è minore dell'energia totale proveniente dal Sole, perché lo spettro di assorbimento della clorofilla non è molto esteso.

La PAR è considerata pari al 41% della radiazione solare totale. Si concentra nelle bande del blu e derosso, con punte massime a 430 e 680 nm di lunghezza d'onda corrispondente alla radiazione visibile.
Infrarosso?
Surriscaldamento globale?
Km (Michaelis Menten)? perchè K maiuscola? costante **Km** può essere considerata la misura dell'affinità di un **enzima** per il substrato: più è alta **Km**, minore è l'affinità e viceversa. **Km** rappresenta la quantità di substrato necessaria affinché la reazione avvenga con velocità pari a metà della velocità massima raggiungibile.p
Centimorgan? distanza tra 2 geni che danno frequenza di ricombinazione dell'1%
Attendibilità analitica? specificità, sensibilità, precisione, accuratezza
Modello di trasmissione malattie multifattoriali? Modello soglia

Cofattore enzimatico? può essere minerale o sostanze organiche. In enzimologia con il termine cofattore si intende una piccola molecola di natura non proteica o uno ione metallico che si associa all'enzima e ne rende possibile l'attività catalitica. La maggior parte degli enzimi che richiedono il legame a cofattori, infatti, perde ogni funzionalità in caso di sua assenza.
Se manca all'enzima? spesso non funziona
Chitina? esoscheletro solo degli insetti? artropodi e parete di alcuni funghi. La **chitina**, scoperta dal chimico e farmacista francese Henri Braconnot nel 1811, è uno dei principali componenti dell'esoscheletro degli insetti e di altri artropodi, della parete cellulare dei funghi, del perisarco degli idroidi ed è presente anche nella cuticola epidermica o in altre strutture superficiali di molti altri invertebrati. Dopo la cellulosa, la chitina è il più abbondante biopolimero presente in natura.
Luce PAR? Luce fotosinteticamente attiva, che viene assorbita (lunghezza 400 nm-700nm)

Macroarray? la sonda è IL DNA DA ANALIZZARE, marchiamo il dna del paziente e il dna di controllo
Regioni pseudo-autosomiche? SRY. nelle estremità dei cromosomi X e Y sono presente delle regioni dette pseudoautosomiche (PAR) che contengono geni coinvolti nel corretto sviluppo di molti organi, come il sistema nervoso centrale , e nell'adulto in molte funzioni essenziali, come il funzionamento del sistema immunitario. le regioni PAR si comportano come autosomi e vanno incontro a crossing over durante la meiosi

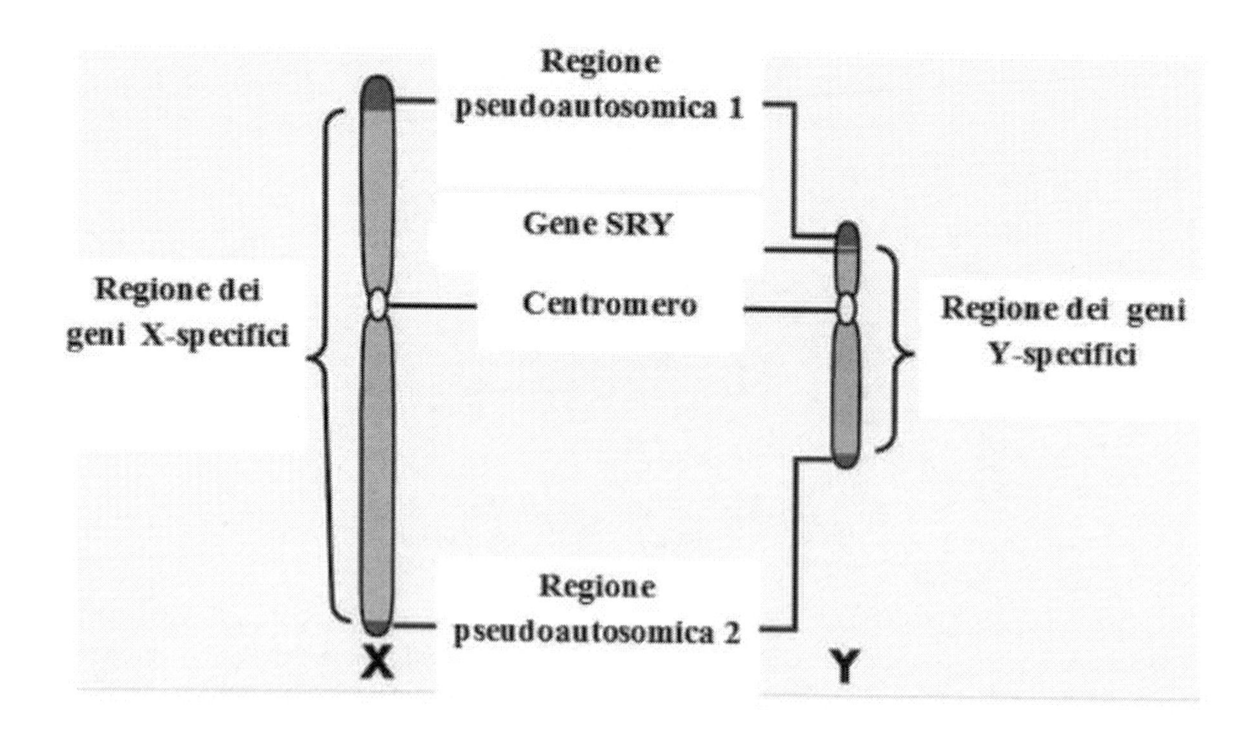

Simplasto e apoplasto?I concetti di **apoplasto** e **simplasto** riguardano l'intima organizzazione delle cellule nella pianta e, in relazione a ciò, le possibili vie per il **passaggio dell'acqua** attraverso le pareti cellulari vegetali o il protoplasto delle cellule stesse. Più precisamente, per il passaggio dell'acqua, si parla di *via apoplastica* e di *via simplastica.* **Apoplasto**: la parete cellulare è permeabile all'acqua: l'acqua **può agevolmente fluire** attraverso le pareti cellulari senza che debba necessariamente attraversare membrane ed entrare quindi nel protoplasto. **Simplasto**: L'acqua che è trasportata per *via simplastica* **non può fluire liberamente** come nell'apoplasto

Pastorizzazione? D e Z?

Nomenclatura binomiale di Linneo? C'è un terzo termine? Si, una L puntata finale (bho) la L di Linneo se è lui che ha dato il nome alla specie altrimenti in generale l'iniziale dello scopritore

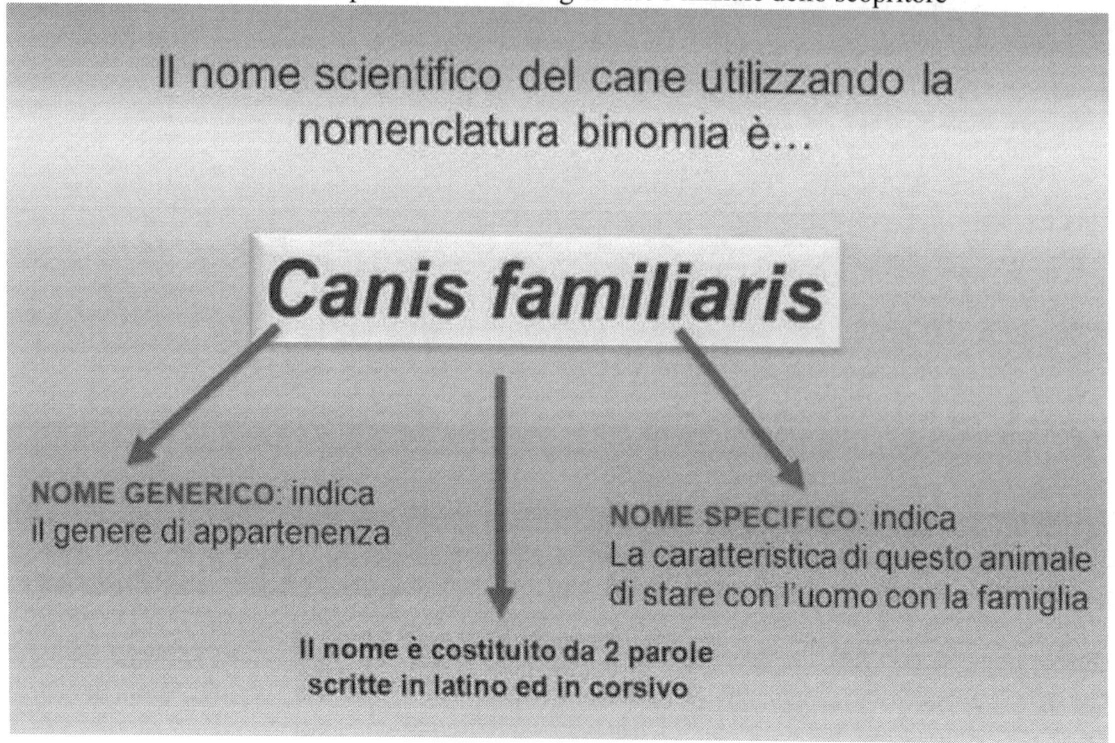

Stress abiotico?indotti da carenza o eccesso di un fattore di natura ambientale,, possono essere pericolosi: temperatura, salinità, disponibilità di elementi nutritivi, grandine, luce, solo per fare alcuni esempi.
Stress biotico?indotti da un altro organismo vivente, cioè funghi, batteri, virus, insetti, piante infestanti, animali terricoli.
Trasporto antiporto? contro gradiente di concentrazione
Specie aliene invasive? specie non autoctone
Appertizzazione? Vantaggi? Una volta inscatolati non possono essere contaminati nuovamente
Tappi marmellata come sono?

Tecnica di studio x anomalie cromosomiche su materiale abortivo? il campione è molto inquinato da batteri. Quindi devo usare antibiotici, poi
Perchè è importante analizzarlo? studio i cromosomi perchè potrebbe essere anomalie cromosomiche (50% aborti nelle prime settimane)
Unità di misura negli enzimi? misura attività enzimatica. IU che corrisponde alla quantità di enzima che catalizza la trasformazione di 1 μmole di substrato in 1 minuto. La concentrazione enzimatica viene espressa come **UI/L.**

Protisti? Sono Protozoi (eucarioti unicellulari) -> plasmodio
Alghe azzurre? Cianobatteri che hanno attività fotosintetica
Albero genealogico? Almeno 3 generazioni
Come sono rappresentati? Simboli
Fattori che influenzano attività enzimatica? concentrazione substrato, temperatura,
Temperatura? 2 temperature, deve lavorare in un range

Amminoacidi essenziali? Valina, leucina, isoleucina, fenilalanina, metionina, istidina, lisina, triptofano
Valore biologico?
PErchè pasta e fagioli? Perchè riequilibrano le carenze degli amminoacidi essenziali

Effetti antinutrizionali fibre? Si, è una questione fisica, velocizzano il transito e nascondono i nutrienti ai microvilli, la fibra solubile ingloba i nutrienti
Cosa impedisce di assorbire una fibra? I legami beta 1-4 che non riusciamo a scindere e di conseguenza a non assorbire.
Meiosi?

Lipoproteine
Struttura? Parte proteica esterna, lipidica interna

Traspirazione piante? traspirano dalle foglie, stomi
Perchè perdono acqua?
PErchè le piante aprono gli stomi? Per acquisire CO_2

Domanda su tesi

come trasmette malattia legata a X?
Emofilia? difetto su fattore 8 e 9
Sanguinano o hanno trombosi? sanguinano

Rizobio? batteri che non fanno fotosintesi, ricavano energia fissando l'azoto. Di solito realizzano simbiosi con le leguminose.
Cosa guadagnano entrambi dalla simbiosi? forniscono alla pianta una forma di azoto facilmente assimilabile (ammoniaca e/o ione ammonio) mentre la pianta fornisce loro carboidrati, indispensabile fonte energetica, e proteine
Stress abiotico? stress dato da MANCANZ AD'ACQUA O CALDO (non deriva da materiale organico)
HPLC
Fase mobile è costante o variabile? può essere cambiato in base a come voglio cambiare il gradiente

Chiusura progetto genoma umano? 2000

Differenza allergia inolleranza
CQI
FISH? ibridazione in situ a fluorescenza. Si va ad individuare singole sequenze

Composto xenobiotico? Sostanza potenzialmente tossica estranea all'organismo
Fermentazione? La **fermentazione** è una via metabolica che permette agli esseri viventi di ricavare energia da particolari molecole organiche (carboidrati o raramente amminoacidi) in assenza di ossigeno. Infatti parte dell'energia liberata dalla trasformazione chimica viene immagazzinata in ATP (adenosina trifosfato).

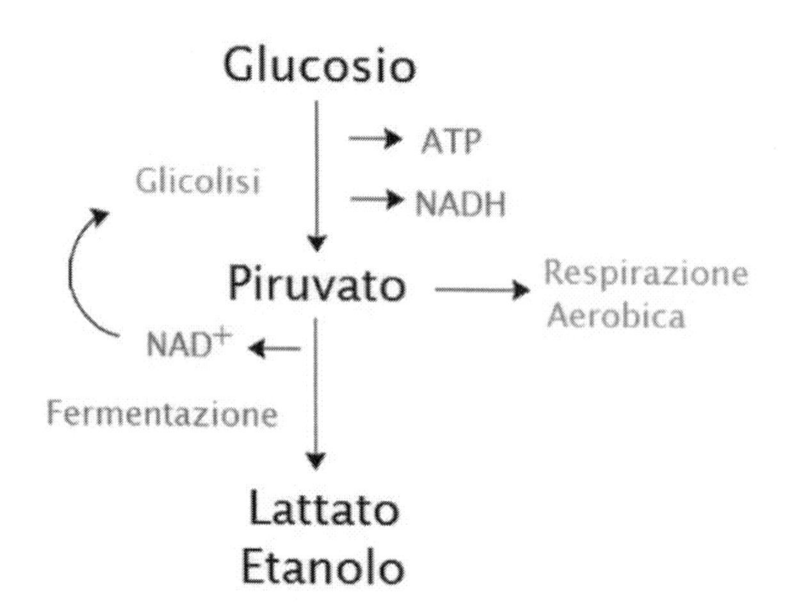

Fermentazione più comune? Vino
Quali sono le sostanze? Zuccheri semplici
Cos'è il malto? Il malto è la cariosside di un cereale che ha subito germinazione. A meno che non sia specificato altrimenti, con "malto" ci si riferisce comunemente al malto d'orzo
DL50: si riferisce alla dose di una sostanza, somministrata in una volta sola, in grado di uccidere il 50% (cioè la metà) di una popolazione campione.
Unità di misura mg/kg

Requisiti iscrizione albo
Elementi principali PCR: dntp + magnesio + primer + taq
Come si colora uno striscio di sangue? Coloranti? Acidi legano componenti basiche e contrario. May-Grunwald e Giemsa

Bandeggio cromosomico? Denaturo porzioni di DNA che poi coloro
Perchè bandeggio? PEr valotrare anomalie di numero o struttura dei cromosomi

Bioindicatori aria
Fissazione azoto? Batteri legati a piante trasformano azoto molecolare in azoto ridotto
Come si chiamano questi microorganismi? Rizobi
Enzimi proteolitici? Con il termine proteasi (o proteinasi, peptidasi, **enzima proteolitico**) si indica un **enzima** che sia in grado di catalizzare la rottura del legame peptidico tra il gruppo amminico e il gruppo carbossilico delle proteine.
Tutti gli organismi? noi li abbiamo? SI,
Le proteine hanno turnover? Durano x sempre? NO, vengono degradati
Qual'è il destino? Vengono scissi in amminoacidi
Come si forma una proteina?
Potenziale osmotico? da cosa dipende? differenza di concentrazione di soluti

Microbiota ruminanti? scinde il legame beta della cellulosa e digerirla
Altri organismi? Termiti

Esami coagulativi ho bisogno di siero o plasma? plasma
Se voglio fare emocromo? sangue intero e centrifugo
Liquor? Liquido che circonda il sistema nervoso, protegge e trasmette sostanze nutritive
PErchè lo analizzo? Per cercare batteri che causano meningite
Elettroforesi delle siero-proteine? Cosa ottengo se metto plasma? 5 o 6 bande

Protoplasto: cellula batterica o vegetale privata della parete cellulare a scopo sperimentale
Anossia e ipossia: Un'**ipossia** determinata da totale mancanza di ossigeno **è** detta infine **anossia**. Si parla di **ipossia** citotossica quando viene ostacolato il trasporto intracellulare di ossigeno, come nel caso di avvelenamento da cianuro
O2 in atmosfera: 78% Azoto 21%ossigeno 1% altri gas
ROS: specie reattive all'ossigeno, è una condizione patologica che si verifica quando in un organismo vivente si produce uno squilibrio fra la produzione e l'eliminazione di specie chimiche ossidanti.
Micorrizze? Simbiosi tra fungo e pianta superiore

Biologia Ambientale tesi su monitoraggio Cystoseira (Alga bruna)
Sansebastiano
Differenza Cystoseira/Posidonia

Ormone: è un messaggero chimico che trasmette segnali da una cellula (o un gruppo di cellule) a un'altra cellula (o altro gruppo di cellule). Tale sostanza è prodotta da un organismo con il compito di modularne il metabolismo e/o l'attività di tessuti e organi dell'organismo stesso.
Distinzione: Gli ormoni sono prodotti da *ghiandole endocrine* che li riversano nei liquidi corporei e a seconda delle loro secrezione possono essere classificati come:[2]

- ormoni endocrini: secreti nel sangue, vengono trasportati mediante il circolo sanguigno alle cellule bersaglio;
- ormoni paracrini: secreti nello spazio extracellulare e la cellula bersaglio è posta vicina alla zona rilasciata;
- ormoni autocrini: hanno come cellula bersaglio la stessa cellula che li ha secreti.

Gli ormoni sono classificati in:

- ormoni peptidici;
- ormoni steroidei;

Funzione ormini proteici: Sono degli ormoni costituiti da oligopeptidi o proteine. Vengono sintetizzati sotto forma di preormoni e solo dopo una successiva modificazione divengono attivi. Un esempio è il paratormone, che nella sua forma di proormone è lungo 90 amminoacidi, mentre nella sua forma attiva ne contiene solo 84.

Altri ormoni di natura protidica sono l'insulina, prodotta dalle cellule β del pancreas, e l'ormone di rilascio della tireotropina|TRH, prodotto dall'ipotalamo, che è un fattore che va ad agire sull'ipofisi per rilasciare l'ormone tireostimolante (TSH), che a sua volta va ad agire sulla tiroide.

Gli ormoni peptidici viaggiano nel circolo sanguigno fino ad arrivare alle cellule bersaglio. Qui non riescono a oltrepassare la membrana ma si legano a particolari recettori intramembranali.

Termociclatore: strumento per PCR
Colchicina: è un alcaloide originariamente estratto dalle piante del genere *Colchicum* (in particolare il *Colchicum autumnale*) e presente anche in piante del genere *Gloriosa*, *Androcymbium* e *Merendera*. il suo impiego da parte dei cardiologi nel trattamento delle pericarditi e nella prevenzione delle recidive di tale processo infiammatorio del pericardio (es. Sindrome di Dressler)
Enzimi restrizione

Fosfolipide: I fosfolipidi sono lipidi contenenti fosfato. Le molecole di questa classe di composti organici presentano una testa polare idrosolubile a base di fosfato e una coda apolare Idrofoba non idrosolubile, per questo sono dette molecole anfipatiche.

- · primo step programmazione controllo peso
- · tecniche di valutazione della composizione corporea
- · variazione idratazione con età
- · cos'è una centrifuga
- · come posiziono i campioni nella centrifuga

Tesi su Ipertensione e consumo di sodio

- · fattore limitante per la crescita di piante (legge del minimo): non solo/sempre acqua, anche Sali. La **legge del minimo** stabilisce che la crescita di una popolazione di organismi dipende dal fattore ecologico presente in quantità minore rispetto alla quantità necessaria per la crescita normale della popolazione stessa.
- · Dinamica stazionaria, cos'è ed esempio: popolazione italiana, bosco
- · Il primo organo coinvolto nella digestione dell'alcol.: Soltanto il 10% dell'alcol consumato è eliminato attraverso la respirazione, il sudore o le urine mentre il restante 90% raggiunge il fegato, unico **organo** in grado di ossidarlo
- · Alcool etilico
- · Cosa si verifica a livello dei vasi capillari dopo assunzione di alcol?
- · Bioaccumulo

Laurea biotecnologie industriali, tesi su DNA africani

- · Test paternità
- · Quanti Dna in cellula eucariota?
- · Processo che permette la distruzione di spore/batteri da un oggetto? Temperature di sterilizzazione?
- · Migrazione Lessepsiana? (ci prova)è l'ingresso e la stabilizzazione di specie animali e vegetali dal Mar Rosso nelle acque del Mar Mediterraneo attraverso il Canale di Suez. Il nome deriva da quello di Ferdinand de Lesseps, promotore ed esecutore del canale che unisce il mar Rosso e il Mediterraneo.
- · Perché un animale migra? In genere per carenza di risorse (che può essere causata da altre variazioni)

Scienze nutrizione umana, tesi Binge Eating Disorder

- · Fibre alimentari e nutrizione
- · Rapporto con proteine/grassi/acqua, quantità consigliata
- · Fotosintesi
- · Principali molecole energetiche
- · Molecole coinvolte nei processi di ossidoriduzione: **Ossidoriduzione** o **redox** (composto dall'inglese ***reduction***, riduzione e ***oxidation***, ossidazione), in chimica, indica tutte quelle reazioni chimiche in cui cambia il numero di ossidazione degli atomi, cioè in cui si ha uno scambio di elettroni da una specie chimica ad un'altra
- · Micronutrienti: I **micronutrienti** sono principi nutritivi necessari agli esseri umani e ad altri esseri viventi in piccole quantità, e che gli stessi organismi non riescono a produrre, per dar luogo ad un'intera serie di funzioni fisiologiche indispensabili ai fini del metabolismo.I micronutrienti si suddividono in vitamine e minerali.
- · Vitamine di produzione endogena (vit K prodotta da flora batterica)
- · Metabolismo basale: Il metabolismo basale è il dispendio energetico di un organismo vivente a riposo, comprendente dunque l'energia necessaria per le funzioni metaboliche vitali. Rappresenta circa il 45-75% del dispendio energetico totale nella giornata
- · Quali sostanze hanno minore termogenesi? I grassi. La termogenesi è un particolare processo metabolico che consiste nella produzione di calore da parte dell'organismo, soprattutto nel tessuto adiposo e muscolare.
- · Simbiosi, esempio

Tesi su utilità dieta chetogenica nel cancro

- · Domanda su tesi
- · Rischi derivanti da ingestione di microrganismi patogeni
- · Metodologia utilizzata per sicurezza alimentare? HACCP, in cosa consiste
- · Altri rischi derivanti dagli alimenti? Tossine
- · Livelli di tossicità

Tesi su intolleranze e allergie a nichel

- · Microbiota, funzioni e rapporto Bacteroides/Firmicutes: È l'insieme dei microrganismi contenuti nell'intestino umano, capaci di sintetizzare per noi vitamine e altre sostanze che aiutano il nostro organismo a svolgere le proprie funzioni quotidiane, come ostacolare l'attacco di potenziali patogeni e allergeni o supportare la peristalsi intestinale. Il fatto sorprendente è che questa enorme quantità di batteri non lavora da sola ma è in continua comunicazione con le nostre cellule, in modo da agire proprio a seconda di quello che succede nel nostro organismo. Firmicutes famiglia delle bacteroides

- · Batteriofago: Un batteriòfago o fago è un virus che infetta esclusivamente i batteri e sfrutta il loro apparato biosintetico per effettuare la replicazione virale. L'infezione virale del batterio ne causa la morte per lisi, ossia mediante rottura della membrana plasmatica dovuta all'accumulo della progenie nel citoplasma.
- · Utilizzo dei batteriofagi contro infezioni batteriche?
- · Zoonosi

Tesi su virus in pazienti sottoposti a trapianto renale

- · Requisito indispensabile per valutazione qualità in laboratorio (controllo interno ed esterno)
- · Virus
- · Covid, struttura
- · Bioindicatore

Tesi su caratterizzazione genoma pazienti affetti da leucemia tramite NGS (non ho capito bene)

- · Malattie mitocondriali
- · Maturazione linfociti
- · Biodiversità

Tesi su trattamento di tessuti carcinogenici con antibiotici

- · protein folding response: L'unfolded protein response è una risposta di stress cellulare correlata al reticolo endoplasmatico. Viene attivata in seguito ad accumulazione di proteine dispiegate o malpiegate nel lume del reticolo endoplasmatico
- · Origine esosomi (Disanseb voleva esplorare le conoscenze del candidato) Degrada gli mRNA in direzione 3'-->5'.
- · cellulosa
- · immunità: innata e acquisita
- · trasmissione immunitaria con i vaccini
- · il rumine: l rumine è un organo facente parte dei prestomaci, tipico dei ruminanti, proprio del sistema digerente
- · altri organismi in grado di digerire cellulosa? Termiti

Tesi su persistenza dell'infettività e del genoma di HIV in acque a diverse temperature

- · come mai i virus hanno un tasso di sintesi molto più veloce rispetto a sintesi nucleare?
- · microrganismi classificati in base ad adattamento alle temperature e all'uso di ossigeno

tesi su polimorfismi in donne con infertilità primaria

- domanda su tesi
- macronutrienti
- amido
- polisaccaride di riserva nell'uomo: Glicogeno. Il glicogeno è un polimero dell'α-glucosio con struttura simile all'amilopectina (legami $1 \rightarrow 4$ e $1 \rightarrow 6$) ma ramificazioni più frequenti. Costituisce il

polisaccaride di riserva del tessuto animale e viene depositato sotto forma **di** granuli **nel** fegato (1/3) e nei muscoli (2/3).

- differenza ed esempi: autotrofo ed eterotrofo
- mitocondri? Ci sono nei vegetali?

studio e caratterizzazione di DNA

- virus, cosa sono, patogenicità, tropismo
- biomagnificazione
- biondicatore nella matrice delle acque superficiali (Vibrio fischeri)
- Iperplasia e ipertrofia dei grassi: Il grasso corporeo può aumentare come conseguenza di uno dei seguenti processi: AUMENTO DELLE DIMENSIONI DELLE CELLULE ADIPOSE (ipertrofia). AUMENTO DEL NUMERO DI CELLULE ADIPOSE (iperplasia).
- Inquinanti ambientali
- Bioindicatore acquatici? poseidonia
- Immunoglobuline? come le distinguo?

Tesi biochimica su ciclo cellulare (+domande di curiosità)
costante di Michaelis Menten, anossia-ipossia, respirazione cellulare anaerobica
protooncogeni e oncosoppressori, e che tipo di mutazioni hanno, controllo di qualità esterno in fase analitica

Fibre alimentari
Azione su carboidrati e lipidi
Organismi in grado di digerire la fibra

Differenza tra alimentazione e nutrizione
Parla di una vitamina a piacimento

Metabolismo basale da cosa è influenzato
Come la temperatura influisce sul metabolismo basale

specie alloctone, sono sempre invasive?
Connettività ecologica
Batteriofagi cosa sono e per cosa si usano

Microscopi a fluorescenza (inerente alla tesi)
Tesi su inibitori del carcinoma prostatico

La terapia utilizzata per le recidive del tumore alla prostata: radioterapia e ormonoterapia
Cappe biologiche

Test di tossicità, EC50, LD50, LC50

DOSE LETALE MEDIANA, LD_{50} - E' la quantità di sostanza tossica che effettivamente entra nell'organismo (si distingue per tipologia, cioè per via orale, per iniezione, ecc.) in grado di provocare la morte del 50% degli organismi utilizzati in prova.

CONCENTRAZIONE EFFETTIVA MEDIANA, EC_{50} - Si intende la concentrazione di una sostanza tossica in grado di produrre, per un determinato tempo di trattamento (ad esempio 4, 12, 24, 48, 96 ore), un'incidenza pari al 50% dell'effetto scelto sugli organismi utilizzati in prova (ratti, conigli, ecc.).

CONCENTRAZIONE LETALE MEDIANA, LC_{50} - E' la concentrazione che provoca la morte del 50% degli organismi utilizzati in prova dopo periodi di tempo specifici.

Nutrizione, diete vegetariane

Motivi etici della dieta vegetariana?
Inquinamento dato dal trasporto? Inquinamento delle acque?
Differenza tra virus e batteri

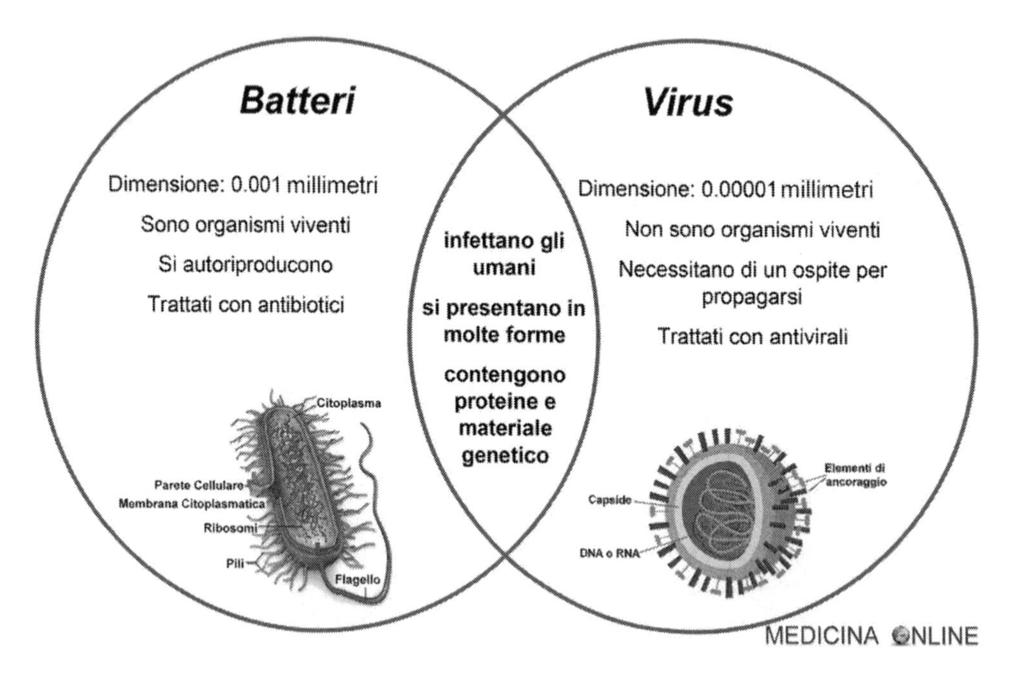

Dieta chetogenica

Nutrizione, celiachia e sport

Se io fossi celiaco e mi trovassi nella savana, dove trovo i prodotti? (frutta, verdura, pesce, carne)

Negli sportivi il glicogeno è il polimero di riserva; quindi, l'assenza del glutine davvero diminuisce le performance?
Plicometria

Microrganismi e ossigeno

Scienze motorie e scienze della nutrizione, tesi su correlazione saccarosio e diabete di tipo 2 e correlazione saccarosio e variazione di peso

Importanza della corretta idratazione nello sportivo, perché? Cosa succede al glucosio? (glicogeno, sostanza di riserva nel muscolo. In più, se manca acqua il circolo ematico subisce abbassamento della pressione)

Organismi omeotermi. Come si regola la temperatura corporea nell'uomo? (sudorazione, ...)
Qual è il rovescio della medaglia? Siamo molto efficienti, ma...? Si ha molto dispendio di energia
Esempi di organismi eterotermi (rettili)

Tesi in endocrinologia

Corredo cromosomico nelle cellule somatiche
I cromosomi sessuali
Corpo di Barr: Il corpo di Barr (dal nome dello scienziato che li scoprì, Murray Barr) è il cromosoma sessuale X in forma molto più compatta e spiralizzata: modificazioni conformazionali della cromatina portano alla costituzione di eterocromatina altamente condensata e trascrizionalmente inattiva.

Ci sono organismi animali che possono riprodursi per via asessuata? (per partenogenesi, tipo insetti come insetti stecco e insetti foglia)

Scienze biologiche e biotecnologie molecolari, tesi su sindrome di Down

Perché i globuli rossi hanno una forma a disco biconcavo?

Fotosintesi. Cosa serve oltre alla luce? (acqua e CO2)
Cosa si libera alla fine della respirazione cellulare? (energia, CO2, acqua)
Le piante hanno i mitocondri?

Medical Biotechnologies, tesi con cellule staminali pluripotenti indotte con CRISPR/Cas9

Differenziazione T e B, dove avviene e da dove si parte? Che funzione hanno? Che tipo di immunità conferiscono? Esempio di immunità passiva?

Biomarker (variazione indotta ad esempio da un contaminante a livello di processi biochimici, metabolici o strutturali di un sistema biologico)
Esempio di bioindicatore. Bioindicatore dell'acqua?

Biologia per la ricerca molecolare, tesi in farmacologia e tossicologia

Superorganismi
Differenza autotrofo ed eterotrofo

Processo che permette di avere eliminazione dei microrganismi (sterilizzazione, alta temperatura e alta pressione)
Altri mezzi per la sterilizzazione? Metodi fisici, raggi UV

Nutrizione, tesi su pazienti in dialisi

Tecnica più indicata nell'ambito nutrizionistico (bioimpedenziometria)
Tecnica per valutare l'albumina? (elettroforesi proteica)

Biodiversità
Popolazione in deriva genetica

Scienze biologiche, entomologia forense, bioinformatica

Modalità di sviluppo degli artropodi (olometaboli ed eterometaboli)
Cosa caratterizza gli olometaboli? (stadio larvale, metamorfosi)
Cosa accade nella metamorfosi? (Cellule indifferenziate nella fase larvale che iniziano a differenziarsi nell'adulto)

Alleli diversi di uno stesso gene? È possibile avere più alleli dello stesso gene in un individuo? Esempio di allelia multipla (AB0)

Tesi su diatomee

- basi percorso diagnostico di laboratorio
- errori
- domanda su tesi
- denaturazione proteine, quante strutture vengono denaturate?La **denaturazione** delle **proteine** è un fenomeno chimico che consiste nel cambiamento della struttura proteica nativa, con conseguente perdita della funzione originaria della molecola. La **denaturazione** è un processo che porta alla perdita di ordine e quindi a un aumento di entropia.

Tesi: effetti alluminio su Danio rerio

- **cromosoma:** Struttura filamentosa e allungata costituita da cromatina, presente nel nucleo delle cellule animali e vegetali e visibile solamente durante la fase di divisione cellulare (*mitosi* e *meiosi*); consiste in una sola lunga molecola di DNA (o, in alcuni virus, di RNA) e proteine associate, tranne che nelle cellule procariote e nei virus, nei quali non è presente la parte proteica; ha una tipica forma a bastoncino ed è composto da due cromatidi uniti in corrispondenza del centromero; il numero, la forma e la grandezza dei cromosomi sono costanti per ogni specie (nell'uomo sono 46); così chiamato perché questi corpuscoli sono evidenziabili mediante colorazioni.
- da quanti cromatidi è composto? 2
- suddivisione in base a posizione centromero:
  metacentrici: IC 50%, il centromero è in posizione centrale e i due bracci hanno la stessa lunghezza.
  submetacentrico: IC 30-40%, il centromero è in posizione subterminale.
  acrocentrico: IC 20-30%, il centromero è localizzato vicino ad una estremità.
  telocentrico: IC<20%, il centromero è terminale.

- in quali casi si esegue analisi del cariotipo? es sospetto di anomalia cromosomica
- cos'è un enzima: **enzima** un catalizzatore dei processi biologici. La maggioranza degli **enzimi** è costituita da proteine globulari idrosolubili
- cos'è un cofattore enzimatico: un catalizzatore dei processi biologici
- reazione di Maillard: serie complessa di fenomeni che avviene a seguito dell'interazione di zuccheri e proteine durante la cottura. I composti che si formano con queste trasformazioni sono bruni e dal caratteristico odore di crosta di pane appena sfornato.
- elettroforesi, cosa determina la carica delle proteine? il pH del mezzo

Lavora su carcinosi, ultimi 3aa lavorato su analitica PSA e studio exosomi, PhD eritrocitosi congenite

- alfa-talassemie
- quanti geni ci sono nelle catene alfa?
- cosa succede se uno o più di quei geni non funzionano? Stadi di gravità?
- elementi corpuscolati

- perché le proteine animali sono di alto valore biologico? oltre agli aa essenziali cosa apportano?
- I carboidrati
- dove troviamo il glucosio e il fruttosio come monomeri, negli alimenti?

Tesi su effetti fisiologici dell'alimentazione in sport di ultra-endurance

- variabili fisiologiche che hanno effetto sui risultati di laboratorio + esempio di parametro che differisce con età
- FISH
- macroarray
- fotosintesi
- perché la carne rossa è rossa? **perché** contiene più mioglobina (proteina contenuta nel muscolo) della **carne** bianca di pollame **e** pesce.

Tesi su azione Myc2 su muscolo nel rabdomiosarcoma

- origine esosomi
- meiosi
- in 3 step, come si estrae DNA da cellula
- come portare i cromosomi in metafase su vetrino: stimolare divisione cellulare, bloccare la divisione in metafase, portare i cromosomi su vetrino
- sensibilità e specificità diagnostica
- rapporto fra pigmenti e muscolo, mioglobina ed emoglobina? 80-20
- reazione di Maillard

Tesi su studio proprietà probiotiche su ceppi di lattobacilli di origine vaginale

- criteri di accettabilità dei campioni biologici in laboratorio
- unità di misura degli enzimi
- plancton
- catena trofica
- bioaccumulo (pesce da allevamento è meno contaminato di quello pescato)

Tesi su informazioni nutrizionali delle etichette

- nelle malattie legate all'X in genere sono affetti i maschi. Possono essere affette anche le femmine?
- inattivazione del cromosoma X
- come si attivano i protooncogeni
- plancton, impatto su catena trofica e su atmosfera (il più importante produttore di O2)
- fosfolipidi

Tesi su incapsulamento dei farmaci all'interno della ferritina

- aconitasi (ma se non la sa non importa) La aconitato idratasi è un enzima di localizzazione mitocondriale che catalizza la isomerizzazione del citrato a isocitrato nel corso del ciclo di Krebs. Essa si svolge nei due seguenti passaggi: citrato = cis-aconitato + H_2O cis-aconitato + H_2O = isocitrato
- eteroplasmia L'**eteroplasmia** è la presenza di più di un tipo di genoma organellare (DNA mitocondriale o DNA plastidico) all'interno di una cellula o individuo. È un fattore importante per considerare la gravità delle malattie mitocondriali. Poiché la maggior parte delle cellule eucariotiche

contengono molte centinaia di mitocondri con centinaia di copie del DNA mitocondriale, è comune per le mutazioni interessare solo alcuni mitocondri, lasciando la maggior parte inalterata.

- diagnosi prenatale
- gene cftr Regolatore della conduttanza transmembrana della fibrosi cistica
- diff fotosintesi e respirazione cellulare
- composizione atmosfera ed effetto serra

Tesi su gotta

- la gotta è multifattoriale?
- le malattie multifattoriali hanno un modello di trasmissione? modello a soglia
- test genetici prevenzione del carcinoma della mammella
- in quali soggetti sono indicati i test di screening?
- virus
- appertizzazione
- altri metodi di disinfezione

Tesi su virus del pollo

- cosa sono i valori di riferimento in laboratorio? riferiti a popolazione sana, devono essere differenziati in base a categorie
- geni indipendenti e concatenati
- esoni, introni, splicing
- pastorizzazione
- DLl50

Dottorato in biologia evoluzionistica, lavora sul monitoraggio pesci in laguna Venezia

- cromosomi, cosa sono e come vengono classificati
- aug codifica per quale AA? METIONINA
- codoni 64, 1 DI INIZIO E 3 DI STOP
- metodi quantitativi e qualitativi
- esoni, introni, splicing
-

Dottorato su caratterizzazione genetica di risposta adattativa a radiazioni ionizzanti su Drosophila

- cause di variabilità fenotipica tra individui: La variabilità è solitamente distinta in *discontinua* e *continua*.

  Variabilità discontinua

  È quella riferita a caratteri per i quali esistono un numero finito e limitato di fenotipi. Un esempio di variabilità di questo genere è rappresentato dal colore degli occhi di Drosophila Melanogaster: nel fenotipo selvatico, cioè quello più comune, il colore è rosso; una mutazione nel gene corrispettivo potrà portare, invece, ad occhi bianchi o albicocca (*rosy*). È il tipo di variabilità studiato più di frequente in genetica perché più semplice e immediato: in questo caso infatti è molto spesso possibile prevedere con buona accuratezza il fenotipo di un individuo conoscendone il genotipo e viceversa. Questo rapporto biunivoco fenotipo-genotipo è comunque da considerarsi un'approssimazione; infatti, anche se in misura minore rispetto alla variabilità continua, bisogna sempre considerare una possibile influenza dei fattori ambientali. Le possibili varianti discontinue, inoltre, sono considerate mutanti se sono rare; sono dette morfi se sono frequenti nella popolazione.

Variabilità continua

È la varietà che riguarda quei caratteri con un numero molto elevato di fenotipi possibili e spesso difficili da distinguere tra di loro. Sono esempi di variabilità continua la varietà nell'altezza o il colore della pelle nell'uomo; l'altezza del fusto per le piante. In questo caso la variabilità è più complessa da analizzare e si genera per l'azione non di un gene soltanto, ma di più geni che agiscono in maniera concertata. In questo caso però il ruolo dell'ambiente sarà notevole. Analizzando l'esempio dell'altezza, si può dire che i vari geni indicano i valori limite all'interno dei quali potrà rientrare il fenotipo; quale valore dei vari possibili si manifesterà, ovvero quale altezza avrà alla fine l'organismo, lo determineranno le condizioni ambientali.

- terreno di trasporto
- che test genetici possono essere eseguiti su sangue materno? analisi cariotipo
- può essere fatto test di paternità su sangue materno? si con NGS preleviamo DNA fetale da sangue madre
- punto isoelettrico di proteina: Il punto isoelettrico è il valore di pH al quale una molecola presenta carica elettrica netta nulla.
- fermentazione

Tesi su relazione tra disturbi del comportamento alimentare ed eccesso ponderale in età pediatrica

- adattamento - meccanismo evolutivo che riguarda la specie
- acclimatamento - meccanismo relativo all'individuo
- fluorescenza
- proteine plasmatiche: ALBUMINA, ALFA 1 GLOBULINE, ALFA 2 GLOBULINE, BETA GLOBULINA E GAMMA GLOBULINE
- elettroforesi
- con gel di agarosio quante bande ottengo?
- da cosa dipende l'affidabilità di un dato di laboratorio? quando è affidabile?
- fasi di pcr

Tesi su policistosi

PROTEINA PLASMATICA	VALORE NORMALE	SIGNIFICATO DEL VALORE	COME SI FA IL TEST
ALBUMINA	3,6-4,9 g/dl 45-70%	Se aumenta è sintomo di vomito, diarrea, disidratazione, eccessiva sudorazione. Diminuisce in gravidanza, malattie renali ed epatiche, infiammazioni, alcolismo, malassorbimento, digiuno prolungato e malnutrizione.	Prima del prelievo è opportuno il digiuno a partire dalla sera prima (10-12 ore). Si sconsiglia di sottoporsi all'esame se si è in trattamento antibiotico perché i risultati potrebbero essere alterati. Anche l'aspirina e i bicarbonati corticosteroidi possono alterare il test.
ALFA1 GLOBULINE	0,2-0,4 g/dl 2-5%	Se aumenta è sintomo di malattie infiammatorie croniche, malattie infettive.	
ALFA2 GLOBULINE	0,4-0,8 g/dl 8-14%	Se aumenta: patologie renali, malattie infiammatorie croniche e acute, diabete, febbre reumatica, gravidanza.	
BETA GLOBULINE	0,6-1,0 g/dl 10-22%	Se aumenta: anemia da carenza di ferro, ipercolesterolemia, gravidanza.	
GAMMA GLOBULINE	0,9-1,4 g/dl 11-22%	L'aumento può essere monoclonale e policlonale. Un picco monoclonale potrebbe rappresentare una gammopatia monoclonale e dare il sospetto della presenza di un mieloma multiplo. L'aumento policlonale è sintomo di malattie epatiche croniche, artrite reumatoide, lupus. Se diminuisce: alcune malattie ereditarie del sistema immunitario.	

- fotosintesi
- rubisco
- pastorizzazione, D e Z con unità di misura
- pH favorisce la conservazione degli alimenti? soglia di pH ottimale per conservazione? dipende da cibo
- bioindicatori qualità aria, requisito principale? stabilità in loco
- in quale ciclo di PCR si cominciano a formare i frammenti della taglia desiderata? da 25 a 40 cicli?
- definizione di test genetico: Con "test genetico" si intende comunemente l'analisi di specifici geni, del loro prodotto o della loro funzione, nonché ogni altro tipo di indagine sul DNA, l'RNA o i cromosomi, finalizzata a individuare o a escludere mutazioni associate a malattie genetiche.

Lavoro in neurofisiopatologia infantile

- spettrofotometro
- corretto dire che un gene codifica per una proteina? PER POLIPEPTIDE
- genome editing
- silenziamento dei geni
- screening beta-talassemia: MCV e se i globuli rossi sono di dimensioni ridotte faccio elettroforesi emoglobina per vedere se A2 è aumentata(marker per portatori b-talassemia9
-

tesi su analisi su aggiunta di sostanze chemiopreventive nei salumi

- cariotipo: L'insieme delle caratteristiche di forma, dimensione, numero e proprietà dei cromosomi di una data cellula o di un dato organismo, come appaiono durante la mitosi.
- estrazione DNA
- con cosa si precipitano le proteine? fenolo o cloroformio
- flenorocloroformio?
- metodi di separazione proteine, quali sono i due parametri nell'elettroforesi?
- differenza tra epitopo e antigene
- plancton
    - Il **plancton** (dal greco πλαγκτόν, ossia *vagabondo*) è la categoria ecologica che comprende il complesso di organismi acquatici galleggianti che, non essendo in grado di dirigere

attivamente il loro movimento (almeno in senso orizzontale), vengono trasportati passivamente dalle correnti e dal moto ondoso.

Per queste sue caratteristiche, il plancton si distingue dal *necton*, il complesso di organismi viventi nella colonna d'acqua e dotati di nuoto attivo, e dal *benthos*, costituito dagli organismi abitanti i fondali e con i quali mantengono uno stretto rapporto di carattere trofico.

- Misurare assorbanza substrato con spettrofotometro per saggio enzimatico
- Stacking gel
- Traslocazione robersoniana
- Anaploidia e cause

- Mitocondrio
- Glutine
- Fibre assorbimento e senso di sazietà
- Centrifuga

- Molecole energetiche in cui viene intrappolata l'energia luminosa (nad, atp)
- Strumento per rivelare morfologia delle cellule
- Come è fatto un microscopio
- Con microscopio ottico si vedono cellule vive? Colorazioni
- Enterobatteri Gram NEGATIVI. ESEMPIO DI POSITIVO? Stafilococco
- Organismo omeoterma e differenza con etero e ecto

- Pastorizzazione
- Immunoglobuline.
- Rapporto immunoglobuline e anticorpi. (sono la stessa cosa)
- classificazione microrganismi in base alla temperatura

Categoria	**Temperatura minima**	**Temperatura ottimale**
Psicotrofi	0 °C	20 °C - 30 °C
Mesofili	15 °C	20 - 40 °C
Termofili	45 °C	65 °C
Ipertermofili	>70 °C	85 - 100 °C

- metodologia in ambito igiene alimenti (HCCP). che pericoli si possono avere in una filiera alimentare
- perchè hanno indumenti di colore chiaro gli operatori dell'azienda

- rapporto ossigeno e microrganismi: aerobi, anaerobi e aerobi facoltativi

- termociclatore
- in che contesti viene usato il saggio enzimatico
- sds-page
- glutine
- gas cromatografia

- Cromatografia e principali applicazioni
- Test di paternità
- Differenze tra PCR e RT-PCR

Tesi magistrale nutrizione umana

Micronutrienti e ruolo dell vitamina C nei confronti del Ferro (vit C impedisce la ossidazione del Fe e permette l'ingresso negli enterociti)

PCR e RT pcr nell'ambito del coronavirus

Posidonia oceanica

ARGOMENTI PRIMA PROVA SCRITTA negli ultimi 10 anni:

1. La cellula eucariota: aspetti strutturali e funzionali.
2. Inquinamento ambientale.
3. Le proteine svolgono un numero elevato di compiti: il candidato ne descriva alcuni esempi.
4. Messaggeri chimici e regolazione endocrina
5. Macro e micronutrienti
6. Evoluzione e adattamento
7. Alterazioni geniche e malattie molecolari: alcuni esempi.
8. Fisiologia ambientale.
9. Vitamine. aspetti nutrizionali e metabolici
10. Sintesi proteica
11. Fisiopatologia renale: ruolo del laboratorio
12. Il concetto di nicchia ecologica
13. Meccanismi molecolari nella morte cellulare programmata
14. Ruolo del laboratorio nello studio delle patologie epatiche
15. Successioni ecologiche
16. Struttura e funzione del mitocondrio
17. Gli oligoelementi essenziali
18. Fattori stocastici e deterministici dell'evoluzione
19. La risposta immunitaria, l'ipersensibilità e l'autoimmunità
20. Ruolo dei lipidi nella nutrizione umana
21. Fattori che generano e influenzano la variabilità genetica
22. Meccanismi della comunicazione cellulare
23. Aspetti biologici della biodiversità
24. Le vitamine nella nutrizione umana
25. Il trasporto trans-membrana
26. Cambiamenti climatici e biodiversità
27. Il bilanciamento metabolico
28. Meccanismi molecolari nella morte cellulare programmata
29. Ruolo del laboratorio nello studio delle patologie epatiche
30. Successioni ecologiche
31. Descrivere i meccanismi di produzione e ridistribuzione della variabilità
32. Le funzioni dei carboidrati nei sistemi biologici
33. Habitat, ecosistemi e gestione delle risorse naturali
34. Metabolismo del ferro: aspetti biochimici, nutrizionali e patologici.
35. Controllo post-trascrizionale
36. Individui, popolazioni, comunità, ecosistemi: proprietà e processi rilevanti.
37. Metabolismo del colesterolo: aspetti fisiologici e nutrizionali.
38. Trasduzione del segnale.
39. Le comunità ecologiche: struttura e dinamica.
40. Interazioni tra cellule.
41. Livelli di biodiversità.
42. Geni e malattie.
43. Struttura, funzione e importanza fisiopatologica di un organello intracellulare.
44. Speciazione e adattamento.
45. Malattie metaboliche.
46. Similitudini e differenze tra cellule eucariotiche e procariotiche.
47. Gli OGM.
48. Catene e reti alimentari
49. Meccanismi dell'ereditarietà

50. Strutture e funzioni delle proteine
51. Alimenti e metabolismo: le linee generali
52. "Meccanismi della comunicazione".
53. "Aspetti biologici della biodiversità".
54. "Le vitamine nella nutrizione umana".
55. Il ciclo cellulare".
56. "Interazioni fra organismi".
57. "Funzioni biologiche degli oligoelementi e loro importanza nella nutrizione umana".

ARGOMENTI SECONDA PROVA SCRITTA negli ultimi 10 anni:

1. Monitoraggio delle acque destinate al consumo umano per uso potabile: il candidato descriva alcuni parametri fissati dalle norme vigenti e la relazione tra essi ed alcuni indici utili per la certificazione di qualità che il gestore del servizio idrico deve garantire.
2. Igiene ambientale e salute dell'uomo.
3. Tutela della "privacy" nel campo professionale del Biologo in relazione ad attività inerenti pazienti/cittadini
4. Organizzazione dell'attività professionale
5. Sicurezza alimentare: il ruolo del Biologo
6. La qualità nei laboratori di analisi cliniche: gestione e certificazione
7. La qualità nel laboratorio di analisi
8. Organizzazione di un laboratorio di analisi.
9. Ruolo del Biologo nella tutela dell'igiene ambientale
10. Valutazione della qualità: preanalitica, analitica (intra e interlab) e post analitica
11. Ruolo professionale del Biologo
12. Educazione ambientale, controllo dell'acque, dell'aria e del suolo
13. Il sistema del controllo di qualità nelle indagini di laboratorio
14. Il ruolo del biologo nell'autocontrollo alimentare (HACCP)
15. Conservazione della natura in Italia, aspetti legislativi
16. Analisi delle acque: rilevazione di sostanze inquinanti
17. Diagnosi di laboratorio delle anemie
18. Diagnosi e monitoraggio del diabete: ruolo del laboratorio
19. Modalità per la gestione e lo smaltimento dei rifiuti di laboratorio
20. Criteri di sicurezza nell'ambito dello svolgimento della professione di biologo
21. Criteri per la certificazione e gestione della qualità
22. Modalità per la gestione e lo smaltimento dei rifiuti radioattivi di laboratorio
23. Il D.L. 81/2008: riflessi sulla professione di biologo
24. Criteri per la certificazione e gestione della qualità
25. Diritti e doveri di una professione: il biologo
26. I compiti dell'operatore nella gestione del rischio biologico
27. Monitoraggio dell'inquinamento ambientale
28. Il sistema del controllo di qualità nelle indagini di laboratorio
29. Il ruolo del biologo nell'autocontrollo alimentare (HACCP)
30. Conservazione della natura in Italia, aspetti legislativi
31. La sicurezza in laboratorio
32. Sistemi di verifica della validità dei dati sperimentali
33. Criteri di verifica della qualità: il candidato descriva un'applicazione nel proprio ambito di competenza
34. L'interpretazione dei risultati di laboratorio. Sensibilità, specificità e valore predittivo degli esami biochimici.
35. Ruolo professionale del Biologo
36. Monitoraggio ambientale sulle acque ai sensi delle direttive comunitarie.
37. Il biologo e la gestione delle risorse del mare.
38. Controllo di qualità nel laboratorio.
39. Criteri di sicurezza nell'ambito dello svolgimento della professione di biologo
40. La sicurezza degli operatori dei laboratori biologici, protezioni personali e generali alla luce della normativa vigente.
41. Monitoraggi ambientali.
42. Fabbisogno alimentare nella crescita.
43. Il ruolo del biologo nella protezione e conservazione della natura.

44. Pratiche igieniche per evitare zoonosi e infezioni microbiche.
45. Etica professionale nel laboratorio di analisi e/o ricerca.
46. Il rischio fisico, chimico e biologico in laboratorio
47. Il controllo di qualità
48. Deontologia professionale
49. La prevenzione e protezione nei laboratori biologici
50. La microbiologia degli alimenti destinati al consumo umano
51. Aspetti normativi e tecnici della professione di biologo
52. "I compiti del biologo nella gestione del rischio".
53. "Il ruolo del biologo nel monitoraggio ecologico delle acque"
54. "Criteri per la certificazione e gestione della qualità".
55. Modalità per la gestione e lo smaltimento dei rifiuti radioattivi di laboratorio".
56. "Il ruolo del biologo nella direttiva-quadro sulle acque".
57. "Il D.L. 81/2008: riflessi sulla professione di biologo".

Approfondimenti

Troverai approfondimenti del materiale di studio e altro materiale con le domande d’esame e risposte al seguente link:

linktree.com/biologiafacile

LIBERA IL TUO MASSIMO POTENZIALE

Come gestire l'ansia pre-esame

Tecnica del cerotto

L'ansia pre-esame è qualcosa che tutti gli studenti hanno provato, da qualche giorno prima fino al secondo prima di sederci sulla sedia per conferire. Seppur normalmente accettata, sarebbe meglio eliminarla, o almeno ridurla. Anzi il massimo sarebbe sfruttarla a proprio vantaggio, ora ti spiego come.

Perché ci viene l'ansia?

La sofferenza nasce dalla differenza tra la realtà ideale, cioè quella che ci aspettiamo, e una possibilità che può accadere nella realtà. In particolare ci aspettiamo che l'esame vada bene, vorremmo prendere un bel voto, ma ci viene l'ansia perché pensiamo alla possibilità che vada male e tutto quello che ne consegue.

In pratica l'ansia proviene dalle aspettative che abbiamo riguardo l'esame e il risultato, perciò uno dei modi per eliminare l'ansia è eliminare le aspettative, cioè eliminare la realtà ideale che hai riguardo l'esame.

Oltre che per l'esame, vale anche nella vita. Vivere senza aspettative ti fa stare meglio, e ti fa anche avere maggiori risultati, ora ti spiego perché.

Se non hai aspettative, non stai lì a pensare come andranno le cose, e ti godrai il momento in ogni tuo percorso formativo, lavorativo, o di vita. Il chè non significa non impegnarsi.

L'esercizio che ti propongo serve ad accettare le possibilità che l'esame vada male, così da eliminare le aspettative e viverti al meglio il momento dell'esame.

ESERCIZIO delle 3 A

Analisi:
scrivi 10 possibili conseguenze negative che ti fanno stare in ansia prima dell'esame:
es: vado fuori corso, mia mamma si lamenta, devo ristudiare ecc…

1. ______________________________
2. ______________________________
3. ______________________________
4. ______________________________
5. ______________________________
6. ______________________________
7. ______________________________
8. ______________________________
9. ______________________________
10. ______________________________

Accettazione:
ora immagina quelle conseguenze che hai scritto come se fossero già accadute ieri, immagina che l'esame sia andato male e per ogni conseguenza negativa che hai scritto immagina e percepisci quella situazione, immergiti totalmente (magari chiudi gli occhi), e senti le emozioni come se ti stesse accadendo veramente.

Potrai stare male per un giorno per le emozioni provate durante l'accettazione, ma poi puoi solo rinascere.

Azione:
Ora vai a prepararti per l'esame con tutta l'energia che hai. Sei consapevole che l'esame può andare male, ma sai anche che adesso hai tutto da guadagnare e nulla da perdere.

Devi accettare le conseguenze negative e poi devi lottare per conquistare i tuoi obiettivi.

Dopo questo esercizio la sensazione deve essere che non sei più attaccato al risultato, cioè non ti aspetti di prendere 30, non hai aspettative sull'esame.

Così accettando la possibilità che le cose vadano male, ti accorgi che hai tutto da guadagnare e migliorare. Non hai nulla da perdere.

Perciò sprigiona il tuo massimo potenziale!

Un'altra tecnica è di cambiare l'idea che abbiamo dell'ansia.
Invece di pensare che sia qualcosa che ci toglie energie, ci fa stare male e influenza negativamente l'esame, pensa che l'ansia è una forma di energia che può essere sfruttata a tuo vantaggio.

In realtà ci sale l'ansia quando ci stiamo preparando ad una performace, cioè un evento che ci richiede tanta concentrazione e per il quale non siamo a nostro agio, come l'esame, parlare in pubblico, partecipare ad una gara ecc.

Quando sentiamo l'ansia prima dell'esame, devi pensare: "ok! Il mio corpo si sta preparando alla performace".

Usa quell'energia a tuo vantaggio per spaccare tutto all'esame.

Respira e stai con le spalle dritte, non chiuderti.
Così dai al tuo corpo la fisionomia di una persona sicura di sé e pronta ad affrontare quella performace.

So che può sembrarti assurdo, ma provalo e vedrai!

Di solito le persone cercano di evitare in tutti i modi gli errori e il fallimento, invece dei pensare che

il fallimento non è una strada verso il successo, ma l'unica strada per arrivare al successo.

LIBERA IL TUO MASSIMO POTENZIALE

Tecnica del focus

Quando sei fuori dall'aula e stai per entrare a fare l'esame cosa fai? Quali pensieri fai? Di cosa parli con i tuoi colleghi?

Quello che succede di solito la mezz'ora prima dell'esame è sperare che il professore non ci chieda proprio quell'argomento che non conosciamo.

Stiamo lì a pensare: "speriamo che non mi chiede proprio questo"! oppure "questo argomento non l'ho fatto bene, spero che non me lo chiede!" oppure "con la sfiga che ho io mi chiede proprio quell'argomento là…"

Insomma iniziamo a fantasticare sulle possibili domande o argomenti d'esame che ci chiederà il professore.

Ci viene naturale, ma il brutto è che questi pensieri sono depotenzianti, ovvero ti tolgono energia prima dell'esame, perciò non devi farli, o meglio devi modificarli!

In pratica la nostra mente non conosce il comando NON, perciò ogni volta che dici alla tua mente di NON pensare a una cosa, la pensa inevitabilmente!

Ad esempio: NON PENSARE AD UN ELEFANTE COL CAPPELLO ROSSO!

L'hai fatto! Ci hai pensato e hai immaginato un elefante col cappello rosso! La nostra mente funziona così!

Quello che si deve fare è trasformare i pensieri depotenzianti in pensieri POTENZIANTI!

Quindi i tuoi pensieri prima dell'esame dovranno essere: "speriamo che mi chiede proprio questo argomento qua che l'ho studiato bene" oppure "spero che mi fa questa domanda perché so rispondere benissimo"…

Insomma invece di concentrarti su quello che non sai, concentrati, metti il focus su QUELLO CHE SAI!

Così la tua mente farà pensieri rassicuranti, la tua sicurezza e autostima all'esame salirà e il professore lo percepisce se sei più sicura.

E se percepisce che sei più sicura, penserà che sei molto preparata, e che quindi meriti un voto alto!

I tuoi pensieri creano la tua realtà

Come l'alimentazione influenza la tua produttività durante lo studio

So che può sembrarti strano, ma l'alimentazione influisce sulla tua concentrazione, energia e lucidità nello studio.

Negli anni abbiamo sperimentato diversi accorgimenti che ci hanno permesso di non sentirci stanchi dopo pranzo, avere la lucidità mentale tutta la giornata e sfruttare al massimo le nostre energie.

L'acqua
Molte persone si idratano facendo delle grosse bevute, ma sporadiche. In pratica bevono mezzo litro ogni volta che hanno sete. Questo li porta ad andare in bagno subito dopo per l'elevata quantità di acqua assunta, il che gli porta di nuovo sete per ricominciare il ciclo.

Il nostro consiglio è: *bevi poco ma spesso.*
Sorseggia un po' di acqua ogni 5 minuti, basta avere una bicchiere sempre pieno sulla scrivania.

Questo ti permette di restare idratato senza sentire il bisogno impellente di dover andare in bagno, anzi ti assicuro che se sorseggi, lo stimolo di urinare si limita al necessario. Così non dovrai interrompere lo studio ogni 20 minuti.
La disidratazione è nemica della concentrazione, e quando percepisci la sete è in realtà troppo tardi, ti sei già disidratato in modo da abbassare la concentrazione e lucidità.
Invece sorseggiare ogni 5 minuti ti permette di restare idratato, senza fare le bevute di mezzo litro.

Mantieni regolare l'indice glicemico
Un altro nemico della concentrazione è l'indice glicemico, che quando si alza ci sentiamo super attivi e concentrati, ma quando si abbassa ci sentiamo fiacchi, nervosi e svogliati.

Quello che possiamo fare è evitare i picchi glicemici, così da non incombere nella fase successiva, cioè quella dove la glicemia si abbassa e ci sentiamo nervosi e stanchi.

Possiamo farlo adottando alcuni accorgimenti:

- Evitare dolci e zuccheri raffinati
- Preferire cibi salati a pranzo
- Preferire la pasta integrale

La pasta integrale ci consente di non alzare l'indice glicemico, perché i carboidrati hanno un rilascio più graduale rispetto alla pasta normale, e questo ci consente di non avere l'abbiocco post-pranzo. Provare per credere!

Se devi studiare il pomeriggio ci sono alcuni accorgimenti che puoi adottare:

- Evita la frutta dopo pranzo
- Dividi i carboidrati dalle proteine

La frutta dopo pranzo inizia a fermentare e porta un appesantimento nella digestione che posta stanchezza e quindi poca lucidità.

Mischiare carboidrati e proteine durante il pranzo porta un appesantimento nella digestione, cerca di mangiare piatti con un solo tipo di macromolecole, vedrai che ti senti più leggera e con più energie dopo pranzo!

Caffè
A lungo andare il caffè può portare dei danni al corpo, come bruciori di stomaco ecc, oltre alla dipendenza da caffè, per la quale non riesci ad attivarti se non bevi almeno un caffè, stai attenta.

Anche se sarebbe meglio eliminarlo, il caffè è apprezzato da tutti anche per una questione sociale, per questo se sei abituato a prendere caffè, il nostro consiglio è di bere almeno un bicchiere d'acqua dopo il caffè.

Purtroppo il caffè disidrata, perciò compensare con un bicchiere d'acqua ti permette di restare idratato e conservare la lucidità e concentrazione per lo studio.

Mangia bene e spesso
Se hai fame di pomeriggio o durante la mattinata, una frutta sarebbe l'ideale, perché ti mantiene idratato e ti da una carica elevata grazie alle vitamine.
In generale non mangiare a sbafo se sai che dopo devi studiare e restare concentrato. ☺

SCRIVI QUI ALTRI ACCORGIMENTI CHE SU DI TE HANNO FUNZIONATO E CONDIVIDILI CON NOI

Fa che il cibo sia la tua medicina e la medicina il tuo cibo.

-Ippocrate

Siamo quello che mangiamo

LIBERA IL TUO MASSIMO POTENZIALE

Come studiare il doppio nella metà del tempo

COME GESTIRE LE DISTRAZIONI ed ESSERE SEMPRE FOCALIZZATO SULLO STUDIO

ORDINE SPAZIALE
Come puoi immaginare, lo spazio dove studi influenza la tua concentrazione e produttività.

Studiare in un posto silenzioso, dove non hai distrazioni favorisce l'essere focalizzati su quello che si sta studiando.

Per questo ti daremo dei suggerimenti che ci hanno aiutato tantissimo!

Cerca di studiare sempre nella stessa scrivania, meglio ancora se è una scrivania che usi solo per studiare.

Secondo la *l'ancoraggio spaziale*, in base al luogo in cui ci troviamo siamo più inclini ad assumere dei comportamenti. Per questo studiare sempre nello stesso posto, ti porta a focalizzarti molto di più che studiare ogni giorno in un posto diverso.

Com'è la scrivania perfetta? LIBERA
Per evitare distrazioni libera la scrivania da tutto ciò che non è essenziale per lo studio.

Soprattutto il cellulare, lascialo in un'altra stanza, spegnilo o almeno imposta il silenzioso.

Preferisci luoghi silenziosi, dove sei certo di non essere disturbato.

Meglio avere una luce, un lumino o simile che fa una luce solo sulla scrivania, così da portare la mente a mettere attenzione solo su quello che è illuminato. Il resto della stanza può essere illuminato, ma la scrivania lo deve essere di più del resto della stanza. Fallo e ti aiuterà ad tenere alta la concentrazione!

ORDINE MENTALE

Possiamo avere delle giornate o periodi impegnativi, che magari ci portano preoccupazioni, cosa da fare, pensieri ecc.

Quante volte durante lo studio ti sei distratto/a perché ti sei messo a pensare a quella cosa da fare dopo, all'impegno di domani, alle preoccupazioni per quello che è successo ieri ecc.

È normale avere questi pensieri, ma essi sono dannosi per lo studio, perciò abbiamo adottato delle tecniche per liberarcene durante lo studio.

Prima di iniziare a studiare prendi un foglio di carta e scrivi su tutti gli impegni che devi fare dopo, le tue preoccupazioni e tutto quello che ti passa per la testa.

Scriverlo su carta ti libera dal flusso di pensieri che ti affollano la mente, e ti permetterà di restare concentrato durante lo studio.

Durante lo studio di solito ci arrivano delle idee, di cose da fare che ci impediscono di restare concentrati. E con la scusa di doverle fare subito (altrimenti ci dimentichiamo), sospendiamo lo studio per riprendere dopo 1 ora, quando ormai la concentrazione è sparita.

Perciò è buona pratica avere vicino a sé durante lo studio un altro foglio bianco sul quale scrivere le idee che ci saltano in testa durante lo studio, così da non doverci distrarre eccessivamente.

Appena ti viene in mente qualcosa che devi fare, scrivila sul foglio e poi torna a studiare.
Le farai a studio finito.

Adottando questi accorgimenti sfrutterai al massimo il tuo tempo per lo studio.
Un'ora sarà un'ora piena di studio e non 15 minuti di studio e 45 di distrazioni.

Lo sappiamo perché ci siamo passati anche noi, e con queste tecniche siamo riusciti ad ottimizzare tantissimo i tempi.

Usa il tuo tempo al massimo delle possibilità,
non lo sprecare,
è limitato.

Sebbene sia gratis, il tempo è la risorsa più importante
perché una volta perso non si può recuperare.

FRASI MOTIVANTI PER LO STUDIO

Aspettare la perfezione non è mai stato un modo per fare progressi.

Il modo migliore per iniziare è smettere di pensare e fare.

Il prezzo dell'inattività è di gran lunga superiore al prezzo di un errore.

Il miglior investimento che puoi fare è su di te.

Il successo è l'abilità di passare da un fallimento all'altro senza perdere l'entusiasmo.

Se l'opportunità non bussa,
costruisci una porta.

Tutte le cose sono difficili prima di diventare facili.

Tra vent'anni non sarete delusi dalle cose che avete fatto,
ma dalle cose che non avete fatto.
Allora levate l'ancora, abbandonate i porti sicuri, catturate il vento nelle vostre vele.
Esplorate. Sognate. Scoprite.

La vità è per il 10% ciò che ti succede,
e per il 90% come reagisci a ciò che ti succede.

FRASI MOTIVANTI PER LO STUDIO

Non giudicare ogni giorno dal raccolto che raccogli,
ma dai semi che pianti.

È duro fallire,
ma è ancora peggio non aver cercato di avere successo.

Se l'opportunità non bussa
Costruisci una porta.

E se diventi farfalla nessuno pensa più a ciò che è stato
Quando strisciavi per terra e non avevi le ali.

Il successo non deve essere inseguito,
deve essere attratto dalla persona che diventi.

I successi migliori delle persone
Arrivano dopo le loro più grandi delusioni.

I sogni più ridicoli e più folli sono stati
Talvolta causa di successi straordinari.

FRASI MOTIVANTI PER LO STUDIO

Abbiamo quaranta milioni di ragioni per fallire,
ma non una sola scusa.

Il futuro appartiene a coloro che credono nella bellezza dei propri sogni.

Non arrenderti!
Rischieresti di farlo un'ora prima del miracolo.

Ci sono due cose che non tornano mai indietro:
una freccia scagliata,
e un'occasione perduta.

Il più grande spreco nel mondo è la differenza
tra ciò che siamo e ciò che possiamo diventare.

Soltanto una cosa rende impossibile un sogno:
la paura di fallire.

Il fallimento non avrà mai il sopravvento su di me
Se la mia determinazione ad avere successo è abbastanza forte.

Sii sempre come il mare,
che infrangendosi contro gli scogli,
trova sempre la forza di riprovarci.

Ringraziamenti

Complimenti se sei arrivato fin qui! Non è da tutti completare i libri di studio.

Se credi in quello che facciamo e vuoi contribuire in questo progetto, sappi che accettiamo volentieri notifiche di errori di battitura e aggiunta/modifica di argomenti trattati durante il corso.

Inoltre, se hai degli appunti che vuoi condividere con noi, contattaci!

C'è una ricompensa per te!

In questo modo stai contribuendo al miglioramento di questo libro e aiutando anche tu tantissimi studenti.

Inoltre siamo aperti a qualsiasi consiglio e suggerimento per migliorare la qualità del servizio, contattaci se hai qualche idea!

Il nostro indirizzo mail: biologiafacile@outlook.it

Profilo Instagram: @biologiafacile

Sito web: biologiafacile.it

Ricorda che da soli si va più veloce, ma insieme si va più lontano.

Grazie!

Printed by Amazon Italia Logistica S.r.l.
Torrazza Piemonte (TO), Italy